S

TRAITÉ GÉNÉRAL

DE

BOTANIQUE.

Ouvrages du même Auteur. (1)

Journal de Botanique, 6 vol., de 1809 à 1814.

Phyllographie in-8°, avec 32 planches, 1809.

Dictionnaire raisonné de Botanique, in-8°, 1817.

Observations sur les plantes des environs d'Angers, in-12, 1818.

Flore de l'Anjou, in-8°, 1827.

Programme d'un Cours de Botanique, 2me édition, in-8°, 1832.

Opuscule sur les sciences physiques et naturelles, avec 7 planches, in-8°, 1837.

Statistique naturelle du département de Maine-et-Loire, 1 vol. in-8° avec atlas; in-8° et planches, 1834.

Minéralogie du département de Maine-et-Loire, in-8°, 1837.

NOTE DE L'ÉDITEUR. En publiant le Traité général de Botanique, j'ai la certitude d'offrir ce qu'on ne trouverait dans aucun ouvrage de ce genre publié jusqu'à ce jour, et en outre de pouvoir mettre les botanistes au courant de tout ce qui a été donné de nouveau et d'intéressant jusqu'à ce moment.

(1) Nous ne pouvons fournir les deux premiers ouvrages qui n'existent plus dans les librairies.

ANGERS, IMP. DE LAUNAY-GAGNOT.

TRAITÉ GÉNÉRAL

DE

BOTANIQUE,

PAR

A. N. DESVAUX,

DIRECTEUR

Du Jardin Botanique d'Angers,

MEMBRE CORRESPONDANT DE L'ACADÉMIE ROYALE DES ANTIQUAIRES DE FRANCE, DE LA SOCIÉTÉ ROYALE ET CENTRALE D'AGRICULTURE DE PARIS; DE LA SOCIÉTÉ ROYALE ÉCONOMIQUE DE PRUSSE, MÉDICO-BOTANICALE DE LONDRES; DES PHYTOGRAPHES DE MOSCOW ET DE LUND (Suède); D'AGRICULTURE ET DE BOTANIQUE DE GAND, LIÈGE; DE BOTANIQUE ET D'HORTICULTURE DE PLYMOUTH; DE LA SOCIÉTÉ PHILOMATIQUE, ET DE L'ATHÉNÉE DE PARIS; DES SOCIÉTÉS LINNÉENNES DE CAEN, LYON, BORDEAUX; DES SOCIÉTÉS ACADÉMIQUES DE POITIERS, MACON, NANTES, ETC., ETC.

TOME PREMIER.

Première partie.

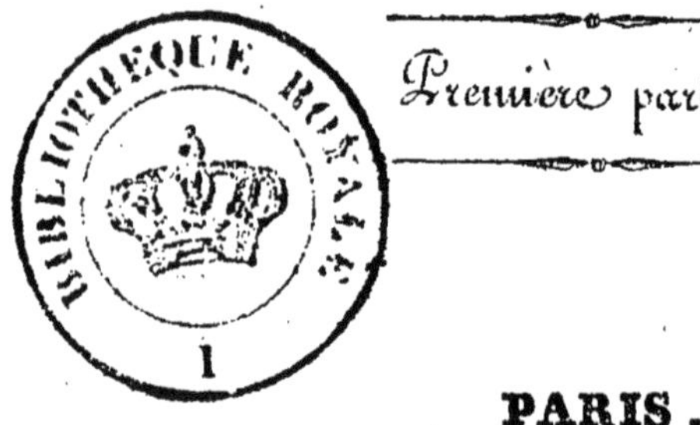

PARIS,

CROCHARD ET Cie, LIBRAIRES,

Place de l'Ecole de Médecine.

SCHWARTZ ET GAGNOT, LIBRAIRES,

Quai des Grands-Augustins.

1838.

A Monsieur

MEMBRE

DE LA CHAMBRE DES DÉPUTÉS,

ASSOCIÉ LIBRE

De l'Académie des Sciences,

PROMOTEUR ÉCLAIRÉ

De la Botanique, en France.

TÉMOIGNAGE

DE RECONNAISSANCE ET D'ESTIME,

DESVAUX,

Directeur du Jardin botanique d'Angers.

INTRODUCTION.

Dire qu'il n'existe point encore de *Traité de Botanique* et prétendre en offrir un, c'est peut-être faire preuve de trop de présomption ; surtout lorsque nous voyons une série d'ouvrages élémentaires sortis, depuis un petit nombre d'années, de la plume d'hommes pour la plupart recommandables par leurs connaissances. Cependant nous répétons avec certitude qu'il n'existe pas encore un véritable traité de Botanique, c'est-à-dire, un ouvrage pouvant donner de cette science une idée assez complète, pour qu'on puisse juger quels sont ses moyens et son but. Sous ce point de vue, l'on peut assurer que la science des végétaux est en arrière des autres parties de l'histoire naturelle ainsi que des autres sciences. Est-ce par défaut de matériaux nécessaires? cela est impossible. Est-ce par insouciance? nous pourrions l'attribuer au moins à ce dernier motif.

Nous serions cependant injustes, si nous ne citions pas un ouvrage qui a donné une première idée de l'ensemble d'un cours de botanique : c'est l'*Introduction à l'étude de la Botanique*, publiée par Philibert, en 1802. Il est vrai que presque tous les matériaux en sont dus à l'illustre Linnée, mais n'y a-t-il pas un certain mérite à bien coordoner des travaux épars et à les présenter en corps de doctrine? C'est ce que l'auteur de l'*Introduction* avait fait avec un certain succès et ce qu'on n'a point imité depuis. Tout ce qui a été publié plus tard, n'est relatif qu'à une portion de la partie élémentaire de la Botanique, partie offrant dans les ouvrages de quelques savants botanistes, des points, seulement mieux traités ou plus approfondis, lorsque le surplus est incomplet ou manque complètement. Prétendre faire mieux, c'est beaucoup entreprendre; cependant après avoir consacré près de vingt-cinq années à un ouvrage qui, pendant quinze ans a servi de base à un cours public; après avoir étudié, comparé les plans de ceux qui ont écrit sur le même sujet; examiné la manière dont ils ont embrassé les matières qu'ils ont traité, il est peut-être possible de se promettre de donner sinon un ouvrage parfait, au moins un ouvrage plus utile qu'aucun de ceux qui ont paru en ce genre. Pour arriver à ce but, si nous n'avions pas des travaux, des observations qui nous fussent propres, il eut suffi de réunir d'une manière convenable tout ce qui a été dit par les auteurs qui nous ont précédé et d'ajouter tout ce qu'ils ont omis.

Nos réflexions ne tendent point à diminuer le mérite de plusieurs ouvrages exposant les notions élémentaires de la Botanique : leurs auteurs surtout n'ayant point prétendu les donner pour des traités complets de cette science; nous rappelons seulement que ces ouvrages ne peuvent donner une idée exacte de ce qui est relatif aux végétaux et c'est cependant un travail de ce genre que réclame depuis long-temps la Botanique. Nous avons des traités de physique, de chimie, de minéralogie, de mathématiques, d'astronomie, et à peine peut-on en citer un seul de botanique; c'est cependant la tâche que nous nous sommes imposés, mais sans oser nous flatter de faire disparaître la lacune que nous indiquons.

Le plan que nous avons suivi dans cet ouvrage est connu. Dès 1813 nous l'avions publié dans le second volume de notre journal de Botanique, mais mûri et modifié depuis cette époque ainsi qu'on a pu s'en convaincre par le programme publié en 1817 et complété en 1832, (1) il offrira tout ce que nous croyons pouvoir composer de véritables éléments de botanique. Cette entreprise ne pouvait être que le fruit de longues études et de nombreuses recherches. Il nous a fallu mettre beaucoup de temps pour remplir convenablement le cadre que nous avions établi, surtout le plus grand nombre des parties dont se compose notre traité n'ayant point été coordonnées. Il a donc fallu se tracer une route nouvelle, recueillir et réunir les matériaux, discuter leur valeur, apprécier les réformes faites ou à faire, n'admettre que ce qui se rattachait directement à la science des végétaux. Il fallait éviter un écueil dont les auteurs ne se

(1) Programme d'un cours de Botanique, professé au Jardin des Plantes d'Angers, en 1817 et seconde édition 1832, in-8°.

garantissent pas assez. Souvent une matière médicale n'est que de la botanique ou autres parties de l'histoire naturelle, et bien des traités de chimie se grossissent par superfétation de tout ce que réclament la minéralogie, la botanique, et même la zoologie.

On ne peut être bon chimiste, bon médecin, ni bon pharmacien, sans être naturaliste; mais c'est dans un ouvrage ou dans un cours exclusivement d'histoire naturelle qu'on doit prendre la connaissance des corps que prépare le pharmacien; qu'emploie le médecin ou qu'analyse le chimiste. Alors on ne verra plus de ces livres surchargés de notions étrangères à leur objet direct et l'on n'aura plus à remplir les bibliothèques de traités inutilement enflés de compilations indigestes et fautives, ainsi que cela n'arrive que trop fréquemment.

Le savant naturaliste Adanson, avec une perspicacité toute particulière, a réduit toutes les sortes d'ouvrages publiés, ou que l'on peut publier sur l'histoire naturelle, comme sur toute autre science, à six catégories : 1° ceux qui sur un plan connu, renferment des connaissances toutes vulgaires : l'on n'en voit que trop de ce genre en histoire naturelle : 2° ceux qui sans plan nouveau, ajoutent seulement quelques nouvelles choses : ce sont les ouvrages les plus ordinaires; 3° ceux qui sur un plan connu, donnent toutes connaissances nouvelles : nous en avons peu d'exemple en botanique; 4° ceux qui sur un plan nouveau, nous offrent des choses communes : c'est la ressource des compilateurs; 5° ceux qui sur un plan nouveau, présentent quelques notions nouvelles : c'est le caractère d'un bon ouvrage; 6° enfin, les plus rares de tous, sont ceux qui sur un plan nouveau offrent toutes choses nouvelles (1). Combien d'ouvrages examinés d'après cette méthode rigoureuse, paraîtraient peu dignes de figurer dans les sciences! c'est en se rapprochant le plus possible de ceux de la dernière catégorie qu'on peut être utile. Nous pensons en conséquence, vu ces réflexions, que le nôtre ne sera point sans intérêt, si en l'exécutant, nous avons atteint le but que nous nous étions proposé, c'est-à-dire *de présenter sur un*

(1) Voyez Adanson, Famille des plantes, t. 1. p. 1.

plan entièrement neuf, *beaucoup de connaissances nouvelles*, jointes au tableau de celles existantes dans la science de la Botanique.

S'il est une science qui puisse être accueillie avec reconnaissance des hommes, mêmes les plus indifférents, nous pouvons dire que c'est celle qui embrasse la série des ramifications de l'histoire de la nature. Non seulement son étude est précieuse pour la société, par ses innombrables applications, mais elle est encore utile à l'homme en particulier. Elle adoucit les mœurs de tous ceux qui s'y livrent, à l'exception peut-être de ces hommes qui n'étudient l'histoire naturelle que par amour propre ou comme un moyen de parvenir. Cette originalité même que le vulgaire peut signaler dans ces hommes studieux, doués en même temps d'une moralité digne d'éloge, n'est certainement encore qu'un titre honorable pour eux. En effet celui qui ne craint ni la fatigue des courses éloignées, ni des voyages longs et dangereux; qui ne se préoccupe nullement de ce qui serait une privation pour le plus grand nombre, pour se vouer à une étude continuelle; qui se prive de la plupart de ce que l'on nomme plaisirs dans la société; qui néglige de se soumettre à quelques-uns des usages de la vie civile, ou qui se soustrait avec indifférence au joug capricieux et futile des modes plus ou moins ridicules, celui-là, disons-nous, peut être taxé d'originalité, mais cet homme ne sera point un ami perfide, un mauvais père, un mari tyran, un citoyen dangereux, enfin le fléau de l'ordre social. En maintenant toujours cette distinction essentielle entre l'individu qui ne considère l'étude de la nature que comme un moyen de servir son ambition afin de briller dans le monde, et l'homme qui, par un enthousiasme bien pardonnable, en fait l'objet de ses méditations.

Comment l'homme qui étudie la nature ne deviendrait-il pas meilleur! perdant de vue le plus grand nombre des intérêts qui tourmentent les autres hommes, il se trouve sans cesse en rapport avec les œuvres de la nature: aucune de ses productions ne lui est indifférente, et toutes sont pour lui autant de merveilles de la Providence. Pour lui la majesté de la puissance créatrice est aussi grande dans la mousse qui couvre nos toits que dans le chêne ou le palmier qui s'élève dans les nues ; dans la mite microscopique, que dans le gigantesque éléphant !

Quelles que puissent être nos dispositions perverses ; une longue habitude d'études graves telles que la contemplation de la nature, finit par imprimer une direction plus noble : la rose communique son parfum à tout ce qui l'entoure et masque même les odeurs désagréables ; le diamant, tout éclatant qu'il est de sa nature, brille encore plus après avoir été quelque temps exposé à l'action des rayons du soleil.

Les beautés de la nature ne se développent pas dès les premiers instants, pour celui qui l'étudie : avant de faire des observations il faut avoir appris à observer. Aussi l'étude de l'histoire naturelle n'est attrayante que pour celui qui commence à savoir.

Il est une foule de considérations qui peuvent stimuler la sagacité de l'homme studieux : mais pour nous restreindre à ce qui se rapporte à l'étude de la Botanique, combien de recherches peut exiger le seul examen du nombre des parties dont se composent les divers appareils des grands ordres de végétaux ; que de réflexions peuvent naître sur les limites des développements affectés aux espèces végétales ; que de curieuses investigations sur les modifications des formes des végétaux, comme de tous les êtres ! Mais ces diverses considérations, pour le plus grand nombre des hommes, n'ont pas la sorte d'intérêt que doit rechercher la société dans l'étude de la Botanique. Un végétal existe dans la nature ; l'intelligence de l'homme a soumis à son appropriation tout ce qui existe, et cette production n'aura d'intérêt qu'autant qu'elle pourra présenter un but d'utilité : c'est là ce que demande la société ; c'est ce qu'elle exige. Que l'ami de la nature se rassure sur l'oubli que pourrait entraîner l'application rigoureuse de cette règle, pour un grand nombre de plantes ! Tout ce que la nature nous offre dans cette classe d'êtres, est d'une utilité générale, indépendante de son utilité particulière, et forme une de ces harmonies sans lesquelles tout le merveilleux dont nous sommes environnés disparaîtrait : sans cette foule de végétaux qui nous semblent inutiles, la nature serait morne ! Par quoi se trouve embellie la campagne? Qu'est-ce qui en fait l'ornement, soit au printemps dans nos climats ou dans la saison des pluies sous l'équateur? les végétaux et partout les végétaux ! Ce sont eux qui empêchent la masse des eaux de s'altérer dans nos rivières peu rapides ; qui concourent à rendre l'air que nous respirons plus salutaire ; car tandis qu'ils absorbent un gaz méphitique exhalé par notre respiration (1) et qui tend à rendre mortifère, l'air que nous respirons, ils laissent échapper par torrents celui qui donne la vie à tous les êtres existants (2) : aussi le voisinage des arbres et des plantes, loin d'être nuisible, ainsi qu'on l'a cru pendant long-temps, concourt à l'entretien de la vie chez tout ce qui les entoure. Ce bien-être qu'on trouve à l'ombre d'un arbre lorsque le soleil darde ses rayons, est moins dû à la fraîcheur que l'on y éprouve, qu'à l'air salubre qu'on respire au milieu de l'atmosphère dont l'arbre s'est environné !

Si nous étudions les végétaux sous les rapports de leur ensemble, nous trouvons qu'ils ont une action très-manifeste sur les phénomènes météoriques. Les forêts attirent les nuages, ces nuages déposent une rosée abondante dans ces lieux couverts, il en résulte ces innombrables ruisseaux sans lesquels les grandes rivières, les fleuves mêmes disparaîtraient. La Gaule autrefois couverte de forêts, avait d'innombrables lacs, fontaines, ruisseaux qui, pour le plus grand nombre ont disparu. S'il était utile de diminuer la surface des eaux pour conquérir du terrain, peut-être dans la plus grande partie de cette belle région, a-t-on détruit les forêts avec trop peu de discernement. La Provence est plus froide en hiver, plus aride et plus brûlante en été, depuis que les montagnes qui la couvraient, ont été dépouillées de leurs bois ; aussi une administration plus éclairée cherche-t-elle maintenant à les recréer.

Laissant de côté ces grandes et intéressantes considé-

(1) Le gaz acide carbonique. (2) L'oxigène.

rations, si nous voulons jeter un coup-d'œil sur l'utilité directe des végétaux, relativement à l'homme, nous verrons que ce sont eux qui sur tous les points du globe fournissent le plus abondamment à sa nourriture. En Europe c'est le froment qui alimente la masse de la population; en Asie c'est le riz et ses nombreuses variétés, sans compter quelques plantes moins usitées; en Afrique, ce sont les sorgho, végétaux ignobles pour nous puisque nous ne les utilisons que pour les objets les plus vils (1), qui font vivre presque toute la population nègre; en Amérique le maïs, joint à l'igname, au manioc, au bananier, ont de tous temps nourri les indigènes et servent encore à une partie de la population que les révolutions politiques y ont conduites. Nous ne parlons point ici des végétaux qui n'offrent qu'accidentellement ou en petite quantité des aliments, soit sous la forme de fruits, soit sous celle de légumes, et qui cependant en grand nombre, sont utilisés dans toutes les contrées de la terre. Partout les végétaux substantent l'homme, et nous pensons que cette nourriture lui est bien plus naturelle, répugne moins à la sensibilité que celle qu'il tire des animaux. En effet quel est l'homme réfléchissant sérieusement, qui n'éprouve pas une sorte d'horreur en songeant qu'il engloutit dans ses entrailles les membres déchirés des êtres qui l'entourent, pour assouvir une voracité qui ne lui est pas naturelle!

Éloignons de nous ces images et reportons notre vue sur les végétaux, dont la destruction entraîne des idées moins répugnantes et moins pénibles.

Par l'addition de quelques végétaux d'une saveur exaltée ou agréable, nous parvenons à relever l'insipidité de nos aliments. Les épices qui ont succédé au *Git* des Romains (*Nigella sativa*) et l'ont fait oublier, n'empêchent point que l'on emploie encore plusieurs plantes d'une odeur forte, d'une saveur âcre, fournies par divers végétaux, plus ou moins aromatiques. Dans chaque contrée l'on adopte quelques espèces pour

(1) On en fait ce que l'on nomme des *balais de jonc*.

relever ou modifier la saveur des mets dont on fait usage. A l'hysope, au serpolet, à la sariette, au thym, au laurier, si employés par nos ancêtres, se joignent les parfums les plus agréables, fournis par les fleurs ou les fruits, mélangés de mille manières diverses pour flatter notre palais et satisfaire notre sensualité.

Si les végétaux nous nourrissent, ce sont encore eux qui nous vêtissent en grande partie. Dans chaque contrée l'on a approprié à cet usage quelques espèces particulières : le chanvre, le lin en Europe ; le broussonetier en Chine ; le cotonnier dans presque toutes les régions du monde ; une foule d'autres espèces sont restreintes à des contrées plus limitées, ou à des usages bornés.

Si l'homme n'est pas satisfait de la teinte uniforme des tissus donnés par les plantes et qu'il veuille flatter sa vue par la variété des couleurs, ce sont les végétaux qui lui fournissent toutes les teintes qu'il peut désirer et les moyens de les modifier à volonté, selon ses goûts ou ses caprices. Le jaune est donné par mille et mille espèces ; le bleu par quelques unes seulement ; le rouge par un petit nombre ; le noir par le concours d'une nombreuse série. Les couleurs moins prononcées sont produites par une foule d'espèces de toutes les régions, dont l'homme tire parti pour varier les nuances des corps.

Si maintenant nous faisons concourir le règne minéral et le règne végétal à l'édification de nos demeures, dans les premiers âges de la société et actuellement même chez un grand nombre de peuples, ce sont les seuls végétaux qui se trouvent employés pour former les habitations.

Il n'est pas nécessaire, nous le savons bien, pour faire toutes ces applications vulgaires, de connaître les végétaux d'une manière méthodique ou spéciale ; mais c'est en généralisant leur étude qu'on a des données plus positives sur le mode de leur emploi et qu'on peut aussi mieux en multiplier et varier les applications, et surtout utiliser une foule de ceux qui sont abandonnés ou dédaignés du vulgaire.

Que trouvons-nous de plus agréable pour embellir nos demeures que la réunion des arbres, des arbustes, des fleurs, dont la nature nous est si prodigue! Si nous ne pouvons leur consacrer qu'une petite surface, alors restreignant notre choix aux plus humbles d'entre eux, nous pouvons encore nous voir environnés d'une éclatante végétation, par laquelle tous nos sens sont également charmés.

Si nous n'avions pas exposé suffisamment de quelle importance il est d'étudier les plantes, il ne faudrait que réfléchir aux dangers que plusieurs d'entre elles peuvent nous faire courir, pour qu'on soit désireux de connaître au moins celles qu'on doit éviter. Que d'accidents n'arrive-t-il pas faute de cette importante connaissance! Fréquemment on entend parler des funestes méprises occasionnées par l'ignorance des distinctions des espèces salutaires d'avec les espèces vénéneuses; et sans aller chercher par des préparations longues et délicates, les principes délétères, tels que la Morphine ou l'acide hydrocyanique, il est beaucoup de végétaux qui déterminent immédiatement les symptômes les plus effrayants. Le suc des uns corrode la peau par l'application immédiate; le simple contact des autres fait naître des affections érysipélateuses, ou des tremblements; d'autres, qui semblent nous flatter par leur saveur, portent la mort avec elles. Une racine, un fruit, une feuille nous semblent agréables au goût et cependant leur effet détermine des phénomènes dangereux pour l'économie animale. Ce qui doit nous consoler dans cet affligeant aperçu, c'est que les mêmes végétaux qui, entre des mains inexpérimentées, sont funestes, peuvent, par une préparation ou par des prescriptions méthodiques, devenir de puissants moyens curatifs : c'est ainsi qu'on a utilisé l'ellébore, l'opium, la ciguë. Mais outre ces végétaux dangereux ou suspects, il en est une foule d'autres qui, sans occasionner de risques dans leur emploi, viennent soulager nos infirmités, éloigner de nous les dispositions maladives auxquelles notre économie organique se trouve en butte, par suite de la complication des résultats sociaux ou par des accidents qui lui sont étrangers.

Quelle autre partie de l'histoire naturelle peut donc être plus belle, plus intéressante et plus digne de nos études, que celle qui nous présente tout ce qui est nécessaire à l'homme; nourriture, habillement, plaisirs, moyens curatifs? L'homme a tout à sa disposition. Mais il faut que le discernement, joint à l'étude, lui apprennent au milieu de l'immense série de végétaux, qui ornent la surface du globe, quels sont ceux qui peuvent lui être de quelque utilité et mieux encore ceux qui sous le même rapport sont les plus importants. Si la nature ne nous les offre pas dans ce degré de développement ou de perfection, que nous pouvons désirer, l'agriculture vient les modifier de cent manières différentes et au milieu des résultats obtenus, on peut en cherchant les races les plus avantageuses, les fixer par des moyens faciles et connus du cultivateur.

Des plumes si savantes, ont éclairé les hommes sur l'utilité de l'étude de la nature; des bouches éloquentes ont proclamé si victorieusement les avantages de cette étude, que nous craindrions d'affaiblir les idées qu'elles ont émises et propagées à cet égard, en voulant plaider nous-même avec plus d'étendue, une thèse si bien défendue par nombre d'hommes du mérite le plus éclatant.

Lorsque le savant entomologiste Lesser, cherchant à faire partager aux autres hommes les sentiments qu'il éprouvait, s'écriait dans un moment d'enthousiasme, *tout est merveille dans la nature aux yeux de celui qui s'attache à l'étudier* (1), il n'avait pas seulement en vue les insectes dont il faisait son étude favorite, mais tous les corps de la nature, dont la connaissance ne lui était pas étrangère. Ce qu'on a pu dire en examinant les formes variées et merveilleuses des insectes, ou bien en étudiant leurs mœurs singulières; ce qui a souvent été répété alors que les grands peintres de la nature ont parlé des êtres d'un ordre supérieur, peut encore trouver

(1) Théologie des insectes. Lesser.

son application, en jetant un simple coup d'œil sur les végétaux, ou se livrant aux réflexions ressortissantes de l'étude des phénomènes offerts souvent par les plantes les plus vulgaires, et foulées par nous le plus habituellement.

De même qu'il n'est pas donné à tous les hommes de jouir d'une égale étendue de facultés intellectuelles, de même il n'est pas donné à tous de voir sous un vaste horizon les objets qui doivent occuper le naturaliste: tous ne sont pas disposés à recevoir les mêmes impressions, ni ces impressions au même degré. L'âge, l'étendue d'instruction, le genre d'humeur, font varier le degré d'intérêt qu'on peut trouver dans l'étude de la nature et l'importance qu'on y attache. Le jeune homme dont les sensations sont trop nouvelles, trop renouvelées et trop variées, ne peut qu'entrevoir ce qui est fait pour frapper le plus vivement, ou les phénomènes les plus dignes d'intéresser et de fixer l'attention; l'homme dont l'instruction est plus avancée, préoccupé par le grand nombre d'objets nouveaux et par la difficulté de saisir et de retenir tout ce qui leur est relatif, ne peut être très-frappé d'une foule de choses dont une étude profonde et des réflexions suivies peuvent seules découvrir tout l'intérêt. Celui dont les sensations sont vives et mobiles, ne voit dans la nature qu'un spectacle divertissant, dont il ne lui reste plus aucun souvenir dès qu'il cesse de l'avoir sous les yeux. Tel autre sera impassible à la vue du plus beau des spectacles dont la nature le rendra témoin; regardera d'un œil indifférent l'étonnante masse des cétacés qui pèsent sur l'océan, la magique chute du Niagara, la grosseur gigantesque du Baobab (*Adansonia digitata*), tel autre au contraire, immobile de surprise, ne pourra s'arracher à la contemplation du plus humble des objets créé par la nature.

Les études rationnelles sont l'unique moyen qui puisse nous apprendre à pouvoir apprécier la nature. L'étude fixe la marche de l'homme à travers l'examen de l'immense série des corps qui couvrent le globe; c'est elle qui dirige nos regards au milieu du labyrinthe présenté par l'organisme intérieur des êtres vivants. Le charme de l'observation, produit d'une étude réfléchie et de la sorte d'enthousiasme naturel à l'homme qui sent vivement, font trouver de douces jouissances au milieu des difficultés qui se rencontrent dans l'examen méthodique de tous les êtres. Le naturaliste se délasse en étudiant l'admirable disposition des myriades d'écailles diversement colorées qui couvrent l'aile de l'insecte; en comptant même les lignes dont se compose le réseau de l'aile du moindre moucheron; en soulevant le voile qui couvrait l'appareil compliqué de la trompe de l'abeille. L'examen de la texture de la feuille des végétaux lui donne un plaisir aussi vif que la contemplation de la forme d'une brillante corolle dans le sein de laquelle son œil pénètre avec curiosité; l'analyse de l'urne des mousses, à l'aide même d'instruments, qui en découvrent la merveilleuse structure, est pour lui l'objet d'agréables études.

Tous les hommes ne peuvent être appelés à approfondir les mêmes choses et à faire des études semblables; leur situation dans le monde; le temps dont ils peuvent disposer; les goûts dont ils sont doués; la fortune dont ils jouissent, ne peuvent permettre à tous de suivre dans le même sens une science quelconque; de même chaque personne qui se livre à l'étude de l'histoire naturelle, ou de l'une des branches de cette science, l'embrassera seulement sous un certain point de vue et relativement à ses goûts ou à ses intérêts; et dans ce cas, l'homme raisonnable ne condamnera pas plus celui qui ne se livre qu'au plaisir d'étudier la mousse ou la fourmi, que celui qui spécule sur les produits du végétal ou de l'insecte.

Si le rang qu'une science est destinée à tenir dans la série des connaissances humaines, doit être réglé suivant l'importance des objets dont elle s'occupe; d'après le nombre de ces objets, et en raison de leur utilité, il n'est aucun doute sur la place que doit occuper la Botanique; le *cui bono? à quoi bon?* ne peut plus sortir que du milieu de la tourbe, que l'inégalité morale ou sociale des conditions, condamne à l'ignorance la plus profonde.

C'est pour n'avoir jeté qu'un coup-d'œil superficiel sur la science importante qui traite des végétaux; c'est pour l'avoir trop long-temps confondue avec d'autres sciences, qu'on a donné lieu au préjugé encore assez général qui ne l'a fait regarder que comme utile tout au plus au médecin; c'est pour l'avoir mal enseignée qu'on est parvenu à laisser croire qu'elle n'était que de peu d'importance et seulement une science de mots : opinion que semblerait confirmer la définition que quelques naturalistes, même recommandables, ont donné de la Botanique dans ces derniers temps.

Si *connaître les rapports qui unissent les plantes; les distinguer les unes des autres*, était l'unique but de la Botanique, ainsi qu'on l'a écrit, cette science serait bonne tout au plus pour former une occupation futile ou seulement curieuse à l'homme que sa fortune et ses loisirs laissent maître de tous ses moments, et dans ce cas, elle mériterait peu d'être cultivée et répandue. Si au contraire la Botanique n'était qu'une science de mots et une simple nomenclature méthodique, comme beaucoup d'ouvrages sur les plantes tendraient à le faire imaginer, tout homme sensé devrait la regarder comme une futilité et en dédaigner l'étude.

C'est en donnant à cette science tout le développement dont elle est susceptible, et la présentant avec tout l'intérêt qui doit s'y rattacher, qu'on peut combattre les préjugés défavorables qui ne font voir dans la Botanique qu'une science oiseuse ou une science de mots. C'est en la voyant surtout figurer au milieu des autres sciences, qu'on jugera qu'elle n'est inférieure à aucune de celles qui occupent l'esprit humain; c'est en considérant l'ensemble des choses qu'elle embrasse qu'on pourra véritablement apprécier son importance.

Il n'appartient qu'aux esprits d'une certaine trempe de s'élever à des considérations générales sur les objets dont ils s'occupent; c'est d'eux que partent ces traits de lumière qui viennent éclairer les sciences, ou frayer de nouvelles routes pour les conduire vers le perfectionnement, ou en reculer les bornes. Aussi il y a loin de ces sortes de considérations aux simples notions didactiques auxquelles peuvent arriver les esprits les plus ordinaires et dans lesquelles ils imaginent que se trouve renfermée toute la science. Le célèbre Linnée ne devient grand naturaliste ou ne paraît tel au moins, qu'alors qu'il s'élève au-dessus des considérations ordinaires et qu'il jette un rapide coup-d'œil sur le vaste ensemble de la nature ; sur cette immense série d'êtres qu'il appelle l'empire de la nature ; enfin lorsqu'il donne l'idée suivante du monde entier en classant tout ce dont il se compose.

L'ÉTERNEL

Immense, sachant tout, pouvant tout ; le premier moteur, l'être des êtres, la cause des causes, le conservateur, le protecteur universel et le souverain artisan de ce monde (1).

LE MONDE

Embrasse tout ce qui dans l'espace peut tomber sous les sens ;

LES ASTRES,

Ces corps lumineux, très-éloignés, circulant d'un mouvement perpétuel :

(1) Que Dieu se laisse entrevoir, et je suis confondu.
J'ai recueilli quelques-unes de ses traces dans les choses créées,
Et dans toutes, dans les plus petites mêmes,
Quelle force! quelle sagesse! quelle inexprimable perfection!
Les animaux soutenus par les végétaux; les végétaux par les minéraux; les minéraux par la terre.
La terre emportée dans son cours inaltérable autour du soleil dont elle reçoit la vie;
Le soleil lui-même tournant avec les autres astres;
Et le système entier des étoiles suspendu en mouvement dans l'abîme du vide, par celui que tu ne peux comprendre.
Que tu l'appelles DESTIN, tu n'erres point: il est celui de qui tout dépend:
Que tu l'appelles NATURE, tu n'erres point; il est celui de qui tout est né:
Que tu l'appelles PROVIDENCE, tu dis vrai: c'est dans ses conseils que le monde déploie ses moyens. (*Linnée.*)

Soit *Etoiles*,

Scintillantes de leur propre lumière,
Le Soleil et les Etoiles fixes.

Soit *Planètes*,

N'ayant qu'une lumière empruntée,
Saturne, Jupiter, la Lune, etc.

LE GLOBE TERRESTRE;

Ce corps planétaire qui tourne sur lui-même en 24 heures, et autour du soleil en un an.
Sous l'atmosphère que les éléments lui forment, les productions de la nature le couvrent d'une écorce dont nous étudions la superficie;

LA NATURE,

Loi immuable de Dieu, par laquelle chaque chose est ce qu'elle est; agit comme il lui est ordonné d'agir;
Ouvrière universelle, savante sans instruction,
Elle ne fait rien par saut; opère en secret, et dans toutes ses opérations, suit ce qui est le plus utile.
Rien de vain, rien de superflu, tout sert à la Nature pour accomplir ses œuvres.

LES CORPS NATURELS

Comprennent tout ce dont la main du Créateur a composé la terre.

MINÉRAUX.

Corps en masse ne vivant ni ne sentant;

VÉGÉTAUX.

Corps organisés vivants; ne sentant point;

ANIMAUX.

Corps organisés vivants, sentants, se mouvant spontanément.

Qui est celui qui pourrait ne pas admirer les traits de génie qu'on voit jaillir à chaque ligne, à chaque mot de ce court et brillant tableau de la nature, offert par l'immortel Linnée!

Les philosophes ont cherché dans tous les temps, à classer les connaissances du domaine de l'esprit humain. Plus ou moins heureux dans les efforts qu'ils ont faits pour arriver à ce but; ce n'est que depuis le célèbre chancelier d'Angleterre, le savant Bacon, que l'on a une idée rationelle de la classification des sciences. C'est lui dont l'esprit, nourri des écrits des philosophes de l'antiquité, sut le premier s'élever aux considérations générales et philosophiques inconnues jusqu'alors. Si l'on a fait quelques progrès en ce genre ils sont dus à Bacon; les hommes n'avancent dans la carrière de l'esprit humain qu'à l'aide du flambeau des génies qui les ont devancés. Si nous pouvons maintenant coordonner d'une manière plus convenable chacune des sciences, si nous pouvons plus exactement fixer la place que doit occuper parmi les autres sciences, l'inappréciable étude des végétaux; déterminer le rang qu'elle doit tenir parmi les connaissances humaines, nous devons en attribuer le premier mérite aux hommes illustres qui nous ont devancés.

D'Alembert, dans les premières pages de l'Encyclopédie, présenta un tableau complet des connaissances humaines, qui eut l'assentiment général et fixa les idées de son siècle à cet égard; cependant sa classification des sciences n'est peut-être pas la plus naturelle qui puisse être offerte. Nous ne la présenterons donc point ici, pas plus que celles données depuis et en différents temps, par des hommes d'un mérite plus ou moins distingué. Nous exposerons seulement celle que nous avons proposée depuis bien des années; quelle que soit sa valeur, elle aura au moins le mérite de la concision, tout en présentant l'idée des rapports généraux de la Botanique avec les autres sciences : nous réservant de donner ceux plus immédiats qu'elle peut avoir avec ces sciences, lorsque nous entrerons dans les détails de ce qui la concerne exclusivement.

DISTRIBUTION MÉTHODIQUE DES CONNAISSANCES HUMAINES.

- **I. SCIENCES tenant à la mémoire**
  - des choses : HISTOIRE DE LA NATURE.
    - Connaissance des corps : HISTOIRE NATURELLE proprement dite.
      - Astronomie.
      - Géographie physique.
      - Hydrologie.
      - Ethéréologie.
      - Géognosie.
      - Minéralogie.
      - Botanique.
      - Zoologie.
      - Anatomie comparée.
    - Connaissance des phénomènes : PHYSIQUE.
      - Physique céleste.
      - Météorologie.
      - Physique prop^t. dite.
      - Physique végétale.
      - Physiologie.
    - Connaissance des décompositions : CHIMIE.
      - Chimie minérale.
      - Chimie végétale.
      - Chimie animale.
  - GÉOGRAPHIE politique.
    - Géographie.
    - Hydrographie.
  - des faits : HISTOIRE politique.
    - HISTOIRE.
      - Histoire sacrée.
      - Histoire profane.
      - Archéologie.
      - Chronologie.
      - Mémoireshistoriques.
      - Biographies.
- **II. SCIENCES tenant au raisonnement.**
  - ARTS industriels relatifs
    - A l'homme en santé. . . . . Technologie.
    - A l'homme malade. . . . . . Pharmacie.
    - Aux végétaux . . . . Agriculture.
  - SCIENCES médicales
    - Préservatrices . . . . Hygiène.
    - Réparatrices . . . .
      - Pathologie.
      - Séméiotique.
      - Diététique.
      - Chirurgie.
      - Vétérinaire.
      - Phytotérosie.
  - SCIENCES de calcul,
    - Des nombres positifs. . . . . Arithmétique.
    - Des quantités indéterminées. Algèbre.
    - Des dimensions des corps. . . Géométrie.
  - SCIENCES logiques : art de bien
    - Parler. . . . . Grammaire.
    - Penser . . . . Logique.
    - Dire. . . . . Rhétorique.
    - Enseigner. . . . . Pédagogique.
  - SCIENCES politiques : art de bien
    - Faire . . . . Morale.
    - Réprimer. . . . . Jurisprudence.
    - Régner . . . . Politique.
  - SCIENCES métaphysiques
    - Sur la formation de l'univers. Cosmogonie.
    - Sur la création de la terre . Géologie.
    - De la nature de l'âme. . . . Psychologie.
    - De la nature de Dieu . . . . Théologie.
- **III. SCIENCES tenant à l'imagination, résultant**
  - De l'élévation des idées et de l'harmonie. Poésie.
  - De l'harmonie et la mélodie. . . . . . . Musique.
  - De la grandeur dans les compositions, et de l'harmonie dans les couleurs . . . . Peinture.
  - Du fini dans l'expression et les formes. . Sculpture.

Nous ne savons rien, nous ne connaissons rien que par l'intermédiaire de nos sens, et ce n'est que par leur moyen que l'homme voit d'abord, raisonne ensuite, et finit par imaginer. De là la distribution des sciences en celles qui tiennent à la mémoire; en celles dépendant du raisonnement, et en celles du domaine de l'imagination.

L'univers, considéré comme un ensemble de corps différents, est du domaine de l'HISTOIRE NATURELLE. C'est par les objets qui le composent que nos sens commencent par être frappés et le sont le plus habituellement dans le cours de la vie. L'histoire naturelle est donc la première science dont l'homme a été forcé de s'occuper; mais plus il a vu d'objets, mieux il les a distingués et plus il a senti la nécessité de les grouper. Aussi, dès la plus haute antiquité, l'on avait déjà reconnu différentes classes de corps naturels. Pour en prendre une idée, il faut les examiner séparément et d'après les analogies qu'ils ont entr'eux, en suivant à peu près l'ordre dans lequel ils se présentent à nous.

Les corps lumineux embellissant la voûte éthérée, sont les premiers qui fixent les regards encore incertains de l'homme naissant : aussi, dans notre tableau, nous plaçons au premier rang l'ASTRONOMIE : mais dégagée de tous ses calculs et ne distinguant les corps célestes que d'après leurs apparences ou aspects relativement à nous.

La GÉOGRAPHIE PHYSIQUE, ou l'état physique de la surface de la terre, abstraction faite des peuples qui la couvrent et des habitations ou villes dont elle est parsemée, forme une seconde partie de l'histoire naturelle, s'occupant de faire connaître les continents, les mers, les chaînes de montagnes, les plateaux, les vallées, les fleuves, les rivières, les lacs et tout ce qui diversifie la surface du globe.

L'HYDROLOGIE, qu'il ne faut pas confondre avec l'hydrographie, partie de la géographie politique, forme une troisième branche de l'histoire naturelle, que quelques auteurs ont réunie avec la minéralogie, et qui traite des diverses espèces ou variétés d'eaux ordinaires ou minérales, que l'on observe sur tous les points du globe.

Les fluides aériformes, ou gaz, dont la connaissance comme corps appartient à l'histoire naturelle, et comme corps doués de diverses propriétés, rentre dans le domaine de la physique, forment une branche de science que l'on peut distinguer par le nom d'ÉTHÉRÉOLOGIE.

La GÉOGNOSIE, s'occupant de l'état et de la situation des minéraux dans le sein de la terre, est une partie de l'histoire naturelle très-distincte de la cosmogonie ou géologie et de l'oryctognosie ou MINÉRALOGIE. Cette dernière science apprend à distinguer les diverses espèces minérales, abstraction faite de leur manière d'être dans le sein de la terre.

La MINÉRALOGIE, la botanologie ou BOTANIQUE, la ZOOLOGIE, considérées comme constituant plus essentiellement l'histoire naturelle, n'en sont cependant pas des parties plus intimes que celles que nous venons d'indiquer, quelle que soit le préjugé favorisant l'opinion contraire.

Si la main de l'homme sépare d'une manière méthodique et sans les décomposer, les diverses parties formant les corps quels qu'ils soient, c'est en faire l'anatomie, qui devient ANATOMIE COMPARÉE dès que l'on met en opposition les divers résultats obtenus : ainsi, soit que l'on isole les molécules d'une masse cristalline, au moyen du clivage ou d'une cassure méthodique ; soit que l'on soulève, au moyen du scalpel, le voile qui cache l'organisation intérieure de l'animal ou du végétal, c'est toujours de l'anatomie comparée. C'est par ce moyen que l'on acquiert le complément de la connaissance des corps, puisque l'on scrute leur structure et jusqu'à la texture des parties dont ils sont composés.

Dès que l'on connaît tous les corps de la nature, ce qui a lieu par les propriétés qu'ils manifestent, dans les rapports qu'ils ont avec nos sens, dès ce moment on possède la science de l'histoire naturelle, qui aurait pu recevoir une dénomination plus heureuse. Le mot PHYSIQUE, chez les Grecs, rendait l'idée que l'on attache maintenant à l'expression d'*histoire naturelle*; mais il ne peut plus être adopté, vu l'acception rigoureuse qu'il a maintenant pour nous.

Ce n'est point assez de connaître les corps d'après leur couleur, leur forme, leur saveur, leur pesanteur, leur dureté; de les distinguer les uns des autres par des noms différents; de les classer d'après une méthode quelconque, pour les retrouver au besoin, ces corps présentent encore nombre de phénomènes naturels plus ou moins remarquables et plus ou moins utiles à connaître. C'est l'étude de ces phénomènes qui constitue la belle science de la PHYSIQUE, que l'on doit envisager sous un point de vue bien plus général que l'on ne le fait ordinairement. Ainsi la PHYSIQUE CÉLESTE ou la connaissance des mouvements des corps astronomiques et de la cause de ces mouvements, fait une partie de la physique; la MÉTÉOROLOGIE en forme une seconde mais, d'autant plus intéressante à étudier, que les variations ou accidents, que l'on observe dans l'atmosphère, ont un rapport direct, avec l'homme qui vit dans cette atmosphère et avec tout ce qui est immédiatement utile aux premiers de ses besoins : la vie en reçoit des influences plus ou moins favorables.

La PHYSIQUE proprement dite, se compose de la connaissance des phénomènes observés dans les minéraux, les végétaux et les animaux, considérés dans leur état d'intégrité ou dans leur état de vie : c'est la *physique générale*. L'électricité et ses dépendances la crystallographie, l'optique, etc., inhérentes à la physique des minéraux; la physique végétale, la physique animale ou physiologie, champs vastes pour l'observation, curieux pour la variété et indispensables à parcourir pour l'importance des phénomènes, sont autant de branches qu'il est naturel de rattacher au même point de vue.

On peut faire une étude spéciale de chacune de ces parties de la physique, lorsque le genre des études que l'on suit l'exige, mais il n'est pas possible de les isoler lorsque l'on veut prendre une idée générale de la physique. C'est en s'élevant à ces notions, s'enchaînant les unes aux autres, que l'homme atteint la véritable philosophie, qui doit être le complément de toute science humaine.

Lorsque les corps se décomposent; que les principes qui les constituent cessent d'être en rapport les uns avec les autres, par la suspension des forces qui les tenaient liés ensemble, alors ces principes agissent les uns sur les autres ; produisent des phénomènes particuliers et donnent naissance à de nouvelles combinaisons, et à des corps qui n'existaient pas : c'est ce qui constitue la CHIMIE. Sous un certain point de vue, la Chimie est une véritable branche de la physique, puisqu'elle se compose en réalité de l'étude de phénomènes, à la vérité, dans des corps en décomposition ; mais comme la physique est une science très-vaste et dont chacune des trois branches indiquées, exige, pour ainsi dire, des connaissances spéciales, il en résulte que la chimie doit occuper un rang distinct et suivre immédiatement la physique. Elle renferme la CHIMIE MINÉRALE, la CHIMIE VÉGÉTALE et la CHIMIE ANIMALE. Dans ces trois sections, l'art a multiplié les connaissances, et de toutes les sciences, c'est celle dans laquelle, depuis un petit nombre d'années, l'on a fait les plus étonnantes et les plus singulières découvertes, parmi lesquelles l'industrie a trouvé de quoi s'enrichir, et la science de quoi s'éclairer sur une foule de phénomènes.

Après avoir tracé rapidement le tableau des diverses branches de l'histoire naturelle, science tenant à la mémoire des choses, nous ne dirons que quelques mots des sciences qui tiennent à la mémoire des faits, au nombre de deux seulement : la GÉOGRAPHIE politique et l'HISTOIRE. La Géographie donne l'idée des démarcations factices que les sociétés ont établies entre les états; présente les divers monuments élevés par la main des hommes avec tout le système de leurs dénominations; l'HYDROGRAPHIE décrit sous le même point de vue le cours des eaux.

L'HISTOIRE ou le recueil des faits politiques peut se

diviser en *histoire sacrée*, *histoire profane*, *archéologie* ou antiquité ; *chronologie* ou l'histoire critique des dates ; et *biographies* ou histoire des individus ayant mérité d'être remarqués.

Les sciences de raisonnement sont en aussi grand nombre et aussi étendues au moins que celles tenant à la mémoire des choses ; pour les lier à ces dernières, nous plaçons en première ligne la TECHNOLOGIE ou l'immense science des arts industriels, parce que c'est elle qui rend le plus de services à la société, et parce que les matières qu'elle emploie ou dont elle fait des applications utiles et usuelles, sont tirées des corps de la nature, soit organiques, soit inorganiques.

La PHARMACIE, considérée sous le simple rapport de la préparation des médicamens, n'est qu'une des nombreuses ramifications de la *technologie*. L'AGRICULTURE même vient se ranger dans la vaste science des arts industriels ; elle repose sur les moyens de diriger le développement des végétaux de la manière la plus avantageuse, soit pour notre plus grande utilité, soit pour notre plus grand plaisir.

Nous plaçons ensuite les *sciences médicales*, divisées en conservatrices et réparatrices. La médecine, cette science précieuse, instrument si utile entre les mains de l'homme instruit, et qui rend tant de services à l'humanité que les abus de la civilisation ont précipité au milieu de toutes sortes de maux, la médecine, distinguée en HYGIÈNE, PATHOLOGIE, SÉMÉIOTIQUE, DIÉTÉTIQUE, CHIRURGIE et VÉTÉRINAIRE, auxquelles nous ajouterons, même à l'exemple d'un médecin, l'art d'obvier aux altérations des végétaux, que depuis long-temps nous avons désigné sous le nom de PHYTOTÉROSIE ; la médecine ainsi considérée, conservera un haut degré d'importance dans la série des sciences créées par la réflexion.

Le troisième groupe des sciences tenant au raisonnement, est pour nous la science des nombres. Quels que soient les moyens pour assembler ou comparer les quantités, elles seront réunies sous le nom de sciences de calcul. Lorsque l'on emploie des figures exprimant des nombres déterminés, c'est l'ARITHMÉTIQUE ; lorsque ces signes expriment des quantités arbitraires ou indéterminées, c'est l'ALGÈBRE; quand enfin le calcul a pour objet les dimensions des corps considérés comme lignes, plans ou solides, c'est la GÉOMÉTRIE.

La comparaison des quantités, quelle que soit la nature de ces quantités, rectifie le jugement, même par rapport aux actions de la vie: aussi la science du calcul est-elle une sorte de logique qui fortifie celle en usage dans les langues parlées ou écrites. C'est pourquoi nous plaçons les *sciences logiques* à la suite des sciences de calcul, telles que celle de bien parler ou la GRAMMAIRE, celle de bien penser ou la LOGIQUE, et celle de bien dire ou la RHÉTORIQUE.

Les sciences politiques, dont nous formons la quatrième série des sciences de raisonnement, sont encore le résultat d'une sorte de calcul, car, si la MORALE est l'art de bien faire; la JURISPRUDENCE l'art de bien réprimer le mal ou de diriger vers le bien; la POLITIQUE l'art de bien gouverner les hommes et de bien régner, c'est l'effet d'une rectitude de jugement qui ne peut s'acquérir que par l'exercice et la comparaison de plusieurs choses au milieu desquelles doit être trouvé cet *inconnu*, qui est le mieux par rapport à l'ordre social.

Les objets abstraits et qui sont hors des sens, ont une importance bien moins grande pour l'homme que les précédents qui pour la plupart ont un rapport immédiat avec son existence physique ou sociale. En effet, tout ce qui est du ressort des sciences métaphysiques, n'est relatif qu'à des choses conjecturales, plutôt du domaine des hommes contemplatifs, que de celui des hommes livrés à des soins domestiques ou étrangers aux sciences. Les sciences métaphysiques tiennent, pour ainsi dire le milieu entre les sciences de raisonnement et celles dépendantes de l'imagination.

On voit que nous donnons aux *sciences métaphysiques* une acception plus étendue qu'on ne le fait ordinairement. D'un autre côté, nous en soustrayons quelques parties qu'on y rattache, parce qu'elles reposent sur des bases appréciables, tandis que les autres tiennent à des considérations véritablement abstraites. On ne doit pas être surpris de nous voir placer au nombre des sciences métaphysiques, les recherches sur la formation de notre univers ou COSMOGONIE; celles conjecturales sur la terre que nous habitons ou GÉOLOGIE. Pour ce qui est de la PSYCHOLOGIE ou recherches sur la nature de l'âme, et de la THÉOLOGIE ou considérations sur la nature des êtres surnaturels, ce sont les deux seules sciences qui devraient composer la métaphysique, contre ce que les préjugés de l'école font admettre encore.

La troisième et dernière classe des connaissances humaines tient à l'imagination. Il ne faut pas croire que dans ces sciences l'homme est réellement créateur; son esprit n'imagine rien, ne fait rien dont les éléments ne se retrouvent dans les sensations qu'il a déjà éprouvées: seulement il forme des conceptions plus ou moins brillantes, plus ou moins savantes, suivant la vivacité ou l'étendue de l'imagination. C'est là que se montre le génie : l'étude ne pouvant seule nous faire créer les chefs-d'œuvre.

La POÉSIE, la PEINTURE, la SCULPTURE, la MUSIQUE, sont plus spécialement du domaine de l'imagination. Là, presque tout est l'effet de savantes conceptions du génie: c'est lui seul qui a trouvé l'harmonie du vers, la mélodie du chant, la magie qui anime la toile et vivifie le marbre.

On ne devra pas être étonné si, dans l'esquisse présentée ici, diverses parties des sciences qu'on est habitué à coordonner les unes près des autres, se trouvent plus ou moins éloignées : si, par exemple, l'anatomie est classée parmi les sciences physiques, et la médecine au nombre des sciences de raisonnement, nous n'avons considéré dans notre travail qu'une science unique, celle de l'esprit humain.

Les anciens ne connaissaient aussi qu'une seule science, c'est celle dont nous venons d'exposer rapidement l'ensemble; c'était celle de tous les philosophes de l'antiquité, des Pythagore, des Thalès, des Aristote, des Pline. Théophraste, l'un des plus beaux génies de la Grèce, le botaniste le plus docte de l'antiquité, l'un des hommes qui ont le mieux mérité le titre de philosophe et de sage, par sa conduite, sa morale et son savoir,

Théophraste a prouvé par le grand nombre d'excellents ouvrages qui nous restent de lui sur une grande diversité de matières, que cette science, malgré son étendue, n'était pas au-dessus des forces de l'intelligence de l'homme, surtout dès que l'on ne s'astreint pas à connaître les moindres particularités qui peuvent y être relatives. Avec le temps, les travaux et les observations multipliées des savants ont donné de l'extension à chaque point de la science générale, de la science unique; les faits et les choses se sont offerts en si grand nombre qu'il n'a plus été possible de l'embrasser dans son ensemble et bien moins encore dans ses détails.

L'esprit humain n'étant susceptible que d'une étendue déterminée de savoir dans le même homme, en même temps qu'il a pénétré plus avant dans une partie de la grande science, il a été forcé de négliger les parties voisines, laissant à d'autres le soin de poursuivre les routes qui ne pouvaient être frayées par un seul. Il en est résulté que plus les connaissances humaines ont pris d'accroissement et plus on les a isolées les unes des autres.

Tout en convenant de la nécessité de suivre actuellement cette marche, nous croyons qu'il est utile quelquefois de restreindre, dans un moindre cadre, l'immensité des objets dont l'esprit de l'homme peut s'occuper, afin qu'on puisse apprécier les rapports de toutes les sciences entre elles. Ce moyen habitue l'imagination à voir les choses quelquefois dans leur ensemble : étant constant qu'on diminue l'étendue de l'esprit si on le dirige toujours sur des objets de détail. Le célèbre professeur d'Upsal lui-même, ainsi qu'on a pu le voir, n'a jamais entièrement isolé la science qu'il avait si bien approfondie.

C'est pour rentrer dans l'ordre nécessité par l'état actuel des connaissances humaines, que, quittant toutes les autres branches de la science universelle, nous ne devons plus nous occuper que de celle traitant des végétaux et nous livrer exclusivement à ce qui la concerne. Heureuse étude qui charme les loisirs de l'homme ami du calme et de la solitude; qui éclaire le cultivateur dans les soins qu'il prodigue aux végétaux utiles; qui fournit aux arts les procédés pour faire les applications précieuses; qui vient à l'aide de l'homme qui se consacre à veiller à la conservation de notre santé, et qui enfin étend pour nous le nombre des phénomènes de la nature et nous facilite l'intelligence, ne sont-ils pas l'harmonie existante dans toutes les parties de notre univers!

Il est naturel de penser que toutes les personnes qui se livrent à l'étude de la Botanique, n'ont pas le même but. C'est cette diversité dans les motifs qui doit engager ceux qui enseignent cette science à trouver les moyens d'intéresser également chacun de ceux qui viennent les entendre, ou qui les lisent, afin que personne ne puisse perdre de vue l'objet qu'il se propose. Dans un travail de la nature de celui que nous présentons, on ne doit pas chercher à former exclusivement des Botanistes, des Médecins-Botanistes, des Botanistes-Cultivateurs, ou des Adonistes, on doit mettre seulement chaque personne dans le cas d'être l'un ou l'autre, suivant son goût ou les circonstances qui la déterminent. Les principes sont les mêmes, c'est à celui qui étudie à diriger ses idées sur les choses qui doivent le fixer plus spécialement. La nature est un livre immense dans lequel on se charge de faire lire quelques feuillets, pour apprendre à le parcourir soi-même : c'est donner une clef au moyen de laquelle on peut pénétrer dans le sanctuaire de cette nature si belle à étudier. C'est là que les sages de tous les temps ont cherché des consolations et d'heureuses distractions aux peines de la vie. Lorsqu'on apprend que chez les Grecs, Homère, Aristote, Théophraste et beaucoup d'autres; chez les Romains, Pline, Virgile, Varron et tous les philosophes de l'antiquité ont étudié les plantes, et alors la Botanique était loin d'offrir l'intérêt qu'elle présente maintenant, on ne peut s'empêcher d'estimer, même avant de la savoir, une science dont se sont occupés le plus beaux génies de la Grèce et de l'ancienne Rome, et qui dans les siècles modernes a fait l'occupation et les délices d'une foule de savants justement illustres.

Quels que soient les motifs qui portent à étudier la

Botanique, il est indispensable de prendre des notions générales et préliminaires de cette science.

De même que toutes les sciences, la Botanique possède des notions générales élémentaires, que doivent connaître ceux qui veulent s'occuper de l'étude des plantes. Mieux on possède ces notions ou principes et plus l'étude devient facile, agréable et fructueuse. Alors avec un peu d'usage, on est bientôt dans le cas de se passer de secours et de suivre la direction qui intéresse le plus. Celui qui voudra seulement connaître les plus beaux arbres dont il peut entourer son habitation ou enrichir son domaine, fixera plus spécialement ses idées sur les espèces présentant le plus beau feuillage, offrant le meilleur fruit ou le bois le plus précieux, ou qui se prêtent le plus facilement aux formes qu'on veut leur donner. Il distinguera quels sont ceux qui exigent le bord des eaux; ceux qui se plaisent au milieu des rochers; ceux qui ne croissent bien que dans une bonne terre végétale; ceux qui ne se déplaisent point dans un sol sablonneux, afin d'approprier au terrain qu'il désire peupler, les espèces qui peuvent y convenir.

L'Adoniste ou amateur des fleurs, qui ne se trouve avoir à sa disposition qu'un espace de terrain très-limité, saura faire choix entre les plus belles, les plus rares espèces et en même temps les plus propres au terrain et aux soins qu'il peut leur consacrer.

Le Médecin, le Chirurgien, le Pharmacien feront une étude plus spéciale des plantes, de leurs produits ou de leurs parties, que leur profession les oblige de connaître, pour les utiliser ou les préparer.

L'Agriculteur, l'Artiste, quels qu'ils soient, auront tous les moyens de recueillir en grand nombre, les notions utiles à la profession qu'ils suivent. Nous osons dire qu'il n'est aucune science, aucun art qui ne puisse profiter de la connaissance des plantes, surtout lorsque la Botanique sera traitée telle qu'elle doit l'être dans les ouvrages qui lui sont consacrés.

Celui qui veut devenir botaniste de profession, et se livrer par goût à l'étude des plantes, saisira tous les moyens d'étendre ses connaissances scientifiques et d'augmenter la somme des jouissances qu'il se promet, en cultivant l'une des plus intéressantes branches de l'histoire naturelle.

Pourrait-on croire qu'il devient indispensable de prévenir ceux qui font usage des végétaux dans les arts et surtout en médecine, de parfaitement connaître ceux qu'ils veulent employer ou prescrire! Cependant afin de faire éviter les erreurs préjudiciables qu'on voit commettre journellement par l'impéritie de beaucoup d'entre ceux qui sont appelés à employer les plantes, nous ne pouvons nous en dispenser. Dans Paris même, où l'on ne soupçonnerait pas l'ignorance d'une science si utile aux médecins et aux pharmaciens, dans cette capitale où se trouvent, en ce genre, les plus célèbres établissements et les plus savants professeurs, on a vu des hommes, obligés par leur profession de connaître les propriétés des végétaux, donner l'Hyssope, lorsque la Saponaire était prescrite; d'autres, substituer la Fumeterre au Serpolet; d'autres, donner le Marrube au lieu de la Menthe; on a poussé l'ignorance jusqu'à donner de la Chélidoine au lieu du Cétérach.

Des pharmaciens ont préparé, avec le *Trèfle des prés*, plante de toute innocuité, l'extrait de *Trèfle d'eau*, (*Menyanthes trifoliata*) plante éminemment amère et fébrifuge. Souvent l'on a préparé l'extrait de Cigüe avec le *Caucalis-Anthriscus;* aussi les médecins qui prescrivaient l'usage de cet extrait à leurs malades, étaient très-surpris de n'obtenir aucun des brillants succès qu'avait annoncé et obtenu le docteur Stork. Un pharmacien de Paris, depuis qu'on a relevé cette méprise, préparait son extrait de Cigüe avec le Cerfeuil sauvage (*Chærophyllum sylvestre*)! On sent assez le ridicule ou le danger de ces sortes de bévues. Nous tenons d'un médecin digne de foi qu'il a vu employer la Gratiole (*Gratiola officinalis*) dans le cas où l'on avait prescrit des plantes émollientes : on appréciera quelle dût être la différence du résultat, lorsqu'on saura que la Gratiole est un purgatif des plus violents.

Il est de la plus grande importance de signaler d'aussi absurdes méprises, afin d'engager les médecins, les chirurgiens, les pharmaciens à ne pas s'occuper légèrement d'une science, dans laquelle l'ignorance peut entraîner d'aussi graves inconvénients que ceux que nous venons de signaler.

Tout Médecin, Pharmacien, Agriculteur, Artiste, qui saura de la Botanique, ce qui lui est relatif, en retirera les avantages les plus marqués; mais c'est au seul botaniste qu'est réservé d'étendre de plus en plus les bienfaits que la société retire des végétaux; lui seul peut distinguer entre les espèces utiles celles qui peuvent l'être encore plus. Il est vrai que tous les travaux du botaniste n'ont pas le même degré d'importance; mais parmi ceux qu'il entrepend pour sa propre satisfaction, il en est souvent qui donnent naissance à de nouvelles branches d'industrie ou de commerce.

Ce sont les botanistes qui ont fait connaître les meilleurs *Cannelliers*, *Girofliers*; les plus belles espèces de Cotonniers, de Cannamelles; qui ont découvert les arbres produisant le benjoin, la myrrhe, l'encens, le camphre. C'est à leurs soins qu'on doit la description d'une série de plantes fournissant de l'indigo, bien qu'elles ne se trouvent point appartenir à la famille des plantes légumineuses. Pour n'en citer qu'un exemple remarquable, nous rappellerons que le botaniste Roxburg a décrit une Apocinée (*Marsdenia tinctoria* R. Brow.) qui, dans le Bengale, fournit déjà au commerce une masse importante d'indigo.

Un botaniste, devenu depuis célèbre, pour n'avoir examiné que superficiellement la Renouée tinctoriale (*Polygonum tinctorium* Lour.) qui fournit un bel indigo aux Japonais et aux Chinois, et l'avoir prise et indiquée pour la Renouée des oiseaux (*Polygonum aviculare*), a fait faire des essais inutiles sur cette dernière espèce, lorsqu'on s'occupait en France de découvrir une plante tinctoriale à substituer à l'*Indigofera* : ce botaniste est cependant le savant voyageur Thunberg.

Sans aller chercher des exemples pris des végétaux exotiques, voyons seulement en France combien l'étude des plantes a fourni de résultats précieux dans ces derniers temps.

TRAITÉ GÉNÉRAL

DE

BOTANIQUE.

GÉNÉRALITÉS.

La Botanique, si éloignée de l'aveugle empirisme de l'herboriste qui ne porte que sur des traits vagues de disparité et de ressemblance, mérite d'occuper, ainsi que nous l'avons déjà dit, un des rangs les plus distingués parmi les sciences naturelles. Elle présente des lois générales et des effets qui, bien qu'analogues, se reproduisent sans cesse sous les formes les plus variées. Que de rapports à étudier dans les nuances graduées et quelquefois dans les passages brusques d'un genre, d'une classe, d'une famille, d'une espèce, à un autre! Que de distinctions fines et délicates à faire! Outre l'avantage d'offrir en tous lieux un objet d'instruction et un aliment à la curiosité, la Botanique rend toute contrée chère au botaniste; elle donne un nouveau charme à la destination naturelle de l'homme; fixe l'attention sans la fatiguer; exerce et entretient la santé, communique à l'âme cette sérénité douce qu'on ne croirait plus trouver que dans les romans s'il n'existait des botanistes. Telles sont à peu près les expressions d'un appréciateur de la science qui nous occupe(1).

Pour concourir à propager l'étude de la Botanique sous un point de vue avantageux, nous exposerons d'une manière neuve et plus méthodique qu'on ne l'a fait encore, les généralités qui doivent lui être propres. Nous ferons ressortir l'importance de cette belle partie de l'histoire naturelle, du tableau même des objets dont elle doit s'occuper. Il faudra que l'esprit se trouve plus rempli de faits, que la mémoire ne soit chargée de mots. Peut-être n'a-t-on vu que l'opposé jusqu'à ce jour, puisqu'il semble

(1) Veillées Béarnaises.

que dans les plus célèbres écoles où l'on professe la Botanique, une science de mots ait pris la place d'une science de faits : reproche dont il ne paraît pas qu'on cherche à se mettre à l'abri, si nous en jugeons d'après le témoignage de l'état actuel de la science, pour laquelle il n'existe véritablement aucun traité intéressant. Ce n'est point en ne montrant qu'un simple squelette qu'on peut fixer l'attention, déterminer le goût et entraîner à faire d'utiles applications. Si l'on eut suivi les traces du célèbre professeur d'Upsal, l'on ne se fut pas mis dans le cas de voir jeter de la défaveur sur la Botanique par ceux qui jugent légèrement des choses. Ce n'est pas dans les catalogues plus ou moins perfectionnés de ce botaniste illustre, qu'on devra juger la Botanique : toute l'importance de l'étude des plantes est dans la collection des dissertations publiées sous ses yeux (*Amœnitates academicæ*) ; dissertations dans lesquelles se trouvent une foule de matériaux propres à former la base d'un véritable Traité de Botanique. C'est dans cette collection et autres analogues, que ceux qui veulent juger la science, doivent aller chercher les pièces nécessaires pour porter un jugement exact sur la plus aimable et peut-être la plus importante de toutes les sciences, si l'on parcourt le vaste et réel horizon qu'elle embrasse.

On ne peut nier qu'il ne soit indispensable de perfectionner ce qui a rapport aux éléments d'une science quelconque, et sans cela on ne peut marcher d'un pas assuré ; mais on doit encore avec plus de soin s'il est possible, fixer l'attention sur les applications de cette science, ou sur celles dont elle est susceptible ; parce que, du nombre de ces applications résulte le rang qu'elle doit tenir dans la série des connaissances utiles à la société : la plus grande partie des hommes ne pouvant juger de l'importance des choses que sous ce point de vue.

DÉFINITION.

Par BOTANIQUE on entend la science qui traite des végétaux, ou ce que l'on désigne vulgairement par les noms divers de *plantes*, *herbes*, *arbres*, *arbustes*, *arbrisseaux*, et encore sous ceux de *mousses*, *champignons*, suivant leur stature ou nature ; et les rapports de divers qu'ils peuvent avoir avec l'ordre social.

La Botanique, relativement à nous, ayant pris naissance chez les Grecs, il n'est pas étonnant que le nom qui la désigne, provienne de leur langue : *Botanè* veut dire *plante*, ou *herbe*, et indique assez le but de la science qui en tire son nom.

On trouve la Botanique désignée aussi quelquefois sous les noms de *Phytographie*, de *Phytologie*, mais ces dernières dénominations qui, ainsi que celles de *Botanographie* et *Botanologie,* renferment l'idée de *description de plantes* ou *discours sur les plantes,* n'ont pas prévalu et ne sont point préférables à l'emploi du mot *Botanique.*

Si l'on consulte les ouvrages traitant des éléments de la Botanique; ou si l'on parcourt les définitions données de cette science, on pourra croire ses limites très-restreintes, puisqu'il semblerait qu'elle se réduit à l'exposition des notions élémentaires propres à donner l'intelligence du langage du botaniste, et à fixer le nom de chaque plante. Les traités les plus étendus ne sont composés que de la réunion et définition des termes les plus en usage, et de la distinction des parties que l'on observe dans les plantes. On y joint l'exposition de deux ou trois méthodes de classification les plus universellement employées, et l'on termine par un petit nombre de notions sur la physique végétale. Cet ensemble peut bien concourir à former des botanistes, procurer les connaissances les plus indispensables; mais il n'est pas possible de les considérer comme l'exposition de la science elle-même. Dans l'état actuel des choses, essayer mieux, est toujours un service rendu à la Botanique, quant bien même le succès serait incomplet.

S'il manque véritablement un Traité, un Cours complet de Botanique, cela ne tient ni à l'impossibilité de le faire, ni au défaut d'hommes capables de l'entreprendre et de lui donner la perfection nécessaire; c'est qu'on a perdu de vue l'objet et le but de cette étude; c'est qu'on n'a pas su renfermer dans de justes bornes ce qu'il y avait à dire; c'est qu'on a souvent transporté, sans beaucoup de discernement, des détails de sciences voisines dans la Botanique, ou que ces mêmes sciences ont usurpé sur la Botanique une grande partie de ce qui devait lui être adjoint. Si l'on eut voulu faire un semblable travail, on eut trouvé dans Tournefort, Jungius, Linnée, une grande partie des matériaux indispensables : mais il en eut fallu chercher le complément dans les ouvrages modernes des physiciens, des médecins, des économistes, des agronomes, et dans les nombreux ouvrages qui traitent de quelques-unes des applications des plantes; et les voyageurs même, en employant leurs observations avec discernement, eussent été d'un grand secours.

Lorsqu'on ne connaissait qu'empiriquement les végétaux, on pouvait dire qu'il n'existait point encore de science: mais depuis qu'on a porté le flambeau du raisonnement sur toutes les branches des connaissances humaines; depuis que les savants ont donné des méthodes de distribution, on a vu chacune d'elles prendre plus d'extension, rassembler tout ce qui pouvait rentrer dans son domaine et offrir un corps de doctrine digne d'occuper un esprit raisonnable. Cet avantage, la Botanique le partage, mais il faut convenir que cette science, sous certains points, est demeurée beaucoup en arrière, si on la compare à plusieurs autres d'une importance bien moins grande. Au moyen de notre méthode d'exposition il sera plus facile d'acquérir des connaissances suivies et à peu près complètes à son égard; tandis que jusqu'à ce moment les notions qui lui sont relatives se trouvent dispersées dans les ouvrages élémentaires de Botanique et dans les traités de sciences qui doivent lui être étrangères.

PARTIES QUE DOIT RENFERMER LA BOTANIQUE.

Toute science est essentiellement composée de deux parties, ne devant jamais être séparées l'une de l'autre : la partie technique et la partie d'application. Toutes les fois qu'on s'appesantit sur la première qui en est l'alphabet à la vérité, une science est aride et l'on est en droit de la livrer au ridicule, puisqu'elle n'est qu'une science de mots. D'un autre côté, il faut éviter d'entrer dans des détails trop minutieux, relativement aux applications, parce qu'alors la Botanique disparaîtrait sous des accessoires. Tout en ramenant vers elle ce qui lui appartient, l'on doit avoir soin de ne pas empiéter sur les sciences qui ont avec elle des points de contact, parce qu'alors au lieu d'éclairer la matière dont on doit faire sa principale étude, on la perdrait entièrement de vue, pour la vouloir trop étendre et y faire entrer des objets trop éloignés ou trop étrangers.

C'est en faisant usage des principes que nous venons d'exposer, que nous avons cru pouvoir tantôt restreindre, tantôt étendre le sujet dont nous avions à traiter.

Trois choses distinctes doivent constituer la science traitant des plantes : 1° la partie technique ou les éléments propres à faciliter la connaissance des espèces et à donner l'intelligence des livres qui traitent des végétaux quelconques ; 2° la partie d'application, ou celle qui nous indique les usages auxquels ces végétaux peuvent être employés; 3° les rapports généraux réunissant les vues générales et abstraites, et la partie relative à l'histoire de la science. La première de ces trois parties devient indispensable pour tirer de la seconde tous les résultats avantageux qu'elle procure ou peut procurer. La troisième division de la Botanique tient plus à la satisfaction de l'esprit qu'à une utilité directe ; elle sert à donner l'idée de ce qui a pu être dit, fait, pensé ou imaginé, dans les temps qui ont précédé. C'est le résultat d'une curiosité bien pardonnable à celui qui fait profession de cette science : les autres hommes ne cherchant et ne devant chercher en effet dans cette étude, comme dans toute autre, que les moyens d'augmenter leurs jouissances et la somme de leur félicité : s'ils les font consister dans l'augmentation de leur fortune et de leur prospérité.

Nous avons cru que tout ce qui avait rapport à l'art pouvait être classé sous treize chefs ou treize divisions principales : ce qui a rapport aux éléments proprement dits ou *Phytotechnie* ; ce qui a rapport aux choses ou la connaissance des objets eux-mêmes : l'*Onomatologie* et l'*Histoire des produits immédiats des végétaux ;* ce qui a rapport aux phénomènes, se composant de la *Physique végétale,* de la *Phytothérosie* et de la *Chimie végétale*; et ce qui regarde les soins à donner aux végétaux sous le rapport de leur culture ou l'*Agriculture générale.*

Les divisions relatives aux applications ou à ce qui est relatif aux usages auxquels on applique les végétaux, doivent se rapporter à l'homme en état de santé ou en état de maladie: c'est l'*Économique botanique*, la *Pharmacologie* et la *Thérapeutique végétale.*

Tous les rapports généraux relatifs à la Botanique, peuvent être compris dans les considérations abstraites, naissant d'une étude approfondie de ce qui concerne les végétaux, et dans l'historique ou les faits et les événements relatifs à leur histoire, soit sous le rapport de la marche des progrès, soit sous celui des hommes qui ont concouru à son perfectionnement.

Le tableau suivant présentera d'un coup d'œil la distribution de la Botanique, telle que nous croyons qu'elle doit être faite.

CLASSIFICATION DES PARTIES DE LA BOTANIQUE.

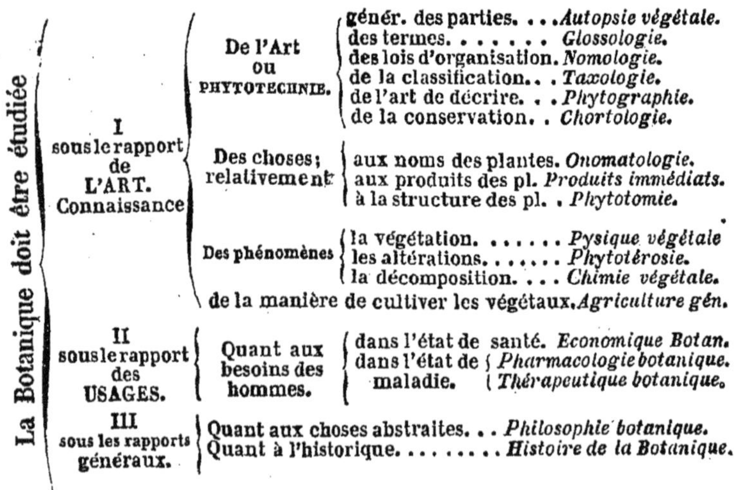

La Botanique doit être étudiée

- I sous le rapport de L'ART. Connaissance
  - De l'Art ou PHYTOTECHNIE.
    - génér. des parties. . . . *Autopsie végétale.*
    - des termes. . . . . . . *Glossologie.*
    - des lois d'organisation. *Nomologie.*
    - de la classification. . . *Taxologie.*
    - de l'art de décrire. . . *Phytographie.*
    - de la conservation. . *Chortologie.*
  - Des choses; relativement
    - aux noms des plantes. *Onomatologie.*
    - aux produits des pl. *Produits immédiats.*
    - à la structure des pl. . *Phytotomie.*
  - Des phénomènes
    - la végétation. . . . . . . *Pysique végétale*
    - les altérations. . . . . . . *Phytotérosie.*
    - la décomposition. . . . *Chimie végétale.*
  - de la manière de cultiver les végétaux. *Agriculture gén.*
- II sous le rapport des USAGES.
  - Quant aux besoins des hommes.
    - dans l'état de santé. *Economique Botan.*
    - dans l'état de maladie.
      - *Pharmacologie botanique.*
      - *Thérapeutique botanique.*
- III sous les rapports généraux.
  - Quant aux choses abstraites. . . *Philosophie botanique.*
  - Quant à l'historique. . . . . *Histoire de la Botanique.*

Donnons actuellement une idée précise de ces diverses branches de la Botanique, en indiquant sommairement quelle est la nature des choses dont chacune d'elles est composée et en restreignant convenablement le cercle des matières qui en doit faire partie.

La PHYTOTECHNIE renferme ce que l'on donne ordinairement sous le nom d'*Eléments de Botanique*, moins quelques parties que nous y avons rattaché: mais nous avons présenté cette matière de manière à ce que chaque objet est traité séparément. C'est ce qui nous a fait partager cette branche de la Botanique en six ramifications distinctes qu'on peut ou simplement traiter comme sections distinctes, ou dénommer ainsi que nous l'avons fait : ce qui du reste est très-indifférent au fond ; ce sont l'*Autopsie végétale*, la *Glossologie*, la *Nomologie*, la *Taxologie*, la *Phytographie* et la *Chortologie*.

L'AUTOPSIE VÉGÉTALE forme une sorte d'introduction au moyen de laquelle on est dans quelques instants au fait des premières notions qu'il est indispensable d'avoir, pour concevoir l'exposé des détails dans lesquels on est tenu d'entrer pour se faire entendre, dès que l'on commence à traiter de ce qui se rattache à la partie élémentaire de la Botanique.

Cette autopsie ne tend qu'à faire remarquer et qu'à désigner par leurs noms toutes les parties que l'on peut observer dans les végétaux les plus vulgaires, sans altérer la continuité des diverses parties qui composent ces végétaux, et abstraction faite des usages auxquels la nature destine ces parties: cette dernière connaissance étant réservée pour la physique végétale. Ces premières notions sont si essentielles que l'on ne peut parler de *plantes* sans se servir des mots de *Tige*, *Corolle*, *Etamine*, *Fruit*, *Pistil* etc., etc., choses avant tout qu'il faut connaître.

Outre les noms des parties des végétaux, dont il est parlé dans la GLOSSOLOGIE, qui suit l'autopsie végétale, il est une foule de considérations qui sont relatives aux végétaux et qui composent la matière de cette seconde section. Mais encore il est une foule de mots employés pour désigner les formes, les rapports, les modifications de leurs parties et comme les mêmes noms s'appliquent très-ordinairement en ce cas à plusieurs choses différentes, à raison de la similitude de modification, il en résulte une division distinguée par le nom de *Glossologie qualificative* dans laquelle les mots se trouvent classés d'après leurs catégories respectives.

La NOMOLOGIE BOTANIQUE réunit toutes les lois d'organisation végétale qui ont pu être observées; ou les rapports nécessaires qui existent entre toutes les parties des végétaux : rapports à peine sentis pour le plus grand nombre, par les botanistes et au moyen desquels on peut éviter beaucoup d'erreurs, soit en observant, les espèces végétales; soit en étudiant les auteurs. On voit par ces lois que la distribution des parties ou appareils dans les végétaux, suit un mode constant dans des circonstances semblables et présente un plan fixe dans des limites déterminées.

La TAXOLOGIE est l'exposition de tous les moyens qui ont été présentés pour classer méthodiquement les végétaux et l'ensemble des principes qui paraissent devoir être préférés dans les essais que l'on fait pour arriver, en ce genre, à une sorte de perfectionnement. Elle apprend comment doivent être formés et établis les divers groupes de végétaux et l'ordre qu'ils doivent garder relativement les uns aux autres.

La PHYTOGRAPHIE est la partie élémentaire de la Botanique enseignant l'art de bien décrire au besoin un végétal quelconque; elle apprend à traiter des plantes avec méthode et l'art de disposer convenablement les matières des diverses sortes d'ouvrages dont les plantes peuvent être l'objet. Dès que l'on aura une parfaite connaissance de la *Glossologie*, de la *Nomologie* et de la *Taxologie*, rien ne sera plus facile que de se faire entendre, lorsque l'on parlera de plantes ou que l'on traitera de la Botanique.

Il est des procédés pour recueillir, préparer et conserver les végétaux et les parties et produits des végétaux, pour les rendre propres, le plus long-temps possible, à servir de moyen d'étude; ce sont ces procédés que l'on exposera dans la partie de la *phytotechnie* désignée par nous sous le nom de CHORTOLOGIE. C'est une sorte de partie économique, qui met le botaniste dans le cas d'avoir à chaque instant, dans tous les temps et dans toutes les saisons, les objets qui lui sont nécessaires, dans un état de conservation suffisante pour servir à l'étude et à l'examen.

Dès qu'on connaît les éléments de la Botanique, on peut étudier sans empirisme et individuellement les êtres composant le règne végétal, apprendre les diverses dénominations qu'ils ont pu recevoir, celles qu'ils doivent conserver: c'est le but de l'ONOMATOLOGIE BOTANIQUE, ou méthode de nomenclature des plantes. La mémoire plutôt que le raisonnement est utile et même indispensable, dans cette section de la Botanique, où il ne s'agit que d'appliquer avec précision, les noms appartenant à chaque espèce de plante, souvent à la vérité à l'aide des livres qui ont donné l'enumération générale des espèces. L'habitude de voir les plantes et de les entendre nommer, rend cette étude promptement familière. La connaissance des caractères propres à chaque végétal, doit être implicitement entendue et jointe au nom, car sans cela *l'Onomatologie* ne serait plus qu'un empirisme tel que l'offre le vulgaire des herboristes, des fleuristes, des marchands de plantes et nous osons l'affirmer, un grand nombre d'hommes qui ont usurpé le nom de botanistes et dont tout le mérite est d'avoir comme l'herboriste un grand nombre de noms de végétaux dans la mémoire.

L'étude de l'HISTOIRE NATURELLE DES PRODUITS IMMÉDIATS DES VÉGÉTAUX, apprend à connaître tous les produits fournis par les plantes ou arbres, soit que les végétaux les aient donnés spontanément, soit que l'art ait un peu aidé à leur dégagement, pour en augmenter la masse ou pour en améliorer la qualité. Ces produits sont intéressants à connaître, tant à raison de ce qu'ils sont le résultat d'un phénomène de végétation, qu'à raison de ce qu'ils sont d'un emploi fréquent dans l'économie domestique, les arts, la médecine et qu'ils se trouvent chaque jour exposés à notre vue par la nature ou par le commerce.

Il est impossible que le Botaniste puisse se dispenser d'apprendre à les distinguer les uns des autres, au moyen des caractères qui les isolent; s'il se trouve dans le cas de donner l'histoire d'un végétal, souvent il a besoin de définir la nature des sucs que laisse transsuder ce végétal ou qu'il est susceptible de fournir. Ainsi ce n'est pas sortir du domaine de la Botanique, que de traiter de la *Glu*, de la *Gomme*, des *Résines*, des *Baumes*, des *Vernis* naturels, des *Fécules*, du *Gluten*, de la *Cire*, du *Sucre*, des *Acides Végétaux*, etc. etc. C'est à tort que l'on voudrait renvoyer exclusivement la connaissance de ces produits au médecin ou au chimiste, puisque si beaucoup de ces produits sont connus des chimistes et plusieurs employés en médecine, il en est un plus grand nombre qui sont réservés seulement aux arts, et alors à quoi voudrait-on rattacher leur histoire si ce n'est à la Botanique, soit en corps de traité ainsi que nous le faisons, soit à l'historique du végétal dont provient le produit immédiat, comme cela a souvent lieu.

Après s'être occupé de la distinction des parties extérieures des végétaux on est conduit à vouloir même connaître leur structure intérieure; la PHYTOTOMIE est donc une suite de la première étude. Par un étrange abus des mots l'on a désigné jusqu'ici sous le nom d'*Anatomie végétale*, l'examen des parties entrant dans la contexture des plantes; ce qui rappelle des idées que l'analyse de ces sortes de corps est loin de rendre comparables et nous a fait adopter le nom de *Phytotomie*.

Ce que l'on peut observer dans les végétaux, par les résultats analytiques fournis par la *Phytotomie*, est bien plus limité, quant au nombre des parties, que ce que nous distinguons dans les mêmes corps au moyen de l'*Autopsie;* mais aussi d'une bien plus difficile occultation. Ce n'est pas lorsque l'on veut connaître ce qui est relatif aux *Couches corticales*, au *Bois*, à l'*Aubier* que se trouve la difficulté, mais bien lorsqu'il s'agit d'étudier la différence d'organisation des divers groupes, ou la structure des fibrilles de diverses sortes qui entrent dans le tissu végétal.

La PHYSIQUE VÉGÉTALE nous semble mieux désignée sous ce nom que sous celui de *Physiologie végétale* sous lequel elle est cependant le plus généralement connue ; parce que le mot *Physiologie* paraît consacré pour désigner les phénomènes de l'action vitale chez les animaux de divers ordres.

On ne peut étudier les plantes sans apercevoir certains phénomènes, plus ou moins remarquables, dont elles sont les agents. Rechercher la cause de ces phénomènes, est le premier mouvement de l'homme qui étudie et réfléchit. Le désir de connaître la *Physique végétale* doit donc naître à la vue du premier fait en ce genre dont on se trouve spectateur. On s'aperçoit que le végétal croît, on cherche à expliquer comment s'opère son développement; il laisse transsuder des sucs particuliers on recourt aux sources dont ils peuvent tirer leur origine; si quelques parties d'un végétal présentent quelques mouvements indépendants du mouvement général de la végétation, on recherche les causes qui les déterminent.

La grande variété de phénomènes offerts par les végétaux, l'obscurité des causes qui déterminent ces phénomènes, rend cette partie de la Botanique une des plus difficiles et malheureusement une des moins nettement exposées jusqu'à ce jour.

Bien que cette branche de la Botanique n'ait point avec la *Phytotechnie* un plus grand degré d'affinité que l'*Histoire des produits immédiats des végétaux*, ou que la *Chimie végétale*, cependant l'habitude l'a fait réunir depuis long-temps aux éléments que l'on donne de la science, sans que l'on puisse entrevoir les raisons de cette préférence : si ce n'est l'usage introduit dans beaucoup d'ouvrages élémentaires.

La *Physique végétale* vient se placer naturellement dans l'ordre que nous lui assignons, parce que l'on ne peut bien l'étudier qu'alors que l'on connaît les végétaux et que leur structure interne est bien présente à l'esprit.

C'est sous le nom de PHYTOTÉROSIE, exprimant l'idée d'*altération des plantes* (1) que nous traitons de ce que l'on a indiqué sous les noms de *Nosologie*, de *Pathologie végétale*, et de *Maladies des plantes*. Ce n'est pour ainsi dire qu'une suite de la Physique végétale. Les altérations des végétaux étant assez multipliées, si elles eussent été traitées en même temps que la Physique végétale, eussent distrait trop long-temps de l'attention que réclame la série des autres matières dépendantes de cette

(1) Du grec *Phulon*, plante. *Etérosis*, altération.

partie de la Botanique. Les nombreuses observations faites sur les plantes et relatives à leurs altérations ou maladies, renferment une suite de détails très-importants surtout pour les agriculteurs ; aussi n'est-ce qu'un léger inconvénient d'en traiter isolément de la Physique végétale.

Cette branche de l'étude de la Botanique, relativement aux plantes, a le même objet que la médecine relativement aux hommes et aux animaux, elle s'occupe de connaître quelles sont les altérations auxquelles les végétaux sont sujets et de rechercher les moyens d'y opposer des palliatifs. La Physique végétale est le flambeau qui guide, soit dans la recherche des causes des altérations, soit dans la direction des soins que l'on y apporte, ou pour les prévenir ou pour les faire disparaître.

La CHIMIE VÉGÉTALE, telle que nous l'avons considérée et telle que nous l'avons fait connaître par quelques travaux déjà publiés à cet égard, est fort distincte de la branche de la Chimie à laquelle on donne ce nom dans les ouvrages qui traitent de cette science, soit quant au plan, soit quant à la matière. Elle devient ici d'autant plus facile à étudier que l'on doit connaître lorsque l'on s'en occupe, les produits immédiats des végétaux sortis spontanément, et les propriétés et caractères qu'ils présentent.

Ne voulant point empiéter sur le domaine de la Chimie, il a fallu présenter les choses sous un jour différent et tel qu'elles puissent convenir au Botaniste : aussi ne devient-il pas nécessaire de posséder les connaisssances qui constituent le Chimiste, pour entendre cette matière telle que nous la traitons et telle qu'elle doit l'être dès qu'elle fait partie de la Botanique.

Examiner l'action des agents extérieurs et naturels sur le végétal privé de son action végétative ; faire distinguer les *Principes immédiats* produits par les végétaux, et donner les moyens de les distinguer et de les isoler les uns des autres, lorsqu'ils se trouvent mélangés dans les plantes, tels sont les points principaux de notre exposition dans la Chimie végétale.

Par AGRICULTURE GÉNÉRALE nous n'entendons pas parler d'un cours ou traité d'agriculture ; il s'agit seulement de donner au Botaniste les principes les plus généraux de cette science, par rapport à la culture et à la propagation des plantes ; et encore d'une manière assez succinte pour ne pas faire un disparate avec l'ensemble des autres parties : ce qui arriverait si l'on enchâssait un traité d'agriculture dans un ouvrage consacré uniquement à la Botanique. Ainsi nous ne nous occuperons en aucune manière de donner des préceptes pour la culture des terres, mais bien d'apprendre à diriger convenablement ses soins lorsque l'on veut les appliquer aux végétaux, dans quelque circonstance que ce puisse être ; dans quelque climat que l'on puisse se trouver et quelques soient les espèces dont on s'occupe ou veuille s'occuper.

Cette matière qui semblerait devoir entraîner dans des détails immenses, se trouve bientôt limitée, au moyen des divisions que nous adoptons des *grandes* et *petites cultures*.

Les grandes cultures sont relatives à l'homme soit pour sa nourriture ou ses autres besoins particuliers, soit pour les animaux qu'il élève.

Du nombre des grandes cultures, relatives à la nourriture de l'homme, sont les Céréales en Europe, le Riz en Asie; le Millet ou Sorgho en Afrique, le Manioc, la Patate, le Bananier en Amérique.

La culture du *Cotonnier*, de l'*Indigofera*, du *Pastel*, de la *Gaude*, de la *Garance*, du *Houblon*, du *Rocouyer*, du *Papayer*, du *Caféier*, du *Noyer*, de la *Vigne* rentre dans les grandes cultures relatives aux besoins particuliers de l'homme. Pour ce qui est des grandes cultures relatives aux animaux domestiques ce sont les prairies naturelles, artificielles, la culture en grand de certaines plantes.

Par petites cultures nous entendons celles qui se pratiquent sur une étendue très-limitée de terrain, telle que la culture des marais ou jardins potagers, des jardins fruitiers, des jardins d'agrément, des jardins de Botanique; les pépinières; la conduite des serres, ou en général l'horticulture.

L'*Economique* est une partie de la Philosophie morale; c'est celle qui sert à tirer partie des notions sages que présente la Philosophie, pour la conduite de la vie. Par une application à peu près semblable de ce mot, nous avons pensé que l'on pouvait considérer comme une branche distincte de la Botanique, la réunion des applications nombreuses que l'homme fait des plantes, par rapport à ses besoins de diverses sortes, et nous l'avons désignée par l'expression d'ECONOMIQUE BOTANIQUE.

Les usages auxquels l'homme emploie les végétaux, sont tellement multipliés que l'on est forcé de se restreindre, pour ne pas donner trop de développement à une matière, qui par elle-même présente un grand intérêt et se trouve susceptible de fournir à de nombreux détails; aussi pour ne pas dépasser les limites déterminées par le plan de notre travail, il sera indispensable de négliger beaucoup d'applications locales ou de détail qui se rattachent aux données générales.

En faisant l'examen de chaque famille de plantes et indiquant ses propriétés, on peut distribuer d'une manière simple et précise, la plus grande partie des matériaux réunis sur cet objet, en groupant les espèces qui fournissent des aliments à l'homme et aux animaux domestiques; celles offrant des propriétés médicamentaires et vénéneuses et enfin celles dont on fait usage dans les arts : en ayant soin de noter les espèces dont les produits sont les plus avantageux et d'indiquer celles qui peuvent au besoin leur être substituées.

Dans le cours de cette exposition doit se trouver l'énoncé des procédés propres à extraire certains principes des végétaux, ou à préparer certaines de leurs parties. Il serait en effet difficile de parler du Café, de l'Indigo, du Coton, des Huiles, des Résines, sans dire quelque chose de la manière de les extraire ou de les préparer ; si l'on n'en avait pas traité dans l'HISTOIRE DES PRODUITS IMMÉDIATS DES VÉGÉTAUX.

La PHARMACOLOGIE BOTANIQUE est encore une partie d'application, enseignant à préparer les végétaux pour les employer comme médicaments, lorsque cette préparation est simple : c'est comme une partie détachée de l'Economique Botanique.

Il semble d'abord que la partie de la Pharmacie qui apprend à préparer les végétaux pour les approprier à nos besoins dans le cas de maladie, soit étrangère au Botaniste ; cependant en y réfléchissant on en jugera autrement. Pour faire pressentir combien cette connaissance peut être utile, il suffit de supposer le Botaniste transporté dans des régions, où éloigné de tout secours, il ne puisse avoir aucun moyen pour préparer les végétaux qu'il voudra prescrire ou qu'il voudra employer pour son propre soulagement ; s'il n'est point étranger aux préparations auxquels dans ce cas peuvent être soumis les végétaux qui se trouveront sous sa main, il aura toujours le moyen de se rendre utile aux autres et à lui même. Au surplus, les préparations dont il peut être nécessaire de s'instruire comme Botaniste, sont trop simples et trop peu nombreuses pour qu'elles puissent être un grand obstacle à ce que l'on en prenne une idée. Ou les végétaux demeurent dans leur état d'intégrité et alors on les fait seulement sécher pour les conserver ; ou bien on les altère pour les réduire en morceaux, en poudre, en fécule, ou bien encore on leur fait subir une sorte de décomposition par l'expression, la macération, la digestion, l'infusion, la décoction.

La THÉRAPEUTIQUE BOTANIQUE ou l'art d'appliquer convenablement les végétaux aux maladies est proprement une partie de la médecine, mais nous nous efforcerons de la rendre si simple, d'en parler si brièvement, de l'exposer suivant des principes si peu en rapport avec ce que l'on est habitué d'entendre, que l'on ne pourra trouver inconvenant ce que nous aurons à dire, quand on ne saurait pas que le célèbre Linnée n'a pas négligé de traiter cette matière dans ses *Amœnitates academicœ*, sous le titre de *Vires Plantarum.*

Lorsque, pour ses besoins, l'homme a tiré des végétaux

tous les avantages qu'ils sont susceptibles de lui procurer ; s'il est né pour que l'étude développe ses facultés intellectuelles jusqu'au point de désirer les étendre, il est comme entraîné à des idées spéculatives, et c'est la réunion des vues résultantes de ces idées spéculatives, qui constitue selon nous la PHILOSOPHIE BOTANIQUE.

L'ouvrage de Linnée donné par ce célèbre naturaliste sous le titre de *Philosophia Botanica* et qui renferme les éléments de la Botanique exposés selon ses principes, est bien un ouvrage très philosophique, sous le rapport de la clarté, de la brièveté, de la méthode que l'on y remarque, mais ce n'est point là ce que l'on peut nommer la *Philosophie Botanique*. Sous ce titre nous ne pouvons renfermer que ce qu'il y a d'abstrait et de spéculatif dans la science qui traite des végétaux ; c'est un complément de cette science, qui n'a rapport qu'à la satisfaction que l'esprit éprouve, en se rendant raison de certaines choses d'une conception difficile : telle serait par exemple la solution des questions suivantes.

Les plantes, comme espèces, ont-elles toujours présenté les caractères qu'elles offrent maintenant ?

Les genres, les ordres, les familles naturelles: tous ces groupes sont-ils dans la nature ?

A quoi peut-on attribuer la durée des végétaux et pourquoi varie-t-elle dans les espèces?

Qu'est-ce qui peut déterminer la grandeur des arbres ; pourquoi ne croissent-ils pas indéfiniment ?

L'habitation des plantes peut-elle changer leurs caractères au point de rendre les espèces ou nouvelles, ou douteuses ?

Peut-on ramener les organes des végétaux à une symétrie générale ?

De la distinction à établir entre les végétaux et les animaux, et de leurs rapports s'il en existe.

Peut-on déterminer à quoi sont dues les propriétés des Plantes ?

Les causes des saveurs et la manière dont elles agissent peuvent-elles être nettement conçues?

Les couleurs diverses observées dans les mêmes végétaux ou dans différents végétaux, peuvent-elles bien être expliquées ?

Enfin il est plusieurs autres points plus ou moins intéressants qui peuvent devenir l'objet de la *Philosophie Botanique*.

Ce qui doit compléter un cours de Botanique, nous semble être l'HISTOIRE de la science : en même temps qu'elle en fait connaître la naissance et les progrès, elle fait l'énumération et l'historique des hommes célèbres qui ont concouru à en reculer les limites ; de même qu'elle traite des ouvrages qu'ils ont publiés et sur lesquels, ainsi que sur leurs auteurs, on rapporte les jugements les plus généralement adoptés.

Les sources dans lesquelles le Botaniste est obligé de puiser pour s'instruire, le mettent nécessairement dans le cas de connaître un grand nombre d'ouvrages, qu'il apprend à juger en les étudiant: mais cela ne peut être que le résultat d'une longue suite d'années d'étude, il est donc bien plus simple de donner des notions positives sous ce rapport, dès les premiers moments où l'on s'occupe de Botanique, parce que l'on pourra savoir en peu de temps quels sont les progrès qu'a fait cette science et quels sont les hommes qui ont déterminé ces progrès.

Pour bien remplir le tableau de l'HISTOIRE DE LA BOTANIQUE, on doit jeter un coup d'œil sur les premières notions que les hommes ont acquis sur les plantes; discuter la valeur des travaux des premiers auteurs qui ont écrit, soit chez les Grecs, soit chez les Romains; indiquer l'état de la science dans le moyen âge et les hommes qui l'ont cultivée; passer à l'époque où elle a pris une nouvelle face et où l'on en a fait une étude spéciale, d'où est résulté une coordination plus méthodique des végétaux, la formation des jardins de Botanique, l'entreprise de voyages pour la découverte de nouveaux végétaux. On passera ensuite à cette époque à laquelle les Botanistes commencèrent à s'occuper des recherches relatives aux phénomènes et à la structure des végétaux.

Les travaux des illustres frères Bauhins, formeront une époque remarquable, ce sont eux qui ont préparé le siècle de Linnée, dans lequel la Botanique a pris une marche plus méthodique, plus savante.

La dernière époque devra présenter nécessairement l'état actuel de la Botanique.

Il ne serait point superflu de jeter un coup d'œil sur les connaissances botaniques de certaines nations; connaissances qui ne se rattachent point à notre manière d'envisager cette science, mais qu'il n'est pas moins intéressant d'étudier quelques instants. S'il est prouvé qu'un peuple ait des ouvrages qui traitent des plantes; des hommes qui s'en occupent exclusivement; que les végétaux en usage et en assez grand nombre aient des noms connus et méthodiques, au moins relativement à l'état où se trouve la science, l'on ne pourra refuser à ce peuple une instruction très étendue dans la Botanique, et une science des plantes.

Pour terminer le tableau de l'HISTOIRE DE LA BOTANIQUE l'on pourrait donner une courte Bibliographie de cette science, dans laquelle on verrait un précis des principaux ouvrages publiés sur la Botanique, que doit nécessairement connaître le Botaniste. Quelques notes et anecdotes bibliographiques pourraient ôter quelque chose de l'aridité d'un semblable exposé.

Tel est le plan d'après lequel nous croyons que l'on doit étudier la Botanique et suivre l'étude des végétaux. N'imaginons pas qu'il soit très facile de remplir ce cadre et d'une manière aussi satisfaisante qu'on est en droit de l'exiger : mais de quelque sorte qu'un ouvrage, exécuté d'après ces idées, puisse être traité, il est certain qu'il aurait un degré d'intérêt n'existant dans aucuns des ouvrages publiés jusqu'à ce jour. C'est cet intérêt dont nous tâcherons d'emprunter une partie, pour rendre au moins le Traité que nous publions, digne de fixer l'attention des botanistes, s'il nous est possible ; en attendant qu'une main plus habile, en profitant de nos premiers travaux, vienne donner l'ouvrage que réclame depuis si long-temps la Botanique.

Déjà dans la *Flore de Maine et Loire*, ceux qui ont pu réellement juger cet ouvrage, ont dû s'apercevoir des modifications importantes pour la science, qui s'y trouvent introduites, et sont en rapport avec quelques unes des idées que nous venons d'énoncer ici. On y voit les caractères de diverses sortes et tous les points de vue, relatifs à chaque famille de plantes, exposés assez complètement, dans un tableau très-concis. Dans les notes caractéristiques des espèces nous avons cherché la brièveté nécessaire, en rejettant le luxe des descriptions oiseuses adoptées par beaucoup de botanistes qui connaissent et décrivent des plantes sans posséder réellement la science. Dans la *Statistique naturelle du département de Maine et Loire* (in-8° avec atlas), nous avons pu jeter en avant beaucoup d'idées qui se rattachent aux vues élevées de la Philosophie Botanique et qui pourront être justifiées par toutes les belles considérations qu'il nous sera possible d'exposer, en traitant de la dernière partie de notre travail, si nous sommes encouragés dans la publication du premier tiers de l'ouvrage que nous offrons en ce moment au public savant, comme à ceux qui recherchent une instructiou bénéficiable aux intérêts sociaux.

PREMIER LIVRE.

DE LA BOTANIQUE CONSIDÉRÉE SOUS LE RAPPORT SIMPLEMENT D'ÉLÉMENTS DE CETTE SCIENCE.

PREMIÈRE PARTIE.

PHYTOTECHNIE.

La Phytotechnie (1) renfermant toutes les notions élémentaires propres à faciliter l'étude des végétaux ou la partie technique de la Botanique, forme naturellement la première série des études de Botanique et malheureusement la moins attrayante pour celui qui n'a pas la force de surmonter l'aridité de certains détails. Cependant c'est une base sans laquelle il est impossible de posséder rationnellement cette science. En effet sans les notions que fournit la Phytotechnie il est impossible de se servir des ouvrages qui traitent des végétaux, et il faut renoncer à parler de ce qui leur est relatif, si les notions les plus générales de cette portion de la science ne sont devenues familières. Nous savons bien que sans ce moyen il est possible de connaître par leurs noms un très-grand nombre de plantes et les herboristes de profession, les horticulteurs nous en offrent des exemples, mais ce n'est pas là de la science, et si la mémoire vient à leur manquer ils n'ont plus aucuns moyens pour y parer. Le Botaniste au contraire, peut rectifier une nomenclature erronée, peut reconnaître tout végétal, de quelque contrée qu'il puisse provenir, sans l'avoir jamais connu.

La Phytotechnie s'occupe de la langue Botanique, soit pour faire des applications des mots au moyen desquels on peut en parler pertinemment; soit pour faire connaître les noms des parties constituant l'ensemble du végétal; soit pour signaler leurs relations particulières ou leurs dispositions générales; soit pour arriver à la coordination des nombreuses formes végétales offer-

(1) Le nom de *Terminologie*, adopté par quelques botanistes pour réunir la plupart des notions composant la Phytotechnie, étant composé d'un mot grec et d'un mot latin ne peut être admis; celui de *Phytographie* n'a rapport qu'à une section de la Phytotechnie.

tes par la nature, soit pour les préparer et disposer convenablement afin de les approprier à nos études ; de là une division de cette première partie en AUTOPSIE VÉGÉTALE, GLOSSOLOGIE, NOMOLOGIE, TAXOLOGIE, PHYTOGRAPHIE et CHORTOLOGIE.

C'est en distribuant ainsi les objets variés dont se composent la partie élémentaire proprement dite de la Botanique, qu'on diminue la difficulté des études. C'est par la méthode seulement qu'on peut acquérir des notions positives, précises, et les classer dans l'esprit sans aucune confusion.

PREMIÈRE SECTION.

DE L'AUTOPSIE VÉGÉTALE.

L'AUTOPSIE VÉGÉTALE, destinée à exposer sommairement les premières notions relatives aux plantes, est, ainsi que le mot en donne l'idée, une sorte d'*examen* ou de *contemplation* de toutes les parties des végétaux, perceptibles à la vue simple, et sans le secours de l'analyse à l'aide d'instruments, ni de moyens exigeant quelques soins. Comme l'on revient plus en détail sur les mêmes objets dans les sections suivantes de la Phytotechnie, il est moins nécessaire de s'appesantir sur cette première exposition : bien qu'elle devienne très-utile, parce qu'étant une sorte d'introduction elle met au fait, en un instant, des idées premières, indispensables au Botaniste ou à celui qui veut prendre une connaissance quelconque de la Botanique. L'Autopsie végétale est d'autant plus facile à concevoir et à retenir, qu'elle ne tend qu'à faire remarquer ce que peuvent présenter et avec le moins de difficulté possible, toutes les parties des végétaux les plus vulgaires, parties qui pour la plupart sont déjà connues dans l'usage de la vie civile.

DÉFINITION DU VÉGÉTAL.

Toute définition en général, d'après le témoignage des hommes les plus habitués à se rendre raison de ce qu'ils savent, est très-difficile à bien faire. On ne sera donc pas étonné si les définitions du *Végétal*, proposées par les Botanistes les plus recommandables et les plus célèbres sont fautives sous certains rapports. Ainsi les définitions données par Jungius, Tournefort, Linnée, Adanson, pèchent en quelques points. Sans chercher à discuter le plus ou moins d'exactitude de chacune d'elles, nous exposerons ce que nous croyons devoir le mieux caractériser le végétal.

Par le mot *Végétal* on peut désigner tout corps organisé, doué de la propriété de croître par intussusception, sans mouvement spontané ni nullement translatif comparable à celui des animaux ; ayant la faculté de se reproduire sans le concours des sexes (1) et par des moyens divers.

La croissance du végétal est due à des parties qui se portent de dedans en dehors ainsi que le démontrera l'étude de la Physique végétale ; ce mode le distingue du minéral qui ne prend d'accroissement ou plutôt d'augmentation de volume que par une addition de molécules nouvelles, se superposant les unes aux autres ; ce que les lois de la Crystallographie ont démontré jusqu'à l'évidence.

La nature n'a pas toujours nettement établi des lignes de démarcation entre les végétaux, les animaux et les minéraux. Souvent l'œil peu exercé peut être trompé par l'apparence des formes extérieures. Ainsi l'Arragonite coralloïde, curieux minéral *flos-ferri* des anciens, pourrait être prise pour un végétal analogue à l'Orseille (*Roccella*) ou à quelques Lichénées d'Amérique, si on ne la prenait pas pour une sorte de madrépore. Cette difficulté de délimitation est même telle qu'on a disputé au genre Charagne (*Chara*) sa végétabilité ; qu'on la dispute encore à l'*Oscillaria* et à beaucoup de Conferves ; et que nous avons cru devoir la restituer au genre Spongille regardé jusqu'ici comme une sorte d'éponge fluviatile.

Il est certaines productions qui se rattachent aux animaux invertébrés, telles que les Gorgones, les Coralines, les Antipates, qui simulent les végétaux et en présentent la forme et les apparences d'une manière telle, que ces produits d'animaux étaient encore rangés parmi les plantes, il y a tout au plus un demi siècle. On rectifiera facilement l'erreur qu'occasionnera au premier abord cette apparence de conformité, en observant qu'une substance calcaire, d'une nature cassante, compose en totalité, plusieurs des productions animales dont il est question ; que d'autres sont pourvues, sous une couche calcaire, d'un axe de nature de la corne et qui donne comme elle en brûlant une odeur d'ammoniac que ne présente presque jamais un végétal dans les mêmes circonstances. Si la substance animale, ayant l'apparence d'une plante, est entièrement cornée et flexible, alors l'ustion d'un fragment, démontrera facilement la nature animale de cette substance cornée, et rétablira de suite la ligne

(1) Ce prétendu paradoxe trouvera des contradicteurs : mais que l'on veuille bien attendre nos preuves, lorsque dans le second volume nous traiterons de la Physique végétale.

de démarcation entre l'animal et le végétal, que l'illusion des formes pourrait avoir détruite un instant.

Au moyen des notions abrégées que nous venons de donner, nous pensons que l'on pourra distinguer un végétal quelconque, quelle que soit l'apparence qu'il puisse présenter : quant bien même on ne pourrait lui appliquer que d'une manière incertaine, la définition que nous avons donnée.

Si l'on étudiait seul la Botanique, ce qui peut bien se rencontrer par fois, les différences indiquées ici, pourraient trouver fréquemment leur application, mais il est plus ordinaire de voir ceux qui étudient cette science, être déjà dans le cas d'éviter toute méprise, par les secours qu'ils ont eu, ou les notions empiriques qu'ils possèdent.

DES DISTINCTIONS ÉTABLIES ENTRE LES VÉGÉTAUX, DANS L'USAGE VULGAIRE.

Le mot *Végétal* peut désigner indifféremment toutes les sortes de corps, rentrants dans la série des êtres organisés non locomobiles ou végétaux ; il n'en est pas de même de quelques expressions qui ne peuvent s'appliquer qu'à un petit nombre de ces êtres.

Le mot *Plante* n'est presque jamais donné dans l'usage de la vie civile, comme dans le langage du Botaniste qui s'énonce correctement, qu'à des végétaux portant des fleurs apparentes, des feuilles, et une tige non arborée : on ne désigne point sous ce nom les MOUSSES, les LICHENS et encore moins les CHAMPIGNONS dont Necker, Botaniste du Palatinat, formait même un règne particulier et distinct des végétaux.

Ce n'est que dans l'usage vulgaire que les végétaux feuillés, ayant des parties peu consistantes, vertes et les tiges de la durée d'une année seulement, sont indiqués sous le nom collectif d'*Herbes*.Si elles ne sont d'aucune utilité relativement aux besoins de l'homme, souvent on les désigne en notre langue par l'expression de *mauvaise Herbe* : l'expression de *Végétal herbacé* rend pour le Botaniste l'idée que le vulgaire attache au mot *herbe*.

Une *Simple* est toujours un végétal employé dans les maladies, soit de l'homme, soit des animaux ; aussi l'usage qui en est passé des officines chez le vulgaire, en est assez restreint.

Par *Arbrisseau* on entend un végétal couvert de feuillage dans toute son étendue et n'offrant point de tronc très-distinct : ses branches et rameaux étant persistants, c'est-à-dire, de la durée de plus d'une année. Ses dimensions peuvent varier de quelques centimètres à un à deux mètres de haut seulement : mais sa consistance ligneuse empêche de le confondre avec les végétaux herbacés, qui offrent la même apparence ou la même élévation. Le *Sous-arbrisseau*, est bas et dépourvu de véritables bourgeons, telles sont la plupart des Bruyères.

L'*Arbuste* diffère de l'arbrisseau en ce qu'il présente un tronc distinct, qui en fait un arbre en miniature ; il est ordinairement plus élevé que l'arbrisseau, mais beaucoup moins que l'arbre.

L'*Arbre* n'est qu'un plus grand arbuste et qui varie beaucoup plus dans les limites de la hauteur qu'il peut présenter, que l'arbuste qui ne peut offrir, pour conserver ce nom, que de quatre à cinq mètres de haut, tandis que l'arbre peut en avoir de six à cinquante.

Toutes ces dénominations, utiles au surplus pour s'entendre, ne sont pas d'une exactitude ni d'une application rigoureuse, puisque tel arbre comparé à tel autre est à peine arbrisseau. Il y a même plus, c'est que par quelques soins on peut faire changer l'aspect d'un végétal : c'est ainsi qu'on a vu un curieux diriger en arbuste de six mètres de haut, le *Groseillier à fruit rouge*, qui n'est qu'un arbrisseau. En Chine, au contraire, on a obtenu l'inverse puisque l'industrie des cultivateurs a su tellement maîtriser la nature que beaucoup d'arbres forestiers présentent, dans leurs jardins, l'aspect de la vétusté, sous les dimensions d'un mètre ou peu au-delà : l'oranger bel arbre de l'Asie et naturel à la Chine, est offert habituellement dans des tasses à café de belle porcelaine qui lui servent de caisse, et sous la forme d'un arbuste haut de quelques centimètres (5 à 10 pouces) seulement, et chargé, malgré cette petite dimension, de fleurs et de fruits.

Le *Réséda odorant*, qui n'est qu'une plante herbacée et annuelle bien connue, abrité et dirigé convenablement avec quelques soins, devient un petit arbrisseau qu'on peut conserver plusieurs années.

Le climat, ainsi que nous aurons occasion de le faire voir ailleurs, fait varier les dimensions et la durée du végétal, d'où il résulte que les expressions d'*herbes*, d'*arbrisseau*, d'*arbuste*, d'*arbres*, n'ont qu'une acception relative et de convention; mais dont l'utilité ne peut être révoquée en doute, puisque les exceptions ne peuvent pas en empêcher l'utile application dans le plus grand nombre de cas, et surtout habituellement dans l'usage de la vie civile.

DES DISTINCTIONS GÉNÉRALES ÉTABLIES PAR LES BOTANISTES, RELATIVEMENT A LA DURÉE DES VÉGÉTAUX.

Suivant le temps de leur durée, les végétaux reçoivent les noms d'*annuels*, de *bisannuels*, de *vivaces*, d'*arborescents* et de *ligneux*.

Lorsque toute la période de leur existence ou végétation commence et finit dans le laps de douze mois ou même beaucoup moins, les végétaux sont désignés par le mot *annuel*. Si la végétation d'une plante commence dans une saison de l'année et finit dans la même saison de l'année suivante, alors le végétal est *bisannuel*. Quelquefois la végétation de quelques espèces se prolonge jusqu'à la troisième année : mais cela n'arrive pas assez fréquemment pour que l'on ait fait la distinction de plantes *trisannuelles* : tels sont certains *Aloës*.

Lorsque la tige meurt chaque année, et que la racine subsiste et pousse l'année qui suit de nouvelles tiges, alors le végétal est désigné par le mot *vivace*.

Si les tiges d'un végétal subsistent plusieurs années et présentent la disposition d'un arbre, arbuste ou arbrisseau, alors le nom d'*arborescent* lui est appliqué.

L'expression de *Végétal ligneux* est presque synonyme d'*arborescent*, cependant on sous-entend dans ce cas, une texture analogue à celle du bois, tandis que plusieurs végétaux peuvent être arborescents sans être ligneux: on en a des exemples dans les genres *Cactier*, *Euphorbe*, *Cacalide*, dans lesquels un certain nombre d'espèces montent, en se ramifiant, à une grande élévation et persistent ainsi un grand nombre d'années, sans être de nature ligneuse.

Pour abréger, dans les descriptions que l'on fait des plantes, on est convenu, pour distinguer les différentes manières d'être des végétaux, relativement à leur durée, de les désigner par les signes affectés aux planètes par les cabalistes, ainsi : le signe du soleil ☉ désigne les plantes annuelles; celui de mars ♂ distingue les espèces bisannuelles; le signe de jupiter ♃ indique les plantes vivaces ou perdant seulement leurs tiges chaque année et que M. Decandolle nomme peu exactement *Rhizocarpiennes*; et celui de saturne ♄ les végétaux arborecents (*Caulocarpiennes* Decand.) Tous signes fréquemment en usage et qu'on ne peut se dispenser de connaître. Quant à un certain nombre d'autres signes employés, ils sont moins usités ou proposés plus récemment.

Il est une certaine série de végétaux qui ne peuvent être indiqués sous le rapport de leur durée, par aucun des signes précédents, tels sont la plupart des Lichens et plusieurs Champignons qui les uns et les autres mettent plusieurs années à se développer et cependant n'ont point de tige ligneuse ni arborescente. Le célèbre de Lamarck en avait déjà signalé un certain nombre sous le nom de *revivescents*, mot qui se trouve d'autant mieux appliqué à ces productions, que chaque année elles végètent pendant un certain temps et restent sans donner aucun signe de végétation pendant les mois où la température est très-élevée et l'air desséché : on pourrait les désigner par le signe de Jupiter, ♃ c'est-à-dire celui de végétal vivace, augmenté d'un trait.

DES DIVERSES PARTIES DONT SE COMPOSE LE VÉGÉTAL.

En ne portant son attention que sur le plus grand nombre des végétaux et laissant de côté certains d'entre eux, qui offrent des exceptions, on remarquera qu'ils sont en général le résultat de la réunion de plusieurs parties continues ; toutes dissemblables quant à la forme et qui toutes ont reçu des noms différents. Ces diverses parties sont la *Racine*, la *Tige*, les *Fleurs*. En les étudiant séparément, nous aurons occasion d'en connaître d'autres moins apparentes et moins généralement existantes, qui sont ou des dépendances ou très-voisines des principales.

La *Fleur* est sans aucun doute, de toutes les parties qui composent l'ensemble d'une plante, celle qui frappe nos sens le plus vivement et par sa beauté et par son éclat ; elle séduit même jusqu'à l'enfant qui commence à faire les premiers pas : on le voit s'élancer de son propre mouvement sur la simple *Marguerite*, (*Bellis perennis*), qui croit autour de lui, aussitôt qu'il peut se soutenir lui-même. Eh ! comment les fleurs n'auraient-elles pas un semblable empire, lorsqu'on voit ces brillantes parties du végétal joindre souvent à des nuances que le pinceau seul de la nature peu rendre, le parfum délicieux que l'art est obligé de leur ravir pour prolonger ou perpétuer la durée des douces sensations naissant des émanations odoriférantes qu'une foule d'entre elles laissent échapper de leur sein.

Non seulement la fleur est souvent la partie la plus brillante des végétaux ; mais aussi elle doit être considérée comme la plus importante, puisqu'elle renferme les appareils nécessaires à la reproduction, dans le plus grand nombre de cas.

Si l'on observe la fleur d'une manière superficielle on ne saisit que l'ensemble de sa forme ; les nuances de sa couleur et l'espèce de son parfum : mais si l'on dirige son attention sur sa structure, alors on voit avec étonnement, une foule de choses qui n'échappent qu'à l'œil inobservateur et dont l'ensemble ou harmonie, peut faire naître l'admiration chez l'homme habitué à réfléchir.

Ce n'est donc pas en jetant une vue générale seulement sur la fleur qu'on peut en avoir une idée exacte, c'est en examinant en particulier toutes les pièces ou parties qui entrent dans sa composition.

La *Fleur* tient à la plante par une partie verdâtre plus ou moins arrondie et quelquefois distincte, par une articulation, du reste du support général ou *tige*. Cette partie ou support, que l'on nomme vulgairement la *queue de la fleur*, est désignée par le nom de *Pédoncule*, par les botanistes : expression équivalente à celle de *pied*. Si dans un groupe de fleurs chacune est portée par un pédoncule particulier, et distinct du pédoncule général, alors il est désigné sous le nom de *Pédicelle*, c'est-à-dire, *petit pied.*

Ayant détaché la fleur et la soutenant par son pédoncule, on peut observer facilement à son extérieur, des parties vertes formant par leur réunion ou une petite coupe ou un tube; ou bien étant toutes distinctes les unes des autres: c'est ce qu'on nomme le *Calice*, et lorsqu'il est composé de plusieurs parties bien distinctes et séparées les unes des autres jusqu'à la base, ces parties sont désignées chacune sous le nom de *folioles* et mieux encore par celui de *Sépales* (1), adopté avec raison maintenant par les botanistes les plus à la hauteur de la science.

Quelquefois l'on remarque un double rang de parties ou sépales au calice, comme dans le Fraisier; on a appelé long-temps cet appareil *calice double*; maintenant c'est le *Calicule*, c'est-à-dire, petit calice, ou une sorte d'involucre, appartenant à une seule fleur. Si au contraire ce calicule est placé à la base de plusieurs fleurs, comme dans la Marguerite-Reine, le Soleil annuel et aussi la Carotte et autres plantes analogues; alors il prend le nom d'*Involucre*. Si, comme cela a lieu dans la dernière plante citée, chaque bouquet de fleurs porte un involucre distinct de l'involucre général, on donne à cet involucre partiel le nom d'*Involucelle*. Ce qu'on nomme *Bractée*, est une sorte de second calice mais composé d'une seule partie ou petite feuille et qui se trouve au bas du pédoncule de chaque fleur de beaucoup de plantes, comme dans l'épi de fleur de la Sauge, de la Lavande. La *Bractéole* est un diminutif de la bractée, elle a reçu faussement le nom de calice dans le Chardon à bonnetier ou Cardère et autres plantes congénères.

La *Spathe* est une enveloppe de la nature du calice, c'est une feuille altérée dans sa forme et ses dimensions, que l'on observe très-distinctement dans les Oignons, Poireaux, Iris. La *Glume* n'est qu'une très-petite spathe qui est particulière à certaines

(1) Il y a plus de 60 années que ce mot a été proposé et employé par Necker.

plantes appellées Graminéees, tels que le Froment, le Seigle, l'Orge, etc.

La corolle et le calice existant dans une même fleur, ce qui n'a pas toujours lieu, alors les parties colorées qui suivent immédiatement le calice ordinairement vert, composent la *Corolle*. De même que le *Calice* dans lequel elle est renfermée dans l'origine, elle est, suivant les sortes de plantes, d'une seule ou de plusieurs parties. La position de la Corolle la fera toujours reconnaître, quand bien même sa couleur viendrait quelquefois jeter du doute pour prononcer sur sa nature : car il arrive qu'elle est parfois incolore, tandis que dans d'autres plantes le calice est très-coloré.

La corolle est aussi souvent composée de plusieurs parties, comme d'une seule partie ; l'ensemble porte toujours le nom de corolle : mais lorsqu'il y a plusieurs pièces distinctes et séparées l'une de l'autre jusqu'à la base, chacune de ces pièces porte le nom de *Pétale* : dans lequel on distingue l'*Onglet* ou la partie la plus étroite et la *Lame* ou la partie plane, large, étalée, qui forme le *Limbe* de la corolle, ou la partie évasée. Dans les corolles d'une seule pièce : l'intervalle qui sépare ce limbe de la partie la plus étroite ou tubuleuse porte le nom de *Gorge*. A la suite de la corolle, en allant toujours de l'extérieur à l'intérieur, viennent des corps plus ou moins filamenteux, nommés *Etamines*; placés circulairement et de la même manière que le sont les pétales par rapport à eux-mêmes. Les étamines se distinguent à une forme assez généralement semblable : c'est celle d'un *filament* blanc, plus ou moins allongé, surmonté d'une petite masse. Le filament lorsqu'il est simple et ne porte qu'un seul corps, reçoit le nom de *Filet* ou *Filet d'étamine* : au sommet duquel est l'*Anthère* qui tranche manifestement et par son volume et par sa couleur : jouissant, comme dans le Lis, les Céréales et beaucoup d'autres plantes, d'une mobilité remarquable.

La structure de l'Anthère est assez composée, relativement à ses dimensions habituellement peu remarquables.

Elle est formée de deux cavités distinctes et séparées l'une de l'autre par un corps intermédiaire rarement très-remarquable qui reçoit le nom de *Connectif*. Chaque cavité ou *Loge* est séparée en deux par une cloison extrêmement mince. Le Connectif est à peu près de la couleur du Filet de l'étamine et tient à ce filet par articulation. L'intérieur des Loges de l'anthère contient une poussière le plus ordinairement jaunâtre, rarement blanche, quelquefois violette, à laquelle on donne le nom de *Pollen* qui est emporté quelquefois sous forme de nuage lorsqu'il y a un grand nombre d'arbres réunis et en fleur en même temps. Comme les Pins et Sapins fournissent une grande quantité de Pollen, on a cru quelquefois, qu'il y avait des pluies de soufre, lorsque le vent portait au loin un nuage de ce pollen, enlevé des forêts plus ou moins éloignées.

Au centre du cercle formé par la disposition naturelle des filets des étamines, se trouve un corps qui a reçu le nom de *Pistil*, et quelle que soit sa forme et sa nature, il est toujours le point central de la fleur : sa couleur verte, herbacée, tranche facilement avec la coloration des parties environnantes. S'il n'est composé que d'une partie, il se porte verticalement, dans le cas contraire, il diverge plus ou moins. Il offre toujours deux régions distinctes : l'*Ovaire*, qui est la partie la plus volumineuse et la plus inférieure, et le *Stigmate* ou la partie extrême ou supérieure de l'ovaire, remarquable, soit par ses aspérités, soit par l'apparence visqueuse qu'il présente : résultant d'une humeur visqueuse et sucrée qui est à sa surface. Habituellement, entre l'Ovaire et le Stigmate, existe un corps intermédiaire, plus ou moins allongé, porté par le sommet de l'ovaire et supportant le stigmate, c'est le *Style* qui est assez généralement glabre, ce qui le distingue de la surface stigmatique ou Stigmate, toujours un peu inégale ou lubréfiée. Outre les parties dont nous venons de parler on trouve parfois dans les fleurs de certaines plantes, quelques autres parties, qui changent un peu l'apparence du type général, dont nous venons de donner une idée.

Ces parties accessoires sont des sortes d'appendices de forme et de situation très-variables, qui ne peuvent recevoir le nom d'aucunes de celles dont il a été parlé : on peut en prendre une idée en examinant les fleurs de Laurier, de Bourrache. Chacune des diverses parties de la fleur, est susceptible d'être appendiculée : mais la corolle est de toutes celles dans lesquelles on observe le plus fréquemment ces *Appendices* et dans lesquelles ils soient le plus remarquables. Assez souvent les appendices renferment une humeur mucoso-sucrée, à laquelle on donne le nom de *Nectar*. C'est pour cela qu'alors les appendices portent aussi le nom de *Nectaires* : mais il en est beaucoup qui sont appelées ainsi et qui ne sont que des appendices, supposant même que l'on puisse reconnaître l'existence des nectaires, comme corps essentiellement distincts, ainsi que nous l'avons prouvé dans un travail spécial. L'Ovaire, lorsque la fleur est passée, pour nous servir de l'expression usitée vulgairement, l'ovaire grossit plus ou moins et donne naissance à ce que l'on appelle le *Fruit* et très-souvent et inexactement la *Graine*. Ce fruit présentant une multitude de formes particulières, est plus ou moins gros, mais il n'est regardé comme un fruit dans l'usage habituel de la vie, que lorsqu'il présente un gros volume : ainsi on dit la graine de Carottes et le fruit du Melon, bien que l'un et l'autre soient un fruit.

Dans le fruit on distingue le *Péricarpe* ou enveloppe, et la *Graine*. Le péricarpe est composé à l'extérieur de pièces quelquefois distinctes, qui sont des *Valves* et à l'intérieur de séparations qui sont les *Cloisons:* isolant souvent la capacité intérieure en plusieurs cavités, qui portent le nom de *Loges*, ou bien il est formé par plusieurs pièces distinctes ou *Carpelles*, n'ayant de commune que la base.

A la partie extérieure du péricarpe on distingue, suivant les espèces, différents corps qui en sont plus ou moins partie intégrantes et que l'on connaît sous les noms de *Chevelure*, *Queue*, *Aile*, *Crête*, *Bec*, *Côtes*, *Strophioles*, *Armures*, *Glochides*, *Verrues*, *Poils*, *Scabrite*, *Rosée*, *Opercule*, *Rayons*, etc.

Dans la cavité du fruit se trouvent les graines, qui dans l'ovaire, portent le nom d'*Ovules* ou petits œufs et dans le fruit reçoivent la dénomination de *Graine*. Ces graines sont recouvertes d'une enveloppe qui prend le nom de *Spermoderme* et sont composées d'une amande, offrant un embryon ou plantule pourvue de *Cotylédon*, de *Plumule* et de *Radicule*, le tout renfermé quelquefois dans un corps particulier appelé *Albumen*.

On voit par la nombreuse série d'objets que nous venons d'observer dans la fleur du végétal, d'une manière sommaire, combien est intéressante l'étude de cette partie et combien elle fournit à l'observation. Il est vrai que comme la fleur a procuré les connaissances les plus certaines pour arriver à bien distinguer les plantes les unes des autres et à les classer, c'est aussi la partie de la plante que l'on a le plus et le mieux étudié.

Si de l'étude de la fleur nous descendons à son support général, nous trouvons ce que les Botanistes appellent, comme tout le monde, la *Tige*. Quelque variée qu'elle soit dans ses formes, quelque nom qu'elle reçoive, on la distingue toujours par sa position ordinairement verticale.

Lorsque la tige se divise, ses premières divisions sont les *Branches*, qui peuvent être de premier, second et troisième ordre, suivant la grosseur du végétal et suivant sa tendance à se ramifier. Les divisions extrêmes sont, les *Rameaux*, qui se divisent plus ou moins encore., mais qu'il n'est pas nécessaire de suivre avec des dénominations différentes dans toutes leurs divisions.

Les intervalles séparés par des nœuds, articulations, renflements, ou l'insertion des feuilles portent le nom d'*Entre-nœuds* ou de Mérithalle, si on veut admettre le nom proposé par Du Petit-Thouars.

Dans quelques circonstances la tige naissante reçoit un nom particulier : si elle tient à une racine de plante vivace et qu'elle paraisse à la surface de la terre, sous la forme d'un bouton d'arbre, elle prend le nom de *Turion ;* lorsque ce bouton développé s'élève à la manière de *l'Asperge,* c'est un *Jet*, comme on le voit encore dans le *Fragon*, et plusieurs autres epèces de végétaux.

On remarque sur les végétaux ligneux, lorsqu'ils hyvernent, c'est-à-dire, lorsque leurs feuilles tombent en automne, de petits corps oblongs, couverts d'écailles brunâtres, naissant dans l'axe que forme la base des feuilles avec les tiges, ou bien au-dessus de la cicatricule que laisse au végétal la feuille qui tombe, ce sont les *Bourgeons.*

Comme les tiges et les racines, excepté dans le cas où se trouvent les plantes vivaces, ont une durée simultanée, la tige reçoit les mêmes noms sous ce rapport, ainsi elle est dite *annuelle, bisannuelle.* Il n'y a point de plante croissant spontanément qui ait seulement la durée de trois années, ce n'est que par la culture que l'on est parvenu à rendre *trisannuelle* des plantes naturellement bisannuelles telles que le Céléri.

Une tige dont la durée est de plusieurs années et le tissu de la nature du bois, est une *tige ligneuse.*

Sur divers points de la surface des tiges et des rameaux et dans un ordre déterminé, se trouvent les *Feuilles.* Après, la fleur ce sont elles qui donnent aux plantes l'apparence qui nous charme le plus. C'est de la verdure résultant de l'ensemble des feuilles de tous les végétaux, que le printemps tire pour nous, le plus grand de ses agréments; cette couleur amie de l'œil, le vert, vient reposer notre vue, que la teinte trop vive de la neige a pu affecter pendant l'hiver ou que la couleur morne de la terre dénuée de végétation est venu attrister pendant plusieurs mois. Dans les climats brûlants elles diminuent l'action incommode d'une terre échauffée réfléchissant les rayons solaires.

Les feuilles, à quelques exceptions près, sont des parties tenant immédiatement à la surface de la tige et se présentant sous la forme de lames minces, vertes, variables quant à leur texture, quant à leur nature et quant aux accidents de formes qu'elles présentent. Dans la feuille on distingue le *Disque* ou *Lame* qui est la portion présentant la plus grande surface et sur laquelle on observe les traces de *Nervures* de divers ordres que l'on partage en *Côtes, Nervures* et *Veines.*

Le *Pétiole* ou support du disque de la feuille est cette partie mince, allongée, plus ou moins cylindrique, intermédiaire entre la tige et le disque, mais manquant quelquefois; et auquel l'on donne vulgairement le nom de *queue* de la feuille : cette partie manque quelquefois et la base de la feuille repose alors immédiatement sur le corps du végétal. Au lieu d'être fixé sur un seul point le pétiole embrasse quelquefois la tige qui le supporte, tel il est dans les Graminées, alors il reçoit le nom de *Gaîne* : c'est un enroulement des bords du Pétiole, d'où résulte comme un tuyau plus ou moins long, embrassant la tige. On peut observer au sommet de ce tube un petit appendice membraneux, c'est à lui que l'on applique le nom de *Collet* et mieux encore celui de *Ligule*.

A la base du Pétiole on remarque quelquefois de petites feuilles auxquelles on donne le nom de *Stipules*, souvent elles font corps avec la base du Pétiole; quelquefois aussi elles tiennent plus intimement à la tige.

Outre les feuilles il est sur la tige quelques corps que l'on observe suivant les espèces, par exemple on distingue les *Cirrhes* ou *Vrilles*, que l'on a improprement et faussement appelées *Mains* : ce sont des prolongements filiformes qui se roulent en spirale autour des corps qu'ils rencontrent et qui naissent tantôt sur le corps du végétal même, comme dans les Vignes, les Bryones, les Passiflores, les Cistes; tantôt à l'extrémité des feuilles comme dans les Gesses, la Flagellaire, la Méthonique, le *Nepenthes distillatoire*.

Les *Mains*, très-distinctes des Vrilles, sont des espèces de racines qui sortent de la tige de certains végétaux rampants ou volubiles et qui servent à les fixer sur les corps près desquels ils se trouvent: telles sont les mains du Lierre, du Cisse-Vigne vierge.

Les *Epines*, sont des parties dures, aiguës, plus ou moins allongées, et dépourvues de feuilles; d'une nature un peu distincte du bois : comme on peut le voir dans le Févier. Elles naissent sur les feuilles dans le *Houx*, les *Chardons*; sur le fruit dans la *Stramoine*. Les *Aiguillons* ordinairement comprimés, en quoi ils diffèrent des épines, et plus courts, ont encore ce caractère remarquable qu'ils se détachent très-facilement, ne tenant qu'à la surface du végétal, ce dont on peut s'assurer dans le *Rosier*, le *Robinier faux-acacia*.

Les *Poils*, petits corps capillaires qui se trouvent à la surface de toutes les parties d'un grand nombre de plantes et que l'on a comparé aux poils des animaux, sont incolores ou du moins d'un blanc hyalin; comme les aiguillons, ils sont fixés superficiellement. Ce que l'on a appelé *Glandes* dans les végétaux, renferme des choses si disparates qu'il n'est facile d'en prendre une idée générale et exacte qu'après avoir observé tout ce qui a reçu ce nom; ce qui ne peut être l'objet de l'exposé succinct dont nous avons besoin en ce moment, mais pour ne pas laisser une incertitude entière sur ce que l'on doit nommer ainsi, nous dirons que ce sont des protubérences placées sur diverses parties des plantes, très-souvent aussi au bord des dentelures des feuilles et qui, comme dans le *Peuplier*, le *Prunier*, sécrètent un suc distinct, lorsque les feuilles sont encore jeunes.

Parvenus à connaître, au moins d'une manière générale, toutes les parties apparentes du végétal, il faut aller chercher jusqu'au sein de la terre pour trouver sa dernière portion ou *Racine.*

Dans le plus grand nombre des végétaux la Racine, ou partie inférieure d'une plante, est fixée dans l'intérieur de la terre et sert à les maintenir dans une situation verticale. La racine n'est cependant pas toujours fixée dans la terre, un corps dur tel que la pierre, un végétal mort ou vivant, servent aussi de point d'appui à un certain nombre d'espèces. Lorsque nous étudierons les phénomènes de développement du végétal, nous verrons combien est important le rôle que joue dans la végétation, cette partie de la plante, indépendamment de son utilité comme point d'appui.

La forme de la racine, qui varie tant, peut cependant être ramenée à une forme générale : c'est celle d'un cône quelquefois droit, simple, souvent rameux, et toujours couvert de racines plus ou moins déliées qui par rapport à leur ensemble reçoivent le nom de *Chevelu.* Cette racine supporte immédiatement la tige et il est rare que l'on puisse distinguer le *Collet* ou partie intermédiaire : parce que le plus ordinairement ce n'est qu'un point supposé, car excepté quelques plantes telles que les Ombellifères à racine pivotante, où le collet appelé *Nœud-vital* par de Lamarck, s'observe assez bien, on ne peut le distinguer dans les autres végétaux quelle que puisse être l'attention que l'on puisse y apporter.

Nous avons donné une idée assez complète de ce que c'est qu'un végétal et de quelles parties il se compose, il sera maintenant beaucoup plus facile de pénétrer plus avant et d'étudier la science sous des points de vue plus complets et plus exacts, c'est ce que nous commencerons à faire en traitant la Glossologie, qui peut-être serait mieux désignée par le nom de *Glossoïe Botanique.*

A cette occasion nous confesserons que cette multiplicité de mots et de dénominations, à laquelle, dans un temps, nous avons nous-même sacrifié, est une calamité. Le plus beau triomphe de la science sera le moment où une main habile et une autorité autre que la nôtre, viendra débrouiller le chaos du dictionnaire de la Botanique, et rejeter les neuf-dixièmes des mots admis et qui peuvent trouver leur équivalent dans la langue commune à tout le monde. Jusque-là, désespérons de voir la Botanique *vulgarisée* comme elle devrait l'être.

SECONDE SECTION.

GLOSSOLOGIE. (1)

> *Termini pari eligendi, obscuri et erronei non admittendi sunt; necessariis plures excludendi, pauciores augendi sunt.*
>
> LINNÉE. (Phil. Bot.)

Dès que l'on s'occupa des végétaux on fut obligé d'employer des mots particuliers pour distinguer les unes des autres, les parties dont ils se composent, et les plus apparentes reçurent d'abord des noms du vulgaire, aussi dans toutes les langues existe-t-il des mots pour désigner la *Fleur,* les *Feuilles,* le *Fruit,* la *Tige*, la *Racine.* Ces mots furent les premiers que nous reçûmes des naturalistes grecs et romains et presque les seuls ayant rapport aux distinctions de parties dans les végétaux, qu'ils nous ont transmis par leurs écrits; s'il en existe quelques autres on doit dire que les anciens botanistes s'en servaient d'une manière vague; ne mettant aucune importance à employer des termes dont le sens fût rigoureusement déterminé, ou bien ils employaient arbitrairement ces termes, ou bien encore ils se servaient de périphrases, suivant que leur génie les inspirait avec plus ou moins de succès.

En étudiant les plantes plus méthodiquement que ne l'avaient fait les anciens, et en examinant plus attentivement leur structure, on sentit qu'il devenait nécessaire d'établir un plus grand nombre de distinctions, et l'on créa de nouveaux mots, sans cesser d'adopter ceux déjà en usage. Ces créations obligées, en facilitant les moyens de communiquer ses idées, ont augmenté aussi les difficultés; la langue du botaniste a pris une extension telle qu'elle exige maintenant une étude spéciale et indispensable, si l'on veut, non-seulement faire des progrès dans la connaissance des végétaux, mais encore en prendre les notions les plus générales. Jungius et Tournefort sont les premiers qui ont senti réellement l'importance de fixer le sens des mots dont

(1) Si l'usage n'eut comme consacré *Glossologie*, il eut fallu *Glossonomie.*

on devait se servir : mais c'est à l'immortel Linnée que l'on doit le perfectionnement de la langue du botaniste, d'où naquit la clarté et la précision qu'on trouve dans ses ouvrages et dans ceux des naturalistes qui l'ont suivi : pour ceux qui voient dans Linnée autre chose qu'un nomenclateur de plantes, c'est là un de ses beaux titres de gloire.

On a réuni tous les termes relatifs à la Botanique dans un cadre uniquement composé de ceux ayant rapport aux éléments de cette science, c'est ce qui établit cette partie de la Phytotechnie que nous appelons *Glossologie Botanique*, avec un savant professeur; rejetant le mot de *Terminologie* d'après le précepte du législateur de la Botanique, le célèbre Linnée, qui proscrit les mots hybrides.

La facilité qu'on a, par le moyen de la *Glossologie Botanique*, de se faire comprendre de ceux qui parlent et entendent la même langue, compense bien les inconvénients de la multiplicité des mots qui la compose. On peut même dire que la Botanique n'est devenue une science, que depuis le moment où sa langue a commencé à s'enrichir de termes didactiques et d'expressions propres à son usage. Cependant, cette langue n'est pas fixée d'une manière rigoureuse, chaque jour on propose des noms, des mots que l'on croit nécessaires. Mais il y aura bientôt un terme à ces innovations dont la nécessité est limitée par les bornes présumées de cette partie de la Botanique; d'ailleurs, l'opinion des botanistes se formera peu à peu à cet égard, et l'on finira par adopter exclusivement les mots que l'on croira les plus nécessaires et les plus convenables; on ne suivra pas, il n'est aucun doute, la méthode de nomenclature de tel ou tel botaniste à l'exclusion de celle de tel autre. On choisira dans chacun d'eux ce qu'il y aura de préférable, et alors on verra moins d'arbitraire dans cette branche de la Botanique qu'il n'y en existe dans ce moment, chaque auteur cherchant à former un langage particulier et une école distincte : cette réforme, que nous essayons dans notre travail, en sacrifiant même nos propres créations en ce genre, simplifiera singulièrement la langue botanique.

Un mot en Botanique est destiné à désigner une chose ou les qualités de cette chose, d'après cela il est naturel de distribuer la Glossologie Botanique, en deux parties distinctes : la *Glossologie des appareils*, ou *Organographie*, comme on a proposé de la nommer : celle qui rassemble tous les noms servant à désigner les parties des plantes que d'autres appellent organes, et mieux encore appareils; la *Glossologie qualificative*, ou celle qui traite de tous les termes caractéristiques, ou servant à qualifier d'une manière quelconque, les parties que l'on distingue dans la *Glossologie nominative.*

M. De Candolle place dans une section particulière les termes physiologiques ou ceux qui ont rapport immédiatement à la physique des plantes, mais comme ils sont en très-petit nombre, il ne nous paraît convenable d'en traiter que lorsqu'il sera question d'examiner les fonctions des appareils et les phénomènes des végétaux.

Glossologie nominative ou des appareils.

DES POINTS GÉNÉRAUX QU'ON DISTINGUE DANS LES PARTIES DES VÉGÉTAUX.

Les points généraux dont on doit établir la distinction pour les parties des végétaux, sont d'autant plus importants à fixer qu'on ne peut s'entendre si l'on n'est parvenu à déterminer exactement la position de chacun de ces points, soit qu'on examine les parties des plantes en elles-mêmes, soit qu'on ne les considère que relativement au végétal dont elles sont parties constitutives.

La *Base*, (*Basis*) d'une partie est le point par lequel elle est attachée, quelleque soit la forme et la position de cette partie ; de même que le *Sommet* (*Apex, Cacumen, Terminus*), est le point diamétralement opposé. Ce point est quelquefois déjeté sur le côté, mais il se retrouve facilement, en suivant les courbes que présente à sa surface, la partie dont on cherche les deux extrémités.

Lorsqu'en Botanique on emploie le mot *Axe* (*Axis*) ce n'est que rationnellement parce qu'on est convenu de donner le nom de *Columelle* (*Columella*) à l'axe virtuel ou celui qui étant distinct, est formé par un corps particulier.

Les *Faces* d'une partie (*paginæ*) se distinguent en *supérieure* et *inférieure* (*supera* et *infera, prona*), quant cette partie est plane et horizontale : mais lorsque sa position est verticale on désigne les faces par antérieures, et postérieures. Les *Côtés* (*Lateræ*) comprennent l'espace intermédiaire entre les faces.

En Botanique le *Centre* (*Centrum*) ne s'applique qu'aux corps solides et d'après l'acception généralement reçue.

La *Surface* (*Superficies*) se compose de l'étendue des faces des côtés et des extrémités.

Le *Bord*, (*Margo*) est l'extrémité ou ligne de rencontre de deux surfaces ; c'est la totalité de ce bord qui limite la *Circonférence* (*Ambitus, Radius*) des corps plans; et la partie circonscrite par ce bord reçoit dans ce cas le nom de *Disque* (*Discus*), quant bien même la circonscription ne donne pas une ligne circulaire. Le *Limbe*, ou la *Lame* (*Limbus, Lamina*) désigne, par opposition à une base étroite, un sommet étalé.

L'angle en Botanique indique souvent l'intersection de deux plans et c'est à tort, parce qu'on doit appliquer dans ce cas le mot *Arête* (*Acies*). Le mot *Angle* (*Angulus*) ne doit servir qu'à désigner l'intersection de deux lignes. Si l'angle est sortant on emploie simplement le mot *Angle* et s'il est rentrant on se sert pour le désigner du mot *Sinus*.

CONSIDÉRATIONS GÉNÉRALES SUR LE VÉGÉTAL.

Pour faire une application exacte de tout ce que l'on doit dire bientôt relativement aux végétaux, il est nécessaire de commencer par faire connaître que la nature en présente trois types généraux, reposant sur une organisation particulière et distincte pour chacun de ces types : à de rares exceptions près.

Ces trois types sont 1° les Acotylédones que l'on a aussi appelés inembryonnés et végétaux cellulaires, 2° les Monocotylédones, 3° les Polycotylédones ou Dicotylédones; sans nous arrêter aux dénominations de *cellulaire; vasculaire* endogènes et vasculaires exogènes, proposées par le professeur De Candolle; de inembryonné, embryonné endorhize et embryonné exhorhize de L. C. Richard ; aux végétaux axifères et appendiculaires monocotylédones et polycotylédones de M. Turpin, toutes distinctions qui ne nous semblent pas préférables à l'ancienne.

Pour bien entendre cette division il faut dire par anticipation; que la dernière production du végétal est la partie qui sert à le renouveler et à le propager. Cette production est simple ou composée. Si elle est simple, c'est-à-dire, si sa structure est uniforme, qu'elle se développe sans qu'aucune partie soit rejetée, alors elle appartient à une plante acotylédone, c'est un *Spore;* si au contraire cette partie propagatrice présente une enveloppe distincte et qui soit rejetée lorsque le développement commence, alors le végétal auquel elle appartient est cotylédoné et dans ce cas les cotylédons sont, isolés, géminés ou multiples, et leur ensemble y compris leur enveloppe forme une véritable *Graine* provenant d'une plante pourvue de fleur, c'est-à-dire, pourvue au moins d'étamine et de pistil, tandis que les acotylédones manquent de véritable graine et n'ont que des Propagules ou des Spores.

Les cotylédons paraissent bien il est vrai de la même nature que les frondelles foliacées des mousses et des fougères mais le surplus de l'organisation établit d'une manière distincte la ligne de démarcation que la nature a placé entre les vrais cotylédons et les frondelles primordiales des végétaux acotylédones.

DIVISION DES PARTIES DES PLANTES.

La Botanique n'aura jamais de bases invariables et solides, que lorsqu'il existera une réunion de notions positives assez nombreuses, pour que, toutes les parties des végétaux ayant été comparées entre elles, ont ait acquis par là des idées saines sur leur organisation générale. C'est en donnant une idée exacte de ces parties qu'on pourra embrasser d'un coup d'œil le plan limité, d'après lequel est organisée la masse d'être végétants qui ornent toutes les parties du globe ; de même que ce n'est qu'en étudiant comparativement ces végétaux eux-mêmes qu'on peut avoir des idées justes de leurs rapports.

Tout ce qui peut être distingué dans un végétal, c'est-à-dire, chacune de ses parties, est essentiel ou accessoire. Toute partie essentielle exige son intégrité pour maintenir une plante en état convenable de végétation : une partie accessoire n'est pas d'une utilité absolue et manque souvent.

On a proposé de donner aux diverses parties du végétal le nom d'organe, et à la division de la Botanique qui en traite, la dénomination d'organographie, mais il paraîtrait assez naturel de penser qu'on ne doit pas se presser de donner le nom d'*organes* à des parties qui n'exercent peut-être aucune *fonction spéciale :* caractère auquel on reconnait dans les animaux les véritables organes.

Grew le premier avait désigné sous l'expression de *parties organiques* (*partes organicæ*) les diverses parties des végétaux, et c'est d'après lui qu'on a fait la distinction des *organes de la végétation* (*organa nutritiva*) ou *nutritifs*, les *organes reproductifs* ou de la fructification (*organa reproductiva*) et les *organes accessoires* (*organa accessoria*); toutes expressions qu'il ne faut pas adopter légèrement et auxquelles serait-il peut-être préférable de substituer le mot *Appareil*, ainsi que nous l'avons essayé.

Les Cotylédons sont les premières parties qui se manifestent hors de terre le plus ordinairement; lorsque la graine, par l'effet de la végétation, commence à se développer; mais dans tous les végétaux Cotylédonés, quelleque soit la série à laquelle ils puissent appartenir, la radicule se développe la première, la tige, la seconde et l'appareil de la reproduction la dernière; ainsi les premières distributions naturelles de l'étude méthodique des parties des végétaux peuvent suivre la marche du développement qui est affectée à très-peu d'exceptions près, à toutes ces parties: c'est ce qui fait que dans cet ordre nous traiterons successivement de la *Radication,* de l'*Herbification* et de la *Fructification.*

DE LA RADICATION, OU APPAREIL RADICULAIRE DES VÉGÉTAUX.

Nous nommons *Radication* (*Radicatio*) la disposition, quelle qu'elle soit, relative aux racines. En généralisant cette expression, telle qu'elle doit l'être, on entend par radication, tout moyen servant à fixer un végétal : en éloignant l'idée d'une application spéciale, telle serait celle qu'on peut faire sur les végétaux se présentant à nos yeux le plus habituellement ; ainsi l'on n'entendra pas plutôt le mode de radication de l'arbre, du végétal herbacé, que le mode d'adhésion des *Conferves*, des *Lichénées*, des *Algues* au corps sur lequel ils sont fixés, parce qu'en règle générale tous les végétaux de quelque nature qu'ils soient sont fixés sur un corps, au moyen d'une radication qui varie suivant les groupes naturels des plantes, souvent même suivant l'espèce particulière.

Les végétaux qui flottent sur les eaux, ont la faculté de suivre les mouvements du fluide sur lequel ils croissent : mais leur situation n'en est pas moins analogue à celle des végétaux placés sur un sol stable, car l'eau est pour les plantes qui flottent à sa surface, ce que la terre est aux autres végétaux.

La *Racine* (*Radix*) est la partie constitutive de la radication, lorsque cette radication est virtuelle ; car lorsqu'elle n'est que rationnelle il n'y a qu'application ou adhésion du végétal, sur le corps qui lui sert de support, sans apparence d'aucune sorte de racine. Dans le plus grand nombre des végétaux la racine est implantée dans la terre et sert à les soutenir dans la situation qu'ils affectent habituellement. Quelquefois cette racine est implantée sur le corps d'un autre végétal mort ou même vivant; quelquefois aussi sur les pierres et les rochers de diverse nature, dépouillés même de toute apparence de terre végétale.

Le *Corps de la racine*, ou la partie la plus volumineuse sert plus spécialement à la station des plantes, et c'est par son moyen qu'elles résistent aux violentes percussions, aux fréquentes agitations qu'elles éprouvent de la part des vents. La fixité qui en résulte pour elles est d'autant plus importante qu'on voit qu'ils périssent si on les détache, quelque peu prononcé que puisse paraître l'appareil de radication. Le Botaniste Bosc a proposé de distinguer dans les racines ordinaires la *Tête* (*caput radicis*) et la *queue* de la racine (*caudex radicis*) mais cette division n'est d'aucune utilité, ni d'aucune application.

Un certain nombre de végétaux n'offrent point de racines, perceptibles au moins à nos sens ; mais la simplicité de leur organisation en est une suite nécessaire, comme on le remarque dans la plupart des Lichens, et des Champignons tels que Truffes,

Sclérotions: la nature supplée cependant, ainsi que nous le verrons, à ce manque de tout mode de radication.

Dans beaucoup de végétaux acotylédones les racines se présentent sous la forme de filets qu'on peut comparer aux *mains* du Lierre. Dans la Joubarbe en arbre, plusieurs Aloës frutescents, le *Clusier rose*, on voit des racines qui partent de différents points de la tige et qui viennent s'insérer en terre et sont d'une nature analogue aux *mains* du Lierre mais bien moins nombreuses.

La racine a été désignée d'une manière métaphorique, sous les noms de *Tronc souterrain* (*Truncus subterraneus*) par Hedwig et *Descensus* par Lhéritier; mais ce n'était donner que l'idée de quelques sortes de racines, et encore l'expression de tronc souterrain peut-elle s'appliquer à certaines tiges dont nous parlerons bientôt.

Dans le végétal naissant, ou sortant de la graine, le rudiment de la racine porte le nom de *Radicule* (*Radicula*) et l'on appelle *Radicelles* (*Radicellæ*) les premières divisions de la Radicule, qu'on observe spécialement dans les mocotylédones où souvent la radicule s'atrophie peu après la germination. Lorsque les racines sont très-divisées leurs dernières extrémités portent le nom de *Fibrilles* (*Fibrillæ*) et l'ensemble qu'elles forment celui de *Chevelu* (*Comatium*). Dans les eaux le chevelu s'allonge et alors on lui donne vulgairement le nom de *Queue de renard*. On peut observer cette dernière disposition aux racines des arbres qui croissent près des eaux vives, ou qui ont pénétré dans des canaux.

De toutes les modifications de la racine qu'on a cherché à distinguer il n'y en a véritablement que de deux sortes, les rameuses et les pivotantes. Les premières ne présentent point de particularités notables; les autres sont plus ou moins modifiées dans leur forme et simulent un Fuseau, un Navet, une Rave: d'où elles sont dites *fusiformes*, *napiformes*, *rapacées*. Lorsqu'elles sont tuberculiformes, elles sont irrégulières, telle est par exemple celle du Bunion Bulbocastane; c'est une *racine arrondie*.

Les racines pivotantes appartiennent exclusivement aux polycotylédones, et les fibreuses aux monocotylédones. Les racines articuliformes de la Gratiole semblent se rattacher aux Souches.

Les racines sont presque toujours plus ou moins colorées; rarement elles sont entièrement blanches, telles sont celles de la Fraxinelle; elles sont brunes, par exemple dans la Buglose, ou jaunes comme dans la Rhubarbe, la Chélidoine; rouges dans les Rubiacées d'Europe; noirâtres dans le Vératre *noir*, vulgairement Ellébore. La couleur est souvent superficielle comme dans la Rave; d'autrefois elle est répandue dans toute l'épaisseur de la racine comme dans la Carotte, la Betterave, la Rhubarbe.

En règle générale les racines sont glabres à leur surface, cependant il est un certain nombre de Graminées qui les ont couvertes de villosités très-denses, comme on peut le voir dans l'Orge.

Les racines offrent, suivant les espèces de plantes auxquelles elles appartiennent, diverses structures remarquables, dépendantes de leur organisation naturelle. On voit quelquefois dans l'étendue des radicelles se former un renflement qui est solide, épais, d'une substance moins solide que le reste de la racine. Ce renflement est général et unique dans les végétaux à racines rapacées, napiformes, etc. Il est irrégulier dans le Bunion bulbocastane. Dans plusieurs végétaux, tels que la Glycine Apios, il y a plusieurs de ces renflements qui se succèdent de manière à former des sortes de chapelets : disposition que l'on retrouvera dans les Souches-Rhizomes de quelques Graminées. Dans le Souchet commestible (*Cyperus esculentus*); ces renflements sont solitaires ou se succèdent par deux ou trois, mais sont des Souches.

On ne doit pas ranger au nombre des véritables racines, certaines productions observées dans quelques plantes et désignées sous le nom de Tubercule et de Bulbe : nous traiterons du Bulbe en parlant de la Caulination. Quant aux Tubercules on doit les regarder comme étant pour les racines ce que les graines sont aux tiges, ce sont d'autres moyens que se réserve la nature pour la multiplication des espèces. Cette observation est d'autant mieux fondée que ces tubercules sont toujours précédés par des racines ordinaires et du chevelu, ou *fibrilles radiculaires* (*fibrillæ radiculares*) qui existent indépendamment des tubercules : ce qu'on peut vérifier dans le Solanon-Pomme de terre, dans *l'Héliante tubereux* ou *Topinambour* (*Heliantus tuberosus*). Dans les diverses espèces d'Orchidées à tubercules désignés faussement sous le nom de Bulbes ou racines *didymes tuberculées* (Rich.), ce sont des souches véritables. Ces tubercules peuvent bien donner naissance à un nouvel individu : mais ils ne participent point comme agent à l'entretien de la végétation.

Les Papillonacées sont plus particulièrement disposées à donner naissance à des tubercules et depuis long-temps Ray l'avait observé. Ils sont remarquables dans le Robinier faux-acacia où l'on trouve des individus dont les radicelles sont couvertes d'une innombrable quantité de ces tubercules de la grosseur de la graine de chanvre disposés par agglomération; l'*Ornithope élégant* (*Ornithopus perpusillus*) n'en présente pas un moindre nombre relativement à ses proportions.

Dans quelques plantes aquatiques, telles que les Utriculaires, l'*Aldrovandra*, les excroissances qui se remarquent sur les racines ont l'apparence des tubérosités : mais elles sont creuses, c'est ce qui fait qu'elles sont distinguées sous le nom d'*Ampoules* (*Ampullæ*), à raison de leur renflement. Il est encore sur certaines racines, des proéminences saillantes hors de terre désignées très-improprement sous le nom d'*Exostoses* et qui se voient souvent sur les racines du Noyer, de l'Orme et affleurent la terre ainsi que dans plusieurs autres arbres ; nous les désignerons par l'expression d'*Elignites* (*Elignites*) comme partant du bois et non d'un os ; elles ont particulièrement une forme et une disposition remarquable dans le *Schubert distique* ou Cyprès chauve (*Schubertia disticha*). Autour des troncs et sous l'ombre de l'arbre on voit des éminences de distance en distance, ayant quelquefois un mètre de haut et la forme d'une borne, ce sont des *Elignites* qui donnent à cet arbre une disposition pittoresque, parce qu'il y en a un assez grand nombre quand le pied est très-âgé.

Si nous parlons ici et non à l'article Caulination, du *Collet de la racine* (*collum radicis*) ce n'est pas que cette partie soit une dépendance plus particulière de la racine que de la tige : mais c'est à raison de ce que son nom en fait comme une des parties de la racine. Plusieurs auteurs ont distingué ce collet ; c'est le *Fundus plantæ* ou *Limes communis* de Jungius, Grew la nomme *Coarcture* (*Coarctura*). M. Lamarck et avec lui beaucoup de Botanistes, *Nœud-vital*, très-différent de ce que M. Turpin désigne sous le même nom (1) ; cependant il faut dire que c'est une partie vraiment idéale qu'on prétend être placée entre le sommet de la racine et la base de la tige. Dans les racines fusiformes et approchantes, comme dans la Carotte, la Rave, etc. on prend pour le nœud-vital, l'impression que les feuilles radicales laissent au sommet de la racine, mais d'après des observations sur la structure de la plantule, Aubert Du Petit-Thouars a démontré que ce nœud-vital était indifféremment au-dessus ou au-dessous des Cotylédons : ce qui jette du doute sur l'existence certaine et nécessaire de cette partie. Au surplus M. Turpin généralisant cette première idée, assigne un nœud-vital partout où il y a propriété de sortie des bourgeons ou des parties appendiculaires, sur un végétal.

DE LA CAULINATION OU DE LA TIGE.

Nous entendons par le mot Caulination, tout ce qui concerne les tiges ; tant par rapport à leur forme qu'à leur manière d'être, et dans ce sens on peut donner en traitant de la Caulination, toute l'extension dont cette matière est susceptible ; considérant comme lui appartenant, toute partie indépendante de la radication, quelque soit sa forme, sa structure et sa disposition.

(1) Pour cet auteur c'est chaque extrémité du Mérithalle.

Le titre de *Caulination* convenant à toutes les modifications de la tige est mieux approprié que ne le serait celui *des Tiges.*

Tournefort restreignait le nom de tige aux plantes herbacées seulement ; les modernes en donnant à ce mot un peu plus d'extension, ne l'ont pas cependant étendu à tous les végétaux tigés et ils se sont contentés de comprendre sous ce nom les tiges des plantes ligneuses et herbacées, couvertes de feuilles.

Willdenow, professeur de Botanique à Berlin, enlevé aux sciences par une mort prématurée et connu par de grands travaux, avait désigné sous le nom collectif de *Cormus*, à la vérité en parlant des Cryptogames, toutes les espèces de tiges qui se trouvent synonyme du mot tige dans le sens où nous l'employons. Necker, Botaniste du Palatinat réservait le nom de tige à toutes les plantes cotylédones et appliquait le nom d'*Anabices* à celles des plantes acotylédones.

Comme il y a plusieurs sortes de tiges qui ont été distinguées, il est nécessaire de les distribuer méthodiquement : nous allons pour cela commencer par les plus simples.

§ 1. *Des Tiges aphylles.*

Les tiges aphylles ou privées de feuilles, appartiennent aux plantes acotylédones et s'il est quelques plantes grasses qui offrent le même caractère ce sont de rares exceptions qu'il est bien aisé de connaître ; et encore sera-t-il facile de trouver les corps qui composent les genres de feuilles de ces végétaux.

1° La première espèce ou sorte de tige aphylle est celle que Willdenow a nommé *Hypha*, c'est la plus simple de toutes. Elle se compose de filaments simples ou rameux, dont la radication se fait par application sur les corps, sans racines distinctes. Les Champignons byssoïdes, tels que les diverses moisissures et dans les Algues la section des confervoïdes, présentent un *Hypha*. Cette distinction nous paraît d'autant mieux appropriée que cet *Hypha* qui compose le corps de la plante est bien loin de donner l'idée que l'on attache à la tige des végétaux ordinaires.

Acharius a nommée *Lorulum* Lorule, la tige filamenteuse de quelques Lichénées, mais on ne peut le distinguer de l'*Hypha*.

2° Le *Pédicule*, (*Pediculus*) est une autre sorte de tige auquel on a donné aussi, mais mal à propos, le nom de Stipe. C'est la partie cylindracée qui dans les Champignons sert de support à celle que l'on a désigné trivialement, sous le nom de *Chapeau* ; c'est encore elle qui existe dans certaines *Lichénées* où on lui a imposé le nom de *Podétion* ou *Podète* (*Podetium, Podicillum*).

3° Acharius a donné le nom de *Thallus* à une espèce de tige qui est entièrement foliacée. On peut conserver ce mot pour désigner ceux de ces Thalles qui sont appliqués sur les corps qui leur servent de supports et sur lesquels ils végètent ; réservant le nom de *Frondelles* pour ces mêmes tiges dans le cas où elles sont ascendantes et libres, telles sont encore celles de beaucoup d'espèces d'Algues foliacées, que l'on a appelées aussi *Frons* et *Fronde* : *Frondule* (*Frondula*) pour les Mousses.

§ 2. *Des Tiges souterraines, à feuilles apparentes.*

Link, savant botaniste qui a remplacé Willdenow, a proposé depuis long-temps de nommer *Caudex*, la portion de la tige des plantes vivaces, qui demeure cachée sous terre, et que nous désignerons dans notre langue par le mot *Souche.*

On doit distinguer trois espèces de Souches, qui chacune ont des caractères particuliers et si prononcés que l'on en traitait autrefois séparément et sous divers noms. La véritable Souche est vivace.

La Souche-Rhizome, (*Rhizoma*) de Gawler, est une tige allongée couchée sur la terre et radicante comme dans la presque totalité des Fougères; ou bien, rampant peu profondément sous terre comme par exemple la tige de presque toutes les Iridées, qui de même que celle des Fougères pousse toujours en avançant sur une même direction. Les Scirpes, les Nymphéacées et beaucoup d'autres plantes présentent encore une Souche-Rhizome. C'est ce qu'on appelait *Racine progressive*, *Racine succise* dans la Scabieuse succise, dans le *Polygonatum.* Le nombre de ces souches est très-grand, exemple, l'*Adoxa Moschatellina, Anemone nemorosa, Paris quadrifolia*, etc.

La Souche turionnaire (*Caudex turionarius*) est celle de beaucoup de plantes vivaces et demi-ligneuses; elle est légèrement enfoncée dans la terre et il sort de tous les points indifféremment, les sortes de bourgeons souterrains, qu'on nomme *Turions.* On doit regarder les Orchidées bulbeuses, comme étant des plantes uniturionées.

La Souche-Colidie (*Caudex-Colidium*) est une tige souterraine, toujours simple, très-raccourcie, verticale, appartenant à toutes les plantes à feuilles radicales, comme dans les Primevères, les Utriculaires et la plus grande partie des plantes désignées sous le nom de plantes bulbeuses, telles que l'Oignon, la Tulipe, le Lis, où elles reçoivent le nom de *Racines bulbeuses.* C'est cette Souche-Colidie à laquelle M. De Candolle a donné le nom de Plateau (*Lecus*) dans les plantes bulbeuses. La partie renflée de ces sortes de tiges ou bulbe est formée par la base des feuilles ou pétioles, qui n'ont pas donné naissance à un disque ou lame; et suivant les variétés de structure de ces Souches-Colidies elles sont *foliifères* comme dans la Primevère ; *écailleuses*, comme dans l'Oignon de Lis, vulgairement *Bulbe écailleux; tuniquées* ou bulbe en tunique, comme dans l'Oignon ordinaire, et *solide* comme dans quelques narcisses, ou *Bulbe solide* des auteurs (1).

§ 3. *Des Tiges souterraines à feuilles cachées.*

Les plantes du genre Lathræa ou les Clandestines ont des tiges véritablement souterraines, indépendantes des véritables racines qui sont très-distinctes et non adhérentes aux tiges comme dans la Souche-Rhizome. Ces tiges sont couvertes de feuilles lesquelles à raison de leur disposition souterraine prennent un caractère particulier et ressemblent à des écailles très-épaisses, charnues et incolores.

§ 4. *Des Tiges apparentes et feuillées.*

La propriété que les tiges particulières aux Mousses, ont de se propager par stolons ; la nature des expansions foliacées et sessiles dont elles sont garnies dans toute leur étendue, ont fait qu'Hedwig, célèbre Muscologue, leur a donné le nom de *Surculus*, Surcule.

Le nom de *Stipe* (*Stipes*) ou support, donné assez souvent au pédicule des Champignons doit être appliqué seulement aux tiges des Palmiers et des Palmiers-fougères, dont la structure doit être considérée comme le résultat d'une succession de Souches-Colidies placées par assiette une chaque année. Cette sorte de tige est analogue à la Souche-Rhizome sous ce rapport, mais elle s'élève verticalement au lieu de ramper.

La *Tige* proprement dite (*Caulis*), est la caulination de toute plante foliacée et florifère qui n'ayant point le caractère des espèces de tiges dont il vient d'être question, ne peut être nullement confondue avec celle qui va suivre.

Lorsque Lhéritier a nommé métaphoriquement la Tige *Ascensus* et qu'Hedwig, l'appelait *Truncus ascendens*, ces auteurs n'avaient l'idée que des tiges de diverses sortes ou espèces dont nous avons parlé et non de celles dont nous donnons l'idée en ce moment. Le *Chaume* (*Culmus*) est une tige noueuse articulée fistuleuse assez ordinairement simple, appartenant aux Graminées, et peut-être mieux encore n'est qu'un support d'inflorescence.

Le Tronc (*Truncus*) pour le célèbre Botaniste Suédois, donnait l'idée que nous attachons avec la plupart des auteurs au mot

(1) Le *Cayeu (Bulbulus)* est un petit bulbe naissant sur le côté du bulbe ; c'est le *Nucleus* de Dodoens, l'*Adnascens* de Tournefort et l'*Adnatum* de Richard. Notre division des Souches est adoptée par plusieurs botanistes.

Caulis, mais il est plus naturel de n'entendre par là que cette partie des arbres qui en forme la tige et qui est usité dans notre langue avec la même application, d'après l'idée que donnaient du mot *Truncus* tous les écrivains latins.

De même que nous avons vu les racines des arbres présenter des excroissances assez uniformément composées, de même aussi le tronc peut en présenter qui ne sont pas moins remarquables.

A la base du tronc sur divers Figuiers de l'Amérique et de l'Asie on remarque des productions saillantes, comprimées, en nombre variable, qui entourent cette base et représentent autant de triangles à côtés inégaux dont la pointe de l'angle le plus aigu est en haut, et le côté le plus étroit parallèle à la terre et repose sur les plus grosses racines ou au moins en est une continuité dans ce point. Ces productions que nous appellerons *Élignites caulinaires* (*Elignites caulinares*) et qui reçoivent à St-Domingue le nom d'Arcabas, ont quelquefois cinq pieds d'élévation et laissent entr'elles des espaces suffisants pour donner la facilité de faire autour des grands et vieux arbres qui en offrent, plusieurs petits endroits qui fermés en devant suffisent aux nègres pour y enclore leurs animaux domestiques.

DES DIVERS NOMS DES VÉGÉTAUX RELATIVEMENT A LA NATURE DE LEUR TIGE.

Lorsque toutes les tiges d'une plante herbacée sont très-petites, ainsi que la plante, telles sont par exemple, l'Androsace commune, le Saxifrage à trois doigts, alors on lui applique le mot *Herbette* ou *Herbule* (*Herbula*.)

Lorsque la tige est d'une substance verdâtre, feuillée, peu solide et de la durée d'une année seulement, le végétal est appelé *Herbe* (*Herba*).

Si le végétal est d'une petite stature, ligneux; qu'une partie de ses branches meurent chaque année; qu'il ne soit point pourvu de bourgeons, dans ce cas il est désigné comme Sous-arbrisseau (*Suffrutex*) comme la plupart des Hélianthèmes, Thyms, Buis, Sauge officinale, etc. Si au contraire il porte une tige ligneuse, mais n'atteignant ordinairement que quelques décimètres de haut, alors c'est un *Arbrisseau* (*frutex, fruticulus*); s'il arrive que cet arbrisseau se ramifie dès la base de sa tige et que de ses branches il résulte une touffe, il reçoit alors le nom de *Buisson* (*Dumus, Dumetum*).

L'Arbuste, (*Arbustum*, *Arbuscula*) et l'Arbre (*Arbor*) ne diffèrent que par les dimensions qui ne peuvent être que de six mètres au plus (dix-huit pieds) pour le premier et de cette proportion jusqu'à une élévation indéterminée pour l'arbre.

Les végétaux *souligneux*, ont quelque chose de moins prononcé que les sous-arbrisseaux, tel est le *Salix herbacea*.

DE LA DIVISION DES PARTIES DE LA CAULINATION.

La nécessité de parler de certaines particularités offertes quelquefois par les végétaux, dans quelques-unes de leurs divisions de tige, a déterminé la distinction de ces divisions. On appelle *Branches primaires* ou *principales*, dans les gros arbres, celles qui partent immédiatement du tronc; les *Branches secondaires* leur succèdent, les *Branches* (*Rami*) sont les plus nombreuses et se divisent en d'autres plus petites qui sont les *Rameaux* (*ramuli*); les *Ramuscules* (*Ramusculi*), sont les divisions les plus petites et les dernières de toutes les divisions des branches. Ce sont les *ramuscules* que le vieux français rendait par le mot *Brindille*, qui depuis s'est trouvé appliqué pour désigner des ramuscules détachées des branches.

L'intervalle qui existe entre chaque feuille est le *Mérithalle* ou *Entre-Nœud*. Le nom de Mérithalle choisi par Aubert Du Petit-Thouars, présente une signification plus régulière, parce qu'il arrive le plus ordinairement qu'il n'y a aucune sorte de nœud au point où s'insèrent les feuilles.

La réunion de toutes les sortes de divisions qui viennent d'être indiquées forme, par sa distribution à peu près symétrique dans un ordre affecté pour chaque espèce, ce que l'on nomme trivialement tête d'un arbre et plus exactement *Cime* (*Cima.*)

Une tige ligneuse et en même temps noueuse, très-allongée, grimpante ou tombante sans prendre racine, porte le nom de *Sarment* (*Sarmentum*), tel est celui de la Vigne et végétaux analogues. Dans les Fougères c'est très-mal à propos qu'on a donné le nom de *Sarment* au sommet du frons de quelques espèces qui se prolongent sous la forme d'un filet susceptible de s'enraciner à son extrémité.

Le *Scion* (*Vimen*) est la jeune branche d'une plante ligneuse. Il doit être droit, simple, allongé, flexible, pour recevoir ce nom, tel est le Scion de l'Osier. Dans le Noisetier où il est droit il prend le nom de *Baguette* ainsi que dans les arbres fruitiers lorsqu'il n'a que de petites dimensions; si au contraire, il s'élève avec force et part d'un point de l'arbre où il n'est pas nécessaire on lui applique le nom de *Gourmand* ou *branche gourmande* et l'on a soin de le supprimer, à moins qu'il ne soit destiné à remplacer une branche que l'on se propose d'ôter.

L'expression de *Virgultum*, s'applique aux jeunes pousses des arbres et arbrisseaux pour désigner les premiers développements de ces pousses; comme de tous les ramuscules on dit *Inno-*

vatius avec Hedwig, ou bien *Ramus novellus*. Link désigne sous le nom de Gemmule (*Gemmula*) le rudiment foliacé d'une branche : mais ce mot ainsi que nous le verrons doit recevoir une autre acception.

DE LA GEMMATION.

Les Bourgeons, de quelque sorte qu'ils puissent être, sont une conséquence de cet état particulier des jeunes pousses, avant leur développement, sous la forme d'un bouton oblong et dépendants de la Gemmation (*Gemmatio*). Les Bourgeons sont le composé des premiers rudiments d'une branche ou tige, qui devra se développer. Linnée donnait le nom d'*Hibernaculum*, *Hibernacle*, à ces pousses latentes, à raison de ce qu'elles sont à l'abri des intempéries de la saison de l'hiver, au moyen d'écailles souvent scarieuses qui les recouvrent et forment par leur réunion, une sorte d'enveloppe au Bourgeon : enveloppe que M. Mirbel a nommé *Pérule* (*Perula*). Il y a plusieurs modifications des Bourgeons.

Le *Turion* (*Turio*) est le bourgeon des plantes vivaces, partant de la *Souche* que pour cela nous avons appelée *Turionaire*. Il est toujours caché sous la terre. La forme des Turions est plus ou moins prononcée. Dans le Houblon, l'Asperge, les Verges d'or, les Astères, le Turion présente la forme, mais non la consistance du Bourgeon des arbres. Link ne nomme Turion que les jeunes pousses s'allongeant beaucoup, avant de produire des feuilles, c'était à peu près l'idée de Ray et de Tournefort qui appliquaient spécialement cette dénomination à la pousse de l'Asperge : mais il est plus naturel de généraliser l'emploi de ce mot, d'après la définition que nous venons en donner.

Le *Bourgeon* proprement dit, (*Gemma*) est particulier aux végétaux ligneux arborés et encore plus spécialement à ceux qui croissent au-delà des Tropiques. Il est protégé par des feuilles dont le tissu altéré leur fait prendre l'aspect d'une substance scarieuse.

Le Bourgeon, toujours placé à l'aisselle d'une feuille : au-dessus de l'impression qu'elle a laissée en tombant, prend différents noms suivant le temps où on l'observe et les circonstances qui ont déterminé sa formation.

A l'instant où l'on peut le distinguer il reçoit le nom d'*OEil* (*Oculus*) comme en automne ; lorsqu'il est plus avancé et formé, tel il s'observe en hiver, alors il reçoit le nom de Bouton (*Gemma*) ; dès qu'il renfle et commence à s'ouvrir, alors c'est l'instant où il reçoit la dénomination de *Bourgeon* (*Sarcolus*).

Comme ce n'est qu'à l'état de Bouton que l'on a besoin d'étudier cette partie des végétaux, alors aussi la forme en est bien prononcée et permet de les juger.

Si le Bouton est peu renflé, allongé, pointu, c'est un *Bouton à feuille* ou *Bouton à bois* (*Gemma foliifera seu ramifera*) dans le Daphne Mesereum; s'il est renflé, court et arrondi, c'est un *Bouton à fleur* ou *fructifer* (*G. floriferavel fructifera*) ; dans le cas où sa forme participe des deux sortes de Bourgeons on le nomme *Bouton mixte* (*Gemma mixta*) et alors il donne feuilles et fleurs.

Sous le rapport de leur composition on observe que les Bourgeons peuvent être *foliacés* (*foliaceæ*) ou formés de feuilles réduites à de très-petites dimensions, comme dans le Daphne Bois-gentil et les arbres des tropiques; *pétiolacées* (*petiolaceæ*) les écailles étant des pétioles avortées, comme dans les Noyers; *stipulacés* (*stipulaceæ*), les écailles étant formées par des stipules plus ou moins avortées, tels sont ceux du Charme; enfin *fulcracés* (*fulcraceæ*), les écailles étant bordées de stipules : le Prunier domestique (1).

Nous avons vu quel est le point du végétal où se forment les yeux des arbres, mais il est des circonstances qui font naître ces yeux dans un endroit où il n'y a point eu de feuille, par l'effet d'un dérangement et la formation d'une excroissance que l'on nomme Bourrelet, dans ce cas ces yeux ont reçu assez heureusement, de la part de notre savant ami Aubert Du Petit-Thouars, le nom de *Bourgeons adventifs*.

On ne doit pas confondre le bouton appartenant à la gemmation, particulier à la fleur lorsqu'elle n'est pas encore développée, avec le bourgeon et dont nous aurons occasion de parler en lieu convenable.

Il faut classer parmi les diverses modifications des bourgeons, les Tubérosités radiculaires ou même caulinaires, propres à un certain nombre de plantes et qui sont des espèces de réservoirs de végétation ayant des yeux à leur surface, telles sont les tubérosités de la Pomme de terre (*Solanum tuberosum*), de l'Hélianthe tubereux, (*Helianthus tuberosus*) ou Topinambour, de la Ficaire, des Dentaires, etc., tandis que dans le Liseron-Patate (*Convolvulus Batatas*), ces tubérosités sont essentiellement la racine qui est en même temps fasciculée et tuberculeuse.

Les *Bulbes* des végétaux ont encore de plus grands rapports avec les bourgeons et l'on peut même les regarder comme de véritables turions que l'on ne rencontre à la vérité que dans les monocotylédones et dont il faut faire abstraction d'avec le support ou Souche qui les soutient. Chaque Souche-Colidie porte en

(1) Dans notre ouvrage intitulé *Phyllographie*, (1 vol. in-8° avec figures), nous avons donné un tableau très-étendu du Bourgeonnement.

dessus, des corps appliqués les uns près des autres et composant par leur ensemble une masse plus ou moins volumineuse, d'une forme générale connue sous le nom d'Oignon. Lorsque les couches sont concentriques et continues, le bulbe est dit *Bulbe en tunique* (*Bulbus tunicatus*) tel est celui de l'Oignon ordinaire; si le bulbe est composé de parties en forme d'écailles et imbriquées comme dans les Lis, c'est un Bulbe écailleux (*Bulbus squammosus*); s'il ne présente qu'un corps continu, alors c'est un *Bulbe solide* tel est celui de l'Ail. Ce que l'on a appelé Bulbo-tuber est un corps solide proéminent, distinct du bulbe qui se prolonge quelquefois en forme d'éperon dans le Safran, il est placé au-dessus du corps de la Souche, et a été signalé par ce nom par Gawler.

Les petits bulbes qui se forment annuellement auprès des plus gros portent le nom de *Cayeux* (*Bulbulus, nucleus* de Dodoens, *Adnascens* de Tournefort, *Adnatum* de Richard) et l'on appelle *Bulbilles* (*Bulbillus*) ceux qui naissent hors de terre, attachés sur différentes parties, telle que l'aisselle des feuilles dans le lis bulbifère, entremêlé avec les fleurs ou à la place des fleurs dans plusieurs Aulx. Lorsqu'ils sont situés sur la tige, Link les nomme *Propago* et lorsqu'ils naissent dans les capsules comme dans le *Crinum* d'Asie (*Crin. asiaticum*), quelques Amarillis, ils portent le nom de *Bacille* (*Bacillus*) et plus ordinairement de *Soboles* (*Soboles*) : nom que le professeur Link adopte pour désigner aussi un rudiment quelconque d'un nouveau pied ou d'une nouvelle branche : comme on en voit dans quelques Fougères (*Athyrium bulbiferum*), et dans quelques espèces du genre Dentaire.

DE LA PRÉFOLIATION.

En parlant des Bourgeons nous ne les avons étudié que relativement à leur apparence extérieure, mais en cherchant à connaître quelle est la disposition des parties qui les composent intérieurement l'on voit que c'est une réunion de rudiments de feuilles, affectant suivant les espèces de plantes un arrangement régulier, et différent pour chaque groupe. C'est cet état des feuilles que l'on désigne sous le nom de *Préfoliation*. Bien que le célèbre Linnée eût déjà reconnu dix de ces dispositions des feuilles sous le nom de *Foliatio*, cependant on s'était peu occupé d'étudier les végétaux sous ce rapport : mais depuis que l'observation des groupes naturels a pris la place de la création de groupes artificiels on a reconnu que la Préfoliation fournissait un caractère constant et identique pour toutes les plantes analogues, aussi commence-t-on maintenant à tenir compte de cette disposition dans le caractère des grands groupes naturels que l'on appelle Famille de plantes.

§ 1. *Préfoliations applicatiles.*

1° La plus simple des *préfoliations* est l'*applicative* (*præfoliatio applicativa*) : elle existe quand les surfaces des feuilles sont appliquées les unes vis-à-vis des autres, sans plicature d'aucune sorte, comme dans les Narcisses, Agapanthe, Amaryllis, Hæmanthe, et beaucoup de plantes monocotylédones.

§ 2. *Préfoliations plicatiles.*

2° La *Préfoliation plicative* (*plicativa*) ou *plissée* existe lorsque les feuilles étant plissées longitudinalement, imitent plus ou moins la forme de l'éventail, comme dans le Chamærops, plusieurs autres sortes de palmiers, ainsi que dans la Vigne.

3° *Semi-amplexative* ou demi-embrassante (*Semi-amplexativa*), toutes les fois que la moitié de chaque feuille est placée entre les deux pans de la feuille opposée ; telles sont celles de la Saponaire ; les feuilles étant pliées sur leur nervure ; comme dans les Œillets.

4° *Complective* ou amplexative (*Complectiva*) ; elle est telle lorsque le disque des feuilles s'embrassant les unes les autres alternativement, se recouvrent par le côté et le sommet, comme dans les Iris. On a dit aussi *embrassée* et *amplective*.

5° *Conduplicative* (*Conduplicativa*) : toutes les fois que les feuilles étant ployées en deux par la face interne, ne sont pas embrassantes, mais pliées côté à côté, ainsi que l'on peut le voir dans le Hêtre.

6° *Imbricative* (*Imbricativa*), ou Embricatives : elle existe ainsi dans les Melèzes, où les feuilles sont appliquées en recouvrement les unes sur les autres sur plus de deux séries ; tel encore dans beaucoup de Lycopodes.

7° *Equitative* (*Equitativa*), ou en regard : les feuilles étant *pliées moitié sur moitié*, et s'appliquant ou tendant à s'appliquer face contre face, comme cela a lieu dans le Troëne, ainsi que dans les préfoliations conduplicatives, semi-amplexatives et complectives qui en sont des modes particuliers.

§ 3. *Préfoliations révolutives.*

8° *Circinnale* (*Circinnalis*): elle est particulière aux Fougères et se présente en enroulement imitant la *crosse* épiscopale, ou *en volute*. Les Droséracées.

9° *Convolutive* ou roulée en cornet, (*Præfoliatio convolutiva*), a lieu lorsque le disque des feuilles est enroulé par la face interne en sorte de cylindre ou cornet par une circonvolution commune, comme on peut le voir dans le Bananier et plantes congénères.

10°. Quand les disques des feuilles, étant ployés en gouttière par la face interne, entrent mutuellement par un de leurs bords dans les disques correspondants, la *Préfoliation* est *obvolutive* (*Pr. obvolutiva*) ou supervolutive, comme dans l'Abricotier.

11°. La *Préfoliation* est *involutive* (*Pr. involutiva*) toutes les fois que les rudiments des feuilles étant en regard, les bords des disques sont roulés en dedans; comme par exemple dans le Pommier.

12° La *Préfoliation révolutive* (*Pr. revolutiva*) diffère de l'involutive en ce que les bords des feuilles sont roulés en dehors, comme dans le Romarin, et plusieurs Teucrions.

13°. Les Disques des feuilles étant réfléchis vers le pétiole et descendant même au-dessous, la Préfoliation est dite réclinative (*P. reclinativa*), *curvative* (*P. curvativa*), quand le roulement est à peine sensible.

§ 4. *Préfoliations crispatiles.*

14°. Lorsque par leur arrangement dans le Bourgeon, les feuilles ne suivent aucune disposition, si ce n'est que les Disques sont ployés irrégulièrement sur eux-mêmes en une masse confuse, on dit que la *Préfoliation* est *congestive* (*Pref. congestiva.*)

15°. Elle est enfin *crispative* (*Prefoliatio crispativa*) lorsque le plissement des feuilles est très-irrégulier, à très-petits plis et comme frisé.

DE LA FOLIATION.

La Foliation, s'occupant de tout ce qui peut avoir rapport aux feuilles des plantes ou de ce qui les représente, est modifiée suivant la nature des végétaux, de trois manières différentes. Ou les feuilles manquent entièrement, ou elles sont représentées par des parties approchantes, ou elles existent véritablement.

Dans quelques végétaux tels que certaines espèces de Cactiers, d'Euphorbes, de Stapeliers et autres genres, on ne distingue aucune apparence de feuilles ainsi que dans un grand nombres de végétaux Acotylédones, tels que Champignons, Hypoxylons, mais il parait qu'alors la surface de ces végétaux, qui dans ce cas est toujours verte et tendre ou molle, y supplée entièrement. Cependant si on y fait attention on verra dans beaucoup de plantes prétendues sans feuilles, des corps qui ne sont autre chose : sous forme d'écailles dans la Cuscute; sous celles de tubercules, plus ou moins allongés dans les Stapeliers, Cactiers, et certaines Euphorbes.

L'*Obfoliation* existe lorsque les végétaux présentent l'apparence de feuilles sans en avoir réellement; telle est l'organisation des Frondelles des Algues; celle de beaucoup de Lichénées, dont la plus grande surface est formée par une expansion foliacée plus ou moins large, sinueuse ou irrégulière : suppléant les feuilles comme dans le cas précédent. C'est ce qui a engagé M. Mirbel à nommer *Lobioles* les divisions de ces Frondelles.

La Foliation proprement dite offre la présence de ces parties sous forme dilatée, plane, verte ; ce qui constitue les véritables feuilles, dans le sens le plus étendu de l'usage vulgaire.

DE LA FEUILLE.

On n'est point encore parvenu à donner une définition courte et exacte de la feuille des végétaux, parce qu'il est difficile d'en donner une qui soit applicable dans toutes les circonstances. Si on la définit d'après l'aspect qu'elle présente le plus ordinairement, quoique l'on dise : la feuille est un corps *formé essentiellement d'une lame mince verte, simple ou composée*, il est certain qu'en ce sens beaucoup de plantes succulentes n'auront point de feuilles, d'un autre côté les Frondelles pourront être confondues par là avec les véritables Feuilles. Si l'on veut caractériser les Feuilles d'après les fonctions qui leur sont attribuées relativement au végétal, on verra que les surfaces de plusieurs végétaux, les frondelles et toutes les expansions foliacées de quelque nature qu'elles soient, sans être des feuilles, jouissent à cet égard de propriétés semblables.

Un caractère auquel on pourra reconnaître une feuille c'est qu'elle prend tout son développement dans la même année, que le plus ordinairement elle est comme articulée avec la tige qui la supporte, tandis que les fausses feuilles ou frondelles sont continuès à ces mêmes tiges, n'en sont que l'épanouissement et ne s'en séparent point spontanément à la manière de la plupart des feuilles : les Monocotylédones exceptés, dont les feuilles étant marcescentes, semblent faire plus intimement partie du tout que dans les végétaux Dicotylédones. En général *la feuille est une partie appendiculaire du corps du végétal, située horizontalement et à deux surfaces dissemblables.*

La *Feuille* (*Folium*), est composée assez ordinairement de deux parties qu'on distingue par un nom particulier, bien que ne formant qu'un tout continu ; ces deux parties sont le *Pétiole* et le *Disque.*

1° *Du Pétiole.*

Le *Pétiole*, (*Petiolus*), vulgairement la *queue de la feuille,* n'existe pas toujours ; lors qu'il est présent dans la feuille c'est toujours lui qui sert de support au Disque qui n'en est qu'un épanouissement ; il est inséré sur la tige d'une manière qui paraît continue, cependant le plus ordinairement on s'aperçoit qu'il se forme entre la tige et la base du Pétiole une sorte de solution de continuité, manifeste à la chute des feuilles, montrant que ce Pétiole est comme articulé avec la tige. Il laisse, après que la feuille est détachée ou tombée, une impression qu'on désigne sous le nom de *Cicatricule* (*Cicatricula*).

De chaque côté de la base du Pétiole et souvent immédiatement au-dessous seulement, il part deux, ou une seule petite côte, se dirigeant de haut en bas, le long de la tige, auxquelles le Botaniste anglais Sims a proposé de donner le nom de *Projecture* (*Projectura*) ; elles sont rarement assez prononcées pour que cette distinction puisse être d'une grande application : le mot *Coussinet*, (*Pulvinus*), d'après Link est encore moins utile : on désigne par là la protubérance qui existe au-dessous de la Cicatricule et qui quelquefois est assez apparente.

Ordinairement le Pétiole est cylindracé, avec une rainure en-dessus, mais il est aussi *téret*, ou tout-à-fait cylindrique, *térétiuscule*, ou un peu cylindrique, comprimé en-dessus ou sur les côtés ; *clavé* en forme de petite massue, *obclavé* en massue renversée, *biclavé* ou renflé à ses deux extrémités ; *enflé* lorsque dans une partie de sa longueur il présente un renflement très apparent : ce renflement lors qu'il est creux comme dans la Macre d'eau (*Trapa natans*), est désigné sous le nom de *Vésicule*.

Si le Pétiole est creux, en forme d'outre, recouverte par le disque de la feuille, on le dit *utriculiforme* : tel est celui du *Nepenthes*, et du *Sarracenia*, plantes dans lesquelles la forme de ces pétioles offre une structure tout-à-fait singulière.

Dans le Sarracenia on a nommé ce pétiole *Outre* (*Ascidium* Wild. *Vasculum*), parce qu'il présente véritablement la forme d'une petite outre allongée, et comme le disque de la feuille vient, pour ainsi dire, en clore l'ouverture, ce disque a été désigné assez mal à propos par le nom d'Opercule (*Operculum*.)

Le Pétiole peut être *triquètre ; canaliculé ; bordé* : s'il est pourvu d'un prolongement membraneux comme dans le Citronnier ; *Ailé*, si ce prolongement est très-prononcé comme dans l'Oranger, plusieurs *Inga*.

Dans un petit nombre de végétaux de la famille des Légumineuses et plus spécialement dans les genres *Ononis* et *Astragale*, les Pétioles persistent, perdent leur partie foliacée, se durcissent et se présentent sous la forme d'épines très-aiguës, auxquels on donne collectivement le nom de *Débris*, (*Reliquiæ*) et plus ordinairement *Ramenta*.

Dans quelques plantes, au lieu d'offrir l'aspect d'une épine, le Pétiole se présente sous la forme d'un prolongement qui a la propriété de s'enrouler comme les vrilles, alors c'est un Pétiole cirrheux, tel est celui des Gesses.

Lorsque le Pétiole est très-large et foliacé; que par suite d'un développement particulier il prend l'apparence d'une feuille, les véritables feuilles disparaissant par l'effet de ce développement, alors il reçoit le nom de *Phyllode* (*Phyllodium*) ainsi que l'a très bien dénommé M. Decandolle. La plupart des Accacias de la Nouvelle-Hollande ont des Phyllodes. Dans le Fragon (*Ruscus*), la feuille est ce qu'on a nommé une bractée scarieuse, située sous la base du Phyllode qui n'est qu'un rameau applati et point une feuille.

Si le Pétiole est foliacé, mais qu'il s'enroule sous forme d'un long tube autour de la tige comme dans toutes les Graminées par exemple, alors on lui donne le nom de *Gaîne* (*Vagina*) et mieux *Pétiole gaîneux*. On a distingué ces Gaînes si elles sont entières et enveloppent complètement la tige, comme dans les Cypéracées, par Gaînes entières (*Vaginæ integræ*), et par Gaînes fendues (*Vaginæ fissæ*), lors qu'elles offrent une solution dans toute leur longueur, comme dans les Graminées. Entre le sommet du Pétiole gaîneux et la base de la partie foliacée, existe une membrane pélucide de forme variée qui devient pour cela même quelque fois caractéristique, à laquelle on donne le nom de *Languette* et mieux *Ligule* (*Ligula*, *Collare*, Richard).

Dans les Polygonacées la base du Pétiole porte une gaîne scarieuse nommée *Ochrea* par quelques auteurs et qui est très-distincte de la base du Pétiole. Celle-ci est embrassante et du prolongement qui circonscrit la tige s'élève l'*Ochrea* qui semblerait être une partie distincte, mais se rattachant cependant un peu aux Stipules.

Link a nommé *Périclade* (*Pericladium*), la base renflée et demi-embrassante des Ombellifères, à raison de ce qu'elle entoure la tige. Il est très-marqué et comme enflé dans plusieurs Ombellifères telles que les Férules: mais il est peu utile, ou même superflu.

Le *Reticulum* distingué par le même auteur, est la réunion de fibres distinctes et nombreuses qui se trouvent à la base des frondes dans certains Palmiers. Ce Reticulum est si marqué dans certaines espèces, que dans les Moluques en les enlevant avec soin, les indigènes trouvent moyen de s'en faire des bonnets pointus : on peut le rapprocher des Spathes.

Le Disque des feuilles n'étant pas toujours simple, et se trouvant formé de parties distinctes les unes des autres et isolées par autant de Pétioles particuliers, provenant des ramifications du Pétiole, celui-ci prend le nom de *Pétiole commun* (*Petiolus communis*) et chacun des Pétioles particuliers ou secondaires, prend le nom de Pétiole partiel. Si l'on peut distinguer trois ordres successifs de Pétioles dans une même feuille, ou que les branches du Pétiole commun, se divisent encore, les dernières divisions peuvent être désignées par le nom de *Pétiolules* (*Petioluli*).

Les Pétioles des Fougères à Souche Rhizôme, ont reçu de Necker le nom de *Péridrome* et celui de *Rachis* par la plupart des auteurs, lorsqu'ils sont considérés dans leur continuation au milieu des divisions de la Frondelle. Ils peuvent être distingués par un nom particulier, différent des autres Pétioles, leur extension étant une Frondelle, plutôt qu'une véritable feuille.

A la base du Pétiole, on remarque souvent des expansions membraneuses, de forme variable et de position un peu différente, analogues un peu, pour la nature de leur substance, au disque de la feuille, ce sont des Appendices qui portent le nom de *Stipules* (*Stipulæ*). Elles sont attachées sur le bord du Pétiole, ou bien au bas du Pétiole et en partie sur la tige. Elles sont foliacées le plus ordinairement; membraneuses dans le Figuier; spinescentes dans le Jujubier, le Groseiller elles sont ordinairement fugaces, les caduques tombent avec les feuilles.

Lorsque les feuilles sont composées et que chaque feuille partielle porte au bas de son Pétiole partiel, un appendice de la nature des Stipules, on lui donne le nom de *Stipelle* (*Stipella*) qui n'est qu'un diminutif de Stipule. Tel on en voit à la base de chaque division de feuilles du Haricot vulgaire. Il y a ordinairement deux stipules par feuilles; le Berberis n'en a qu'une; elles sont ordinairement séparées; dans le Houblon elles sont conjointes.

La Stipule dans certaines plantes est si développée qu'elle simule une feuille et même qu'elle en tient lieu, par exemple dans la *Gesse-Aphaca* (*Lathyrus-Aphaca*), où le pétiole existe sous forme de vrille, sans développement membraneux de feuille.

Dans les Jungermannes ce qu'on nomme stipule semble être des feuilles avortées, symétriquement rangées avec les feuilles.

M. Decandolle a proposé le nom de *Vaginelle* (*Vaginella*) pour l'ensemble des Stipules qui embrassent les faisceaux de feuilles des Pins; Link a appellé *Hypophyllium* une petite feuille qui est placée au-dessous de ce que l'on nomme la feuille et qui a la forme d'une stipule, comme dans l'Aspergé, le Fragon, et qui est pour nous la véritable feuille.

2° *De lá lame ou limbe.*

Le Limbe ou lame de la feuille en forme la partie la plus étalée, immédiatement porté par le pétiole lorsqu'il existe et n'en étant dans ce cas qu'un épanouissement. On s'est servi de plusieurs mots pour désigner cette partie de la feuille. M. Richard l'a indiquée sous le nom de *Disque* (*Discus*) mais un disque n'est que la partie centrale d'une surface; M. Palisot de Beauvois a employé le mot Lame (*Lamina*), mais pour les Graminées seulement, on doit préférer le mot *Limbe* qui indique toujours une partie large, portée sur une plus étroite. On distingue dans ce Limbe deux surfaces ou *faces*, une supérieure, toujours plus unie et une inférieure sur laquelle les nervures sont plus prononcées. Dans les plantes grasses, bien que les différences entre les surfaces des feuilles soient moins apparentes, cependant il est toujours facile de les reconnaître quand bien même la position ne l'indiquerait pas même dans les feuilles cylindroïques, cette partie de la feuille est composée de portions similaires, partagées également par une nervure médiaire, qui se trouve à peu près à égale distance du bord extérieur des parties qu'elle sépare de manière que les deux moitiés de cè limbe de la feuille sont semblables. On voit cependant quelques exemples de végétaux dont les parties, semblables par la position qu'elles occupent dans le limbe des feuilles, sont très-inégales et irrégulières, on le remarque particulièrement dans les *Mûriers*, le *Broussonétier à papier* (*Morus papyrifera*). Dans quelques végétaux, un des côtés est toujours plus prolongé que l'autre, bien que d'une forme semblable et c'est ce qui a lieu dans toutes les feuilles que l'on nomme *obliques*, comme dans les Bégones, les Micocouliers, les Ormes. Dans *l'Hydrogeton fenestralis* les feuilles sont concellées ou composées par les seules nervures anastomosées: il y a encore une frondelle d'algue (*Claudea*), qui offre cette structure.

Les feuilles, quelles que soient leur forme, leur nature et quels que puissent être les accidents qui les accompagnent, se divisent en deux ordres, les *Feuilles simples* et les *Feuilles composées*.

Les feuilles sont *simples* (*folium simplex*) lorsque le Limbe est unique ou au moins lorsque toutes les parties sont continues les unes aux autres, ces parties étant quelquefois séparées par des intervalles très-prononcés, elles sont alors dites *polytômes*.

Toutes les fois que le Limbe est unique, c'est-à-dire, que ce Limbe n'a point d'incision assez profonde pour pénétrer jusqu'à la nervure principale ou jusqu'à l'extrémité supérieure du Pétiole, il est simple. Quelques profondes que puissent être les incisions présentées par une feuille, elle ne cesse point d'être simple, pourvu qu'on puisse distinguer une légère décurrence de la partie foliacée sur toutes les nervures : mais dans ce cas la feuille est dite *interrompue* (*folium interruptum*), c'est ce que présente une plante très-commune, le *Solanon Douce-amère* (*Solanum Dulcamara*); le *Solanon tubéreux* (*S. tuberosum*) ou la Pomme de terre, offre également des feuilles interrompues; les incisions se prolongent jusqu'à la nervure du milieu, mais elles sont comme réunies à un même tout, par les rudiments foliacés observés sur les supports de chacune des divisions de cette sorte de feuille : disposition prouvant l'existence d'une feuille simple avec plusieurs *Laciniures*.

La *Feuille polytôme* (*folium polytômum*), ainsi l'a désignée Cl. Richard, est formée par l'ensemble de plusieurs parties isolées les unes des autres et semblables, qui toutes sont une continuation ou division d'une même feuille. Ces divisions ne se joignent point par articulation et ne se détachent spontanément de la tige que dans leur ensemble et par la base caulinaire du Pétiole, ou se dessèchent comme dans les Ombellifères dont les feuilles, ainsi que dans les plantes herbacées, sont marcescentes dans leur totalité et ne meurent point partiellement. Chaque partie de cette sorte de feuille est une *division*.

La *Feuille composée* (*folium compositum*) se distingue facilement à son organisation, parce que tout l'ensemble de cette sorte de feuille ne tient que par articulation d'une manière plus ou moins prononcée et que chaque partie est distincte des autres, par la régularité avec laquelle elle est formée. Chacune des parties de la feuille composée porte le nom de *Foliole* (*Foliola*) et chaque Foliole est une partie plus essentiellement formée par l'épanouissement de son *Pétiolule*, ou Pétiole partiel, toutes les parties n'étant que contiguës à raison du mode d'articulation propre aux feuilles composées.

Lorsque les feuilles sont composées et les folioles nombreuses se disposant symétriquement sur deux lignes portées par un axe (*Pétiole commun*) ou pinnées, chaque foliole porte le nom de Penne ou Pinnule, Pennule (*Pinna*); si la feuille pinnée se décompose une seconde fois ou est bipinnée, les dernières divisions portent le nom de Pinnules (*Pinnula*); si la décomposition passe à un troisième degré, la feuille est tripinnée et la foliole ou division porte le nom de Pinnellule (*Pinnellula*); les Fougères et les Acacias ont de ces sortes de feuilles.

La structure de ces sortes de feuilles devient d'autant plus importante à saisir qu'elle fournit un caractère souvent très-constant dans les mêmes groupes naturels de plantes.

Dans les Jongermannes il existe une série d'espèces dont la feuille est comme partagée en deux parties par une échancrure profonde qui la divise irrégulièrement. La plus petite venant se ployer sur la plus grande : c'est cette partie qui a reçu de la part de quelques auteurs le nom d'Oreillette (*Auricula*) que quelques botanistes ont confondu avec les stipules ou bien lui ont donné un nom distinct, celui d'Amphigastre (*Amphigastrum* Web.)

3° *Des Nervures des feuilles.*

Le Pétiole en s'épanouissant pour former le Limbe, ne s'amincit pas également dans tous les points ; on y remarque des nervures, formées de parties plus solides, servant d'appui aux parties minces. Ces nervures ont plusieurs directions mais qui résultent toujours de la longitudinale. Les nervures longitudinales (*nervi longitudinales*) sont les plus fréquentes et les nervures latérales (*nervi laterales*) le sont moins, mais partent toujours d'une nervure longitudinale pour se rendre vers les côtés.

Après que les nervures principales se sont divisées en nervures plus petites, ces dernières moins apparentes prennent le nom de *Veines ;* cependant elles sont assez visibles pour déterminer l'aspect de la texture des feuilles.

La distribution des nervures est très-essentielle à observer, parce qu'à un très-petit nombre d'exceptions près, elles peuvent servir à déterminer quelle est la place que doit occuper un végétal dans la classification générale et naturelle des végétaux.

Pour appliquer dans chaque circonstance les principes que nous allons donner il faut fixer rigoureusement la valeur des expressions dont on doit se servir. La *Côte* et mieux la *Nervure médiaire*, ou *médiane* est placée à la partie moyenne de la feuille et se trouve toujours la plus fortement prononcée : si ce n'est dans les plantes grasses où elle cesse d'être distincte, et dans quelques feuilles coriaces où elle est comme effacée. Les ramifications de cette nervure médiaire, prennent le nom de *Nervures* (*Nervi*) et en sont les premières divisions : lorsqu'elles sont très-fines et très-rapprochées comme dans les feuilles du Bananier et dans les *Cannées* elles prennent le nom de *Stries*. Les divisions de second ordre ou les ramifications des *nervures*, étant plus fines et plus diffuses ou très-anastomosées, portent le nom de *Veines* (*Venæ*) et sont peu proéminentes.

Souvent deux plantes se ressemblent beaucoup, en étudiant la distribution des veines de la feuille on lève l'incertitude, parce que cette distribution est toujours différente dans les espèces distinctes, quels que soient les rapports qu'elles puissent avoir.

La direction que prennent les nervures, l'écartement qu'elles suivent, déterminent la forme de la feuille parce que c'est à la sorte de squelette, résultant de la distribution du plexus réticulaire, que s'attachent les parties qui en composent la surface.

Les nervures ont diverses dispositions très-importantes à indiquer à raison des caractères fixes qu'elles fournissent. Elles sont confluentes (*confluentes*), lorsqu'étant presque simples elles tendent à se réunir vers le sommet; elles sont divergentes (*divergentes*) 1° pennées (*pennati*), comme dans le Prunier, le Pêcher; 2° divergentes pédatées (*divergentes pedati*), comme dans les Anémones; 3° palmées (*palmati*), comme dans la Vigne; 4° peltées (*peltati*), comme dans la Capucine. Les nervures triplées (*tripli*) ou les feuilles triplinerves, ont chaque côté de la nervure moyenne, une nervure latérale, presqu'aussi saillante et aussi prolongée : dans les quintuplinerves (*quintuplinervi*) il y en a au contraire deux.

On a cherché à rendre raison de la distribution particulière des nervures, dans le Limbe de la feuille, et à déterminer pourquoi ces nervures ou les rameaux de la côte sont toujours en nombre impair, mais voici la cause la plus probable que l'on en puisse assigner. La végétation, dans l'ordre du développement des parties du végétal, suit une ligne droite; cependant, comme les parties qui naissent ne se développent pas sur une ligne, mais souvent sur un plan, comme dans la feuille, il en résulte que de la ligne centrale bien que la plus prononcée, s'échappe des épanouissements; comme ils proviennent d'une force qui agit en même temps et avec une égale puissance en deux points opposés, il en résulte qu'il doit partir autant de faisceaux de fibres d'un côté que de l'autre de la nervure médiaire d'une feuille, et que par conséquent, on doit voir toujours un nombre impair de côtes ou de nervures selon qu'elles présentent une forme à peu près simillaire ou dissemblable, comme dans le *Plantain lancéolé*, dans la feuille du Tabac ou du Poirier.

Le caractère de distribution des nervures des feuilles, présente un plus haut degré d'importance que l'on ne pourrait le soupçonner, puisque dans les trois grandes séries ou classes qui partagent naturellement les végétaux, on observe sous ce rapport, ainsi que sous beaucoup d'autres, un caractère particulier à chacune de ces séries.

Les plantes Acotylédones, pourvues de feuilles, ne peuvent être confondues avec les Cotylédonées, parce qu'elles ne présentent point, les Fougères exceptées, de nervures dans leur tissu qui est celluleux, seulement on voit une côte ou nervure médiaire celluleuse aussi, mais sans présence de nervures secondaires. Dans les Monocotylédones, les nervures secondaires sont toutes parallèles; s'il n'y a point de côte, alors les nervures, tout en conservant le parallélisme et suivant une ligne plus ou moins courbe, se dirigent vers l'extrémité supérieure de la feuille, ou pointe.

Dans les Dicotylédones, les nervures et les veines sont flexueuses plus ou moins anastomosées. Si quelquefois on voit des plantes Dicotylédones dont les nervures soient parallèles, bientôt l'observation des veines et des veinules détruit toute espèce de doute, ces ramifications du plexus réticulaire étant toujours flexueuses et anastomosées.

DE LA FRUCTIFICATION.

Par ce mot de Fructification, on ne doit pas seulement entendre la Corolle et le Fruit, ainsi que le faisait Tournefort, mais avec Linnée il faut classer sous ce nom tout ce qui compose la Fleur ou lui appartient, comme le *Pédoncule*, le *Calice*, la *Corolle*, les *Nectaires*, le *Pistil*, le *Fruit*. Mais ce n'est pas encore assez, comme l'on ne doit pas faire deux sciences distinctes dans l'étude des végétaux, nous placerons encore sous le titre de Fructification, les divers appareils de reproduction que l'on trouve dans les végétaux Acotylédones: connaissance que l'on a négligé de faire entrer dans les éléments que l'on a donnés sur la Botanique et qui cependant en font essentiellement partie.

Il serait peut-être plus naturel, passant du simple au composé, de parler d'abord des appareils de reproduction des végétaux Acotylédonés, mais les yeux étant plus habitués à voir les fleurs des végétaux Cotylédonés et à étudier la structure que présentent ces fleurs, à raison de ce que leurs dimensions habituelles se prêtent mieux à l'observation, c'est par l'examen de leur organisation que nous commencerons: laissant pour un instant l'étude des appareils les plus simples, mais en même temps les moins faciles à observer.

DE LA FLORIFICATION.

La Florification doit donner tous les détails relatifs à l'organisation de la Fleur et de ses parties, tant essentielles qu'accessoires.

1° PRÉFLEURAISON.

A l'époque de la Préfleuraison, c'est-à-dire, lorsque les parties de la Fleur sont encore renfermées sous la forme d'un Bouton, que dans Pline on trouve nommé *Alabastrus*, relativement au bouton de Rose, et que quelques modernes, tels que le professeur Link, appellent *Alabastrum;* à cette époque, toutes les parties dans les plantes qui se ressemblent beaucoup, sont à peu près disposées de la même manière, mais cachées par celle qui est la plus extérieure et les enveloppe toutes. Ce n'est qu'au moment de l'anthèse, c'est-à-dire, au moment où toutes les parties d'une fleur sont bien formées, étalées et hors des enveloppes, que l'on peut bien observer la structure propre à cette partie d'une plante.

La Préfleuraison étant la modification de dispositions des divers appareils composant la Fleur, cependant l'on n'a dirigé l'étude de ces diverses dispositions que sur la Corolle, et on a remarqué qu'avant l'épanouissement de la Fleur elle affectait cinq dispositions principales.

1° *Préfleuraison imbricatile* (*Præfloratio imbricatilis*) : les Pétales ou les divisions de la Corolle étant imbriquées comme dans les Rosacées, les Linées.

2° *Plicatile* (*Præf. plicatilis*) : les plis étant réguliers et imbriqués comme on le voit dans les Liserons, et plusieurs Solanées.

3° *Spiralée* (*Præf. spiralis*) : les parties de la Corolle étant enroulées, comme dans les Oxalis, les Apocinacées.

4° *Inflectile* (*Pr. inflectilis*) : les Pétales ou les bords de la Corolle étant réfléchis en dedans, comme dans les Ombellifères, les Urticées.

5° *Chiffonnée* (*Pr. corrugativa*) : la Corolle étant plissée sans ordre et irrégulièrement, comme dans les Pavots, le Grenadier.

2° DE LA FLEUR.

La Fleur est essentiellement composée d'un Pistil et d'Etamines, parce que toutes les autres parties peuvent manquer, elles seules exister, sans qu'il y ait absence de fleur. Mais aussi elles sont assez habituellement accompagnées de diverses parties moins essentielles, et qui cependant en composent pour l'ordinaire la portion la plus apparente. C'est la dernière partie qui se développe dans les végétaux, et on ne peut la trouver que dans les Cotylédonés, mais il n'y a qu'un petit nombre d'espèces qui soient conformées de manière à n'avoir que le Pistil et les Etamines : ordinairement ces parties étant accompagnées de quelques autres appareils.

Afin de bien reconnaître chaque partie de la Fleur, et la déterminer exactement dans toutes les circonstances, ce qui n'est nullement aussi facile que l'on peut se l'imaginer, lorsqu'on n'a qu'une idée superficielle de la Botanique, nous commencerons par aller du centre à la circonférence en prévenant que, dans la Fleur toute partie ayant une insertion différente d'une autre, ne peut être confondue avec elle, quelle que soit l'apparence de conformité dans leur texture, leur nature ou leur couleur, puisqu'une chose ne peut être cette chose elle-même; en outre que ce qui enveloppe ne peut être la chose enveloppée. S'il y a cependant une multiplication de parties semblables, elles doivent être tellement conformées, pour être jugées appartenir au même appareil, que l'on ne puisse y trouver une différence sensible.

DU PISTIL.

Le Pistil, quelle que soit sa forme, ses dimensions, est toujours la partie la plus centrale de ce que l'on appelle fleur, ou pour mieux dire c'est le sommet du support de la fleur, qui sert comme d'axe à toutes les autres parties. On le reconnaît à sa couleur verdâtre et à sa forme turbinée ou renflée à la base et à son sommet aminci.

Sans que le Pistil soit composé de parties distinctes par articulation, cependant la nécessité des observations multipliées auxquelles il donne lieu y a fait distinguer trois parties ou plutôt trois régions : l'Ovaire, le Style et le Stigmate.

L'*Ovaire* (*Ovarium*) ou la portion la plus volumineuse et la plus inférieure, a long-temps été appellée *Germe* (*Germen*) par Linnée et les Botanistes de son école. L'Ovaire développé et parvenu à son dernier degré de maturité prend le nom de Fruit : il ne conserve celui d'Ovaire que tant que les autres parties de la fleur, soit accessoires, soit essentielles, se trouvent en rapport avec lui. Il peut arriver qu'en examinant le centre d'une fleur on n'aperçoive que le stigmate et le style, alors on peut être assuré de trouver l'ovaire dans une cavité formée par un renflement de la totalité de la base de la fleur, dont l'ouverture n'est que du diamètre du style, comme dans les Rosiers.

L'Ovaire est *simple, divisé* ou *multiple* et dans ces diverses circonstances il présente dans son intérieur ou dans l'intérieur de chacune des parties distinctes qui le composent, des cavités que l'on nomme Loges, renfermant les rudiments des graines qui reçoivent dans cet état le nom d'*Ovules* (*Ovula, Ova*) diversement disposées et par exemple unisériées dans les Aristoloches ; bisériées dans les Liliacées ; éparses dans le Nénuphar ; conglobées dans les Caryophyllées (1).

Lorsque l'Ovaire est simple (*Ovarium simplex*), il présente intérieurement une ou plusieurs loges. Dans le cas de plusieurs loges l'ensemble du fruit n'en conserve pas moins son intégrité, parce que les loges soudées et ne formant qu'un tout, n'offrent pas l'idée de pluralité, comme dans le cas d'ovaire divisé ou multiple.

(1) C'est par superfluité qu'on a distingué dans l'Ovule, la *Panse (Venter)*, le *Stigmatule (Stigmatulum)*, ou sommet de la Graine, dans un ouvrage récent ; et que par rapport à sa texture, on signale le *Testule (Testula)*, et l'*Albuminule (Albuminula)*, ou vésicule interne au milieu de laquelle se développe l'Embryon.

L'Ovaire *partible* ou *divisé* (*Ovarium divisum*) pour être tel doit appartenir à une fleur unique ; c'est celui qui n'ayant qu'un seul sommet est composé de plusieurs parties distinctes, mais sans être soudées ensemble d'une manière intime comme par exemple dans les Labiées, les Borraginées, et beaucoup de Rubiacées d'Europe.

L'*Ovaire multiple* (*Ovarium multiplex*), ou composé de parties réellement distinctes les unes des autres, ayant un sommet particulier pour chacune d'elles, doit provenir, comme l'ovaire divisé, d'une fleur unique. Ces parties distinctes nommées autrefois loges et confondues par cela même avec les véritables loges des ovaires simples ont été nommées *Germes* par le professeur Link et Camares (*Camara*) par un autre Botaniste. Nous avons proposé de les désigner sous le nom de *Camérules* (*Camerulæ*), mot déjà connu et employé, qui indique que ce sont de petits logements de graines distincts et isolés les uns des autres. Mais faisant le sacrifice de nos propres réformes nous croyons devoir employer le mot Carpelle (*Carpellum*) employé et proposé plus tard par M. Decandolle, réservant l'expression de Camérules pour les loges saillantes d'un fruit. Dans les Renonculacées, les Magnoliacées et beaucoup d'autres familles de végétaux on trouve un Ovaire multiple.

Lorsque la base proprement dite de l'Ovaire est amincie, abstraction faite des prolongements du réceptacle, dont on traitera plus loin, cet Ovaire est *stipité*, et pourvu alors d'un *Podogine* d'après certains Botanistes.

Le sommet de l'Ovaire habituellement vert, que Vaillant et Haller nommaient assez improprement *Tube* (*Tubus*), puisqu'il n'est pas tubuleux, est généralement connu sous le nom de *Style* (*Stylus*), par allusion à sa forme en colonne plus ou moins allongée, *stylus est pes stigmatis*, dit Linnée; il est moins coloré de vert que l'Ovaire et même il est quelquefois blanchâtre; sa surface est le plus ordinairement polie ou lisse. Il est simple ou divisé, quelquefois il y en a plusieurs, très-distincts et appartenant chacun à un Carpelle d'un même fruit. Dans quelques végétaux le style est très-peu apparent; dans d'autres on ne peut même pas soupçonner qu'il existe. Il persiste quelquefois, plus souvent aussi il se flétrit, se détache après l'anthèse et lorsque l'Ovaire commence à se développer sous forme de fruit.

Le Style est placé un peu vers la base, dans beaucoup de Rosacées, dans le Daphné. M. H. Cassini a nommé *poils balayeurs*, dans les Composées, les aspérités du sommet du style.

Le *Stigmate* (*Stigma*) termine le style ; il en existe un à l'extrémité de chaque style d'un Ovaire multiple. Cette région du Pistil forme le plus ordinairement une portion renflée, d'une forme variable et d'un aspect rude ou tuberculeux : sécrétant sur une certaine partie de son étendue, une humeur visqueuse, couvrant ce qu'on appelle l'*Aréole stigmatique*. Cette aréole est simple ou rayonnante. Dans les Orchidées où elle est oblique, Cl. Richard a voulu donner le nom de Gynise (*Gynisus*), à cette aréole, mais c'est une création superflue.

Lorsqu'il n'existe pas de Style, le Stigmate pose immédiatement sur l'Ovaire, comme dans les Nymphéacées. Il manque complètement, dans quelques cas rares, comme dans le genre *Agyneia*, qui en a pris son nom et dans lequel le Stigmate n'est qu'une légère dépression au sommet de l'Ovaire.

Dans les Orchidées, le Stigmate est surmonté d'un prolongement plus ou moins prononcé que Richard, à raison de la forme la plus habituelle nommait Rostel (*Rostellum*), supportant quelquefois ce qu'il désignait sous le nom de Proscolle (*Proscolla*), qui est une sorte de corps glandulaire existant à la place du Caudicule et du Rétinacle qui alors n'existent pas.

DE L'ÉTAMINE.

L'Étamine (*Stamen*), second appareil composant essentiellement la fleur, telle que Linnée l'a définie : *essentia floris in anthera et stigmate*, se compose de deux parties bien distinctes : l'Anthère et le Filet. C'est l'organe mâle ou appareil mâle (*genitalis mascula*), lorsqu'il est question de fécondation des végétaux.

L'Anthère (*Anthera*) que Ray, Tournefort et les anciens botanistes appelaient seulement *Apex*, Sommet, est la partie constituant essentiellement l'Étamine, puisque sans elle il n'y a plus d'Étamine et que souvent elle est immédiatement portée par le point de la fleur qui lui est propre, comme dans les Aristoloches et beaucoup de Thymélées. La couleur de l'Anthère est ordinairement le jaunâtre, plus rarement elle est rougeâtre ou violette, ce qui fait reconnaître facilement cet appareil, quand la place qu'occupe l'Etamine près de l'Ovaire, ne servirait pas à la faire distinguer. Sa position générale est d'avoir sa face tournée en regard du Pistil ou d'être introrse (*introrsa* Rich.) et extrorse par exception comme dans les Iridées. (*Antheræ extrorsæ* Rich.) Dans l'Anthère elle-même on reconnaît le Connectif et les Loges.

Le Connectif (*Connectivum*) d'après Richard, ou *Nœud de l'Anthère*, d'après M. Mirbel, sert de support et d'intermédiaire entre les deux loges anthériques. D'après l'organisation la plus ordinaire, ce Connectif n'est qu'une ligne blanchâtre peu apparente, si ce n'est avant l'Anthèse, époque à laquelle on le distingue très-bien. Dans les Composées ou Synanthérées, c'est un corps qui se prolonge au-dessus et au-dessous de l'Anthère, pour former une partie que l'on a cru distincte du Connectif et à laquelle on a donné le nom d'*Article anthérifère*, tandis que la portion qui surmonte les loges a été désignée par l'expression d'*Appendice terminal* (H.-Cassini). Dans quelques Sauges, dans la Mélisse à grande fleur, les Commélines, les Mélastomes, les Scrophularinées et dans beaucoup de Carmentines (*Justicia*), le Connectif s'allonge en travers et écarte l'une de l'autre les locules anthériques, de manière à faire croire long-temps qu'il y avait là deux Anthères par étamine. Link qui a remarqué le connectif des Sauges, le nomme très-inexactement Filet, et appelle *Stipellus*, le véritable Filet. Cette disposition au surplus est si extraordinaire que dans le cas de la Sauge on a signalé le Connectif par l'expression de *Distractile*.

Les Loges anthériques ou Loges de l'Anthère, ordinairement au nombre de deux, ont été désignées dans leur ensemble, par le nom de *Capitulum* par Jungius, de *Testis* et *Testiculus* par Vaillant, de *Capsula* par Malpighi, et *Theca* par Grew. Si les Mousses avaient de véritables anthères, comme Hedwig avait essayé de le faire admettre, ce serait un *Spermatocystidium* admis par quelques Muscologues.

Chacune des deux Loges anthériques est divisée intérieurement en deux Logettes (*Locelli*), séparées par un dissépiment ou Septule (*Septulum* Rich.), que M. Turpin appelle Trophopollen. Dans l'intérieur de ces Logettes, se trouve le Pollen (*Pollen*), sorte de substance pulvisculaire, de nature très-inflammable et habituellement de couleur jaunâtre, plus rarement violette, rouge, blanche ou brune; qui sort spontanément après l'Anthèse et quelquefois même avant le développement de la fleur, comme dans les Onagres. Observés au microscope, les grains de Pollen (*granula pollinaria*) sont, suivant les espèces végétales, ou sphériques, ou ovoïdes, ou trigones, ou papilleux, ou polyèdriques, ou bien encore coadunés ou combinés plusieurs ensemble, en conservant la même forme ou la même disposition dans les espèces analogues. C'est la Poussière fécondante, d'après l'hypothèse de la fécondation des Plantes (1). Chaque grain, susceptible de déhiscence, ou naturelle ou par son application à la surface de l'eau, est composé d'une enveloppe, comparable à celle de la graine et d'une partie intérieure analogue à l'albumen pour ainsi dire, et qui sous la forme de poussière impalpable ou globules (*Utricules,* Mirbel), s'élance comme une vapeur que le Botaniste anglais Martyn désignait par le mot de *Fovilla*.

(1) Nous parlerons ailleurs de l'*Aura seminalis, vitalis* ou *pollinaris*, être de la nature de l'*Aura epileptica* de la vieille médecine.

Le Pollen, habituellement pulvisculaire, existe cependant dans quelques familles de plantes sous forme massive ou de Tissu cellulaire (*Pollen cellulosus* Raspail); ainsi dans quelques Apocynacées et beaucoup d'Orchidées, les grains de Pollen sont attachés ou agglomérés les uns aux autres et forment un tout presque céréiforme, susceptible de sortir des loges anthériques sans se déformer. Ces masses polliniques (*massa pollinaria* Rich. ou *Pollinium*) sont séparables en deux, dans leur longueur, dans les Orchis et les Ophrys, granuleuses dans l'Epipactis et le Loroglossum (*Orchis hircina* L.) et solides dans la *Corallorhiza*. A l'une des extrémités de la masse pollinique, existe un amincissement appelé Caudicule (*Caudicula*) par Richard et Filet par M. Raspail, qui porte à son sommet un corps que le même botaniste a nommé Obturateur (1) et Rétinacle (*Retinaculum* Rich. *Connecticulum*, R.), logé dans un développement particulier du connectif, que Rob. Brown nomme improprement Glande et que Richard nomme Bursicule (*Bursicula*). La masse pollinique étant composée de deux corps distincts (*massulæ* Rich.) de nature cellulaire chacun séparé par le dissépiment (*septulum* Rich.) qui existait dans chaque loge et qui a été entraîné avec la masse pollinique, rentre, à la consistance près, dans la structure générale des Anthères; sans qu'il soit nécessaire d'adopter le mot Clinandre (*Clinandrium*), dont Richard s'était servi pour désigner la cavité anthérique, qui dans ce cas est sessile et soudée au style renflé et raccourci des Orchidées, ou au connectif charnu des Asclépias.

Dans quelques plantes, l'Anthère au lieu d'être oblongue, forme très-ordinaire, ou globuloïde, ce qui n'est pas rare aussi, est très-sinueuse ou même contournée, comme on peut le voir dans les Cucurbitacées, mais alors il y a dans le Filet ou dans le Connectif une conformation particulière : dans l'exemple cité, soit pour les Courges soit pour les Melons, les connectifs sont tous confluents en une seule masse.

La déhiscence de l'Anthère est assez variée, mais le plus ordinairement elle a lieu par une fente longitudinale. Dans quelques plantes comme dans les genres Solanum et Bruyère, c'est par une porte au sommet de chaque loge anthérique ; dans la Pyrole c'est à la base; dans l'Epimédion des Alpes (*Epimedium alpinum*) et les Lauriers, c'est par des valvules placées vers le haut de l'Anthère, comme aussi dans le *Pyxydantera*. On a indiqué des Anthères à quatres loges, comme dans le Butome om-

(1) Dans les Orchidées, ce Rétinacle est un peu cochléiforme, et dans les Asclépias, il est en écusson. C'est le Connecticule de M. Raspail, qui nous semble avoir raison de ramener cette partie à l'analogue du Connectif : c'est le dissépiment de chaque locule anthérique, qui est très-développée à l'une de ses extrémités.

belle, mais c'est par une erreur d'observation, il n'y a que l'organisation générale, mais les deux locules de chaque loge y sont plus marquées que dans les cas ordinaires. C'est l'inverse dans les Malvacées où l'on ne voit qu'une loge anthérique. Quant aux Anthères véritablement uniloculaires, on en a des exemples dans les Conifères, les Epacridées, le Noisettier.

Lorsque l'Etamine est complète, outre l'Anthère, partie essentiellement constituante de cet appareil, elle présente un support filiforme ou comprimé, libre ou adhérent, auquel on donne simplement le nom de *Filet* ou filet de l'étamine (*Filamentum*), à texture vasculaire, quelquefois velu ou appendiculé. C'est le *Capillamentum* de Tournefort; il forme le pied de l'Anthère à long connectif dans la Sauge : ce qui l'ayant fait méconnaître par Link, ce professeur le regarda, ainsi que nous l'avons vû, comme une chose nouvelle qu'il signale par le nom de *Stipellus*.

Lorsque chaque Filet porte plusieurs Anthères, tel on peut en observer dans le Millepertuis, l'If, les Melaleuca, on l'a nommé *Androphore* et plus rationellement *Anthérophore*, (1) d'après nous : plusieurs filets s'étant greffés pour n'en faire qu'un. Si, de la réunion de tous les filets, il résulte une sorte de tube entourant le style, c'est le *Tube staminaire* : rendu encore par l'expression superflue d'*Etamines symphysandres*. Si les Anthères seules sont réunies, comme dans toutes les Composées, il y a alors un *Tube anthérique*.

La jonction de l'Anthère, lorsqu'elle est placée sur le filet, peut avoir lieu, par le point de sa base et alors elle est dite basifixe (*Anthera basifixa*), comme dans les espèces du genre Iris; par le dos tels en offrent tous les Lis, exprimé par médiifixe (*A. mediifixa*); ou enfin par le sommet ou apicifixe (*A. apicifixa*), ce qui rend l'Anthère *vacillante* ou *mobile*.

L'irréflexion dans les innovations est telle qu'on a multiplié les mots d'une manière effrayante et seulement, pour le rapport des Anthères avec le Filet, M. Rafinesque professeur de Botanique à Lexington, en a créé cent et au-delà, qui sont au moins plus que superflus (2).

(1) C'est le *Symphyostemon* de Mœnch.

(2) La Synandrie est partagée en Synopantie, Synémie, ou Synostémie et Synanthérie. La Synémie en Monadelphie et Synophie. La Synémie partagée en Stéréadelphie, Périadelphie, Pleuradelphie, Monasynie, Isadelphie, Synallie et Chorizynie, renfermant 54 modifications signalées chacunes par un nouveau mot comme Phorosynie, Styladelphie, Némadelphie, Gonadelphie, Stéreobasie etc. La Synanthérie, partagée en Synomonie et Polysie, offre dans la première division la Synostérie et la Périsynie offrant 14 sous-dénominations, tandis que la Polysie, divisée en Isynie et Allosynie, en présente encore huit autres; ainsi, sans compter les noms que nous venons d'indiquer,

La conformation réelle de l'Anthère et du style n'est pas toujours facile à observer à raison, ou de certaines particularités de développement, ou de connexion entre ces appareils. Dans les Orchidées la réunion de l'un et de l'autre a reçu le nom de Gynostème (*Gynostemium* Rich.) ce qui eut été mieux exprimé par Stylostème employé à la vérité dans un autre cas, comme on le verra. Quelques botanistes ont donné le nom de Colonne (*Columna*), à cet ensemble, à raison de ce que la forme en est souvent colonnaire, comme on peut le voir dans les Aristoloches, où cette union est simple et facile à observer.

Au sommet et en devant de cette colonne, on trouve, dans les Orchidées, une cavité, dans laquelle le Pollen plus ou moins renflé se trouve logé. Cette loge anthérique sessile a reçu le nom superflu de Clinandre (*Clinandrium* Rich.).

Si les auteurs eussent pû employer d'une manière régulière les mots d'Androgyne et d'Hermaphrodite, il n'y a pas de doute que c'est dans le cas de la structure des Orchidées, puisqu'il existe une adhérence complète entre le Style et les Etamines, ainsi qu'on a supposé qu'étaient réunis les Androgynes.

Dans plusieurs genres de la famille des Apocinacées les étamines sont réunies les unes aux autres en un seul corps qui recouvre l'ovaire de telle sorte qu'à raison de cette disposition Link donne à cet ensemble d'étamines le nom de Stylostége (*Stylostegium*), que M. De Candolle a traduit par le mot de Capuchon, parce qu'il forme une sorte de couvercle au style. On l'a encore désigné sous le nom de Sac (*Saccum*) et de Couronne. Ce n'est qu'une modification de l'Anthérophore. Les prolongements de cet Anthérophore partant du Connectif et faisant saillie, ont reçu le nom de Cornes (*Cornua*) à raison de leurs formes et l'extrémité en a été appelée Bec (*Rostrum*) par Jacquin, qui pour développer la structure de la fleur de l'Asclépias seul a publié un gros volume, sans en avoir fait connaître la structure véritablement naturelle. Les appendices dorsaux appelés Ailes (*Alæ*) par Jacquin et mieux Appendices par Willdenow, sont d'autres points partants de la base de l'Anthérophore et alternant avec ceux qui sont au bord supérieur de cet Anthérophore : quelquefois au lieu d'appendices on observe dans des genres voisins de l'Asclépias, un disque circulaire, qui a été nommé Ecusson (*Scutum*) par quelques botanistes.

nous en avons omis 78. N'est-ce pas là véritablement tomber dans l'absurde, et vouloir faire de la Botanique une science hiéroglyphique, susceptible de dégoûter tous ceux qui seraient tentés de s'en occuper. Les savants en ce genre ne doivent pas perdre de vue cette idée, que toute science est destinée à l'usage de la société, et vouloir la couvrir du voile de notes tyronniennes, c'est la rendre ridicule ou inutile.

Si l'on eut étudié cette organisation avec discernement, on eut reconnu que la forme des divers anthérophores des Apocinacées, rentrait dans le plan général de la structure de l'Etamine et l'on se fut dispensé d'introduire dans la science beaucoup plus de mots nouveaux, qu'il n'en eut fallu pour s'entendre.

Dans une certaine quantité d'espèces végétales les Etamines ne sont pas en relation directe avec le Pistil dans la même fleur et se trouvent éloignées ou séparées. Dès lors il est nécessaire de distinguer les fleurs en *complètes* et *incomplètes* (*flos incompletus.*) Les premières offrent toujours Pistil et Etamine; les fleurs incomplètes n'offrent que l'un ou l'autre de ces appareils; mais la disposition peut se présenter de trois manières différentes. Les fleurs sont ou *pistilaires* (1) ou *staminaires* seulement.

Lorsque les fleurs de ces deux sortes sont portées par le même pied, comme dans le Chêne, le Bouleau, le Pin et la plupart des Cucurbitacées, alors on dit *Fleurs monoïques, Plantes monoïques*, à raison de ce qu'elles n'habitent qu'une seule maison ou un seul pied; si au contraire les *Fleurs pistilaires* sont sur un pied distinct, et les *Fleurs staminaires* sur un autre, comme il y a deux logements différents, deux maisons si l'on veut, comme l'indique le mot qui désigne cette disposition, les végétaux sont dioïques; tels sont les Saules, le Peuplier, le Lychnis dioïque, le Gui, le Myrica, le Chanvre, le Houblon, la Mercuriale, l'If, etc., etc.

Il y a encore d'autres combinaisons qui sont la *Trioëcie*, lorsqu'il y a des fleurs complètes, pistilaires et staminaires, isolément sur trois pieds différents, de la même plante.

S'il y a sur le même pied des fleurs complètes et incomplètes, alors on désigne les plantes par le mot assez peu approprié de Polygame, que pourrait remplacer l'expression de *hétéroïque*, pour *hétéroëcique*.

Les Botanistes qui ont introduit la doctrine des sexes dans les végétaux, appellent *Fleurs unisexuelles* et uniséxuées, celles que nous désignons ici par fleurs incomplètes ou anormales, et fleurs bisexuelles, les fleurs complètes ou peut être mieux fleurs normales; et regardant le pistil comme l'organe femelle et l'étamine comme l'organe mâle, ils disent *fleur mâle* pour la *fleur staminaire*, *fleur femelle* pour la *fleur pistilaire*, et *fleur complète* ou *hermaphrodite*, pour celle qui réunit les deux organes.

Souvent dans les fleurs pistilaires on trouve autour du Pistil

(1) Nous disons ici *Pistilaires*, de préférence à *Pistilifères*, cette dernière expression appartenant à la fleur complète.

des filaments blancs qui ont la forme du filet des étamines, mais dépourvus d'Anthères. Occupant la place où existeraient les étamines, si la fleur était complète, où doit les considérer comme des étamines stériles, que le professeur Link a nommé *Parastamines*, et Cl.Richard, d'un mot plus heureux, *Staminode* (*Staminodium*). Quelquefois on trouve ces Staminodes entremêlés avec les véritables étamines comme dans le Cacaoyer: l'Ephémère (*Tradescantia virginica*) en offre de barbus.

Au centre des fleurs staminaires on observe souvent un ou plusieurs corps charnus, quelquefois fimbriés, à la place que devrait occuper le Pistil, si la fleur était complète ; c'est ce que l'on a nommé Paracarpe (*Paracarpium*) ou Parastyle (*Parastylus*) : lorsque ces corps stériles étaient terminés par un filet à la manière du Pistil, ce qui serait mieux désigné par le mot de *Pistilode* (*Pistilodium*), par opposition au mot *Staminode*.

DES TÉGUMENTS FLORAUX IMPARFAITS.

Nous nommons Téguments floraux imparfaits, ceux qui ne présentent dans la fleur qu'une enveloppe unilatérale, c'est-à-dire, qui ne circonscrit point la fleur en entier.

En étudiant la manière dont le Pistil et les Étamines sont disposés dans certaines fleurs, relativement aux parties environnantes, on en voit qui sont entièrement privées d'enveloppe, comme par exemple la fleur pistilaire de la Nayade.

Dans les Aroïdes, les fleurs pistilaires et staminaires sont rassemblées en grand nombre les unes auprès des autres sans avoir de tégument particulier: seulement l'ensemble de l'inflorescence est circonscrite par une feuille d'une forme déterminée que Rumph appelait *Calopodium*, *Calopode* et qui n'est qu'une Spathe (*Spatha*) dite pétaloïde, à raison de ce qu'elle est colorée à peu près comme la corolle. Ligneuse dans la plupart des Palmiers, membraneuse le plus ordinairement, la forme de la Spathe est cucullée : dans l'Aïl, la Spathe est diphylle. La *Spathille* est une Spathe contenue dans une plus grande : exemple, les Iris.

Dans le Figuier et quelques genres voisins, il y a un involucre charnu ou ligneux qui enveloppe les fleurs qui sont absolument nues sous tout autre rapport.

Dans les Graminées il n'y a point de téguments floraux complets, ce qui en tient lieu revient absolument à la Spathe dont il vient d'être parlé : à la vérité chaque fleur est pourvue d'une Spathe particulière et même de plusieurs comme nous allons le faire voir.

La fleur des Graminées est nue, seulement au-devant de l'ovaire on trouve ordinairement deux petites parties, très-rarement trois, pellucides ou hyalines, qui ont été prises pour une corolle par Michéli; que Linnée et la plupart des auteurs ont appellées *Nectaires*, sans qu'elles aient aucun rapport avec les nectaires. Ce sont elles que Cl. Richard appelle *Paléoles* prises isolément, *Glumelles* prises collectivement et nous Glumellules (*Glumellulæ*) et qui rentrent dans les périanthes incomplets. M. Palisot de Beauvois les a appelés *Lodicules* (*Lodicula*); Link auparavant les avait désignées par le nom de *Periphyllium*. Quelques botanistes ont nommé simplement Ecailles (*Squamæ* L.), et *Appendices* ces parties très-peu faciles à observer et sur lesquelles on n'a d'observations un peu précises que depuis les travaux de Schreber et de feu notre estimable ami, Palisot de Beauvois; ce dernier Botaniste appelait *Paléole* (*Paleola*) chaque partie de sa Lodicule.

La grande diversité de noms qu'a reçu cet appareil, voisin de la fleur des Graminées, prouve qu'il est très-difficile de le rapporter à aucuns de ceux généralement connus. Ce n'est point un calice, ce n'est point une corolle, parce que les deux parties de cet appareil ont une disposition peu symétrique, alterne entre elles et aussi relativement à la fleur. Ce qui prouve qu'elles ne sont probablement qu'une dégénérescence de quelqu'autres parties dont il va être question et très-probablement un véritable périanthe simple.

Deux petites spathes distiques, alternes, bien plus grandes que l'appareil précédent, une supérieure participant un peu de la texture hyaline et une inférieure plus colorée en vert, forment un appareil renfermant la fleur des Graminées, sans cesser d'être une partie indépendante des véritables téguments floraux ; nous les avons appelées *Glumelles* (1) et chacune des petitess pathes, *Spathellules*, dont une *supérieure* et une *inférieure*. C'est cette glumelle que Linnée qualifiait de *Corolle* ; que d'autres Botanistes, qui sentaient bien la différence qui existait entre elle et les véritables corolles, ont nommé *glume corolline*, *glume corollacée*, *glume intérieure* : c'est la glume d'après la nomenclature employée par Cl. Richard, pour ces parties des plantes ; enfin c'est le Stragule (*Stragulum*) de P. de Beauvois, dans sa nouvelle Agrostographie, auquel il distingue des *Paillettes* (*Paleæ*) de là, il a dit, bi, tripaléacé.

Lorsqu'il y a plusieurs fleurs réunies dans un groupe symétrique, ou même pour chaque fleur distincte, on trouve au bas de l'ensemble de ces fleurs, ou au-dessous de la glumelle, un appareil analogue qui est composé de deux Spathelles d'une nature

(1) On a cité inexactement notre nomenclature de l'appareil floral des Graminées, dans plusieurs ouvrages de Botanique.

très-peu différente des Spathellules, c'est ce que nous avons appelé *Glume* et que Linnée nommait *Calice;* d'autres botanistes *glume calycinale*, *glume extérieure ;* P. de Beauvois, *Tegmen* ou bale ; Panzer, *Peristachyum*. Quelques auteurs ont employé le mot *Thalamus* et Cl. Richard celui de *Lépicène* (*Lepicena*) et l'ensemble est pour les botanistes, un Epillet (*Locusta*, *Spicula*).

Cette diversité dans la nomenclature de ces parties des Graminées, prouve que chaque Botaniste s'est fait, pour ainsi dire, ou une opinion particulière sur la nature de ces enveloppes florales, ou bien a eu la prétention de ne pas adopter ce qui a été proposé avant lui. La plupart des systèmes de nomenclature qui ont pu être adoptés annoncent que leurs auteurs induits en erreur par l'analogie, avaient voulu trouver partout la structure des végétaux modelée sur un plan uniforme, et voir une corolle et un calice où il n'en existait réellement pas. Les Botanistes qui sous un certain rapport ont mieux vu, ont erré dans un autre sens : en méconnaissant les glumelles et glume pour des modifications de la Spathe, ils en ont voulu faire des choses ou parties distinctes. Adoptant le mot Glume et ses dérivés, tels que nous les avons présentés et tels que quelques Botanistes les adoptent d'après nous, on a l'avantage de ne donner, pour ainsi dire, que le même mot pour des choses qui diminuent de dimensions à peu près dans le même ordre que l'indique la valeur des mots : ces parties n'étant en résultat que des bractées distiques.

Comme les glumes et les glumelles fournissent des caractères nombreux dans les Graminées, on a été forcé d'en distinguer les diverses parties, c'est pourquoi nous disons Spathelle inférieure et supérieure pour les parties de la glume et Spathellule inférieure et supérieure pour celles de la glumelle. Dans ce dernier cas Cl. Richard emploie le nom de Paillette pour désigner les parties de la glumelle.

Les fleurs staminaires de toutes les Amentacées n'ont pour toute enveloppe qu'une écaille insérée unilatéralement.

Dans les Cypéracées P. de Beauvois avait proposé le nom de Gamophylle pour la bractée la plus rapprochée de la fleur.

Jusqu'à ce moment nous n'avons encore parlé que de fleurs nues, pour ainsi dire, puisque ce sont des parties voisines de la fleur qui recouvrent les Etamines et le Pistil et point des appareils dépendants de la fleur même. Dans quelques familles de plantes d'une organisation un peu plus parfaite, telles que les Cypéracées, on commence à observer autour des parties essentielles de la fleur, des filaments ou des lamelles allongées, au nombre de trois ou plus, qui ont une insertion analogue à celle que nous verrons être propre à la corolle, et à l'ensemble desquels on a appliqué très-improprement le nom de Périspore

(*Perisporum*), puisque ces végétaux ont de véritables Péricarpes et non des Spores. C'est dans ce cas qu'il faut adopter le mot de ***Périanthe*** (*Perianthium*), qui se trouve d'autant mieux appliqué que ces soies ou lamelles sont trop éloignées de présenter l'apparence d'une corolle, pour que l'on puisse leur donner ce nom. Dans quelques genres de la même famille de plantes on trouve un Périanthe d'une seule pièce, auquel, à raison de sa forme ou de sa position, on a donné les noms de *Corolle*, de *Capsule*, d'*Urcéole*, de *Nectaire*, qui ne lui conviennent en aucune manière, et ont été employés par plusieurs auteurs. Outre ce Périanthe, il existe encore près de la fleur une écaille analogue à celle que l'on voit dans les Amentacées, et qui ne diffère nullement de ce que l'on appelle glume ou glumelle dans les Graminées, c'est le *Gamophylle* de M. de Beauvois. Le Périanthe des Laîches ou Carex, est bien urcéolé mais il n'est point un corps particulier devant être désigné par le nom d'*Urcéole*; il a bien la position de la Corolle : mais il ne peut lui être assimilé que très-difficilement; ce n'est point une Capsule, puisque le fruit a son Péricarpe particulier. Ce Périanthe simple est souvent composé de soies mais qui alternent fréquemment dans leur forme, leurs accidents et même leur position : indiquant que ce sont les véritables parties représentantes du calice et de la corolle, mais d'une manière imparfaite; ce qui nous a engagé à leur appliquer exclusivement le nom de Périanthe, pour les distinguer du calice ou de la corolle dont ils sont, malgré tout, les analogues.

DES ENVELOPPES FLORALES PROPRES, OU TÉGUMENTS FLORAUX.

Tout ce qui sert d'enveloppe à la fleur, telle qu'elle se trouve définie par Linnée, porte le nom d'Enveloppe florale ou Téguments floraux, mais on doit les distinguer en essentiels et accessoires. Les premières sont la Corolle, le Calice; les autres sont les Involucres de diverses sortes: toutes parties qui prennent des caractères tellement similaires dans certains végétaux, que l'on peut alors les confondre les unes avec les autres, d'après leur seul aspect, si l'on ne cherchait à établir leur véritable relation afin de leur appliquer le nom qui leur convient.

En procédant du centre à la circonférence, dans l'examen des parties de la fleur, on évitera toute espèce d'équivoque sur la nature des appareils divers qui la composent. C'est pour n'avoir pas suivi cette marche que jusqu'ici l'on a jeté de la confusion sur ce qui est Corolle ou Calice, dans un grand nombre de végétaux.

Suivant le système propre à chaque auteur, les Téguments floraux (*Integumenta floralia*) ont reçu divers noms : Necker les désigne par celui de Périgynande (*Perigynanda*) qu'il distingue en extérieur, (*exterior*) le *Calice*, et intérieur (*interior*) la *Corolle*. Ehrhart adopte dans ses ouvrages le mot de *Périgone* (*Perigonium*) qui est *simple* (*simplex*) ou qui est *double* (*duplex*), suivant qu'il y en a un seul ou deux : dont un soit circonscrit par l'autre. Ehrhart renfermant sous ce nom de *Périgone*, le Calice et la Corolle sans aucune distinction de nom, évitait l'embarras de prononcer sur ce qui était calice ou corolle et la modification en Périgone *simple* ou *double*, remplissait le but qu'il se proposait de désigner la présence ou l'absence d'un simple ou double rang de parties. Les Botanistes, comme MM. Link, De Candolle et autres qui ont adopté le nom de Périgone ne s'en servent que dans les cas où ils ont cru qu'il était impossible de distinguer la Corolle et le Calice, ou l'un ou l'autre exclusivement. D'autres, dans ce même état de choses ont adopté le mot *Périanthe* (*Perianthium*) et le docteur Caffin y a substitué le nom de *Péristéme*, simple ou double (1).

DE LA COROLLE.

La Corolle doit être la partie des téguments floraux qui se trouve immédiatement autour et en dehors des Etamines. Tournefort, suivi en cela par plusieurs botanistes, ayant remarqué qu'en général la portion brillante et colorée de la fleur était caduque, ou susceptible de se détacher spontanément après l'anthèse, l'a regardée comme étant une Corolle et il a posé pour principe contraire que toutes les fois qu'il s'offrirait une enveloppe unique autour du Pistil et des Etamines, cette enveloppe, si elle persistait et était attachée au fruit, recevrait le nom de Calice. Linnée n'a pas suivi la même manière de voir et nomme Corolle ce qui est souvent Calice pour Tournefort : pour peu qu'elle soit colorée d'une autre teinte que le vert.

A. L. de Jussieu ayant bien senti que dans beaucoup de végétaux à enveloppe unique et colorée, cette partie était différente de la corolle, adopte en principe que toutes les fois que l'enveloppe florale est simple, qu'elle soit colorée ou non colorée, elle doit être considérée comme étant un Calice.

Dans une telle variété d'opinions, c'est la nature qu'il faut étudier; c'est elle qui prouve que ces diverses manières de voir, bien qu'appartenant à des hommes justement célèbres, étaient fautives, dans la plupart de leurs applications.

(1) On a dit Monopérianthé et Polypérianthé, d'après la présence d'un Calice seul, ou d'un Calice, d'une Corolle et de parties accessoires, ou Calicule; et Sympérianthé, dans le cas d'union du Calice à la Corolle, comme dans le genre Salicaire.

Depuis long-temps nous avons publié sur ce point de doctrine, non pas ce que nous pensions, mais ce que l'on pouvait voir ; il en résulte que dans presque toutes les circonstances où l'on reconnaissait une seule enveloppe florale, colorée ou verdâtre, il y en a deux et que la Corolle et le Calice y existent distinctement : sinon par la différence de coloration, au moins par la texture et par la position des parties.

Pour lever toute espèce de doute, il était plus simple de recourir à l'étude de la nature que de s'embarrasser dans le choix et la discussion des principes adoptés par tel ou tel auteur : mais il est nécessaire pour cela de voir quelle est l'insertion réelle des parties composant ces enveloppes.

On voit pour l'ordinaire, qu'indépendamment de l'apparente identité des parties nommées Périgone ou Périanthe, Calice ou Corolle, suivant les idées adoptées, elles ont des insertions différentes dans certaines des parties dont elles se composent. Les unes sont plus excentriques que les autres et avant l'anthèse celles insérées à l'extérieur enveloppent les plus intérieures. On distingue d'après cela un double rang de parties, bien différentes en outre par la nature de leur tissu. Il est facile de s'en assurer dans les espèces même qui offrent le plus de conformité dans les divisions des téguments floraux ; comme dans le Lis, les Jacinthes et surtout les Alisma, Tradescantia, Commélines, etc.

De ces considérations on est conduit à reconnaître que presque toutes les plantes monocotylédones ont une corolle et un calice. La Corolle est l'appareil de la fleur qui se trouve immédiatement au dehors des Etamines, et le Calice est cet autre appareil qui suit la Corolle, et forme une enveloppe plus générale pour la fleur, tandis que la corolle en forme une plus immédiate pour les Etamines et le Pistil. Bien que la Corolle soit habituellement vive en couleur et plus grande que les autres appareils de la fleur, cependant quelquefois elle est incolore, toute distincte qu'elle soit du calice, ou si petite qu'il est difficile de la voir ; alors en observant que tous les points de sa base sont à égale distance de la base de l'ovaire et dans un cercle plus central que celui déterminant les limites du calice, on pourra toujours reconnaître la corolle et le calice, ou les distinguer l'un de l'autre.

Dans les Joncinées, Smith et quelques auteurs ont donné le nom de Corolle à la réunion de toutes les parties des *Téguments floraux*, parce que la petite Spathe d'où sort chaque fleur a été considérée comme étant un Calice. Le plus grand nombre des Botanistes au contraire n'a vu dans ces téguments, qu'un simple calice : mais si l'on consulte l'insertion des parties dont ils se composent on voit, même dans le bouton à fleur ou dans l'état de préfleuraison, trois parties plus longues et plus intérieures, alternes avec trois autres qui composent la Corolle et le Calice, bien qu'elles soient à peu près toutes uniformément incolores. Tous les doutes sont levés, à cet égard, par la nature, dans les Alismacées, les Butomées, les Orchidées, les Commélines, etc. quelle que soit en cela l'opinion des Botanistes, et pour peu que l'on veuille mettre de côté tout esprit de système.

Si, dans quelques cas rares, la nature semble jeter un voile sur l'organisation des enveloppes florales des monocotylédones, comme dans le *Crinum* par exemple, ces anomalies faciles à normaliser, sont bien peu de choses, comparées au plan suivi généralement.

Dans quelques plantes dicotylédones, on trouve quelquefois une enveloppe florale unique, comme dans les Daphnacées, ou Laurinées, etc. bien que leur organisation appelle la présence de la Corolle et du Calice, mais cela tient à quelques circonstances dont nous allons parler. Quelquefois aussi il est réellement impossible d'établir une ligne de démarcation réelle entre le calice et la corolle, mais cela n'a lieu que dans ce que nous nommons, en histoire naturelle, les êtres ou espèces transitoires, comme par exemple dans la famille des Polygonacées, et surtout dans les genres Patience (*Rumex*) et Renouée (*Polygonum*.)

La Corolle et le Calice contractent parfois une adhérence si intime, qu'il faut observer avec soin, pour découvrir la véritable organisation de l'ensemble qui résulte de leur soudure : par exemple, dans une famille de plantes dont le Daphné-Lauréole fait partie, on ne trouve qu'une enveloppe florale, colorée à la vérité. Dans ce cas il y a une adhérence complète : toutes les parties forment un tube ; cependant on peut reconnaître la corolle plus intérieure à deux divisions et le calice à même nombre de divisions. On est conduit à faire cette observation en remarquant que l'intérieur de cette enveloppe florale est vivement coloré, tandis que l'extérieur est souvent comme verdâtre.

Cette organisation paraît si bien celle de la nature que dans quelques genres des Thymélées, la Corolle se prononçant d'une manière plus distincte, vient former ce que l'on appelle une couronne ou plus improprement encore un Nectaire. Dans beaucoup de fleurs tubuleuses des monocotylédones on retrouve cette organisation vers la base de l'enveloppe florale.

Dans les Cucurbitacées, malgré l'union intime du Calice et de la Corolle, on trouve à l'extérieur de la Corolle, cinq appendices formant les extrémités du calice qui semble n'exister que par ces prolongements ; aussi plusieurs Botanistes ont-il pris la Corolle de ces plantes pour un Calice et les appendices comme des parties entièrement étrangères, bien que leur nature et leur position prouve ce qu'ils sont, un Calice, si l'esprit veut bien se dégager de tout système.

Certaines plantes Dicotylédones manquent de Corolle, et cela tient à un avortement dépendant souvent de la ténuité des parties, comme dans la *Sagine apétale* (*Sagina apetala*). Quelquefois ces mêmes plantes offrent calice et corolle, c'est ainsi que l'on peut le voir souvent dans la plante que nous venons de citer; et qu'Adanson l'a observé dans la Boccone frutescente (*Bocconia frutescens*) qui dans nos serres manque de Corolle.

Le climat influe quelquefois sur le développement de la Corolle : en Laponie quelques plantes de la famille des Caryophyllées ne présentent jamais de Corolle bien qu'elles fructifient également. Si on les cultive dans une région plus tempérée il arrive qu'elles en présentent une; de même que l'on a vu à Upsal, des plantes du Midi de l'Europe ne point offrir dans leur développement la Corolle qui leur est propre.

L'organisation de quelques plantes est telle qu'une partie voisine de la Corolle venant à prendre un développement inaccoutumé, la Corolle disparaît entièrement, pour ne laisser paraître que le corps qui s'est comme accru à ses dépens. C'est ce qui a lieu dans la plupart des Renonculacées, où l'appareil nectarifère fait disparaître la Corolle, par un avortement prédisposé.

Dans le *Coriaria myrthifolia* on peut méconnaître et l'on a même méconnu les pétales, qui sont accrescibles et bacciformes ensuite, par leur rapprochement.

Quelques familles des Végétaux dicotylédones n'ont point de Calice : seulement une partie accessoire recouvre la fleur, comme dans le Peuplier, le Saule. Les Aristolochinées, ont un seul tégument floral, qui tient du Calice et de la Corolle, et auquel on peut appliquer le nom de Périanthe coloré. Dans ce cas, l'acception du mot Périanthe est moins générale et plus rigoureuse que celle donnée par quelques botanistes, et beaucoup moins encore que celle adoptée par Linnée, qui classait sous le nom de *Périanthium*, et plus tard sous celui de *Calix*, beaucoup de parties végétales très-différentes : telles que la Volve des Champignons, la Coëffe des Mousses, la Spathe du Palmier, la Glume des Graminées, l'Involucre des Ombellifères, le Chaton des Amentacées, toutes choses dont nous avons traité ou traiterons à leurs places respectives.

La Corolle, toujours facile à reconnaître par sa place immédiate après l'appareil staminaire, est susceptible de présenter des formes générales et des formes particulières.

Ses formes générales sont d'être composées d'une seule partie ou de plusieurs. Si elle n'est composée que d'une seule partie, quelquefois plus ou moins profondément lobée ou incisée, on l'a désignée sous l'expression impropre de Corolle monopétale (*Corolla monopetala*). Il existe bien à la vérité quelques Corolles monopétales, c'est-à-dire, ayant un pétale unique, comme le Delphinium, mais elles n'ont pas de rapport avec celles dont il est ici question. Cette impropriété de nom a fait proposer, pour désigner les Corolles monopétales des auteurs, le mot de gamopétales (*Corolla gamopetala*). Cette qualification adoptée par M. De Candolle, reposant sur un système qui lui est particulier, et qui tend à établir que toute Corolle de sa nature est polypétale, et n'est monopétale que par la greffe ou la soudure naturelle, cette qualification, disons-nous, est d'autant moins rigoureuse, que si nous avions une opinion à émettre ici à cet égard, peut-être prouverions-nous avec succès que toute Corolle polypétale n'est qu'une Corolle d'une seule pièce, devenue multipartite par les successions des métamorphoses de la nature, ainsi que nous l'exposerons dans la Philosophie botanique de cet ouvrage. Dans l'idée d'approprier une meilleure expression aux Corolles d'une seule pièce, nous les avons désignées depuis long-temps sous le nom de Corolles unipartites (*Corollæ simplices*), à l'exemple de l'ancien botaniste Jungius.

Les Corolles composées de plusieurs parties, sont formées par la réunion de corps plus ou moins semblables, ayant une base identique, mais libres par toute l'étendue de leurs bords latéraux, et formant un ensemble plus ou moins régulier et le plus ordinairement coloré: de même que les Corolles unipartites : parties auxquelles, considérées chacune en particulier, on donne le nom de Pétale (*Petalum*), d'après F. Columna, qui le premier a employé ce mot, au lieu de celui de feuille de la fleur (*folium floris*), comme on le disait avant lui.

Suivant qu'il y a un seul Pétale, ce qui ne peut avoir lieu que dans les fleurs irrégulières, ou qu'il y en a deux, trois, quatre, cinq, six ou plusieurs, on dit Corolle Monopétale, Dipétale, Tripétale, Tétrapétale, Hexapétale, et Polypétale, dès que le nombre est au-dessus de huit.

Quelques Corolles polypétales sont un peu réunies par leur base, mais c'est par l'intermédiaire des filets des Etamines, comme dans les Malvacées, et dans ce cas, le professeur Link a cru devoir créer une expression qui nous paraît superflue, en qualifiant ces Corolles de *Corollæ catapetalæ*, ou Corolles catapétales, adoptée par quelques botanistes.

Dans les Corolles unipartites (*Corollæ Monopetalæ* auctorum), on distingue 1° le Limbe (*Limbus*), ou la partie supérieure étalée et libre, formant pour l'ordinaire la portion la plus étendue de la Corolle, et qui est entier ou divisé en Lobes plus ou moins grands, ou sortes de parties résultant d'une séparation plus ou moins profonde; 2° le Tube (*Tubus*) ou la portion inférieure et rétrécie, dont la base est fixée sur le Réceptacle, conjointement avec les autres appareils floraux. L'entrée de ce Tube, où la partie moyenne entre le Limbe et le Tube, reçoit le nom de Gorge (*Faux*). Souvent chacune de ces régions peut offrir un caractère susceptible d'être signalé ; ainsi le Limbe est dressé (*erectus*), étalé (*patulus*), réfléchi (*reflexus*), infléchi ou involuté (*inflexus*), contourné (*contortus*) etc. ; la Gorge est clause (*clausa*) dans la Bourrache ; poilue (*pilosa*), dans le Thym ; le Tube est cylindrique dans la *Nyctago longiflora* ; ventru (*ventricosus*) dans plusieurs Bruyères des serres ; claviforme (*claviformis*) ou en forme de massue dans le *Spigelia Marylandica ;* gibbeux (*gibbosus*) dans le Muflier ; éperonné (*calcaratus*) dans les Linaires, etc. etc.

On a cru devoir distinguer dans les Corolles unipartites l'Orbicule (*Orbiculus*), ou espèce de bosse circulaire existant vers la base du Tube qui entoure, dans quelques fleurs, comme dans les Stapéliers, les autres appareils de la fleur ; mais on peut en exprimer la présence par l'expression de Corolle exubérante à la base (*tubo basi incrassato*).

Dans les Corolles polypétales on parle bien du *Limbe* et de l'*Entrée* de la Corolle, mais plus spécialement du Pétale (*Petalum*) dans lequel on distingue deux régions : la première, rétrécie en forme de pédicule et servant de point d'attache par sa partie inférieure, est l'Onglet (*Unguis*) plus ou moins prolongé, surtout dans l'Œillet, très-court et comme nul dans la Rose et la Renoncule ; la seconde ou partie supérieure est la Lame (*Lamina*), toujours plus large et souvent très-large, formant par l'ensemble de toutes les lames, le limbe de la Corolle polypétale. Ce limbe, est comme celui des Corolles unipartites, étalé, quelquefois infléchi comme dans les Carottes et autres Ombellifères, et rarement dressé.

Avant l'Anthèse ou lors de la Préfleuraison, la Corolle, dans certaines séries de végétaux, offre une disposition habituelle ; c'est ainsi qu'elle est plissée (*plicata*) dans les Convolvulacées, certaines Solanacées ; spiralée (*spirata*), ou mieux contorte (*contorta*) dans les Apocinacées, les Oxalides ; chiffonnée (*corrugata*) dans le Grenadier, les Pavots, les Cistes, etc. ; imbriquée (*imbricata*) dans le Lin, le Cerisier, le Poirier, etc. ; valvaire ou valvée (*valvata*) dans les Araliacées, les pétales se touchant ; enfin quinconciale (*quinconcialis*), lorsqu'ainsi que M. De Candolle l'a observé, sur cinq pétales, il y en a deux extérieurs et deux intérieurs, et un qui recouvre les intérieurs d'un côté et est recouvert par les extérieurs de l'autre, comme dans les Roses et les Œillets. (1)

(1) Il a dans ce cas particulier deux lames de pétales extérieurs et deux intérieures, et une cinquième qui par une moitié recouvre les intérieurs, et l'autre moitié l'est par les lames extérieures.

Les formes particulières des Corolles sont d'être régulières ou irrégulières. Elles sont régulières toutes les fois qu'elles sont symétriques dans leur forme ou dans leurs parties ; elles sont irrégulières lorsque l'une des parties qui les composent n'est pas en rapport de forme avec les autres, ou lorsqu'un point de leur étendue n'est pas en rapport avec celui qui lui correspond.

Des diverses sortes de Corolles.

Il y a six sortes de Corolles unipartites régulières, et trois qui sont irrégulières.

1° La *Corolle rotacée* ou Corolle en Roue (*Corolla rotata*) : elle est entièrement ouverte, étalée, privée de tube et présentant une sorte de roue, telle est celle des Mourons, de la Bourrache et de beaucoup d'autres genres.

2° La *Corolle campanulée* ou Corolle en Cloche (*Corolla campanulata*) : son ouverture va en se rétrécissant peu à peu, en allant de l'ouverture à la base, à peu près à la manière d'une clochette, comme on le voit dans le genre de plantes qui a pris son nom de la forme de la Corolle : les Campanules.

3° La *Corolle infundibuliforme* ou Corolle en Entonnoir, (*Corolla infundibuliformis*) est caractérisée par un Limbe campanulé, soutenu par un tube droit : comme on peut le voir dans la Pulmonaire, la Gentiane pneumonanthe.

4° La *Corolle hypocratériforme* ou Corolle en Soucoupe (*Corolla hypocrateriformis*), a le Limbe très-évasé et presque plane, porté par un tube droit, tel on le voit dans les Pervenches, les Lauroses ou Lauriers-roses.

5° La *Corolle tubuleuse* (*Corolla tubulosa*) est formée d'un tube long, cylindrique, plus ou moins droit ; ayant le limbe perdu dans la longueur du tube, comme on peut le voir dans beaucoup de Bruyères étrangères : elle est *tubulée* (*C. tubulata*), lorsqu'elle a un tube avec un limbe distinct.

6° La *Corolle urcéolée* ou en Grelot (*Corolla urceolata*) a le tube très-court, rétréci à ses deux extrémités et renflé au milieu ; elle est un peu globuleuse, avec un limbe à peine prononcé. Cette forme est commune dans le genre Bruyère.

On ne doit pas s'attendre dans toutes ces sortes de Corolles, à trouver des formes si bien prononcées, que toujours elles puissent convenir rigoureusement aux définitions qui viennent d'être données : mais avec un peu d'attention il est facile de les y ramener, parce qu'elles ont toujours un rapport plus ou moins marqué avec quelques-unes des formes indiquées.

Les trois sortes de Corolles unipartites irrégulières, c'est-à-dire, dont les parties ne sont pas symétriques et semblables, sont:

1° La *Corolle labiée* (*Corolla labiata*) : les lobes ou divisions qui surmontent le tube de cette espèce de Corolle forment comme deux *Lèvres* (*Labium*) dont une *supérieure* et une *inférieure :* quelquefois cependant il n'y en a qu'une.

La Corolle ringente (*Corolla ringens*) est une variété de la Corolle labiée, dans laquelle les deux lèvres étant écartées et ouvertes, sembleraient une bouche béante.

2° La *Corolle personnée* ou Corolle en gueule (*Corolla personnata*), a beaucoup de rapport pour la forme à la Corolle labiée; comme elle, elle est tubuleuse à la base, ordinairement avec deux lèvres, mais la lèvre supérieure est ordinairement la plus courte, telle est celle des Mufliers, des Linaires. L'entrée du tube des Corolles personnées est souvent obstruée par un renflement que l'on appelle *Palais* (*Palatum*) : c'est aussi quelquefois un espace uni. Lorsque la lèvre supérieure de ces sortes de Corolles est comprimée sur les côtés elle reçoit le nom de *Casque* (*Galea*).

3° La *Corolle anomale* (*Corolla anomala*) est la Corolle unipartite irrégulière, n'offrant aucun type particulier: telle est celle de la Martyne annuelle, et alors ces Corolles sont polymorphes ou diverses, suivant les espèces.

On a voulu distinguer une *Corolle orchidée* (*Corolla orchidea*) mais c'est à tort, parce que l'ensemble de la fleur des Orchidées résulte de la disposition du Calice combiné avec la Corolle. On doit ranger ces sortes de fleurs dans les plantes à Corolle anomale, dont la fleur offre dans son ensemble un type qui peut être distingué sous le nom de *Fleur orchidée*, ou mieux *Fleur labiatifère.*

Ce que l'on appelle Casque dans les Orchidées est le résultat de l'assemblage des parties du Calice, disposées en voûte et représentant assez bien un Casque. Mais dans son travail sur les Orchidées, Du Petit-Thouars ne donne ce nom qu'au sépale supérieur, nommant les deux sépales latéraux *Ailes* (*Alæ*). Quand au *Labelle* (*Labellum* J. Bauhin) que l'on a aussi nommé fort improprement *Tablier,* c'est un Pétale, d'une forme différente des autres, pendant et placé au-devant de la fleur, appartenant exclusivement à la famille des Orchidées et qui imprime à ces plantes au premier aspect un caractère particulier.

Richard distinguait dans le Labelle, l'*Epichile* (*Epichilium*) ou la portion la plus rapprochée du support du Labelle, et qui en est séparé par des incisions plus ou moins profondes, et l'*Hypochile,* (*Hypochilium*) ou la partie la plus inférieure : ces dénominations ne peuvent être très-utiles dans les descriptions de ces plantes et elles n'ont point encore été mises en usage par d'autres botanistes. Les deux pétales latéraux, composent le *Manteau* (*Pallium*).

Lorsque les fleurs sont groupées et pressées les unes par les autres, elles sont assez généralement petites ; alors on les a nommées *Florules* et *Fleurettes* (*Flosculus*, *Elytriculus* Neck.), mais comme dans certaines plantes elles affectent des formes constantes et diverses dans le même groupement, suivant un ordre déterminé, ainsi que le présente toute la famille des Composées, on a distingué les *Florules* en fleuron, fleuron labié, et fleuron ligulé.

Le Fleuron ou Fleuron tubuleux (*Flosculus*, *Flosculus tubulosus*) est une petite fleur régulière, présentant cinq lobes égaux: Necker l'appellait *Vaginula* ; d'autres botanistes l'ont désigné, ainsi que toute petite Corolle sous le nom de Corollule (*Corollula*).

Le Fleuron labié (*Flosculus labiatus*), dont la distinction appartient à MM. Lagasca et Decandolle, se rapproche de la forme des Corolles labiées.

Le Fleuron ligulé, appelé habituellement *Demi-Fleuron* (*Flosculus ligulatus*, *Semi-flosculus*), est formé par un tube très-court, s'épanouissant à son sommet en un limbe allongé unilatéral, appellé *Languette* (*Lingula*).

De même que les Corolles unipartites présentent des formes particulières, régulières ou irrégulières, de même aussi les Corolles polypétales, ou mieux les Corolles pétalées en présentent qui offrent une disposition générale symétrique ou non symétrique.

Il y a trois types de Corolles régulières pétalées, ou dont tous les pétales sont semblables, 1° les *Corolles cruciformes* (*Corollæ cruciformes*), ou celles composées de quatre pétales onguiculés, opposés en croix de St.-André, comme on le voit dans les seules Crucifères ; 2° les *Corolles rosacées* (*Corollæ rosaceæ*) ; ayant cinq pétales non onguiculés, comme dans les Cistes, les Renoncules, les Roses, les Potentilles, etc. ; 3° les *Corolles caryophyllées* (*caryophylleæ*), ayant cinq pétales pourvus d'onglet. Ces distinctions, très-nécessaires lorsque l'on classait les végétaux d'après la forme de la Corolle, sont maintenant peu employées : surtout depuis que l'on groupe les plantes par familles naturelles.

Les Corolles pétalées irrégulières (*C. irregulares*), très-nombreuses dans la nature, sont telles, toutes les fois qu'un ou plusieurs de leurs pétales ont une forme différente des autres pétales. Vu le grand nombre des types présentés par ces sortes de Corolles, on les range presque toutes sous le nom de *Corolles pétalées anomales*, n'ayant pu être comparées à rien de bien déterminé; telles sont les Corolles des Ancolies, du Napel, des Pieds-d'Alouette, des Fumeterres, etc.

Dans beaucoup de genres des Renonculacées, comme dans le Napel, les pétales sont tellement déformés, qu'ils ont été appelés Cornets et rangés sous le nom de Nectaires, ainsi qu'une foule d'autres parties diverses.

On n'a distingué qu'une seule sorte de Corolle pétalée irrégulière : c'est la *Corolle papillonacée* (*Corolla papillonacea*), nom qui lui vient d'une grossière ressemblance que l'on a cru trouver entre cette fleur et le papillon. Elle se compose d'un pétale supérieur, ordinairement le plus grand et qui enveloppe tous les autres avant l'anthèse, bien qu'ayant la même insertion qu'eux; ce pétale est nommé *Etendard* (*Vexillum*).

Sur chacun des côtés et au-dessous de l'Etendard est un pétale semblable à celui qui lui est opposé, et habituellement plus petit que l'Etendard, que l'on appelle *Ailes* (*Alæ*), et que le professeur Link veut, sans raison bien admissible, que l'on nomme *Talara*. A l'opposé et au-dessous de l'Etendard sont deux pétales conjointement courbés, en forme de nacelle, et dont la soudure, abstraction faite de l'onglet, est assez fréquente, c'est ce que l'on connaît sous le nom de *Carène* (*Carina*), et rarement sous celui de *Nacelle* : c'est ce que le professeur que nous venons de citer désigne par le mot *Scaphium*, donnant à peu près les mêmes idées.

DU CALICE.

Le dernier des appareils principaux à observer dans la fleur du plus grand nombre des végétaux, se trouve le plus à l'extérieur et au-delà de la Corolle, en allant toujours du centre à la circonférence, c'est le *Calice* (*Calix* et *Calyx*).

Dans la fleur, il est facile, après avoir distingué le Pistil au centre, les étamines autour du Pistil, et la Corolle autour des étamines, de reconnaître le Calice, au moins dans le plus grand nombre des cas. Cet appareil vient immédiatement après la corolle, sous une forme approchant plus ou moins de celle du vase appelé Calice. C'est lui qui dans le bouton enveloppe complètement les diverses parties de la fleur.

Toutes les fois que le Calice des fleurs est de la nature des feuilles, et c'est le cas le plus ordinaire, on le distingue facilement; mais s'il est coloré comme la corolle, ou à la manière des corolles, alors on ne peut le reconnaître qu'à son insertion et à ses rapports avec les parties voisines, puisque son insertion est, de toutes, la plus excentrique.

Les Botanistes ne sont pas d'accord sur ce qui doit recevoir le nom de Calice dans beaucoup de plantes, à raison de ce qu'il est corolliforme, ou à raison des adhérences qu'il contracte avec les parties voisines et dont il partage dans ce cas la nature de substance. Aussi Linnée a dit : *Limites inter calicem et corollam, naturam non posuisse.* (Phil. bot.)

Le Calice était une des espèces de Périanthe pour Linnée. Dans l'application que cet illustre botaniste faisait du mot Périanthe, il y avait des vues bien plus générales et bien plus philosophiques que celles qui ont déterminé les auteurs à donner ce nom à la combinaison du Calice et de la Corolle dans les téguments floraux des monocotylédones.

Le Calice, l'Involucre, la Glume, le Chaton, la Spathe, la Coëffe et la Volve sont autant de parties différentes à la vérité, mais relativement à la fleur, elles ont à peu près les mêmes fonctions, et sous ce rapport le nom de Périanthe leur convenait très-bien.

Linnée, pour désigner le Calice, lui a donné quelquefois le nom de *Thalamus*, ou lit nuptial. Pour Necker, botaniste du duché des Deux-Ponts, c'est le Périgynande extérieur (*Perigynanda exterior*), et pour Ehrhart, un Périgone simple (*Perigonium simplex*), lorsqu'il n'était distinct de la Corolle que d'une manière imparfaite.

Le Calice, de même que la Corolle, est simple ou composé ; lorsqu'il est simple ou unipartite, il peut présenter comme elle un *tube*, une *gorge*, un *limbe*. Le limbe ou bord du Calice, est souvent divisé en parties plus ou moins profondément séparées ou prononcées. Ces divisions ou lobes sont désignées, suivant leur nombre, par l'expression de Calice bifide, trifide, quadrifide, quinquéfide, etc. Si les divisions sont très-profondes et dépassent le milieu de la hauteur du Calice, dans ce cas on peut compter par parties, et dire bipartite, tripartite, quadripartite, quinquépartite, etc.

On a désigné les Calices simples ou unipartites par l'expression de Calice monophylle ; mais ce nom qui indique un Calice d'une seule partie, ne convient réellement qu'à un très-petit nombre de plantes à fleur irrégulière, dont le Calice est unilatéral, comme dans le genre *Spathodea*, détaché des Bignones par M. de Beauvois.

Lorsque le Calice est ce qu'on nommait *polyphylle*, c'est-à-dire, composé de plusieurs parties distinctes les unes des autres du sommet à la base, ces parties avaient reçu le nom de Folioles, Pièce du Calice (*Foliolum calycinum*). M. Link et avec lui le savant professeur De Candolle, ont proposé de remplacer ce mot *Foliole*, convenant seulement aux parties des feuilles composées, par celui de Phylle (*Phyllum*) ; mais il nous semble plus convenable d'adopter avec M. Mirbel, le mot de *Sépale* (*Sepalum*), employé depuis long-temps par Necker (1). Alors un Calice formé par une seule partie, est, non pas un Calice monophylle, ainsi que l'indiquent les auteurs, ni un Calice *gamophylle* (*feuille soudée*), comme le veut M. De Candolle, mais un Calice irrégulier, *monosépale*, comme dans le genre *Spatodea*; *disépale*, comme dans le Pavot, lorsqu'il y aurait deux parties; *trisépale*, comme dans les Iridées; *quadrisépales*, comme dans les Crucifères; *pentasépale*, comme dans le plus grand nombre des plantes; ou enfin *polysépale*, lorsque l'on ne prendrait plus la peine de les compter.

Ce qui a reçu le nom d'Aigrette (*Pappus*), et ce que Tournefort désignait sous le nom de *Lanugo*, n'est qu'un couronnement du Péricarpe des Composées, formé du véritable Calice singulièrement modifié par l'effet du groupement et de la petitesse des fleurs dans cette famille. Ces sortes de Calices se composent quelquefois d'un simple rebord, quelquefois de plusieurs parties scarieuses, et le plus ordinairement de poils plus ou moins nombreux, simples ou barbelés de poils plus petits. On peut appeler ce mode de calice, Calice aigretteux (*Calix papposus*), pour le distinguer du Calice aigretté (*Calix pappatus*), dont les lobes ou sépales sont terminés par un faisceau de poils divergents, en forme d'aigrette. Si le Calice aigretteux est composé de poils simples, on l'a dit capillaire (*Pappus pilosus* seu *pilaris*); si les poils en sont ramifiés irrégulièrement, c'est une Aigrette rameuse (*Pappus ramosus*); et si chaque poil est poilu ou barbelé, c'est une Aigrette plumeuse (*P. plumosus*.)

DES APPENDICES FLORAUX.

Outre les appareils de la fleur, dont nous avons amplement traité, il est certaines particularités d'organisation, ou certaines parties s'y rattachant, qui ont été l'objet d'un examen distinct, et se présentent ou sous formes d'appendices, ou sous celles de parties accessoires.

Dans quelques Corolles unipartites, on voit des parties accessoires, formant en dedans de ces corolles un cercle ou continu ou interrompu, tantôt appelé Couronne (*Corona*, Ruel et Salisbury), tantôt Paracorolle (*Paracorolla*, Link) : pour Haller, c'était un *Scyphus*, enfin pour plusieurs botanistes, un Nectaire, et probablement le nom de Couronne serait-il le moins

(1) Nous voyons avec plaisir cette adoption que nous sollicitions il y a déjà plus de vingt ans. Ce mot vient du grec *Skepè* (couverture.)

impropre. Les genres Narcisse, *Crinum*, Laurose ou *Nerium* et plusieurs autres, offrent ce mode d'appendice.

Quelques fleurs, entre les pétales, ou entre leur corolle unipartite et les étamines, offrent des appendices pétaloïdes libres, que le professeur Link nomme assez rationnellement Parapétales (*Parapetalum*), mais qu'on pourrait appeler Pétalode, et pour l'euphonie et par analogie de l'emploi de Staminode : c'est ce qu'on peut voir dans les Nymphéacées.

Dans les fleurs vivement colorées, les appendices participent à la coloration générale, et souvent pour cela ont reçu le nom d'appendices pétaloïdes ; tel il s'en trouve sur chaque pétale, au bas de la lame, dans l'Œillet, le Lychnis etc. ; ou à la gorge de la corolle, comme dans le genre Laurose, ou sur le bord des lobes de la corolle, comme dans le Menyanthe Trèfle-d'eau. Ce sont tous ces appendices que Mœnch, dans sa Méthode appliquée au jardin de Magdebourg, appelait, antérieurement à Link, Parapétales, c'est-à-dire, faux pétales.

Entre les étamines de plusieurs fleurs, comme dans le Sparmannier d'Afrique (*Sparmannia Africana*), le Cacaoyer (*Theobroma Cacao*), on voit des parties ayant l'insertion des Étamines, mais dépourvues d'anthères, et qui ne sont en réalité que des filets stériles plus ou moins déformés ou amplifiés ; c'est ce que L. Cl. Richard nommait assez heureusement Staminode (*Staminodium*). Il y en a cinq dans l'Erodion, deux souvent dans les Labiées diandres, trois dans la Gratiole et beaucoup de Bignoniacées, etc. Dans le Nénuphar blanc, les Staminodes participent des étamines par l'indice de l'anthère avortée, et des pétales par la forme et la coloration, de manière que la limite entre les Staminodes et les Pétalodes paraît y être confondue. Link et les botanistes allemands désignent par le mot de Parastades (*Parastades*) tous nos Staminodes.

Il y a deux sortes de prolongements qui ont été confondus sous le nom d'Eperon (*Calcar*) et qui appartiennent l'un à la corolle, l'autre au calice, mais dont nous allons traiter en parlant du Nectaire.

Ce n'est qu'en traitant des altérations des végétaux, que nous parlerons des monstruosités ou difformités des divers appareils de la fleur, comme de celles des autres parties des végétaux, et sans avoir besoin d'adopter les noms plus ou moins durs de Sépalipare, Calicipare, Pétalipare, Corollipare, Staminipare, Pistilipare et Caulipare, qui ont été proposés, avouant naïvement qu'avec la traduction du *flos luxurians, plenus* ou *multiplicatus*, de l'illustre et élégant Linnée, nous pourrons faire comprendre à toutes personnes, les diverses sortes de changements que peuvent offrir les fleurs sous ce rapport.

DU NECTAIRE.

Comme il serait possible de prouver qu'il existe un appareil spécial dans la fleur, vue dans son ensemble, qui a été confondu avec les appendices particuliers à quelques-uns des appareils qui la composent, il devient nécessaire de traiter explicitement du Nectaire.

Linnée, ainsi que ses disciples, ont désigné sous le nom de *Nectarium*, Nectaire, un si grand nombre de choses, qu'il en résulte que ce mot s'applique suivant les auteurs, à toute partie visible dans la fleur, qui n'est ni calice ni corolle ni étamine ni pistil, sécrétant ou ne sécrétant point un fluide particulier (1). L'inconvénient de cette extension donnée au mot Nectaire était si manifeste et si peu rationnelle qu'on était revenu à ne l'appliquer que dans le cas où l'appendice était en même temps sécrétant ou à surface sécrétoire, tel que Linnée l'avait défini : *Nectarium pars mellifera flori propria*. Phil. Bot.

Si l'on se fut guidé par des observations nombreuses et comparatives; si une sorte d'empirisme dans la botanique, comme dans beaucoup d'autres sciences, n'eût pas fait imaginer qu'il n'y avait plus rien à faire après les hommes célèbres qui nous ont précédé, l'on ne demanderait point aujourd'hui ce qu'est en effet le *Nectaire ;* quels sont ses caractères distinctifs; quelles sont ses fonctions et surtout s'il existe une partie, ou appareil distinct, dans les végétaux auquels on puisse appliquer véritablement cette dénomination.

Il n'existe à cet égard que des observations isolées, dont l'ensemble ne forme qu'un amas de faits et de résultats incohérents, puisque l'on verra bientôt le nom de Nectaire appliqué à des choses entièrement distinctes les unes des autres et par la position qu'elles occupent dans la distribution des appareils des végétaux et par la différence qui existent entr'elles.

Veut-on embrasser l'ensemble d'une science; désire-t-on que ce qui la compose soit naturellement coordonné et qu'il n'y ait rien de disparate; il est alors indispensable de reconnaître ou d'établir des bases que l'esprit de philosophie ou plutôt de méthode ne puisse rejeter? Linnée avait donné une première impulsion; et tout en évitant le petit nombre d'erreurs dans lesquelles il n'a pû s'empêcher de tomber à une époque à laquelle il créait pour ainsi dire la Botanique comme science, il fallait suivre sa méthode d'analyse et non pas se jeter, comme cela a eu lieu, dans des divagations sans nombre, obscurcissant la matière au lieu de l'éclairer.

(1) Le fonds de ce travail a obtenu le prix sur la question du Nectaire, proposée en 1825 par la Société Linnéenne de Paris.

Ces réflexions sont d'autant mieux placées ici que l'étude des Nectaires a donné naissance à quelques ouvrages mêmes volumineux (1), sans que l'on en soit plus avancé pour préciser ce qui est relatif à cette partie réelle ou supposée des végétaux.

Les principes ne sont que des conséquences tirées des observations et ces principes seront d'autant plus fixes qu'ils reposeront sur un plus grand nombre de faits. Si dans l'étude des plantes, le mode suivi par les observateurs ne les eût pas souvent isolés les uns des autres, la science serait plus avancée qu'elle ne l'est et plus satisfaisante dans ses résultats, parce qu'elle serait simplifiée.

Ce ne sont pas dix, vingt mille plantes de plus, ajoutées à nos catalogues, qui constituent la science du botaniste, c'est le mode d'exposition de cette science ; c'est la clarté des principes qui doivent composer l'exacte et facile application de ces mêmes principes.

On pourrait être un très-savant Botaniste et ne pas connaître la nomenclature d'une très-nombreuse série de plantes : sans cela la plupart des simples amateurs, des cultivateurs, des jardiniers-Botanistes, dont la mémoire a présente les noms d'un assez grand nombre de plantes, seraient les meilleurs botanistes.

L'autopsie végétale peut fournir à un observateur des observations très-curieuses, mais s'il ne sait pas rattacher ce qu'il voit à ce qui est connu, ou à un ensemble plus grand que celui qu'il a sous les yeux, il surchargera la science de distinctions superflues, de noms surabondants. Que l'on veuille bien réfléchir sur le résultat des études des Mycologues, Algologues, Lichénologues, de ceux qui ont étudié la famille des Fougères et l'on s'apercevra de la vérité de nos observations ! Cette vérité trouve spécialement son application dans l'objet qui nous occupe. Bien loin d'éclaircir les notions relatives au Nectaire, chaque observateur en ne l'étudiant que dans telle ou telle plante et non dans l'ensemble des végétaux en a fait une chose distincte, suivant les modifications qu'offraient les appendices des fleurs. On a créé alors une série de mots et d'expressions superflus : en effet les mots de *Nectarilyme*, *Nectarostigma*, *Nectarothèque* n'éclaircissent en rien la théorie des Nectaires et ne donnent aucune connaissance positive et générale sur ce point de la Botanique.

Les préjugés sur ce qui regarde les Nectaires ne sont pas universels, déjà dans quelques ouvrages de Botanistes recommandables, a disparu l'application du nom de Nectaire dont Linnée

(1) Tel est celui de Ch. K. Sprengel, intitulé : Das entdecke geheimniss der natur im bau und in der befruchrung der blumen. (Berlin, in-4°. 1793.)

et les Botanistes de son école avaient fait une application erronée.

Le Dictionnaire raisonné de Botanique (1) a exposé des notions qui jettent un certain jour sur cette matière, sans l'avoir cependant abordée d'une manière suffisante. C'est en donnant des développements à ce qui ne s'y trouve qu'indiqué et complétant tout ce qui peut y manquer, que nous croirons avoir déterminé ce qui est relatif au Nectaire et décidé de son existence réelle ou non.

Une observation générale est celle qui reconnaît que *dans tous les végétaux, les parties semblables occupent la même place, dans la série des appareils,* quelle que soit la couleur ou la nature de substance qu'elles puissent offrir.

En faisant, dans nos recherches sur le Nectaire, une application du principe que nous venons d'énoncer, on verra que nous nous sommes moins plû à poser des bases arbitraires pour favoriser notre manière d'envisager l'organisation générale des végétaux, qu'à étudier leur structure sous ses véritables rapports.

Si l'on étudie les définitions du Nectaire dans les auteurs, on voit qu'ils sont assez d'accord entre eux et tout ce qu'ils en disent rentre dans l'énoncé donné par l'illustre Linnée : mais dès que l'on vient à observer la diversité des corps auxquels les Botanistes et Linnée lui-même, ont donné le nom de Nectaire, on n'a plus qu'une idée très-vague sur cette partie des végétaux ; surtout venant à observer que beaucoup de ces Nectaires ne présentent point l'un des caractères distinctifs auquel on doit les reconnaître : celui de sécréter un suc particulier ou *Nectar*.

C'est au savant Tournefort que l'on doit la première connaissance ou distinction des Nectaires, ou au moins des parties qui ont été désignées sous ce nom; il les signala dans les Passiflores, les Apocins et plusieurs autres plantes, sans leur affecter aucune dénomination particulière.

Vaillant, son savant élève, établit que cette partie qu'il nomme *Miellier,* était une dépendance de la corolle, comme par exemple dans la Nigelle, l'Ancolie : ce qui prouve qu'il distingue mieux dans ce cas, l'essence du Nectaire que ne le fit Linnée lui-même qui prit le calice pour la corolle, nomma Nectaire ce que Vaillant appelait pétale : tant il est vrai que quelquefois l'on doit se méfier de la partie dogmatique d'une science et craindre d'être entraîné par elle au-delà des limites de la nature. Vaillant ne croyait pas que l'on dût regarder les *Mielliers* comme des choses distinctes des autres appareils de la fleur, mais Lin-

(1) Dictionnaire raisonné de Botanique, par Gérardin et Desvaux, 1817. Paris, chez Dupré, rue Saint-Louis, n° 46, au Marais; et Launay-Gagnot, à Angers.

née, d'une opinion entièrement opposée, proposa le mot *Nectarium*, qui a été généralement adopté par les botanistes. Cependant Ludwig dans ses *Institutiones* (§ 119) avait élevé des doutes légitimes sur plusieurs Nectaires, tels sont ceux qui sous forme d'écaille, bordent le tube de la Corolle des Borraginées; telle est encore la couronne des Lychnides, des Narcisses.

Depuis la réforme proposée par Linnée, Adanson est le premier qui se soit prononcé contre l'utilité de la distinction de Nectaire, en faisant remarquer la nature diverse des parties auxquelles on avait appliqué cette dénomination, d'où résultait une foule d'erreurs. Aussi ce botaniste éclairé, met-il au nombre des paradoxes qui entravent les progrès de la science, la distinction du Nectaire, et surtout les applications erronées que les botanistes en avaient fait. L'on ne doit pas être étonné si le docte Adanson, dont la singularité a seulement retardé la réputation méritée (1), n'a point soumis directement cette partie à l'analyse et si l'on ne la voit point figurer au nombre de celles qui ont servi de base aux soixante-cinq systèmes de classification botanique qu'il avait proposés : autant pour faire voir l'inutilité des systèmes artificiels que pour en tirer des conséquences utiles pour la coordination des végétaux en familles naturelles.

Dans les sciences on penserait devoir trouver l'absence totale de préjugés, cependant il n'est que trop vrai qu'ils règnent au milieu du monde savant avec autant d'empire peut-être que parmi le vulgaire. Ce ne sont pas il est vrai des préjugés de même sorte, mais ce n'en sont pas moins des préjugés : à la vérité ils soulagent notre paresse, nous dispensent de la réflexion et c'est ce qui en prolonge et assure la durée.

Quelqu'ait été l'absurde emploi du mot Nectaire, dans le plus grand nombre des circonstances, l'on n'a pas cessé de l'employer et on l'emploie tous les jours et toutes les fois que quelque partie de la fleur est appendiculée ou déformée.

La confusion, résultant de la variété d'application de la dénomination de *Nectaire*, a déterminé quelques botanistes à examiner l'organisation, la disposition et les modifications des corps désignés par là, et de leurs observations sont nées quelques distinctions qu'il est indispensable de faire connaître, pour ne rien négliger dans une matière sur laquelle il est important de fixer définitivement l'opinion des botanistes.

Depuis long-temps l'on avait remarqué que beaucoup de prétendus Nectaires ne fournissaient aucune sécrétion apparente, contre ce qu'énonce le précis de leur caractère; alors Chr. Sprengel a créé le mot de *Nectarilyma* pour les désigner ; mais

(1) Par son ouvrage sur les *Familles des Plantes*.

nous verrons qu'il n'est pas nécessaire d'adopter cette distinction, parce que les Nectarilymes se rangent dans un ordre de choses bien connu, et que d'ailleurs ce nom a été appliqué à nombre de corps aussi différents entr'eux que le sont les parties nectarifères.

Le *Nectarostigma*, signalant certaines taches colorées que l'on observe à la base des pétales de beaucoup de corolles, n'est pas toujours nectarifère, et pour une espèce, telle par exemple l'Impériale, offrant un Nectarostigma mellifère, on trouve ces taches sans aucune apparence de Nectar, dans un très-grand nombre de plantes. Les Cistes, Hélianthêmes, Ixies, et Malvacées, etc., présentent plusieurs espèces ayant de semblables taches, d'où il résulte que cette distinction ne peut qu'être inutile dans les réformes que la science peut désirer sous le point de vue qui nous occupe.

Le mot Nectarothèque (*Nectarotheca*), employé par quelques botanistes allemands, à l'imitation de Chr. Sprengel, donne peut-être une idée plus précise du Nectaire, que tout ce que l'on a dit jusqu'à présent de cette partie, mais il signale en outre le développement des parties voisines du point nectarifère, couvrant d'une manière plus ou moins sensible cette surface sécrétoire. Quelque soit le mérite de cette réforme, dans l'état actuel de la science, nous prouverons qu'elle devient inutile, lorsque nous aurons développé la théorie d'observations applicables aux Nectaires.

Ce qui peut démontrer l'importance du point de doctrine qui nous occupe, c'est qu'il se lie à un grand nombre de considérations très-essentielles, sans lesquelles on ne peut avoir l'idée précise de la structure de la fleur de beaucoup de végétaux, et nous assurerons même que dans certaines plantes les plus vulgaires, on a méconnu les appareils de la fleur, faute de bien connaître ce qui est relatif au Nectaire, et il suffit, pour en convaincre, de citer les Euphorbes, les Amomacées, le Monotropa, ainsi que nous le démontrerons.

Pour éclairer l'objet qui nous occupe, nous serons forcés d'en parler en plusieurs circonstances, en traitant plus loin des corps nommés quelquefois *Disques*, d'autres fois *Glandes*; appelés *Glandes ovariennes* par Nous, et *Phycostème* par M. Turpin: corps souvent placés au nombre des Nectaires.

Nous ne pouvons partager l'opinion de M. Turpin qui rattacherait le Phycostème à l'appareil des étamines, parce qu'il y a quelquefois un double appareil d'étamines ou de ce que par fois les étamines sont entremêlées de filets stériles nommés Staminodes par Richard et Parastamines par Linck.

M. Raspail, dont le nom se lie à quelques découvertes assez

importantes, dans l'analyse chimique des végétaux, adopte dans son *Nouveau système de Physiologie végétale et de Botanique*, le Nectaire, mais pour une partie qui rentre entièrement dans le Disque et dans le Disque épigynique, d'après l'exemple qu'il cite du *Cucumis sativus*.

Linnée étant parvenu à reconnaître dans un grand nombre de fleurs, le corps qu'il désigna par le nom de Nectaire, s'aperçut que ce corps n'occupait pas toujours le même point ou la même partie de la fleur; de là, la nécessité de distinguer des Nectaires de diverses sortes. Mais cette distinction n'entraîna pas moins sous un nom commun, la réunion de choses entièrement différentes les unes des autres.

Chaque appareil de la fleur se trouvant susceptible de présenter des Nectaires, il s'en suivait la nécessité d'établir des distinctions générales, tirées de la partie de la fleur avec laquelle ces Nectaires étaient en rapport, ou dans la dépendance de laquelle ils se trouvaient : d'où naquirent les distinctions suivantes.

Les Nectaires calicinaux (*Nectarium calicynum*), sont de plusieurs sortes; les uns se présentent sous la forme de glandes bordant les Sépales ou divisions du calice, comme dans le genre Moureillier (*Malpighia*); les autres sont des cavités déterminant une bosselure à l'extérieur du calice, comme dans le genre Lunettier (*Biscutella*), ou un éperon très-prononcé comme dans les genres *Delphinium* et *Tropæolum*.

Les Nectaires corollins (*Nectarium corollæ*), sont les plus variés de tous, quand bien même nous en restreindrions l'application plus que ne l'a fait Linnée, qui regardait par exemple tous les Labelles des Orchidées avec ou sans éperon, comme des Nectaires. Nous aurions une foule de modifications de ces sortes de corps, tels qu'en forme de couronne dans les genres *Silene*, *Nerium*, *Narcissus*; en éperon dans le Centranthus; en bosse dans des Valérianes, les Kalmia; en écaille dans la Consoude.

Les Nectaires pétalins (*Nectarium petalis*), sont plus ou moins adhérents aux pétales, tel est celui du *Grewia*, formé par une écaille charnue, épaisse, comme insérée à la base de chaque pétale et entourant l'ovaire; tel celui du *Cardiospermum* composé de quatre feuillets colorés; celui formé par les pétales dans l'Ancolie; celui des Fumeterres composé d'une double bosselure ou éperon, enfin celui de beaucoup d'autres plantes dont nous parlerons plus loin.

Les Nectaires staminaires (*Nectarium staminis*) appartiennent aux filets des Etamines seulement, comme dans les genres *Roella*, *Campanula*, *Plumbago*, *Nyctago*, *Asphodelus*, dont la base étant dilatée, forme par sa réunion avec les filets voisins, une sorte de globe ou quelquefois un tube, comme dans le genre

Melia. Dans les Lauriers, le Nectaire est formé par deux glandes dont une de chaque côté de la base du filet. Dans le *Zygophyllum*, dix feuillets pointus et adnés à la base des filets, forment le Nectaire et renferment l'ovaire; dans la Fraxinelle ce sont des points glanduleux qui sont dispersés à la surface des filets ; dans le genre *Codon* dix écailles insérées à l'onglet des filets, forment dix petites loges recouvrant le réceptacle.

Les Nectaires anthériques (*Nectarium antheræ*) sont très-apparents dans le genre *Adenanthera* qui en a reçu son nom ; ils se présentent sous la forme de glandes arrondies portées à la partie extérieure du sommet.

Si, dans l'application du mot *Nectaire*, les systématiques eussent été conséquents, il n'y a pas de doute qu'ils eussent dû désigner sous ce nom, le sommet plumeux des anthères du Laurose (*Laurier-rose*); celui bi-auriculé de beaucoup de Bruyères.

Les Nectaires pistilaires (*Nectarium pistilare*), sont toutes les aréoles stigmatiques;mais quelquefois aussi, ce sont des appendices particuliers : dans la Valisnérie c'est un point étalé, placé sur chaque stigmate ; dans le *Mimulus* ce sont deux lames irritables; dans le *Monotropa*, une cupule terminale et dans l'Iris deux lames pétaloïdes échancrées au sommet.

Les Nectaires ovariens (*Nectarium ovarii*), reposent immédiatement sur la surface des ovaires et se présentent ordinairement sous la forme de points ou de lignes sécrétoires, comme on peut l'observer dans les genres *Hyacinthus*, *Ornithogalum*, *Ruta*; ou bien des glandes appliquées sur un seul côté de l'ovaire comme dans le genre Dipterix (*Saxifraga sarmentosa*).

Les Nectaires réceptaculaires (*Nectarium in frundo calicis*) sont les plus universellement répandus et se trouvent sous des formes très-variées au-dessous de l'ovaire, portés immédiatement par le réceptacle, tels sont ceux des genres Oranger, *Cobæa*, des Crucifères. Ils ont toujours une surface luisante : caractère auquel on peut les reconnaître quant bien même les signes de leur caractère sécrétoire auraient disparu. C'est surtout par leur aspect luisant et leur sécrétion que les Nectaires de cette sorte se distinguent de plusieurs parties, qui ont une position analogue, sans en avoir les caractères, tels sont le *Carpophore* de Linck, nommé *Thécaphore* ou *Polyphore*, suivant les circonstances, et le *Gonophore*.

Les Nectaires spéciaux (*Machinulæ peculiares*), s'il pouvait en exister, seraient celui des fleurs staminifères du Saule, composé d'une glande cylindroïde, petite, tronquée, mellifère, occupant le centre des étamines ; ou celui de l'*Urtica*, dans les mêmes sortes de fleurs, formé par une cupule très-petite, rétrécie à sa base. C'est encore au centre des fleurs staminifères du genre *Andrachné* que l'on trouve un Nectaire composé de 5 feuillets herbacés, bifides au sommet, plus courts que les pétales et portés sur des ovaires rudimentaires ce qui en démontre la nature. Dans le genre *Leea* la cupule à cinq dents, à divisions bifides adhérant à la base de la corolle dans les fleurs staminifères et se présentant double, l'intérieure plus petite, dans les fleurs pistilifères, outre le calice et la corolle, forme encore un Nectaire spécial.

Cette exposition des diverses sortes de Nectaires que l'on a distingué ou pu distinguer, suffit pour prendre une idée exacte de l'ensemble des parties auxquelles on a donné le nom de Nectaire et même de toutes celles que l'on voudrait qualifier ainsi. Depuis Linnée, ce mot a été un peu restreint dans ses applications, mais cela n'a eu lieu ni assez généralement, ni avec assez de discernement, pour que les réformes partielles aient eu une grande influence; et malgré les judicieuses critiques et observations d'Adanson, malgré les sages réformes de M. de Jussieu, le plus grand nombre des botanistes suit aveuglément la doctrine erronée de Linnée sur les Nectaires, dans l'exposition des caractères génériques des végétaux.

Quelle que soit l'étendue des observations suivantes, quelle que soit la variété et le nombre de nos réflexions, comme le Nectaire est un des points essentiels de l'étude de l'organisation de la fleur, nous n'éviterons point l'apparence de prolixité de détails qui doit en résulter.

Pour ne pas présenter d'une manière détachée les faits très-nombreux qui nous passeront sous les yeux, il est utile de les grouper, afin que de leur coordination naisse un tableau susceptible d'être aperçu sans difficulté. Nous ne croyons pas devoir suivre une autre marche d'exposition, que celle déterminée par la série naturelle des familles de plantes, à raison de ce que les corps nommés jusqu'ici Nectaires, quelque soit leur essence, se présentent généralement sous un même aspect, dans la même famille et dans les familles voisines.

Dans l'examen auquel nous allons procéder, nous exposerons d'abord la structure des parties telles qu'elles existent, afin de pouvoir en tirer des conséquences qui en puissent naître naturellement. Si nous ne procédions pas ainsi, nous croirions n'avoir qu'incomplètement traité une matière sur laquelle il est temps que les botanistes puissent prononcer, pour l'intérêt de la science; pour l'intelligence et la précision des détails dans lesquels on est entraîné, lorsque l'on traite, soit de l'organisation des végétaux, soit de leur diagnostique pour les coordonner dans les méthodes de classification.

C'est ici que nous allons démontrer combien l'on a abusé de la doctrine même de Linnée sur les Nectaires, car nous sera facile de prouver que la presque totalité des Nectaires se rattache, sans pouvoir en être distingué, à quelques-uns des appareils de la fleur. La discussion qui doit en naître, constitue la partie la plus essentielle et la plus importante de notre travail, puis qu'il doit en résulter l'exposition des preuves et des moyens propres à porter un jugement et fixer l'opinion des botanistes : en supposant que nos vues soient assez bien développées et suffisamment justifiées, pour qu'ils puissent adopter sans difficulté le résultat de nos observations.

Dans les Monocotylédones, les Graminées et les Cypéracées sont les premières familles auxquelles se trouvent être attribués des Nectaires.

Schreber, l'un des élèves de Linnée, est le premier botaniste qui ait parlé de Nectaire dans les Graminées : mais jusqu'à présent l'on n'a point déterminé les véritables relations de ce corps avec les autres appareils de la fleur, chose sans laquelle il est impossible de prononcer : M. de Beauvois même, dans son Agrostographie n'a déterminé que d'une manière inexacte cette position.

Graminées.

Le Nectaire des Graminées est composé de deux petits corps plus ou moins rapprochés l'un de l'autre : placés un peu sur les côtés et à la base de l'ovaire, et au-devant du fruit par l'effet du développement des parties et correspondant presqu'à angle droit et au-dessus du point d'attache de la Glumelle (Corolle, L. Calice, Juss. Glumelle, Desv. Rich. Périanthe, R. Br. Stragule, P. Beauv. Périgone, Dec). Quelquefois les Nectaires sont géminés : dans les espèces à trois styles il en existe trois.

Dans toutes les Graminées, dont toutes les parties de la fructification sont susceptibles d'être bien distinguées, on peut, malgré sa ténuité, reconnaître cet appareil : il se présente sous la forme de lames comprimées, transparentes, entières, dentées ou fimbriées; ou sous celle de corps hyalins, un peu renflés et surtout vers la base, tel par exemple dans les *Avena elatior* et *præcatoria*. Rien ne constate ni ne fait présumer que ces corps soient sécrétoires.

Malgré la difficulté de reconnaître les rapports de ces prétendus Nectaires avec les parties environnantes, nous avons constaté que les filets des étamines sont insérés en dedans, deux au-dessus de l'insertion de ces corps et le troisième à l'opposé derrière l'ovaire. D'après cela nul doute que ce ne sont ni des Nectaires, ni de simples écailles, comme les dénommait Linnée. Leur mode d'adnection n'étant point en rapport avec la Glume (Calice L.) ni avec la Glumelle, ils ne peuvent conserver le nom de Glumellule (1). Les parties n'en sont point alternes entre elles, ainsi que l'avait déjà observé M. de Beauvois ; ce qui les sort de la catégorie des bractées spathelliformes composant la Glume et la Glumelle des Graminées.

Reste à déterminer la véritable nature de ce très-petit appareil. Micheli le regardait comme étant une corolle : mais il n'existe aucune correspondance de distribution entre eux et ce que l'on regardait comme calice : chose tout à fait étrangère à ce qui a lieu habituellement. C'est un véritable Périanthe simple, dans lequel on ne peut voir ni un calice, ni une corolle en particulier, ni l'un ou l'autre exclusivement, ce que démontrera bien mieux encore l'examen des Cypéracées.

Dans le plus grand nombre de genres des Graminées le Périanthe, quelle que soit la singularité des formes qu'il puisse offrir et dont on trouve beaucoup d'exemples dans l'Agrostographie de M. de Beauvois, ne peut fournir que de faibles caractères, tous presque microscopiques : ce qui ne peut être utile pour la détermination des genres ou espèces. Le résultat de notre examen sera de simplifier le langage de la Botanique, en ce qui regarde l'organisation des Graminées, remplaçant par un mot connu, celui de Périanthe, le nom inconvenant de *Nectaire* ; celui inexact d'*Ecailles* (*Squammæ* R. Br.) ; celui de *Corolle* peu approprié, l'appareil étant unique; celui de *Glumellule* (Desvaux) d'une fausse application ; celui de *Lodicule* (P. Beauvois) bien superflu ; celui de Glumelle (Richard), aussi d'une fausse application, puisque ce mot avait été donné d'abord, et même peut rester à la prétendue corolle des Graminées, différente de la Corolle d'après Micheli, et qui n'est que le corps dont il est ici question.

M. Turpin voulant faire rentrer le périanthe des Graminées ainsi que celui des Cypéracées dans son Phycostème, a poussé les analogies au-delà de la vraisemblance, au moins d'après Nous.

Cypéracées.

Dans les Laiches (*Carex*) quelques botanistes ont désigné sous le nom de Nectaire une sorte de bourse étranglée ou utriculiforme point sécrétoire, dans laquelle se trouve complètement logé l'ovaire : le style s'échappant par l'ouverture qui surmonte cet appareil. Dans quelques genres voisins, tels que le *Scirpus*, l'*Eriophorum* on trouve des soies plus ou moins allongées, lisses ou couvertes d'aspérités, occupant une place analogue à celle du prétendu Nectaire dans les Graminées et les Laiches.

(1) Proposé par Nous depuis 1811.

Les Graminées et les Cypéracées ayant une structure assez simple et très-analogue, il en résulte que les corps nommés Nectaires, dans l'une et l'autre de ces familles, n'occupant point la place fixée le plus habituellement pour les Nectaires (1) et n'étant ni sécrétoires, ni glandulaires, ne sont autre chose que des Périanthes simples, composés de deux ou trois parties dans les Graminées, une seule dans les Laiches, six et plus dans un grand nombre de genre de Cypéracées.

Arinées.

Dans le genre *Ambrosinia* il existe un double point glanduleux, placé à la base du support de l'ovaire et sur lequel nous ne nous prononcerons point encore : la plante vivante n'ayant pas encore fleuri sous nos yeux. Cependant il nous semble probable que ce n'est pas un appareil spécial.

Commélinacées.

Le seul genre *Commelina* est cité dans cette famille comme ayant un Nectaire. Au rang de l'appareil staminaire on voit trois filets ou Staminodes portant au lieu d'anthères un corps jaunâtre cruciforme. On ne doit le regarder que comme une dilatation extraordinaire du Connectif, placé horizontalement, les locules anthériques étant avortés, et non comme un Nectaire.

Butomées.

Vers le milieu du sillon qui sépare chaque partie de l'Ovaire du *Butomus umbellatus*, on aperçoit un point noirâtre, enfoncé, nectarifère, vers le point où les Camérules cessent d'être en contact, et qui serait d'après Linnée, un véritable Nectaire, dont il y aurait six par fleur, si c'était un corps spécial ; tandis que ce ne sont que des points glandulaires dont nous exposerons la théorie dans nos dernières considérations.

Asparagiuacéecs.

Le Nectaire indiqué dans le genre Fragon, (*Ruscus*), est un corps charnu, verdâtre d'abord, jaunissant ensuite, remplissant tout l'espace de la cavité du Périanthe double : l'Ovaire occupant le surplus. Ce corps, intimement uni à la paroi du Périanthe formé par la soudure de l'appareil corollin avec le calicinal, porte vers sa partie moyenne et dans la cavité remplie par l'ovaire, un tubille staminaire évasé à sa base, stérile dans les fleurs pistilaires; d'où il résulte que l'expression, *apicè antheriferarum*, appliquée à ce Nectaire, n'est pas exacte : cette partie étant intermédiaire, par son sommet, entre le Périanthe et la base des Filets monadelphes.

(1) Entre l'Ovaire et les Etamines : ce sont des glandes.

Ce singulier corps ne nous a point paru sécrétoire dans aucune des périodes de son développement ; il nous semble cependant une sorte de glande ovarienne hypopérigynique, si cette sorte de glande appartient aux Asparaginées. Il nous paraît que c'est une diffusion de la substance du Périanthe qui aurait comme reflué vers le haut, par la pression de l'ovaire : ce que l'on pourrait exprimer en disant : *perianthium basi medioque carnoso-incrassatum.*

Dioscorinées.

Dans les fleurs pistilifères du *Tamus communis*, le Nectaire, composé d'un point oblong adhérent à la base de chaque partie du calice et de la corolle soudés (Périanthe), n'est autre chose que l'appareil staminifère avorté ou des Staminodes.

Asphodélacées.

Nous observons dans cette famille, ou section de famille de plantes, diverses sortes de choses dites Nectaires.

Dans le genre *Hyacinthus* ce sont trois points glanduleux assez obscurs, placés vers le sommet de l'ovaire sur chaque suture vraie; dans l'*Hyacinthus serotinus* trois lignes ou petit sillons: dans le genre *Ornithogale* les trois points glanduleux sont situés à la base de l'ovaire.

De même qu'il a été prouvé, par un travail récent sur les glandes dans les végétaux, que beaucoup de feuilles offraient vers leurs bords dans les premiers instants de leur développement, des points glanduleux, de même il n'est point étonnant d'en observer sur les parties vertes des plantes, surtout vers les points ou l'épiphlose (épiderme) est très-aminci, tel est celui des ovaires ; sans que pour cela l'on puisse prendre ces points pour des Nectaires, ou appareils spéciaux.

Dans le genre Asphodèle, le Nectaire se trouve être la base dilatée et non sécrétoire des six étamines, formant par leur contact une sorte de sphère, dans laquelle est logé l'ovaire. Si l'on veut signaler absolument un Nectaire il sera le même que dans l'*Hyacinthus* et encore n'est-il point perceptible ; cependant comme il y a véritablement une sécrétion mucoso-sucrée. On voit qu'elle est le produit des lignes suturaires de l'ovaire.

Le genre Massonie présente un point nectarifère, formé par une cavité produite par l'inflexion des divisions du Périanthe, qui se relevant ensuite, présentent alors une cavité circulaire, laquelle, fut-elle intérieurement sécrétoire, ne pourrait constituer un appareil distinct, pas plus que la base intérieure du Périanthe des Aloès qui renferme un suc abondant. Tout ce que l'on peut dire alors c'est qu'une partie est nectarifère et non pas qu'elle est un Nectaire.

Liliacées.

A la base des sépales pétaloïdes et des pétales, dans le genre *Fritillaria*, on voit une fossette nectarifère, oblongue ou circulaire : dans le genre Uvulaire cette fossette est allongée. Dans presque tous les Lis, vers la base des sépales et pétales, existe un sillon sécrétoire, bordé par un renflement : c'est le Nectaire : mais la preuve que cette disposition n'est point constitutive dans le genre et par là peu importante, c'est que dans le Lis blanc ce sillon est comme nul et point sécrétoire.

Dans l'*Erythronium*, la base des pétales (les trois parties intérieures du périanthe) porte deux *Tubercules* calleux, que l'on traite de Nectaires et qui ne nous ont pas paru sécrétoires : mais peut-être le sont-ils avant l'anthèse. En principe, dans les végétaux, plus une partie se trouve abritée, plus sa surface, lorsqu'il n'y a point adhérence, est disposée à devenir sécrétoire : ce que prouvent toutes les fleurs longuement tubulées.

Broméliacées.

Le genre Ananas, près la base des trois pétales, au-dessus et de chaque côté de cette base, offre un très-petit appendice convexe nectarifère que l'on doit regarder comme un point glanduleux sécrétoire et non comme un appareil particulier. Dans le *Pitcairnia* cet appendice, simple et bidenté au sommet, n'est pas plus nectarifère que tout le pourtour de l'ovaire : toujours entouré d'une abondante sécrétion mucoso-sucrée.

Narcissées.

L'ovaire de la *Tulbagia* étant libre, le périanthe en tube, porte, aux trois divisions formant la corolle fixés au sommet du tube, trois *appendices pétaloïdes* bifides, non sécrétoires, pris pour des Nectaires. Dans le genre Narcisse, l'ovaire étant infère, l'*appendice*, sous forme de cupule de forme variée, est signalé comme un Nectaire, de même que dans le genre *Pancratium* où cet appendice est à douze divisions alternativement grandes et petites : sans que ni l'un ni l'autre aient même la moindre analogie avec les Nectaires. Ces corps, que depuis Linnée l'on a désigné moins improprement sous le nom de Couronne, ne sont que de véritables appendices pétaloïdes, dont on voit l'origine dans quelques Amaryllis, telles que l'*Amaryllis formosa*, vers la partie inférieure du tube du périanthe double. Comme la Glande ovarienne verse son suc dans ce tube, les légers indices appendiculaires étaient aussi pris pour des Nectaires. Dans l'*Amaryllis vittata*, où l'on ne peut découvrir aucun indice d'appendice, ne laisse-t-il pas d'y avoir un suc sécrété ?

L'*Alstroemeria*, offre, à la base enroulée de deux de ses trois pétales un sillon sécrétoire, comme dans le Lis, et qui n'a pas été signalé : ce serait un Nectaire mais qui n'a pas plus d'importance que dans les Lis.

La nécessité où l'on croyait être de trouver des Nectaires partout, avait fait donner ce nom aux trois pétales du *Galanthus*, un peu plus petits que les sépales et redressés : alors le calice devenait la corolle, et la spathe le calice : tant une première erreur entraîne après elle d'inconvénients. On eut évité de commettre de semblables confusions, si l'on eut voulu observer que dans le plus grand nombre des végétaux monocotylédones, les appareils étaient à parties ternaires, alors on n'eut pas confondu le calice et la corolle sous l'un ou l'autre de ces noms ou sous un mot nouveau; on n'eut pas pris les spathes pour le calice comme Linnée l'a fait dans le genre *Galanthus* et Smith dans les Joncs ; enfin la corolle n'eut pas été Nectaire, surtout dans une circonstance où l'appareil n'offrait rien de sécrétoire.

Iridinées.

Dans le genre Iris on a distingué deux sortes de Nectaires, l'un placé au sommet de chaque stigmate pétaloïde et qui n'est que le point stigmatique ; placé entre les deux lames pétaloïdes formant le stigmate, l'autre situé dans un sillon velu, creusé à la base des pétales, ou sous la forme d'un point nectarifère placé extérieurement à la base de la corolle, comme dans l'Iris Xyphion, et paraissant le produit de l'expansion de la Glande épigynique de l'ovaire. Les sillons bordés de villosités ne nous ont jamais paru sécrétoires, ainsi rien dans les Iridinées n'annonce un appareil spécial pour le Nectar.

Musacées.

Dans les fleurs complètes du Bananier, on trouve, à la place que devrait occuper la sixième étamine, une fossette nectarifère dont on n'a point parlé, et dans les fleurs staminaires, seulement un filet court et stérile dans le même lieu. Outre cette particularité, qui nous présente un point glanduleux, on trouve indiqué un Nectaire, en forme de nacelle comprimée, pointue, étalée en dehors et plus courte que le pétale. On ne conçoit point cette distinction erronée, si l'on ne rétablit la véritable structure de la fleur du Bananier, telle que la nature la donne et non telle que les auteurs la décrivent.

Cette fleur irrégulière présente un calice cuculliforme, à quatre dents seulement au sommet ; c'est ce que l'on a nommé improprement corolle. La corolle circonscrite par la base du calice est ouverte vers le bas par une légère fente et c'est là le Nectaire prétendu des auteurs. Linnée voyait une corolle dans le Bananier et point de calice : d'autres naturalistes, malgré la différence des insertions et l'isolement complet des parties, n'en faisaient que deux divisions d'un calice. Tandis que par la manière dont nous croyons voir chaque partie de la fleur, tout rentre dans un ordre naturel et dans le type général d'organisation des fleurs.

On n'a pas été plus heureux dans la détermination des parties de la fleur de l'*Heliconia*, dans laquelle on a signalé encore un Nectaire en forme de pétale, divisé très-profondément en deux parties. C'est la même méprise que dans le Bananier : on a nommé *Pétales* les trois divisions canaliculées du calice, et Nectaire la véritable corolle qui dans ce genre est composée de deux pétales, ce qui n'a rien d'extraordinaire, la fleur étant irrégulière. L'un des pétales est canaliculé comme les sépales, l'autre plus court est en regard du premier et un peu onguiculé à son sommet : l'un et l'autre n'étant nullement nectarifères n'auraient pas dû donner lieu à la méprise relevée ici.

Amomacées.

Si l'on n'a pas commis les mêmes erreurs dans les Amomacées l'on n'en n'a pas moins erré dans la détermination des parties.

Dans le Balisier (*Canna*) on a trouvé un Nectaire en forme de pétale, divisé profondément.

Il existe deux expositions différentes de dénomination de parties dans le genre Balisier, toutes les deux inexactes.

Celle établie par Linnée, assigne à la fleur un calice à trois divisions, une corolle à six, et un Nectaire à deux parties. La détermination la plus récente, adopte un calice double, l'un extérieur plus court, l'autre intérieur à six parties dont une réfléchie: ce qui n'établit ni la situation ni la dénomination vraie des divers appareils.

On doit se rappeler deux choses, 1° la grande analogie de la famille des Musacées, offrant ordinairement six étamines, avec les Amomacées n'en présentant qu'une seule ; 2° que dans les fleurs irrégulières il est assez ordinaire que les étamines éprouvent une modification ou altération quelconque, soit par diminution de nombre, soit par perte d'anthère, soit enfin en se dilatant ou se raccourcissant.

Faisant l'application de ces observations à la fleur du Balisier, elle ne nous présentera plus rien d'extraordinaire. A l'extérieur est le calice composé de trois sépales verdâtres aigus ; au dedans se voient trois pétales colorés. Tout ce qui est à l'intérieur doit être regardé comme des staminodes ou parastamines ou si l'on aime mieux des étamines altérées. Comme dans les groupes voisins l'on observe, ce qui au reste a toujours lieu dans les fleurs diplostèmes, deux rangs de trois étamines chacun, l'on ne doit pas être étonné de voir trois staminodes extérieurs imitant des pétales et deux intérieurs irréguliers, pris pour des Nectaires et dont le plus grand est enroulé et forme comme une lèvre ; quant au plus petit il est adhérent à la base du filet pétaloïde de l'étamine parfaite qui est toujours unique et complète. Par cette analyse nous retrouvons et à leurs places respectives, toutes les parties de chaque appareil ; alors disparaît nécessairement le nom superflu de Nectaire.

L'on n'a pas été plus exact dans le genre *Amomum*, et même l'on pourrait dire que la manière dont se trouve exposée la structure de ce genre dans les ouvrages modernes, est moins exacte encore que dans ceux de Linnée, qui lui attribue au moins un calice et une corolle, avec un Nectaire d'une seule partie, lorsque les auteurs actuels ne lui assignent qu'un calice double; l'intérieur à quatre parties. Dans la réalité on y observe un calice à trois dents irrégulières; une corolle tubuleuse à trois divisions profondes, l'intermédiaire plus longue, et le Nectaire, qui n'est qu'un staminode inséré sur la plus grande division de la corolle, opposé à l'étamine dont le filet est pétaloïde. On voit que sans ces détails il est impossible de faire connaître ce que l'on désignait faussement ici sous le nom de Nectaire, et qui n'est pas plus sécrétoire que dans le Balisier.

Si nous étudions le genre *Costus*, nous trouvons encore un Nectaire indiqué, et l'on n'a pas mieux connu le reste de la fleur en lui attribuant un calice double ; ou corolle, calice et Nectaire tubuleux, renflé, bilabié, à lèvre inférieure trifide : la supérieure simple avec une anthère bipartite. Maintenant, qui ne reconnaîtra pas dans la structure du *Costus* un calice tridenté, une corolle à trois pétales et un filet ou antérophore irrégulier, tubuleux, portant le rudiment de deux étamines, au lieu de six, la fleur étant anomale : alors disparaît encore le Nectaire.

L'*Hedychium* n'a pas été mieux connu ; son calice est tridenté au sommet, tubuleux, fendu obliquement ; la corolle offre trois divisions linéaires et non deux seulement; il y a deux staminodes latéraux, linéaires ; un troisième bifide, comme labiiforme, opposé à l'étamine à filet tubuleux, recevant le style à corolle stigmatique, bordée de cils. On retrouve dans le staminode dilaté et dans le tube de l'étamine, les indices de quatre staminodes, ce qui, avec les deux latéraux, offre le nombre naturel.

Le genre *Curcuma* a un calice irrégulier, une corolle tubuleuse à limbe trilobé et lobes inégaux, renfermant quatre filets stériles ou staminodes, et un cinquième qui est pétaloïde (Nectaire de Linnée), divisé en deux parties au sommet, et portant l'anthère. La présence des cinq filets stériles, occupant toujours la place de l'appareil staminaire, vient ici fortifier les observations présentées sur les genres précédents, et prouver notre manière d'envisager l'organisation des Amomacées.

On doit être étonné que dans le genre *Globba*, on n'ait point introduit de Nectaire, parce qu'il était tout aussi possible d'en désigner que dans les genres qui précèdent. Cependant la structure de la fleur n'en a pas été mieux connue pour cela ; même dans les auteurs les plus récents. La bractée colorée accompagnant chaque fleur imite un calice : mais le véritable calice est supère, tubuleux, à trois dents et fendu d'un côté. La corolle aussi tubuleuse à la base est à trois pétales, dont un plus large, supérieur. Il existe, un staminode très-coloré, cuculliforme, comme caréné, très-grand, en regard des deux étamines; formant par le rapprochement des filets et anthères, comme une seule étamine.

Orchidinées.

D'après la description donnée par Linnée du Nectaire des Orchidées, il est certain qu'il appliquait ce nom à toute la partie de la fleur composant le Labelle et ses dépendances, ou lèvre de ces végétaux, qu'elle fût ou non pourvue d'éperon. Depuis on a restreint l'application de ce nom au prolongement plus ou moins prononcé et sécrétoire du Labelle : dans la manière de voir de Linnée les genres *Orchis*, *Satyrium*, *Serapias*, avaient un Nectaire avec éperon et Nectar ; et les genres *Ophrys*, *Limodorum*, *Arethusa*, *Cypripedium*, *Epidendrum* : avaient le Nectaire sans éperon et point sécrétoire. Il s'agit de voir si les Orchidées possèdent une partie distincte, un appareil particulier auquel il soit possible de donner le nom de Nectaire.

Malgré l'irrégularité de leur fleur, nous ne pouvons nous empêcher d'entrevoir dans les Orchidées le type général des monocotylédones, la *ternéréité* de parties dans la fleur. Nous ne trouvons pas il est vrai trois styles, trois étamines : mais cela excepté on trouve trois valves à l'ovaire, trois parties vertes ou d'une couleur analogue à l'extérieur que nous ne pouvons qualifier autrement que de calice, puis qu'elles sont à la partie extérieure et enveloppent les autres avant l'anthèse. Dans les divisions intérieures, aussi au nombre de trois et qui composent la corolle tripétalée, on trouve un des pétales non symétrique et c'est celui qui porte quelquefois vers sa base une bosselure ou un éperon plus ou moins long. Quelquefois aussi un des sépales est bosselé pour recevoir l'éperon du Labelle et c'est ce prolongement que L. Cl. Richard dénommait sans utilité, Pérule (*Pérula*), ce qu'on pouvait observer aussi dans le Pied-d'alouette. Comme le prolongement en éperon est ordinairement dans la dépendance du pétale et n'en est qu'une extension, il ne peut constituer un appareil distinct et il n'est pas plus un corps spécial que le surplus du pétale : qu'à la vérité on a désigné sous le nom de Labelle, pour la commodité des descriptions.

Hydrocharidées.

Le Nectaire, dans le genre *Valisneria*, est composé d'une pointe étalée, placée sur chacun des trois stigmates bifides des fleurs pistilaires (*femelles*). Cette partie, que nous n'avons pu observer sur le vivant, est un appendice stigmatique et nullement un Nectaire.

Passant maintenant à l'examen des plantes dicotylédones nous trouverons une ample moisson d'observations qui ne serviront pas moins que les précédentes à nous éclairer sur la nature du Nectaire. Quelque soit l'ordre dans lequel nous envisagions les familles cela n'influera en rien sur le résultat que nous cherchons à obtenir ici.

Amentacées.

Le Nectaire n'est cité dans cette famille que dans le genre Saule (*Salix*) ; c'est un petit corps cylindroïde, tronqué, plus ou moins sécrétoire, situé au milieu de la fleur staminifère (mâle). On ne peut méconnaître là un rudiment d'ovaire ou Parastyle, ce n'est donc pas un Nectaire.

Urticinées.

C'est encore un Parastyle qui a reçu le nom de Nectaire dans le genre *Urtica* : il est charnu, turbiné et placé au centre de quatre étamines des fleurs stériles. Qui pourrait méconnaître un rudiment d'ovaire; qui ne nous a point paru sécrétoire? cela au surplus ne changerait en rien l'idée à prendre sur sa nature ou son essence.

Daphnacées.

Le seul genre *Struthiola* est cité avec un Nectaire de huit glandes disposées autour de la gorge du périanthe : chacune de ces glandes étant entourée par un pinceau qui lui est propre.

Ayant acquis la presque certitude que dans cette famille le périanthe se compose du calice soudé avec la corolle, il nous semble que les huit glandes ovales du genre *Struthiola*, sont les indices rudimentaires des pétales.

Protéacées.

Les glandes ovariennes hypogynes, existant dans plusieurs Protéacées, sont analogues à beaucoup de Nectaires indiqués dans un grand nombre de plantes. Elles sont très-apparentes dans l'*Adenanthos* qui en tire son nom. Dans le genre *Franklandia*, elles sont cupuliformes, réunies; dans le *Telopea*, seulement annulaires; semi-annulaires dans le *Stenocarpus*; dans les *Grewillea* et *Hakea*, c'est un corps dimidié, seul. Il y a quatre glandes dans les *Persoonia*, *Xylomelum*, *Orites*, *Banksia* et *Dryandra*. Dans le *Cenarrhenes*, on trouve des staminodes et non des glandes saillantes; dans le *Lambertia*, la glande est quadrilobée; et dans le *Lomatia*, il y a trois glandes unilatérales.

Terminaliacées.

Les quatre Nectaires ronds, pétiolés, inclus, placés à la gorge de la corolle dans l'*Olax*, et que nous n'avons pu examiner, ne sont vraisemblablement que des appendices.

Laurinées.

Abstraction faite de la glande placée de chaque côté à la base du filament des étamines, et qui est presque caractéristique des Laurinées, on trouve un Nectaire indiqué dans le *Laurus*, Nectaire entourant l'ovaire sous la forme de trois tubercules pointus, colorés, terminés par deux soies : mais ce n'est toujours que la glande ovarienne. Dans le genre *Litsœa* (*Glabraria tersa*, L.) ce Nectaire est formé par des soies subulées et colorées, de la longueur du calice, entourant l'ovaire en nombre variable dans les espèces, et portés par des éminences glanduleuses.

C'est par le caractère de ses trois étamines glanduleuses à la base, (Nectaire L.) que le genre *Cassytha* se place dans les Laurinées.

Myristicinées.

L'*Hernandia* est pourvu d'un Nectaire à six glandes capitulées dans la fleur staminaire, et à trois glandes en ovale-renversé dans la fleur pistilaire, qu'il est bien facile de ramener à toute autre chose qu'à un Nectaire, tel qu'on le caractérise généralement.

Polygonacées.

Il existe dans le genre *Polygonum* et dans tous ceux de la même famille, une glande ovarienne plus ou moins prononcée, c'est là le Nectaire. Elle est à huit tubercules dans quelques espèces, et triangulaire dans quelques autres.

Scrophularinées.

Quelques groupes de cette famille offrent des corps que l'on a désigné sous le nom de Nectaires, comme dans les Linaires (*Linaria*), où l'on voit un éperon dont la base est une expansion de la corolle : il ne forme qu'une bosse dans le Muflier (*Antirrhinum*). Dans la Grassette (*Pinguicula*), dans l'Utriculaire (*Utricularia*), c'est encore un court éperon qui était un Nectaire.

L'Orobanche et la Clandestine (*Lathrœa*), voisins de cette famille, offrent une glande ovarienne non symétrique et c'est là leur prétendu Nectaire.

Labiées.

Si l'on a pu désigner un Nectaire dans quelques genres de la famille des Labiées, comme dans les *Collinsonia*, *Salvia*, *Scutellaria*, on aurait pu l'indiquer dans tous les genres où il se présente d'une manière plus ou moins prononcée, sous la forme de glande ovarienne.

Borraginées.

On voit bien des genres de Borraginées auxquels on reconnaît un Nectaire, mais il en est un plus grand nombre dans lesquels on pourrait en signaler avec autant de fondement, puisque la presque totalité des genres de cette famille offre vers l'ouverture de la corolle ou à son tube, des appendices ou des particularités pouvant supporter la dénomination de Nectaire, tout aussi bien qu'une foule d'autres dispositions.

La Bourrache, la Consoude, la Buglose sont dans ce cas. Dans quelques genres tels que l'*Hydrophyllum*, l'*Ellisia*, les appendices sont accompagnés de sécrétions sucrées.

Dans l'*Hydrophyllum* ce sont deux lames longitudinales, parallèles, placées vers la partie moyenne du tube de la corolle; dans l'*Aldea* le filet de l'étamine est inséré entre les deux lames.

Mais outre ces appendices, la base de l'ovaire offre une sécrétion qui est surtout bien sensible dans le tube de la Consoude et résulte de la glande ovarienne, générale dans toute cette famille.

Solanacées.

En supposant le Codon (*C. Royeni*) appartenir à cette famille; il présente une écaille au bas de chaque filet de ses dix étamines, d'où résulte un Nectaire à dix loges, recouvrant un réceptacle : mais tout cela ne constitue que des appendices staminaires. Quelques auteurs ayant attribué un Nectaire au *Datura tatula* ce ne peut être que les appendices pétaloïdes portés par la base des filets des étamines qu'ils ont eu en vue.

Convolvulacées.

Les écailles linéaires, bifides, aiguës ; adhérentes à la base des filets, dans le genre Cuscute; sont le seul exemple que nous offre la famille des Convolvulacées, du corps appellé Nectaire, et ce sont des appendices staminaires.

Gentianacées.

Le genre *Swartia* a cela de remarquable qu'il offre, à chaque partie interne de la base des lobes de la corolle, deux pores nectarifères entourés de soies droites. Dans plusieurs espèces de ce genre telles que les *Swartia plantaginea*, *asclepiadea*, *hypericoïdes*, les pores nectarifères se changent en éperons.

Le Nectaire des *Chironia*, au lieu d'être un *processus* de la corolle, est la glande ovarienne, offrant la singularité de se prononcer entre le calice et la corolle, contre ce qui a lieu le plus ordinairement : les prolongements de cette glande n'étant apparents qu'entre le pistil et les étamines, rarement entre ces dernières et la corolle.

Polémoniacées.

Les cinq ondulations de la glande hypogynique du *Cobœa scandens* ne forment pas plus un Nectaire que le disque glanduleux du genre *Chironia* : mais ici la glande conserve sa position la plus générale et, malgré le nom particulier de *Sarcome* qui lui a été assigné par Link, ce n'est qu'une chose connue depuis long-temps.

Apocinacées.

Les singularités offertes par les étamines de plusieurs genres de cette famille, ont jeté une telle confusion dans ce que l'on sait de la structure de leur fleur, ainsi que nous l'avons déjà dit, que malgré l'ouvrage de Jacquin, l'on n'est pas encore d'accord sur la dénomination des parties de ces fleurs: chaque auteur dénommant diversement chacune de ces parties et leur attribuant des fonctions différentes. Le savant Cl. Richard est le premier qui ait bien développé l'organisation de l'*Asclepias*, dans ses instructives leçons.

Si l'on veut faire deux familles des Apocinacées en la séparant en Apocinées et Asclépiadées, ce qui ne nous paraît pas naturel, ce n'est que dans cette dernière section que la structure sera embarrassante pour le Botaniste, à raison de ce que deux appareils de la fleur, la corolle et les étamines, par leur structure et leurs appendices viennent masquer la forme générale.

On a signalé des Nectaires dans les genres *Asclepias*, *Periploca*, *Pergularia*, *Cynanchum*, *Stapelia*; et de la section des Apocinées on en signale dans les genres *Echites*, *Tabernæmontana*, *Vinca*, *Apocinum*, et *Nerium*.

Si la Pervenche de Madagascar (*Vinca rosea*) appartenait à une famille de plantes à fruit pluriloculaire, on pourrait prendre pour des parastyles ou carpelles avortés, ce que l'on a nommé Nectaires. En effet ce sont deux filets jaunâtres allongés, placés sur le côté entre les intervalles qui séparent les parties de l'ovaire: mais ces corps ne nous paraissent être que des prolongements de la glande ovarienne existant dans toute cette famille: ce sont deux glandes subulées et obtuses, ce qu'annonce la nature de leur substance.

Le Nectaire du Laurose (*Nerium*), se trouve à l'ouverture de la gorge de la corolle et ce n'est qu'un appendice frangé ou fimbrié t nullement un corps nectarifère.

Dans le genre *Echites* le Nectaire n'est autre chose qu'une glande ovarienne quinquépartite, ainsi que dans l'*Apocynum*. Dans le genre *Tabernæmontana*, les cinq parties de la glande sont bifides.

Dans les Asclépiadées, les glandes ovariennes prennent des configurations si singulières; les appendices de la gorge de la corolle se disposent de telle sorte, joint à la connexion et à l'épaississement des anthères, que l'on ne sera plus étonné de la difficulté que ces plantes ont présenté lorsque l'on a cherché à décrire leurs fleurs.

Le Nectaire du genre *Cynanchum* se compose d'un corps unipartite cupuliforme, plus ou moins denté (5-20) sur le bord; n'étant, par la place qu'il occupe, autre chose que la glande ovarienne malgré son aspect un peu corollin. C'est la *Corona staminea* du savant Rob. Brown, que l'on retrouve dans les genres *Microstema*; qui est double dans le *Sarcostema*, à cinq parties dans les *Marsdenia*, *Tylophora*, *Hoya*, *Dischidia*, *Oxystelma*, *Scamone* et *Gymnanthera*. Si l'on veut bien observer la texture délicate, et la surface lisse de ce Nectaire ou Couronne, on restera convaincu que ce sont des glandes plus ou moins modifiées, appartenant à la glande ovarienne.

Le Nectaire cylindrique, entier, placé à l'orifice de la corolle des fleurs staminaires (mâles) de l'Ophioxylum, n'est qu'un appendice de la corolle, et nullement sécrétoire.

Le Nectaire du genre *Périploca*, mal décrit par les auteurs, est formé par cinq glandes, naissant de la glande ovarienne, colorées, allongées, bi-auriculées, pliées intérieurement de chaque côté et terminées par un filet involuté au sommet. Les loges anthériques sont disposées de telle manière que, séparées par le connectif, rapprochées des anthères voisines et presque conniventes, elles sembleraient appartenir à ces mêmes anthères; de là on a décrit chaque anthère comme composée de deux étamines et cela pour n'avoir fait aucune attention aux insertions et relations des parties de tous les appareils de la fleur: ce qui a eu lieu également pour le genre *Asclepias*.

Le Nectaire du *Pergularia* est aussi simple que celui du *Périploca*: seulement les glandes ovariennes ont une forme plus ou moins approchant et sont renfermées dans une corolle plus ou moins tubuleuse.

De même que l'on a attribué deux Nectaires aux fleurs des Stapeliers (*Stapelia*) l'on pouvait leur en attribuer trois, car la corolle, vers sa base, offre presque toujours une sorte de bourrelet très-apparent, charnu, coloré, enroulé, qui n'est que la substance de la glande ovarienne déviée en partie sur la base de cette corolle: les lobatures en sont quelquefois apparentes et alternent avec celles de la corolle elle-même. C'est dans les filets des étamines que la substance de la glande ovarienne, qui semble se confondre avec elles, va former ce que l'on désigne sous le nom de *double Nectaire étoilé*: mais ce n'est qu'un double rang de cinq appendices, formant chacun en effet une sorte d'étoile, et dont cinq appartiennent à la base du filet, en sont des appendices et les cinq autres au connectif dont ils sont des prolongements. Dans quelques espèces on ne voit qu'un cercle charnu formant la base des filets réunis des étamines, de manière que si l'on voulait, divisant le genre *Stapelia*, fonder des genres sur cette partie, l'on pourrait le distribuer en plusieurs qui auraient autant de valeur que beaucoup de ceux établis récemment et malheureusement trop multipliés.

Après avoir observé la structure compliquée de la fleur des Stapeliers, celle des *Asclepias* est bien facile à reconnaître. On retrouvera dans les espèces de ce dernier genre les deux Nectaires du premier, mais disposés de manière à ce que la glande ovarienne forme autour des filets réunis en un corps, cinq cornets pétaloïdes, portant à la partie inférieure et intérieure chacun un appendice subulé. Ce que l'on a désigné comme un second Nectaire n'est composé que de la réunion des filets charnus des étamines : remarquable surtout par le connectif plus charnu encore que les filets.

Les glandes ovariennes étant de leur nature sécrétoires, il n'est pas étonnant que l'on ait appelé Nectaires les parties dont nous venons de parler. En n'assignant pas le point nectarifère, souvent une partie étrangère au corps sécrétoire usurpait le nom de Nectaire. C'est ainsi que dans l'*Asclepias*, l'aréole stigmatique, sécrétoire par son essence, avait fait illusion. Les observateurs peu exacts assignaient aux étamines, difformes si l'on veut, un des caractères qui ne leur appartenait nullement.

Ericinées.

Les prétendus dix Nectaires du genre *Kalmia*, sont des fossettes, formées chacunes par l'impression des anthères, dont le mode de position avant l'anthèse détermine la formation de ces dix dépressions, qui ne sont point sécrétoires.

Dans le genre *Gaulteria*, comme dans toutes les Ericinées, l'on peut distinguer une glande ovarienne, dont la sécrétion se réunit à la base de la corolle en assez grande quantité pour faire croire que la base elle-même de la corolle serait sécrétoire. Cependant cela n'est pas impossible, puisqu'il est certain que les corolles closes sont très-habituellement sécrétoires intérieurement.

Cucurbitacées.

Autour du style et au sommet de l'ovaire, dans les fleurs pistilaires, existe une glande ovarienne épigynique, sous forme de disque visqueux, dans le premier âge du développement; c'est ce que M. Raspail regarde comme un Nectaire, ainsi que les parties analogues dans d'autres plantes.

Campanulacées.

Les bases des cinq filets dilatés des Campanules n'ont été prises pour des Nectaires, qu'à raison de ce que, par leur réunion, ils couvrent l'ovaire, qui étant surmonté d'une glande épigynique très-sécrétoire, forment tous ensemble comme un seul appareil, dont les parties accessoires ou les filets dilatés à la base avaient usurpé la dénomination principale. Cette même organisation se retrouve dans les genres *Roella*, *Canarina*; on peut même encore la reconnaître plus ou moins prononcée dans les autres genres de la même famille. Dans le *Trachelium*, elle est appréciable. Dans la section des Lobéliées, on peut regarder la glande ovarienne comme la cause prédisposante de l'irrégularité de la fleur, bien qu'elle n'ait pas été signalée. Si dans les Goodéniées, autre section, nous ne l'avons pas retrouvée, cela tient peut-être au petit nombre d'espèces vivantes que nous avons eu à notre disposition et à la ténuité des appareils de la fleur.

Composées.

Le Nectaire ne devient appréciable dans cette famille de plantes que dans un très-petit nombre de genres. Toutes les fois qu'il a été très-prononcé, il a beaucoup embarrassé les observateurs qui jusqu'à ce jour ont à peine une idée des glandes ovariennes épigyniques. Dans le genre *Tarconanthus*, par exemple, cette glande prend une telle disposition, que des Botanistes ont douté s'il appartenait véritablement aux Composées. Dans l'*Helianthus*, et surtout l'*annuus*, cette glande épaissit la base de la corolle, et y détermine un renflement très-apparent. On a donné à cette glande le nom surabondant de *Bourrelet apicilaire.*

Valérianacées.

Le prolongement inférieur ou éperon de la Corolle des genres *Centranthus* et de plusieurs Valérianes, recèle un suc mucoso-sucré, et a été appelé Nectaire; mais ce n'est point encore ici un organe spécial, c'est une corolle éperonnée, et comme toutes les cavités étroites et tubuleuses des fleurs, nécessairement nectarifère.

Rubiacées.

Le Nectaire indiqué dans la *Manattia reclinata*, formé par un renflement circulaire, concave, entourant le réceptacle, bien que ne nous étant pas connu, ne peut être que la glande ovarienne épigynique, présente dans toutes les fleurs réellement à ovaire infère.

Ombellifères.

Tous les genres de cette famille ayant une glande épigynique très-apparente, bien sécrétoire dans la première période de son développement, auraient pu être donnés comme ayant un Nectaire.

Renonculacées.

Nous voici arrivés à une famille de plantes où le Nectaire a déterminé des structures de fleur si remarquables, qu'il a fait méconnaître la dénomination propre à chaque appareil. Les genres *Ranunculus* et *Ficaria* ont été les moins altérés par la présence de ce que l'on a nommé Nectaire ; ils portent à la base des pétales, et un peu au-dessus de leur court onglet, un très-petit appendice qui sécrète un peu de Nectar, dans sa partie la plus profonde, mais en quantité presque inappréciable.

Le genre *Myosurus* ayant les appendices pétalins presqu'aussi grands que le calice, il en résulte que les pétales nommés Nectaires ont peu de dissemblance avec les pétales ordinaires ; ils sont seulement un peu enroulés à la base, s'ouvrant obliquement en dedans. Cette organisation, comme celle de l'*Isopyrum*, s'explique : les cinq Nectaires tubulés, courts, à orifice trilobé ne sont que cinq pétales difformes et nectarifères ; il en est de même des cinq prétendus Nectaires à deux lèvres divisées profondément, du genre *Garidella*.

Si le genre *Nigella* n'appartenait pas aux polypétales, les huit Nectaires et les cinq sépales, pris pour des pétales, pourraient en imposer et faire rejeter l'idée que ces corps sont des pétales, parce que la loi de parité dans le nombre des parties du calice et de la corolle se trouve ici en défaut ; mais cela ne doit pas étonner, puisqu'il y a altération dans la forme générale. Au surplus, ayant suivi dans la duplication des fleurs des Nigelles, la métamorphose des pétales difformes nectarifères, en pétales ordinaires, nous acquérons par là la preuve de l'identité de nature. D'après cette structure, il est facile d'expliquer les neuf Nectaires linéaires, planes, courbes et creux à la base, du genre *Trollius*, avec ses trois sépales et ses onze pétales réguliers ; dans les corolles polypétales, les pétales les plus intérieurs se changent en pétalodes ou en staminodes. Dans le *Trollius*, les pétalodes sont nectarifères.

Dans les Ellébores (*Helleborus*), on sera encore assuré et par leur nombre et par leur position, que les pétales sont déformés par la présence du point glanduleux, si le point glanduleux n'est point lui-même le résultat de la forme prédisposée des pétales. Quoiqu'il en soit, les pétales dans ce genre sont des feuillets tubulés à la base.

Maintenant il n'y a rien de plus simple que la désignation des parties dans les genres *Aconitum*, *Delphinium* et *Aquilegia* ; aussi malgré l'autorité du grand nom de Linnée et de toute son école, voit-on le célèbre auteur du *Genera plantarum* rejeter ici l'expression de Nectaire, et ne voir dans l'Aconit qu'un calice à cinq parties, dont la supérieure en forme de casque, et plusieurs pétales, dont deux supérieurs éperonnés; dans le *Delphinium*, une des parties du calice éperonnée (1), et un ou deux pétales difformes et de même éperonnés ; enfin dans le genre

(1) C'est le *Calcar* de Linnée, ou éperon des botanistes français.

Ancolie, les cinq pétales seuls sont à éperon. Aussi lorsque l'on parvient à faire doubler les fleurs d'Ancolie, voit-on se multiplier le nombre de ces pétales amorphes. Les dix paillettes ridées, courtes, qui entourent les ovaires et que l'on a regardées comme dépendantes du système des glandes ovariennes, ne nous ont paru que des staminodes.

Crucifères.

Dans tous les genres de cette famille la glande hypogynique existe, et si elle n'a été signalée sous le nom de Nectaire que dans quelques-uns, c'est à raison de ce qu'elle y était seulement plus prononcée. L'insertion du filet des étamines en fait dévier la substance de manière à déterminer deux bosselures opposées dans les genres *Cheiranthus*, *Heliophila*, *Hesperis*, *Erysimum*, tandis qu'il y en a quatre dans les genres *Brassica*, *Sinapis*, *Raphanus*, *Crambe*. Dans plusieurs espèces du genre *Arabis* au lieu de ces tubercules, il y a des écailles ou corps comprimés qui entourent la base de l'ovaire.

S'il pouvait exister quelque chose de plus analogue avec ce que les auteurs appellent *Nectaire*, ce serait les deux gibbosités de deux sépales opposés de la *Biscutella auriculata* et quelques autres, dont l'intérieur paraît sécréter un suc mucoso-sucré : mais ce n'est encore là qu'une modification d'appareil et non un appareil distinct.

Fumariées. (1)

On a trouvé deux Nectaires dans les Fumariées : mais ce ne sont que des gibbosités intérieurement sécrétoires, appartenant à la base de l'étendard et de la carène des fleurs anomales de cette famille : celle de la carène est souvent à peine apparente, comme l'on peut le voir dans les genres *Corydalis*, *Fumaria*, *Capnia*.

Capparidacées.

A la base du podogyne des espèces du genre *Cleome*, se trouve une glande qui prend des formes diverses suivant les espèces. Quelques-unes offrent trois ou quatre tubercules dépendants de la glande ovarienne qui reflue dans les intervalles que laissent les filets des étamines. C'est cette même glande que l'on retrouve dans les Capriers, dans lesquels elle se présente, portée d'un seul côté : celui qui regarde la concavité du plus grand sépale et du plus grand pétale dont elle paraît déterminer la non symétrie. Cette glande est blanchâtre et triangulaire dans le Caprier épineux.

Cette même glande vient prendre dans les *Réséda* une position très-curieuse : adhérent à la partie supérieure de la fleur et

(1) Nous disons ici *Fumariées* et non Fumariacées, à raison de ce qu'elles ne sont pour nous qu'une section des Papavéracées.

postérieure de l'ovaire, sous forme d'écusson creux : ce qui explique la position verticale de la glande particulière au *Capparis*. Dans les *Réséda* la base dilatée du pétale supérieur concourt à former avec la glande ovarienne une cavité mellifère. C'est une glande déprimée, s'élevant verticalement du réceptacle, entre la base de deux pétales à fimbriures obtuses et les étamines, la partie inférieure offre une cavité sécrétoire comme fermée par la base des deux pétales.

Si l'on devait adopter quelque chose comme appareil distinct, sous le nom de Nectaire, ce serait peut être dans le genre *Parnassia* qu'il faudrait le chercher. Dans le *Parnassia palustris* on trouve, sans équivoque ni difformité dans la fleur, les appareils calicinal, corollin, staminaire et pistilaire : mais outre cela on observe entre les étamines et le pistil cinq corps comprimés, concaves, bordés ordinairement de treize cils, portant chacun un globule glandulaire à leur sommet.

Lorsque l'on n'avait pas encore d'idée sur ce que l'on a nommé disque, glande, glande ovarienne et sur les modifications de cette partie, il était difficile d'imaginer que cet appareil de la Parnassie, ne fut pas un Nectaire ou corps spécial, mais après avoir suivi jusqu'ici les nombreuses métamorphoses de ces glandes, il n'est plus extraordinaire de les retrouver dans les singuliers corps que présente la Parnassie.

Passiflorinées.

C'est dans cette famille de plantes que la glande ovarienne vient encore se présenter sous un singulier aspect et cependant c'est toujours le même appareil que dans la famille précédente, mais sous une forme et dans une position différentes. C'est un corps annulaire, à un ou plusieurs rangs de fimbriures colorées, placé entre la corolle et les étamines (1). Dans le genre *Murucuia* il forme une membrane conique, tronquée ou fimbriée ; dans le genre Passiflore il est étalé, à plusieurs rangs de fimbriures ou fibrilles colorées. Il sera même possible à ceux qui voudront multiplier les genres, de trouver des différences très-notables en étudiant cet appareil dans les nombreuses espèces de Passiflores. Au fond de ce corps et dans les parties les moins exposées à l'air, les surfaces sont sécrétoires. C'est encore la glande ovarienne qui vient former comme trois corolles supplémentaires dans la Beauvoisie bleue (*Napoleona cœrulea* P. Beau. *Belvisia cœrulea* Desv.)

Sapindacées.

La glande ovarienne dans les Sapindacées, s'avançant quelquefois jusque derrière les étamines, est presque toujours unilatérale. Souvent, ce sont deux gibbosités glandulaires ; quelquefois

(1) C'est le Phycostème de M. Turpin, dans son plus grand développement.

accompagnées de deux corps pétaloïdes, calleux au sommet et adhérents aux glandes par leur base; les couvrant de manière à ne former qu'un seul corps.

Des deux Nectaires attribués au genre *Paullinia*, l'un n'est qu'un appendice coloré, porté par l'onglet des pétales et qui se retrouve dans les genres *Cossignia, Talisia, Matayba, Enourea*; l'autre est la glande ovarienne distribuée en trois ou quatre tubercules, comme dans le genre *Sapindus*. Dans le *Kœlreuteria*, cette glande est comme lobée sur le bord et demi-cupuliforme ou unilatérale. Les quatre squammules de l'*Aporetica* sont encore des dépendances de la glande ovarienne. Cette glande est modifiée un peu diversement et influe d'une manière directe sur la forme des fleurs de beaucoup de genres de cette famille, qui les ont anomales, à sépales et pétales quaternaires : une des parties de ces appareils semblant être passée dans la substance de la glande qui en occupe la place par sa partie la plus proéminente.

Malpighiacées.

Sous quatre des cinq divisions du calice des espèces du genre *Banisteria* et sous presque toutes celles des Malpighiacées on observe deux glandes désignées comme Nectaire, et placées au dehors et à la base de ces divisions; ce sont des glandes de la nature de celles que l'on trouve sur les pédoncules, les pétioles et les dentelures d'un grand nombre de végétaux.

Le Nectaire dans le genre *Erythroxylon*, se compose d'un appendice squammuliforme non sécrétoire; inseré à la base des pétales : ce qu'il est facile de signaler dans cette circonstance comme dans toute autre, par l'expression de *pétales appendiculés à la base*.

En rapprochant, comme nous avons cru devoir le faire, le genre *Coriaria* des Malpighiacées, nous avons remarqué dans le *Coriaria myrtifolia* des glandes dont on n'a pas parlé et qui certainement méritaient d'être classées par les auteurs au nombre des Nectaires. Ce sont cinq glandes blanchâtres un peu pédonculées et placées à la base interne des styles, dans une position très-remarquable et nouvelle : vu surtout leur volume notable.

Hypéricinées.

La glande ovarienne est rarement apparente dans les Hypéricinées; cependant elle se présente sous forme de trois tubercules séparés chacun par un faisceau d'étamines dans l'*Hypericum ægyptiacum*, dont nous avions fait le genre *Elodesia*.

Guttifères.

Sous le nom de Nectaire, on désigne dans le genre *Clusia* la cavité formée par la réunion des anthères réunies, et couvrant l'ovaire. La glande ovarienne très-peu apparente, et qui verse sa sécrétion dans cette cavité, n'est alors comptée pour rien.

Aurantiacées.

Linnée, qui avait donné un si grand développement à l'application du mot Nectaire, n'a point parlé de celui de l'Oranger. C'est une sorte de bourrelet placé au-dessous de l'ovaire dont la sécrétion est versée dans le tube formé par les anthérophores. Cette glande se présente sous la forme de cupule, entourant la base de l'ovaire, dans le *Murraya*; elle y est signalée parmi les Nectaires. Dans le *Balanites ægyptiaca*, cette glande entourant et couvrant presque complètement l'ovaire, offre comme une bourse à jetons, mais perd un peu de sa texture glandulaire, par l'effet de son grand développement.

Méliacées.

Le tube anthérique, denté au sommet, portant les anthères, a été désigné comme un Nectaire dans le genre *Melia*, et cependant ce n'est que le réservoir du suc sécrété par la glande ovarienne. C'est ce même appareil staminaire qui a reçu toujours le nom de Nectaire dans les genres *Guarea*, *Trichilia*, *Turrœa*, *Swietenia*; de même que dans le plus grand nombre des genres de Méliacées.

Dans l'*Aquilicia*, auquel se joint le genre *Leea*, les étamines sont placées sur la base intérieure de cinq écailles; et cinq autres écailles, alternes avec les premières, sont sans étamines. Dans le genre *Winterania*, il faudra vérifier sur le vivant si le Nectaire concave, tronqué, ayant derrière lui les étamines, n'est pas une production de la glande ovarienne.

Viticées.

Pour cette famille, l'on a encore nommé Nectaire la glande ovarienne, formant un bourrelet autour de la base de l'ovaire, dans le genre *Cissus* et dans la Vigne s'offrant sous la forme de cinq écailles jaunâtres.

Géraniacées.

La dépression et l'allongement de l'un des sépales sous forme d'éperon, dans les *Tropœolum* et *Impatiens*, présente une cavité sécrétoire; tandis que dans le *Grielum* c'est la glande ovarienne qui environne la base de l'ovaire, au moyen de cinq callosités: sortes d'organisations qui n'ont rien de nouveau pour Nous maintenant.

Malvacées.

Nous parlerons ici des Malvacées comme d'une grande famille, sans distinguer les groupes que l'on en a séparés.

Nous observerons des Nectaires de diverses sortes. Par exemple, dans les genres *Ayenia*, *Kleinhovia*, c'est l'anthérophore cylindracé qui est désigné comme Nectaire; dans les genres *Buttneria*, *Theobroma*, ce sont des staminodes pétaloïdes, alternant avec les étamines et ne formant qu'un corps à la base. Les étamines stériles et plus longues, du genre *Pentapetes*, sont dans cette même catégorie. Le Nectaire du genre *Helicteres* n'en est pas très-différent.

Le *Sida arborea*, ou *peruviana*, offre dans le fond de son calice, épaissi et entièrement tapissé par une substance glandulaire et sécrétoire, l'indice de la glande ovarienne des Malvacées: glande qui prend naissance entre le calice et l'insertion de la corolle. Nous l'avons plus ou moins distinctement observée dans beaucoup d'espèces de la même famille.

De tous les prétendus Nectaires des Malvacées, celui du *Sida* nous a paru seul sécrétoire : au moins ceux qui ne tiennent pas au système de la glande ovarienne.

Berbéridées.

Le Nectaire, dans l'*Epimedium*, est composé d'un corps pétaloïde, en forme de soulier, placé à la base de chaque pétale; celui du *Leontice* l'est par des écailles pédicellées et par l'onglet des pétales. Des corps pétaloïdes forment celui des *Rinorea*, *Conohoria* et autres genres de Berbéridées; dans l'*Hamamelis*, c'est un corps tronqué squammiforme, situé à la base de chaque pétale; enfin les deux parties glanduleuses, arrondies, posées à la base de chaque pétale du *Berberis* (Epine-vinette), sont des appendices de la corolle, déterminées par une déviation de substance d'une partie de la glande ovarienne : opinion que justifie l'examen de la structure des fleurs de l'espèce la plus commune de Vinettier (*Berberis vulgaris*).

Tiliacées.

La glande ovarienne, sans être beaucoup apparente dans les Tiliacées, détermine des conformations qui la font facilement retrouver. Dans le Tilleul d'Amérique elle se prononce par cinq écailles, entourant l'ovaire, portées par la base de l'onglet du pétale. C'est encore par cinq écailles intérieurement sécrétoires, posées sur la base de l'onglet et entourant l'ovaire, que cette glande se prononce dans le genre Grewier.

En ne considérant les Tiliacées que comme une famille qui se compose de quelques groupes bien prononcés, nous parlerons des genres des autres groupes, comme lui appartenant, n'ayant point ici pour objet de prouver que l'on se méprend, croyant être utile à la science, en créant des familles de chaque groupe de famille polytype.

La base convolutée des pétales des genres *Mahernia* et *Hermannia*, sans avoir d'appendices particuliers, reçoit la sécrétion de la surface intérieure, et serait un véritable Nectaire pour ceux qui tiennent absolument à admettre ce corps. Il est étonnant que l'on n'ait pas donné le nom de Nectaire au renflement glandulaire qui est au-dessous de l'anthère, dans le genre *Mahernia*, car il en aurait, à la rigueur, tous les caractères.

Cistinées.

Dans cette famille polytype, nous observerons que le genre *Sauvagesia* présente un Nectaire à cinq feuillets ciliés, entourant l'ovaire. Dans le groupe des Kramériées, le Nectaire ayant apporté de singuliers changements à la fleur, en a fait dénommer faussement chaque partie. D'après Linnée et autres Botanistes, le genre *Krameria* serait sans calice, à quatre pétales et à deux Nectaires: le plus supérieur à trois divisions profondes linéaires et l'inférieur à deux feuillets linéaires, ridés, convexes. Rien n'est sécrétoire dans ce prétendu Nectaire, et tout reprend son rang dans les appareils de la fleur, si l'on veut bien voir un calice coloré dans les quatre parties, et deux pétales difformes dans les deux prétendus Nectaires. La place qu'occupe chacun des appareils de la fleur du *Krameria* prouve l'exactitude de notre manière de voir, quand bien même l'on ne s'étaierait pas de quelques-unes des lois que nous avons annoncées au commencement de ce travail.

Dans les Violées, autre groupe de Cistinées, le Nectaire est un prolongement en bosse ou en éperon nectarifère de l'un des pétales: ce que montrent les genres *Viola* et *Ionidium*.

Rütacées.

Le plus simple des Nectaires de cette famille se compose de points sécrétoires, observés dans le genre *Ruta*, et qui sont placés un peu au-dessus des sutures vraies et fausses de l'ovaire. Ce sont des glandes très-petites, déprimées et non saillantes, différentes des lacunes à aromite, ou huile essentielle qui couvre ces mêmes ovaires. Dans le *Peganum* on observe ces mêmes points glanduleux, mais ils font absolument partie de la glande ovarienne, ce qui ramène ceux du *Ruta* dans le même plan de système. Le *Peganum* présente sous l'ovaire, porté par un podogyne court, une sorte de disque, entouré ainsi que l'ovaire, de la base dilatée des étamines, et sur ce disque cinq fossettes.

Dans le *Zygophyllum*, à chacune de ses dix étamines existe une écaille entourant l'ovaire, formée par le développement de la glande ovarienne.

Le *Melianthus*, fleur à appareils quinaires, présente un Nectaire tenant lieu d'une cinquième partie au calice: cette partie est bordée d'une membrane lobée et colorée et reçoit dans une cavité, l'abondante sécrétion de la glande ovarienne.

Les filets staminaires du *Crovea*, circonscrivant étroitement l'ovaire, la sécrétion de la glande ovarienne, qui est de forme polygonale, s'épanche dans leur enceinte, d'où résulterait encore un Nectaire. Dans le *Correa* il y a peu de différence, comparé au *Crovea*.

Le groupe Diosmées a sa glande ovarienne disposée ordinairement en corps rosacé, à dix tubercules, à cinq onglets, à cinq angles ou à cinq écailles, suivant les espèces; ce qui forme autant de modifications remarquables, dont quelques-unes ont été employées, pour établir différents genres dans le *Diosma*. Lorsque les pétales sont pourvus à la base d'appendices pétaloïdes : c'est encore une production due à la glande ovarienne, ayant fait dire mal à propos par Willdenow, que son genre *Agatosma* offrait dix pétales.

Caryophyllées.

Le Nectaire était, dans le genre *Cherleria*, cinq petits corps planes échancrés, tandis qu'on lui refusait une corolle : tant il est vrai que les botanistes, la plupart du temps, se sont laissé séduire par les apparences, toutes les fois qu'une partie des végétaux s'offrait sous une modification particulière ou éloignée de ce qui a lieu le plus habituellement.

Dans le *Dianthus*, la glande ovarienne forme un corps campanulé, enveloppant la base de l'ovaire et portant à sa partie supérieure les pétales et les étamines : c'est cette glande qui remplit de Nectar le fond du tube du calice. Dans quelques espèces des genres *Lychnis* et *Silene*, cette glande s'allonge en tube avec la même disposition générale ; ou bien elle est relevée avec une portion du réceptacle pour former le Podogyne.

Les Frankéniacées séparées des Caryophyllées avec raison, portent à la base de l'onglet de chaque pétale un appendice aigu, creusé en gouttière : c'était encore un Nectaire.

Crassulacées.

C'est toujours la glande ovarienne que nous voyons reparaître le plus ordinairement sous le nom de Nectaire, collectivement avec quelques parties des appareils voisins. Dans le genre *Sedum* cette même glande fournit cinq écailles échancrées entourant l'ovaire ; dans le Cotylédon c'est une écaille concave placée à la base de chaque partie de l'ovaire qui est multiple ; dans le *Sempervivum* cette glande, ondulée sur les bords, entoure les divisions de l'ovaire.

Saxifragacées.

Cette famille est si rapprochée des Crassulacées que nous ne serons point étonnés de voir la glande ovarienne s'y présenter sous divers aspects. Dans le genre *Dipterix* (*Saxifraga sarmentosa*), on la trouve en regard des trois petits pétales, sous la forme d'un corps jaunâtre à six tubercules. Elle est moins remarquable dans les autres genres de cette famille où elle existe sans avoir été signalée, et entr'autres dans les Cunoniacées, famille détachée des Saxifragacées.

Monotropacées.

Quelqu'analogie qu'ait le *Monotropa* avec les Orobanches nous placerons ici ce que nous avons à dire de ce genre. L'espèce que nous avons étudié avec soin, le *Monotropa hypopitys*, avait été observé d'une manière très-inexacte, puisque l'on attribuait au calice le Nectaire de cette plante, tandis qu'il appartient à la corolle; et pour en convaincre nous allons en décrire exactement le caractère (1).

« Calice 4 divisions étroites pétaloïdes, (quelquefois la fleur » est *quinaripartite*); Corolle tétrapétale : pétales renflés à la » base, le renflement saillant hors des intervalles du Calice et » intérieurement sécrétoire. Stigmate cupuliforme tétragone. »

La base de la corolle est donc nectarifère et point un Nectaire; c'est donc la corolle et non le calice qui offre ce caractère : ce qui est bien plus naturel que la manière dont on décrivait cet état de choses.

Ficoïdes.

Les deux appendices pétaloïdes de l'onglet des pétales du genre *Reaumuria* ont été nommés Nectaires.

Œnothéracées.

Dans le genre *Sirium*, reporté par des auteurs dans une autre famille, le Nectaire est composé de quatre petits feuillets épais, arrondis, couronnant la gorge du calice et alternant avec les segments de cet appareil, que M. de Jussieu a préférablement reconnus pour des pétales.

Myrthacées.

Le genre *Lecythis*, retiré des Myrthacées pour en faire une famille distincte, nous présente une seule écaille, qui semble emporter toute la substance de la glande ovarienne et former un corps unilatéral, en languette, fimbrié au sommet, recouvrant les étamines et déterminant l'irrégularité remarquable des genres de Lecythidées.

Rosacées.

Dans le Prunier et les Rosacées en général, la glande ovarienne tapisse le fond ou les parois du calice; aussi il est possible d'en observer dans ces végétaux plusieurs modifications, mais peu dignes de remarque : on peut citer entr'autres les fossettes, qui sont à la base des pétales du *Linconia*, ceintes d'une bordure particulière.

(1) Publié en abrégé dans notre *Flore de l'Anjou*.

Légumineuses.

La glande arrondie, placée à la partie antérieure du sommet de l'anthère, dans l'*Adenanthera*, appartient au connectif et n'a rien d'extraordinaire, quant à son essence, mais seulement quant à sa position, sans pouvoir cependant constituer un Nectaire.

Dans le genre *Gleditschia*, on a donné le nom de Nectaire à deux choses différentes : dans les fleurs pistilaires (femelles) ce sont deux staminodes désignés sous ce nom, et dans les staminaires (mâles) et les fleurs complètes (hermaphrodites) ce n'est encore qu'un staminode en forme de toupie.

Les deux soies placées sous les filets du Tamarinier ne nous ont pas paru autre chose que des staminodes.

Thérébinthacées.

Dans l'*Amyris polygama*, et très-probablement dans toutes les espèces de ce genre, on trouve que la glande ovarienne, est assez prononcée pour avoir pu être citée parmi les Nectaires des auteurs : elle est octogone, portant au centre, le style ou des parastyles, suivant que la fleur est complète ou incomplète.

La Glande a trois lobes : l'intermédiaire étant plus gros, placée à la base de l'onglet de chaque pétale dans le *Cneorum*, n'est encore que l'ovarienne, retrouvée dans les autres genres de cette famille aussi bien que dans celle des Rhamnacées, avec quelques légères modifications. Par exemple dans les genres *Casearia* et *Samida* dont on fait à la vérité une famille distincte, on trouve des squammules ovariennes bien développées.

Les cinq glandes de la fleur de l'*Astronium*, placées autour du réceptacle près l'ovaire; les dix parties squammiformes couvrant le réceptacle du Codon, genre ayant une place douteuse dans les familles naturelles, ne sont que des modifications de la glande ovarienne.

Euphorbiacées.

Nous allons observer dans cette dernière famille de plantes, diverses sortes de choses ayant porté le nom de Nectaire.

Dans la Mercuriale, suivant que les fleurs pistilaires ont un ovaire à deux ou trois loges, on observe autant de filets subulés, plus longs que l'ovaire, insérés au-dessous de ce corps à l'opposé de chaque sillon du fruit : leur nature non sécrétoire ne peut laisser de doute sur l'essence de ces prétendus Nectaires, qui ne sont pour nous que des staminodes.

Le Nectaire du genre *Pluknetia* est formé de quatre glandes situées symétriquement au centre des huit étamines des fleurs staminaires portant un prolongement plus long que les étamines elles-mêmes. Si l'on veut se rappeler l'ovaire à quatre carpelles du *Pluknetia*, on ne sera point étonné de voir un corps tel que nous venons de le décrire au milieu des fleurs stériles et l'on ne pourra le méconnaître pour une réunion de quatre parastyles ou rudiments d'ovaire : les fleurs fertiles n'offrant rien d'analogue.

Si nous examinons les genres *Phyllanthus* et *Xylophylla* nous verrons encore que l'on indique dans les fleurs pistilaires un Nectaire, situé autour de la base de l'ovaire et offrant douze angles. Dans le cas où il ne se trouve pas dans les fleurs pistilaires, il n'est pas douteux, qu'occupant la place des étamines, ce ne soit autre chose et probablement des staminodes. Cependant il existe bien certainement un appareil distinct, et des étamines et du pistil, dans le genre *Clutia*: et notament dans l'espèce appelée *Clutia polygonoïdes* ; mais ce qui est à remarquer, c'est qu'il y a dans les fleurs staminaires un double appareil ou comme on le dit un double Nectaire. L'un, de cinq parties divisées chacune en trois assez profondes, toutes opposées aux sépales, et un autre plus intérieur composé de cinq petites parties à deux têtes oblongues, sécrétoires représentant l'ovaire, sans aucun doute : le plus extérieur, n'est qu'un développement très-lobé de la glande ovarienne. C'est cette même glande qui forme le Nectaire dans les fleurs de diverses sortes de l'*Andrachne* : seulement il est à cinq feuillets herbacés, bifides.

Les cinq petites glandes, placées derrière les étamines des fleurs dans le genre *Jatropha*, rentrent encore dans la glande ovarienne.

Ce qui aurait lieu de nous étonner ce serait qu'après avoir vu réunies tant de parties diverses sous le nom de Nectaire, on n'y eut pas placé les corps glanduleux qui bordent la fleur des Euphorbes : mais un auteur moderne (Smith), est venu les y placer. Cependant les suites de la retenue des autres botanistes à cet égard n'ont pas plus été à l'avantage de la science, puisque l'on est encore à savoir comment on doit considérer la conformation de la fleur des Euphorbes. On a voulu les faire monoïques, sans corolle ni calice ; Tournefort ne leur accordait qu'une corolle sans calice ; Smith ne leur reconnaît qu'un calice seulement. Linnée en attribuant à ce genre de plantes calice et corolle a seulement interverti l'ordre des dénominations en nommant corolle le calice et calice la corolle, ainsi que nous allons le démontrer. C'est cependant Linnée qui se rapprochait le plus de la vérité. Si l'illustre Suédois eut étudié exactement l'insertion de ce qu'il prenait pour des divisions de la corolle, il eut observé qu'elles étaient en dehors de ce qu'il nomme calice : mais séduit par l'aspect coloré qu'offre toujours chaque glande plane qui termine les quatre lobes du calice, il les prit pour des pétales : mais à leur position, à leur nature plus herbacée, il n'y a pas de doute sur l'essence de ces parties.

Afin d'expliquer pourquoi on ne remarque généralement que quatre divisions au calice et cinq cependant à la corolle, il faut observer que la fleur des Euphorbes est irrégulière, ce qui est démontré par l'obliquité de position du podogyne. Les divisions du calice, entières ou bifides, n'ont quelquefois qu'une partie de leur surface qui est sécrétoire, ainsi que l'on peut s'en assurer sur l'*Euphorbia Lathyris*. Le système qui attribue aux Euphorbes un périgone particulier pour chaque étamine est complètement fautif, on peut s'en assurer dans une des espèces de ce genre à étamines très-visibles, comme par exemple dans celle que nous venons de citer et qui est vulgaire.

Par ce que nous venons d'exposer on voit que non seulement les Euphorbes n'ont pas un Nectaire proprement dit, mais encore que jusqu'à ce jour on n'avait eu aucune donnée exacte sur la structure de leur fleur : peut-être en excepterions nous Cl. Richard qui avait un si beau talent pour l'observation, si ses nombreuses recherches étaient connues et publiées.

Renvoyant le genre *Kigellaria* à la famillle des Rhamnacées avec lesquelles il a plus de rapport qu'avec les Euphorbiacées, nous ne dirons rien de plus sur cette famille de plantes.

L'analyse scrupuleuse que nous venons de faire de tout ce que nous ont offert les familles des plantes, sur le Nectaire, prouve que, la presque totalité des corps qui ont reçu ce nom, sont des appareils bien connus, et seulement déguisés par la nature ou altérés dans leurs formes générales : ainsi quelquefois c'est un parastyle ou style avorté par un avortement prédisposé, comme dans l'Ortie, le Saule et une foule d'autres; souvent ce n'est qu'une modification d'un point de la surface d'un appareil connu, qui devient sécrétoire; comme dans le calice des Biscutelles, la corolle et le calice de l'Impériale. Dans ces derniers cas le point nectarifère ne peut être considéré comme un corps spécial, ou sans cela il faudrait appeler Nectaire les glandes qui sont à la base des paires de folioles des Casses, ou qui bordent les feuilles du Prunier et autres végétaux, lesquelles ainsi que Nous l'avons démontré dans un mémoire présenté à l'Académie des Sciences en 1822, sont sécrétoires dans les premiers instants de leur développement.

Les points nectarifères se trouvent quelquefois sur l'ovaire comme dans la Rue, ouvent sur toute autre partie de la fleur, et ne constituent cependant qu'une chose accidentelle et point un appareil spécial : ce que semblerait prouver la continuation de l'emploi du mot *Nectaire*. Tout ce dont on peut convenir c'est que la présence de ce point apporte une modification dans l'appareil sur lequel il se trouve : souvent il forme une dépression; le plus ordinairement il est accompagné d'une concavité plus ou moins profonde, déterminant une bosselure et souvent même un long éperon.

Dans le plus grand nombre des cas le Nectaire et son produit mucoso-sucré, sont dus à la présence de la glande ovarienne. S'il est un appareil qui pût recevoir le nom spécial de *Nectaire*, il n'y a pas à douter que ce ne dût être cette sorte de glande; cependant malgré l'abondante sécrétion qui s'accumule dans le tube ou à la base des corolles d'un très-grand nombre de fleurs, souvent la glande ovarienne est peu appréciable: telle est pour en citer un exemple vulgaire, ce que l'on voit dans le Jasmin, où la glande est hypogyne, le Chèvrefeuille où elle est épigyne.

N'ayant pas fait attention à cette glande, les Botanistes ont souvent désigné sous le nom de Nectaire les parties avoisinant: ainsi la base plus ou moins dilatée des étamines, ou une certaine disposition de la base des pétales ou même le tube de la Corolle ont été désignés comme tels, lorsqu'il n'y avait véritablement que la glande qui produisait tout le phénomène du Nectar.

Bien convaincus que les Nectaires, pour le plus grand nombre, ne sont point des corps spéciaux, un appareil enfin de la fleur, il reste à fixer ce que l'on doit penser du corps particulier qui dans la fleur n'étant ni calice, ni corolle, ni étamine, ni pistil, joue cependant un si grand rôle dans l'histoire du Nectaire; sans avoir pour ainsi dire été entrevu par tous ceux qui ont le plus parlé du Nectaire.

Sans vouloir préjuger l'opinion à laquelle les botanistes pourront s'arrêter, il est certain que le corps nommé quelquefois *Glande*, par Linnée, lorsqu'il se présente sous la forme de tubercules; appelé *Disque* par Adanson et Richard; *Glande ovarienne* et *Phycostème*, par d'autres botanistes, est dans la fleur un appareil distinct; existant dans une grande série de familles de plantes et comme tous les appareils de la fleur susceptible de nombreuses modifications: présentant suivant les circonstances, un *maximum* et un *minimum* de développement qui souvent l'a fait méconnaître ou même a empêché de l'observer; quelquefois aussi venant, par l'effet de son développement extraordinaire et par sa position, jeter de l'obscurité sur la détermination des appareils de la fleur, comme par exemple dans les Passiflores. Quelquefois l'extrême développement de ce corps glandulaire lui fait perdre une partie de ses caractères, tel on peut l'observer dans les Passiflores où il est coloré et cesse d'être sécrétoire dans la presque totalité de ses expansions.

De cet exposé il nous semble résulter qu'il y aurait de l'inconvénient à appliquer le nom de Nectaire, dont on a abusé, aux glandes ovariennes. Cependant si le préjugé persévérait à l'employer, et qu'on ne l'appliquât qu'à la glande ovarienne, il n'y aurait pas un grand mal; mais nous sommes persuadé que cela n'aura pas lieu; et alors rejetant absolument le nom de *Nectaire*, ne conservant que celui de *Nectar* pour le suc de la glande ovarienne, et l'expression de *nectarifère* pour les corps qui offriraient la sécrétion mucoso-sucrée, on n'introduit point un nouveau nom, puisque l'on rappelle celui de Glande qui, dans les ouvrages de Linnée, désigne déjà plusieurs modifications de la glande ovarienne.

Tout nous a prouvé jusqu'ici qu'une foule de choses très-disparates pour la forme, la situation, les fonctions mêmes, avaient été désignées sous le nom de *Nectaire*, et nous avons ramené chacune d'elles à leur essence, d'après des faits ou les analogies les plus probantes. Nous avons cru pouvoir préciser que la *glande ovarienne* pouvait nommément être reconnue comme un appareil. A quelques exceptions près, sa situation est toujours la même : c'est au-dessous de l'ovaire, au-dessus dans les fleurs inferes, et entre l'ovaire et les étamines. Souvent polymorphe; cette glande jette des prolongements autour de l'ovaire, l'enveloppe même quelquefois complètement, comme dans la Pivoine de la Chine (*Pœnia moutan*), ou seulement en partie, comme dans le *Balanites œgyptiaca*. Très-rarement la glande ovarienne plonge au-dessous des étamines et passe derrière, comme dans les Sapindacées, et plus rarement encore derrière les pétales, comme dans le genre *Chironia*.

Nous avons eu occasion de faire pressentir que la position unilatérale de cette glande jouait un grand rôle dans beaucoup de fleurs irrégulières, et qu'elle paraissait déterminer la forme des fleurs des Scrophulaires, de certaines Proteacées, de l'*Orobanche uniflora*.

Dans tous les faits applicables à un appareil spécial de la fleur, nous voyons une glande. Gardera-t-elle ce nom? ce qui nous semblerait bien plus naturel; ou bien sera-t-elle toujours un Nectaire et le seul Nectaire? Notre choix particulier, prononcé par l'ensemble de notre travail, ne fixera peut-être pas l'irrésolution des Botanistes; mais dans tous les cas nous pensons qu'il y aurait bien plus d'inconvénient à rappeler l'ancien nom de Disque, qui d'ailleurs est un terme général; et qu'il y aurait encore plus d'inconvénient à adopter le nouveau nom de Phycostème, proposé par M. Turpin : lorsque ce n'est point une chose nouvelle que l'on veut désigner, et surtout encore lorsque l'on possède des mots qui ont été déjà employés, qui sont connus dans la science, et dont il ne faut que restreindre l'application, la préciser ou l'étendre, suivant que l'on adoptera le nom de Nectaire ou de Glande ovarienne.

C'est pour avoir méconnu l'organisation des parties sécrétoires de la fleur, que l'on a attaché une si grande importance à leur présence.

Avant Pontedera, bien que l'on eut déjà observé les parties nectarifères des plantes, on ne s'était point occupé de la recherche des rapports qui pouvaient exister entre le suc ou nectar, et les actes de la végétation. Ce Botaniste émit cette opinion : que la liqueur miellée des fleurs était comparable à celle de l'Amnios dans les animaux ; qu'elle servait à nourrir les jeunes graines. La place qu'occupent les points nectarifères, l'annihilation de l'appareil qui les compose, ou la cessation de leurs fonctions sécrétoires, lorsqu'après l'anthèse l'ovaire commence à grossir, ne laisse voir dans cette opinion qu'une idée hypothétique, même très-gratuite.

Linnée, du moins d'après ce que nous connaissons de lui, s'abstient d'assigner à ce suc une fonction déterminée.

Quelques expériences faites par le docteur Perroteau (1), jeune médecin du plus grand mérite, enlevé aux sciences à la fleur de son âge, tendraient à faire croire que ce suc joue un grand rôle dans les phénomènes de la fécondation des plantes, si des expériences contradictoires ne les détruisaient. Il enleva, au moyen d'un tube et de l'aspiration, le nectar des fleurs d'une Fritillaire Impériale, et remarqua que les ovaires ne se développèrent point. Se laissant entraîner à des conséquences dont l'imagination fit presque tous les frais, il se demanda si la forme étalée de la fleur du Lis, qui peut permettre au soleil d'enlever ce suc précieux, n'est pas la cause de la stérilité des ovaires de cette plante : ne réfléchissant pas que transportée des rives du Jourdain sur le sol de l'Europe, cette magnifique fleur n'y peut trouver une chaleur suffisante pour faire développer ses fruits. Prévenant l'objection que peut faire naître l'examen de la Tulipe, dont la fleur verticale doit faciliter cette même évaporation, il fait remarquer que la corolle en est un peu tubuleuse, le limbe très-peu ouvert.

Avec de l'esprit il est possible dans les sciences de faire un instant illusion, en embellissant des charmes de la diction des considérations où l'imagination est plus consultée que la vraisemblance ; mais bientôt la raison vient reprendre sa place, peut-être avec regret pour nous, car souvent le mensonge a plus d'appas que la vérité. C'est à l'expérience à étayer les faits ou à les faire rejeter, et c'est la seule marche raisonnable.

En 1805, en 1822, 1823 et 1824, nous avons fait des expériences comparatives sur la *Fritillaire Impériale*; elles sont bien

(1) Analyse des Travaux de la société d'émulation de Poitiers, pour 1803, p. 29. Poitiers, chez Catineau.

loin de prouver l'utilité du nectar des fleurs, par rapport au développement de l'ovaire, puisqu'une partie des fleurs auxquelles nous avions soustrait le nectar n'a pas cessé de développer son ovaire. L'un des pieds que nous avons sous les yeux (1) porte cinq fruits des six ovaires, et cependant comme c'était un très-fort oignon, nous avions enlevé tout le nectar à toutes les fleurs, afin d'être mieux convaincu de l'exactitude de l'expérience, parce que si les oignons sont trop faibles, on n'obtient jamais de fruits. Mais cette expérience ne pouvait être convaincante qu'en la faisant sur des espèces végétales dans lesquelles toutes les fleurs développent constamment tous leurs ovaires.

Cultivant avec soin (c'est-à-dire sans tourmenter la terre, ni la plante, choses nuisibles à ces végétaux,) une belle série d'Orchidées de France, nous avons supprimé par excision, l'éperon des *Orchis laxiflora, palustris, Morio, fusca, maculata*, et quelques autres, sans que cela ait empêché le développement de la plupart des ovaires de chaque tige. Deux pieds sur quatre de chaque espèce n'ont pas offert la moindre différence, comparés aux deux pieds dont les fleurs étaient restées intactes. Mais c'est surtout dans les Nigelles que nous avons acquis la certitude que les corps nectarifères ne concouraient en rien au développement de l'ovaire, au moins d'une manière appréciable. Ayant supprimé sans lésion des parties environnantes, les huit pétales nectarifères, les cinq camérules ne s'en sont pas moins bien développées et les graines venues à maturité.

Pour réussir dans ces sortes d'expériences, ainsi que nous l'avons éprouvé sous d'autres rapports, il faut toujours opérer sur des espèces dont habituellement les fleurs sont toutes fructifères. Si l'on n'expérimente sur des végétaux sujets à ne donner qu'un petit nombre de fruits, malgré leurs fleurs nombreuses, on n'obtiendra que des résultats illusoires. Aussi y a-t-il en botanique comme dans toutes les sciences exactes, une méthode pour faire les expériences et c'est pour n'avoir pas pris, sous ce rapport, toutes les précautions possibles que certaints points reçus universellement des botanistes, n'ont pour appui que des expériences inexactes, incomplètes, ou des faits très-mal observés.

Si le Nectaire formait une partie très-considérable de la fleur, comme dans le genre *Melianthus*, on ne pourrait le supprimer en vain, parce qu'alors on attaquerait l'organisation générale de la fleur. Ce ne serait pas parce que le Nectar serait utile au développement de l'ovaire, mais parce que la partie de l'appareil qui le sécrète est un puissant agent pour maintenir le cours de la sève qui doit donner à l'ovaire la force de se suffire à lui-même.

(1) En 1824.

La dernière hypothèse à laquelle les parties nectarifères de la fleur ont donné lieu, qui a été le plus développée, et que l'auteur a cherché à étayer par une foule d'observations plus ingénieuses que concluentes, est celle qui assignait les Nectaires comme moyen de concours dans la fécondation de beaucoup de plantes par l'intermédiaire des insectes.

Chr. Conrad Sprengel, dans un ouvrage que nous avons cité plus haut, a prétendu que les Nectaires renfermaient un suc destiné à attirer les insectes et que les insectes adoptant ordinairement une espèce de plantes pour leur habitation, venant à se promener de fleurs en fleurs, se chargaient de molécules polliniques et allaient féconder les ovaires. Les taches que l'on voit sur certaines fleurs vers la partie inférieure des pétales ou de la corolle, qu'il nomme *Nectarostigma*, ne seraient placées là par la nature que pour fixer la vue de l'insecte et le diriger dans ses recherches. Tel est en substance le fond d'un ouvrage réellement curieux à connaître et dans lequel on remarque l'esprit de l'auteur, lorsqu'il s'agit de ployer les faits à son système, et sa dextérité à trouver une explication pour justifier l'organisation de telle ou telle fleur.

Quel que soit l'intérêt que puisse présenter la recherche des causes finales, il faut rester persuadé que nous n'acquérrons jamais sous ce rapport des notions satisfaisantes ; étudions donc les faits, sans chercher à les torturer pour les faire cadrer à nos idées systématiques. Pour faire de ces réflexions une application au sujet que nous traitons, convenons que nous ignorons le but que la nature se propose. Cependant cela ne pourra nous empêcher de nous livrer à quelques recherches sur la nature des parties nectarifères, sans nous occuper du but pour lequel il sont dans la fleur.

Il nous a semblé que toutes les fois qu'un faisceau de fibres végétales se terminait brusquement, le faisceau étant très-gros et point répandu sous forme foliacée, il en résultait ce que nous appelons une glande végétale, et pour en donner une idée nous citerons la glande qui forme le sommet de la feuille de plusieurs *Protea* (*conifera*, *conocarpa*) ; celle qui borde les feuilles du Prunier, du Cerisier et qui sont toujours sécrétoires lorsque l'on veut les observer à la sortie du bourgeon : la ténuité du tissu, l'abondance de la sève appelée dans les nombreux interstices qui composent ces glandes y détermine un phénomène, que nous nommons Miclat, lors qu'il a lieu sur toute la surface des feuilles, plutôt que sur un point. Pour rendre intelligible notre idée, relativement à la glande ovarienne, nous dirons que nous imaginons la fleur comme un développement de plusieurs couches de tissu végétal : mais dans le nombre de ces couches il en est qui ne s'épanouissent pas en surfaces comprimées, tels que calice, corolle, ou en corps épais comme les filets des étamines, mais restent confuses autour de l'ovaire où elles forment une masse horizontale dont les contours sont modifiés par la base des appareils environnants. Le faisceau le plus gros forme l'ovaire, dont le sommet ou *stigmate*, conserve encore l'aspect et les caractères de glandes, à moins qu'il ne devienne foliacé : ce qui arrive quelquefois, comme dans les Iris et alors il perd le caractère glandulaire et devient pétaloïde.

Nous ne faisons ici que faire entrevoir notre opinion, les considérations auxquelles elle pourrait donner lieu, mériteront d'être traitées ailleurs; seulement ce que nous en disons, suffit pour faire conclure du peu d'importance des appareils sécrétoires de la fleur, sous les rapports de la physique végétale, quelque nom que l'on veuille leur imposer ou leur conserver. Sous les rapports de la description botanique il n'en est pas de même, leur disposition peut fournir des caractères ordiniques ou génériques, que l'on ne doit plus autant négliger qu'on l'a fait jusqu'à ce jour: mais en les faisant sortir de la catégorie des Nectaires, pour les conserver dans celle des glandes, dont nous traiterons plus loin.

DES PARTIES ACCESSOIRES DES FLEURS.

La fleur réunit, avec ses parties essentielles, l'Etamine et le Pistil, les parties complémentaires, qui sont le Calice et la Corolle; mais en outre des parties accessoires, dont la privation naturelle ne nuit en rien aux fonctions essentielles que cette fleur est destinée à remplir, telles sont le Pédoncule, les Bractées, le Réceptacle et la Glande ovarienne.

DU PÉDONCULE.

Tous les appareils composant la fleur sont portés sur une partie nommée trivialement *queue de la fleur* : partie à laquelle les botanistes donnèrent souvent le nom de Pédicule (*Pediculus*) et qui garde définitivement celui de Pédoncule (*Pedunculus*). Si les fleurs sont groupées en grand nombre et distinctes cependant les unes des autres, au moyen d'un support spécial provenant des ramifications du Pédoncule général, alors chacune des divisions portant une fleur reçoit le nom de Pédicelle (*Pedicellus*). Obligé de parler des divisions et sous-divisions du Pédoncule, on peut alors dire, Pédoncule primaire, secondaire, tertiaire et le dernier est le Pédicelle. Le Pédoncule ou le Pédicelle sont quelquefois si courts que la fleur, considérée comme en étant privée, est dite *sessile*. Ordinairement droit, le Pédoncule est cependant spiralé dans quelques espèces, comme dans la Valisnérie et le *Cyclamen*. Quelquefois il est articulé avec la tige d'une manière très-appréciable, comme dans le Poirier, le Prunier ; et dans ce cas, le professeur Link sans nécessité, le nomme *Anthurus*. Habituellement le Pédoncule n'est que la continuation de la tige. Dans quelques végétaux ligneux tels que l'*Anacardium occidentale*, nommé vulgairement Pommier-Acajou, le Pédoncule est tellement renflé, de nature pulpeuse et édule en même temps, que long-temps il a été regardé comme un fruit, lorsque le véritable fruit est à son sommet et bien connu sous le nom de *noix-d'acajou*. Le genre *Exocarpos* de la Nouvelle-Hollande présente une particularité analogue.

On doit distinguer le *Pédoncule radical*, tel est celui de la Violette : un peu distinct de la hampe portant toujours plusieurs fleurs, comme dans le Plantain, les Primevères, les Jacinthes, l'*Agave americana*, l'Asphodèle (*Asphodelus*). Dans les genres *Ruscus* et *Xylophyllum* le Pédoncule a été considéré comme épiphylle ou placé sur des feuilles, mais nous aurons occasion de prouver dans diverses circonstances que ces prétendues feuilles ne sont que des rameaux comprimés et dilatés. Cependant quelques végétaux comme l'*Helwingia rusciflora*, portent leurs fleurs sur la feuille, mais sortant de la nervure principale.

Les Pédoncules prennent, dans quelques plantes, des aspects si différents de ce que l'on connaît le plus ordinairement, qu'ils ont reçu des noms distincts et ont été classés parmi les tiges ; tel est le Scape, tel est le Chalumeau.

Dans les plantes dont la tige est une Souche-Rhizôme ou une Souche-Colidie, le Pédoncule prend le nom de *Hampe* ou *Scape* (*Scapus*) comme dans l'Ail, la Tulipe, les Primevères. Si les botanistes ont placé la Hampe parmi les tiges, c'est que jusqu'à ce jour on ne s'était pas fait une idée exacte de l'organisation des plantes pourvues d'une Hampe. Le *Pédoncule radical* (*Pedunculus radicalis*), au lieu de partir comme la Hampe du centre de la plante, part de l'aisselle des feuilles, mais c'est une distinction oiseuse, car si l'on détruit une Hampe ordinaire, il en sort plusieurs de l'aisselle des feuilles. Le *Statice* a une Hampe dans le premier sens et la Violette un Pédoncule radical.

Ce que l'on a appellé *Chalumeau* (*Calamus*), dans les Joncs non articulés, dans les Scirpes, est bien certainement une simple Hampe qui ne doit point recevoir un nom particulier pour ses grandes dimensions, la tige des plantes qui sont pourvues de ces sortes de supports de fleur, étant une Souche-Rhizôme. Dans le sens général de Hampe, le Stipe des Palmiers, de l'*Yucca*, du Dragonnier, ne seraient que des Pédoncules de fleurs.

DU RÉCEPTACLE.

Le sommet du pédoncule, ou la surface sur laquelle sont attachés par leur base, tous les appareils qui composent l'ensemble d'une fleur, est désigné par le mot *Réceptacle* ou *Réceptacle de la fleur* (*Receptaculum*). Ce sommet du pédoncule ou du pédicelle est plus ou moins élargi et en raison des proportions et des dimensions de la fleur qu'il est destiné à supporter. Grew le nommait rationnellement *Sedes floris;* Salisbury, autre naturaliste anglais, l'appelle *Torus*. Linnée qui a nommé le Réceptacle *Réceptacle propre*, (*Receptaculum proprium*), lui a donné aussi quelquefois le nom de *Thalamus ;* c'est encore le *Disque propre* (*Discus proprius*) dans les ouvrages de Necker, et lorsqu'il n'offre point d'apparence glandulaire, c'est l'*Acronus* du même botaniste. Hoffmann dans son travail sur les Ombellifères lui donne le nom de *Spermodophore* (*Spermodophorum*), et d'autres, le nomment Gynobase et Ovaire gynobasique lorsqu'il y a glande ovarienne saillante.

La surface du Réceptacle est ordinairement un peu proéminente, mais elle s'élève dans quelques plantes d'une manière si marquée qu'alors sa conformation fournit de très-bons caractères diagnostiques.

Lorsque le Réceptacle s'allonge sensiblement et qu'il soulève seulement l'ovaire et les étamines, comme dans beaucoup de genres d'Amomacées et Magnoliacées, alors Link lui donne le nom de *Gonophore* (*Gonophorum*). Cette saillie semble traverser la base du calice, pour pénétrer dans sa cavité, en élevant comme sur un piédestal les autres parties de la fleur : c'est ce que Cl. Richard a placé dans ses disques et qu'il nomme Périphore (*Periphorium*), que d'abord il avait désigné par l'expression de Disque podogyne, qui n'est que l'analogue des autres Podogynes ou Gynophores.

Dans le cas où le Réceptacle s'allonge ou grossit, et sert de support aux seuls ovaires, on a proposé de le nommer *Carpophore* (*Carpophorum*, Link), ou Gynophore (*Gynophorum*, Mirbel), dont on a distingué deux sortes : 1° le Carpophore à un seul ovaire, comme on en voit dans les Euphorbes et les Capparidées, appelé par d'autres *Thécaphore* (*Thecaphorum*, Ehrh.), ou Basigyne (*Basigynium*, Richard); 2° le *Polyphore* (*Polyphorum* Rich., ou Gynandrophore, Ach. Rich.), Carpophore portant un ovaire multiple : c'est un Réceptacle très-proéminant, offrant, comme ceux du Fraisier, du Framboisier, du Magnolier, un assez grand nombre de parties d'ovaires multiples, distribués sur sa surface.

C'est avec peine que que nous voyons s'accumuler sous

notre plume des mots nombreux et d'une étrange euphonie, mais ayant pour but de faire sentir l'inconvénient dans lequel les botanistes se sont laissé entraîner, il était indispensable de ne voiler aucune des plaies dont on a malheureusement couvert cette science.

Bien qu'éloigné de multiplier les mots propres à la Botanique, il est quelquefois utile d'en créer ou adopter de nouveaux ; mais dans les distinctions précédentes nous ne voyons rien qui ne puisse être très-exactement rendu, sans l'emploi de nouveaux noms. Peut-être seulement pourrait-on conserver le mot Gonophore, qui indique un état de saillie manifeste du réceptacle, et alors on dirait *Gonophore florifère*, pour celui qui porterait tous les appareils de la fleur, excepté le calice : ce qui rend inutile le mot *Anthophore* (*Anthophorum*, De C.) Telle est la disposition du genre *Silene;* le *Gonophore ovarien* équivaudrait au *Carpophore ;* et le *Gonophore polycarpellien* signalerait très-bien le *Polyphore*. Comme nous l'avons vu, le Podogyne appartient véritablement à l'ovaire et n'est que l'amincissement de la base.

L'usage ne tardera pas à faire justice, nous osons l'espérer, de ces nombreuses innovations qui tendent à défigurer la science. Sous le prétexte cependant de ne pas obscurcir l'étude de la Botanique, ne rejetons pas toute espèce de réforme, parce qu'alors on nuirait réellement à ses progrès ; et pour ne pas vouloir adopter quelques expressions véritablement utiles, on la priverait de tous les perfectionnements dont elle est susceptible. Il y a une grande différence entre une précision pour ainsi dire algébrique, telle qu'un Botaniste d'un grand mérite l'entrevoyait, et la prolixité qui nous reporte au siècle des Jean et Gaspard Bauhin.

Dans le genre *Cleome*, il est curieux d'observer que le Gonophore qui est staminaire et pistilaire seulement, est surmonté encore d'un Gonophore ovarien, s'articulant avec le premier.

Il faut bien faire la différence des glandes ovariennes qui peuvent être placées immédiatement au-dessous des ovaires, d'avec le *Gonophore ovarien*, ou de telle autre sorte, la nature de leurs surfaces étant très-distincte et bien reconnaissable : jamais les surfaces appartenant uniquement au réceptacle n'ont une apparence lisse, luisante, et même dans les premiers moments de l'anthèse, n'offrent une sécrétion particulière, à la manière des glandes ovariennes.

DES GLANDES OVARIENNES.

Comme les Glandes ovariennes sont d'une plus grande importance dans la structure de la fleur, que les autres sortes de glandes dont nous parlerons ailleurs, nous avons cru ne pas devoir quitter l'examen des appareils de la fleur, sans les considérer sous leurs divers points de vue, et comme se rattachant surtout au réceptacle.

Sous le nom de *Glande ovarienne*, nous avons réuni (1) des corps de formes très-variables, situés au-dessous, au-dessus et autour de l'ovaire, distincts de tous les autres appareils par leur surface lisse, sécrétoire, et leur couleur jaune verdâtre, le plus ordinairement.

Sous le nom de *Disque*, Adanson le premier a traité de ces Glandes et a même établi un système de classification des plantes, en employant pour bases les diverses modifications de position et disposition de cette partie de la fleur. Il divisa, sous ce rapport, tous les végétaux en quatre classes. La première renfermant les familles de plantes privées de Disque; la seconde, celles à Disque sous les étamines, comme dans les Nyctaginées, Amaranthacées, Paronichiées; la troisième réunissant les familles à Disque sous l'ovaire, telles que les Borraginées, Labiées, Verbénacées, Solanacées, Scrophularinées, Lythrariées, Atriplicées, Rhamnacées, Légumineuses, Térébinthacées, Euphorbiacées, Annonacées, Capparidées; la quatrième enfin renfermant les familles de plantes à Disque sous l'ovaire et sous les étamines en même temps, comme dans les Sempervivées, Caryophyllées, Tiliacées, Géraniacées, Capparidées et Crucifères.

Le plus grand nombre des Disques reconnus par Adanson, sécrètent des sucs mucoso-sucrés, et même ils ont été pour la plupart désignés sous le nom de Nectaires ou de Glandes, par Linnée. Dans cette circonstance, Adanson encourt le reproche qu'il a fait à Linnée de réunir sous un même nom des choses très-différentes : beaucoup de plantes, auxquelles il a assigné un Disque, n'offrent véritablement qu'un réceptacle très-saillant.

Depuis Adanson, un seul Botaniste, L. Cl. Richard, a étudié ces sortes de Glandes d'une manière bien méthodique, et les a appellées comme Adanson *Disques* (*Discus*).

Les Glandes ovariennes ne sont point toujours formées par un corps ou par une surface circulaire, ainsi que le nom de Disque l'indiquerait; c'est une partie de forme variable, charnue, lisse à sa surface, composée d'un corps distinct placé au-dessus ou au-dessous de l'ovaire, ou bien se répandant comme une matière étrangère qui aurait flué sur le fond ou sur une portion des parois du calice. Ces Glandes sont constantes dans leur absence comme dans leur présence, pour les séries naturelles des

(1) Nomologie botanique, ou Essai sur l'ensemble des lois d'organisation végétale : Desvaux, Angers 1817 et 2me édition 1832.

plantes ; dans leur structure, leur position et leur relation avec les autres appareils.

Suivant que cette sorte de corps, bien plus fréquent dans les plantes que les Botanistes ne l'imaginaient, est plus ou moins apparente, elle a reçue divers noms. Dans les Crucifères où la substance de la Glande ovarienne semble fluer entre la base des filets des étamines, sous la forme de tubercules régulièrement globuloïdes, elle a reçu le nom de Glande ; dans le *Cobœa grimpant* (*Cobœa scandens*), où cette Glande se trouve être très-apparente et forme une masse pentagonale, au-dessous de l'ovaire, le professeur Link lui a donné le nom de Sarcome, (*Sarcoma*) à raison de sa substance charnue : mot qui est complètement superflu. Dans les Labiées, où la Glande ovarienne n'est point différente pour sa position ni pour sa nature, de celle du Cobœa, M. De Candolle l'appelle *Gynobase*.

On reconnaît la présence de ces Glandes à un ou plusieurs tubercules, ou à des lames verdâtres planes ou concaves, entourant la base de l'ovaire et faisant une saillie plus ou moins apparente ; ou bien à une substance charnue qui épaissit la portion indivise d'un calice, ou se trouve sous forme de bourrelet ou de plaque diffluente au sommet d'un ovaire infère.

Dans un ouvrage rempli de vues curieuses, prouvant plus qu'un iconographe remarquable, M. Turpin, botaniste distingué, réunit les Glandes ovariennes avec un certain nombre de corps que nous en croyons distincts, sous la dénomination de *Phycostème* (*Phycostemon*), qui donne l'idée d'*étamines déguisées*, chose que nous sommes d'autant moins portés à adopter, que nous croyons ces glandes d'une origine particulière, comme on l'a vu dans l'article Nectaire. Il n'en faut pas moins rendre justice à M. Turpin, qui exprime en peu de lignes les métamorphoses de cet appareil.

« Le Phycostème affecte toutes les sortes de formes, en pas-
» sant, comme tous les organes, d'un *minimum* peu connu à
» un *maximum* très-développé, situé le plus souvent entre les
» étamines et la corolle, et dans certains cas, entre celle-ci et
» le calice (1). »

Suivant la position qu'occupent les Glandes ovariennes, elles peuvent recevoir des qualifications diverses, et relatives aux diverses positions variées de l'ovaire, comparées aux autres appareils. La connaissance de ces Glandes est d'autant plus importante, qu'elle détermine, à quelques exceptions près, le lieu d'insertion des étamines, par ses points extrêmes de développement, et met

(1) Essai d'une Iconographie élémentaire et philosophique des végétaux, 1820, page 53.

souvent dans le cas de fixer l'insertion soit des étamines, soit de la corolle, quant bien même ces parties seraient détachées.

On peut distinguer cinq espèces de Glandes ovariennes : la *podogynique*, l'*hypogynique*, l'*hypopérigynique*, la *périgynique* et l'*épigynique* (1).

La *Glande podogynique* ou Podogyne (*Podogynium*), ou Disque podogyne de Cl. Richard, qu'il avait nommé d'abord *Disque apodogyne*, est une substance charnue, saillante, distincte du calice et du pédoncule; servant de support immédiat à l'ovaire. Dans plusieurs familles de plantes, telles que les Scrophularinées, Solanacées, Convolvulacées, elle paraît confondue avec la base de l'ovaire, et, si ce n'était la teinte de sa couleur qui détermine les limites de l'ovaire et de la glande, on la reconnaîtrait difficilement; aussi dans ce cas M. Richard la nomme *continue*. Elle est distincte, comme corps particulier, dans les Ericinées, Rutacées, Labiées, Borraginées, etc. On l'a nommée aussi *Basigyne*.

La *Glande hypogynique* ou Epipode (*Epipodium*), Disque épipode (Rich.) se compose d'un ou plusieurs tubercules indépendants de l'ovaire et du calice, et naissant sur le sommet du pédoncule, ainsi que l'on peut en observer dans les Crucifères, Vinifères, Capparidées.

La *Glande périgynique*, Périgyne (*Perigynium* Rich., Disque *péristome* Rich.) est d'une substance ordinairement jaunâtre; s'épanchant plus ou moins sur la base du calice. Dans les Rosacées, les Rhamnacées, elle s'étend orbiculairement et se termine par un contour relevé. Si le calice est tubuleux, comme dans le *Scleranthus* et genres affines, ainsi que dans différents genres de Rosacées et de Rhamnacées, elle revêt la totalité du tube: mais un bourrelet, légèrement protubérant, en limite toujours à l'œil et d'une manière appréciable, toute l'étendue. Quelques genres offrent un bourrelet très-volumineux, obstruant presque en entier la gorge du tube du calice, produit par la Glande ovarienne périgynique: c'est ce qu'on peut observer dans le Rosier, les Agrimoniées, division des Rosacées.

La *Glande hypopérigynique*, ou le Pleurogyne (*Pleurogynium*) de Cl. Richard, est composée de plusieurs tubercules qui s'élèvent autour de la base de l'ovaire et l'entourent plus ou moins: comme on peut le voir dans les Pervenches et peut-être la Vigne, si l'on ne distingue pas une Glande hypogynique.

La *Glande épigynique*, l'Epigyne (*Epigynium*) ou Disque épigyne, de Cl. Richard, existe dans le cas d'ovaire infère ou d'ovaire semi-infère.

(1) Nous aurions préféré qu'on eût adopté la combinaison d'ovaire, et dit Podovarienne, Hypovarienne, etc.

Lorsque l'ovaire est semi-infère, la Glande forme une légère saillie au point de disjonction de l'ovaire avec le calice, comme dans quelques Rubiacées, les Saxifrages à ovaire semi-infère; ou bien elle forme cette saillie plus ou moins près de la base des divisions du calice, comme dans les Mélastomacées.

Dans les Ombellifères, les Rubiacées, et la plus grande partie des Onagraires, la Glande est épigynique.

Quelquefois elle s'élève un peu au-dessus du sommet de l'ovaire et se distingue par une légère protubérance placée vers l'orifice du tube du calice, comme on peut le voir dans les Onagres.

Hoffman a donné le nom de *Stylopodium* à la Glande épigynique des Ombellifères, et avant lui Gaertner lui avait imposé le nom de *Tuberculum styliferum*. Hoffmann, qui a étudié scrupuleusement les Ombellifères, a tiré des caractères plus ou moins importants pour ses genres, des diverses modifications qui lui ont été offertes par la Glande ovarienne épigynique.

M. Raspail semble confondre les staminodes et beaucoup de prolongements divers des Glandes ovariennes, sous les noms d'*étamines rudimentaires* et de staminule (*staminula*), d'après les exemples qu'il cite des Crucifères, des Asclépias et des Passiflores, choses entièrement différentes des véritables étamines sans anthères ou staminodes.

DES BRACTÉES.

Les *Bractées* (*Bracteæ*) sont les parties les plus voisines et les plus extérieures des téguments floraux et en sont plus ou moins rapprochées, sans en faire une partie essentielle. Elles sont de deux sortes: ou elles simulent le calice, bien que celui-ci existe; ou elles se rapprochent de la nature des feuilles.

Les Bractées imitant les véritables calices, ont été nommés *Calicule* (*Calyculus*), toutes les fois qu'appartenant à une fleur unique, elles forment comme un second calice. Souvent dans ce cas on caractérise la fleur par l'expression de fleur à *calice double* (*calyx duplex*.) Les Malvacées, les Fragariées, quelques Rosacées offrent un calicule plus ou moins lié avec le véritable calice. Dans les Scabieuses, le genre *Dipsacus*, le calicule est si rapproché de la fleur qu'il semble constituer une partie du péricarpe lorsque le fruit est développé. Dans l'Œillet, au contraire, il ne peut-être mieux prononcé, pour être observé, qu'au bas du calice tubuleux de ce genre de fleur.

Lorsque les feuilles, par suite d'une modification particulière, se rapetissent et sont situées non loin du calice ou dans le voisinage du calice, sur le pédoncule, ce sont encore des *Bractées*, ou *Feuilles florales*.

Quelques auteurs ont appellé Bractées, les feuilles qui affectaient une forme particulière, et à raison de leur proximité de la fleur, avaient une couleur plus ou moins prononcée, autre que le vert. Ils n'ont désigné sous le nom de *feuilles florales* (*folia floralia*) que celles plus rapprochées de la fleur et ne se distinguant des autres feuilles que par leur plus petite dimension : distinction qui mériterait d'être conservée.

On trouve dans certaines plantes, les Bractées réunies plusieurs ensemble : alors on donne aux touffes, plus ou moins grosses qui en résultent, le nom de *Touffe* (*Coma*) : telles sont celles que l'on voit dans la Sauge-Hormin (*Salvia Horminum*), dans la Lavande Stæchas (*Lavandula Stœchas*).

Les *feuilles florales* sont aussi quelquefois réunies en grand nombre, et alors reçoivent le nom de Couronne (*Corona*), comme dans les Ananas, l'Impériale (*Fritillaria Imperialis.*)

Dans les fleurs réunies en grande quantité dans la même inflorescence il existe quelquefois à la base du pédoncule primordial et secondaire, des Bractées; et s'il s'en trouve encore sur les pédicelles, auprès de chaque fleur, ces dernières sont désignées par le nom de *Bractéoles* (*Bracteolæ*) : supposant que l'on ait besoin de les signaler, à raison de quelques caractères qu'elles présenteraient.

Dans les Cypéracées, P. de Beauvois a nommé la Bractée ou écaille qui accompagne chaque fleur, *Gamophylle*, dénomination superflue.

On doit classer parmi les Bractées, les glumes et glumelles; les involucres et les involucelles, et le calice commun des Composées, dont nous parlerons à la suite des inflorescences : mais qu'on a désigné par un mot particulier, plutôt pour la facilité de l'exposition des caractères des plantes, que par la différence de leur essence.

DES RAPPORTS DES PARTIES DE LA FLEUR ENTRE ELLES, OU DE L'INSERTION.

Connaissant toutes les parties ou appareils entrant dans l'organisation de la fleur, il sera facile de comprendre les diverses sortes de rapports que l'on a remarqué entre ces appareils. Les dispositions résultant de ces rapports, sont désignées par le mot *Insertion* (*Insertio*), qui en Botanique s'entend toujours des positions relatives des parties composant les fleurs des végétaux. Ces dispositions sont d'une importance d'autant plus grande que malgré certaines exceptions et des controverses auxquelles elles ont donné lieu, elles fournissent des distinctions, en général d'une grande valeur, et susceptibles de former la base de quelques classes de végétaux.

Chaque appareil de la fleur présente deux considérations générales sur l'Insertion ; la première, est l'*Insertion propre*, ou absolue, c'est celle qui constate le point occupé par la base de toutes les parties. Dans la fleur cette sorte d'Insertion n'est pas aussi importante que l'*Insertion relative*, au moyen de laquelle on détermine exactement la position de chaque appareil de la fleur, relativement au pistil et surtout à la partie inférieure du pistil ou ovaire.

Dans le plus grand nombre des végétaux cotylédonés, l'ovaire est entièrement libre et visible lors de l'anthèse, ou s'il est caché par les parties environnantes, l'observation prouve au moins qu'il ne contracte aucune adhérence avec elles, qu'il est *libre* (*ovarium liberum*); n'a de continuité qu'avec le *réceptacle* qui le soutient et dont il tire naissance. Dans ce cas l'*ovaire* est *supère* (*ovarium superum*) : c'est-à-dire qu'il surmonte le point d'attache des parties environnantes, ce que Necker rendait par le mot *Epimène* (*Epimenus*). On a voulu établir un ovaire inféro-supère (*infero-superum* Raspail), pour les Composées, mais c'est une expression fautive en même temps que superflue.

Dans plusieurs séries de végétaux, plus ou moins éloignées les unes des autres, l'ovaire se trouve soudé avec le calice et recouvert entièrement par cet appareil, de manière à ne former avec lui qu'un seul corps. Il en résulte que les sépales, la corolle, les étamines et le style sont placés au sommet du corps résultant de cette réunion ou greffe. Dans cette position, on qualifie l'ovaire, vu qu'il est placé au-dessous des parties saillantes de la fleur, d'*ovaire infère* (*ovarium inferum*) ; et dans le système de nomenclature adopté par Necker, il est dit *Hypomène* (*Hypomenus*).

Lorsque les parties de la fleur sont dans l'un des deux rapports dont nous venons de parler, on dit qu'elles sont supères si l'ovaire est infère, et infères si l'ovaire est supère ; mais la fleur en son ensemble ne peut être dite ni supère, ni infère, contre l'usage adopté par quelques Botanistes : la fleur étant le *tout*, ne peut être comparée à aucune de ses parties, sous les rapports de position.

Il est une position des ovaires qui n'a été bien signalée que par Cl. Richard ; c'est celle où l'ovaire, ou les parties d'ovaire multiple, sont insérés sur les parois du calice, et non sur la partie centrale du réceptacle. Les bords de la gorge du calice venant à se rapprocher plus ou moins, l'ovaire simple ou divisé, se trouve recouvert, sans être adhérent. Dans ce cas on l'a dit infère, lorsque ce n'était qu'un *ovaire pariétal* (*ovarium parietale*). Cette disposition ne peut avoir lieu que dans les familles de plantes à ovaire naturellement multiple.

L'ovaire simplement adhérent (*ovarium adherens*) ne se trouve soudé ou greffé pour ainsi dire avec les parties environnantes, que dans une partie de son étendue : son sommet étant parfaitement libre, comme dans le Pourpier et presque toutes les Portulacinées.

Les rapports des étamines avec le pistil, qui résultent de la situation générale des appareils de la fleur, relativement à l'ovaire, fournissent des caractères bien plus importants que la simple adhérence ou la disposition pariétale, puisqu'ils servent à signaler les classes, dans la distribution naturelle des végétaux, telle qu'elle est admise par A. L. de Jussieu.

Les *étamines*, relativement à l'ovaire, peuvent avoir trois positions différentes, ou bien elles sont placées autour de l'ovaire, et alors elles sont *périgynes* (*stamina perigyna*;) ou bien elles s'insèrent sous le pistil et n'adhèrent ni au calice ni à l'ovaire, si ce n'est vers la base, et dans ce cas elles sont *hypogynes* (*stamina hypogina*); ou bien enfin elles adhèrent au pistil, l'ovaire étant infère, alors elles sont *épigynes* (*stamina epigyna*).

Nous ne pouvons mieux terminer cet article, qu'en donnant un précis du travail de Cl. Richard, sur les Insertions.

L'*Insertion hypogynique* est immédiate, lorsque l'ovaire étant sans podogyne, les appareils ont leur base en contact avec celle de l'ovaire, comme on le voit dans les Cypéracées, Tiliacées, Cistinées, Théacées, Oxalidées, Jasminacées.

Dans les Renonculacées, Magnoliacées, les étamines étant insérées à un axe ou protubérance remarquable, dont le sommet supporte un ovaire multiple, l'*Insertion* est *hypogynique polyphorique*, tandis qu'elle est *hypogynique pleurogynique* dans les Nymphéacées, la Parnassie.

L'Insertion hypogynique est médiate toutes les fois qu'il y a existence de podogyne ou de pleurogyne, et l'on en peut distinguer de cinq sortes (1) :

1° *Péridénique* (*Péridiscale* Richard), celle qui a lieu lorsque les étamines et les pétales ou la corolle staminaire entourent la glande ovarienne et sont en contact avec elle. C'est la plus commune des Insertions ; on l'observe dans presque toutes les familles à corolle unipartite et à ovaire libre, on la voit dans les Aurantiacées, Méliacées, Thérébinthacées, Vinifères, etc.

2° *Pleurodénique* (*Pleurodiscale* Rich.) ; elle a lieu lorsque les étamines sont fixées sans décurrence à la face externe ou latérale même de la glande ovarienne. La pleurodénique *conjonctive* est déterminée par l'attache des pétales et des étamines sur la glande,

(1) Nous présentons ce travail de Richard, pour les observations, sans croire utile d'adopter tous les mots nouveaux qui s'y trouvent employés.

tels l'offrent quelques genres de Rutacées. La pleurodénique *disjonctive* a lieu par la situation des pétales sous le support (*Disque*, Rich.), comme on le voit dans les Simaroubées, les Balanites et quelques Rutacées.

3° *Epidénique* (*Epidiscale*) ; Insertion des étamines à la surface de la glande, soit en dedans de son bord, soit plus ou moins près du centre de son sommet portant l'ovaire. Elle est *simple* dans les Apétalées; elle est *hétéroclite* si la corolle, toujours polypétale dans ce cas, existe insérée sous la glande, qui alors est interposée entre les pétales et les étamines, comme en fournissent les Acérinées, Sapindacées, Elæocarpées, le Réséda.

4° *Epipodique;* les Crucifères, les Capparidées offrent des exemples de cette sorte d'Insertion hypogynique.

5° *Périphorique* ; c'est celle particulière aux Caryophyllées.

L'*Insertion périgynique* a lieu dans le cas d'ovaire libre, ou seulement pariétal dans des plantes apétalées ou polypétalées ; elle exclut toute autre glande que la périgynique, mais elle existe aussi sans elle. On reconnaît cette Insertion, assez difficile à distinguer de l'hypogynique, au point d'attache des étamines, situées à une distance notable du point central et placées sur le calice. On peut la distinguer en *péricentrique*, le tube du calice étant plane ou concave ; telle on peut la voir dans les Polygonacées, Rosacées, Rhamnacées; *pariétale*, près la base, dans les Papillionacées, vers le haut dans la plupart des Thymélées; *péristomique*, placée vers la gorge du calice, telle elle est dans les Rosacées, Sanguisorbées, Rhamnacées ; *hyperstomique*, ayant lieu jusque vers le limbe du calice, comme on le voit dans l'*Elcagnus*.

L'*Insertion épigynique* est la plus facile à déterminer, si ce n'est dans le cas où elle a lieu, l'ovaire étant seulement semi-infère ; elle présente quatre modifications notables : 1° la *commissurale*, comme dans le genre *Samolus* et quelques Rubiacées, où l'ovaire semi-infère commence à se séparer du calice au point où s'insèrent les étamines et la corolle staminaire ; 2° la *calicale*, lorsque les étamines et les pétales existent insérés au calice plus haut que le point de jonction de l'ovaire : telle est celle de l'*Aletris*, de la Tubéreuse, des Mélastomacées, quelques Broméliacées; 3° la *péristilyque*, les étamines ou la corolle staminaire étant fixée au sommet de l'ovaire : telles sont la plupart des monocotylédones épigyniques, la glande ovarienne manquant complètement. Cette Insertion a encore lieu lorsqu'une glande épigynique éloigne les appareils du point central, comme dans les Onagraires ; ou bien lorsque les étamines ou la corolle staminaire sont séparées du style par une glande épigynique, comme dans le *Bucida* (Bucidées, Rich.), les Rubiacées, les Ombellifères. Dans les Composées, les Boopidées, etc., la corolle est adnée à la glande et fait corps avec elle, et alors le style et la corolle sont portés par la glande ovarienne épigynique ; 4° l'*Hyperstylique;* cette sorte d'Insertion a lieu dans les plantes polypétalées ou apétalées, lorsque les étamines sont insérées au-dessus du sommet de l'ovaire infère, ou sur un évasement du calice, tel que cela a lieu dans les genres *Heliconia, Narcissus, Œnothera, Fuschia*, et les Thésiacées de M. Richard.

D'après les principes du savant Cl. Richard, on doit rejeter toute Insertion comme périgynique, toutes les fois que l'ovaire est infère. Dans les Musacées, l'Insertion épigynique n'est pas équivoque; les étamines et le style sont réunis, si ce n'est dans l'*Heliconia*, où les filets sont insérés au tube que forment les appareils pétaloïdes.

Dans les Apétalées, les Thésiacées, il existe une épigyne ou glande ovarienne épigynique, lobée sur son contour, qui recule les étamines; mais par toutes les affinités, cette disposition n'empêche point l'épigynie.

D'après les observations du même savant dont nous empruntons ces notes, les Onagraires sont de l'épipétalie, et non de la péripétalie. (1)

Le point d'attache des étamines au calice ne suffit pas pour qu'il y ait périgynie.

L'Insertion épigynique peut offrir des modifications analogues à celles de la périgynie. L'*inféréité* d'ovaire est le signe le plus clair, le plus sûr et le seul certain pour distinguer ces deux sortes d'Insertions l'une de l'autre. Par exemple, les Onagraires, l'Epilobe, la Circée, offrent comme un podogyne, tandis que les *Fuschia* et *Œnothera* de la même famille, simulent un périgyne.

L'inféréité partielle existe seule dans les Cunoniacées, Bruniacées, etc.; elle est partielle ou totale dans les Rubiacées, les Myrthacées; elle domine dans les Mélastomacées, où l'on observe cependant tous les degrés d'inféréité, jusqu'au dégagement complet de l'ovaire.

Les *Insertions absolues* demandent quelques réflexions pour les déterminer, les appareils n'étant pas tous en relation directe dans toutes les fleurs, les unes étant dans un certain nombre de végétaux staminifères seulement, les autres pistilifères, et c'est ce qui avait fait jeter une sorte de défaveur sur la classification des végétaux d'après les Insertions, parce que l'on pensait qu'il n'était pas possible de déterminer cette position dans les fleurs incomplètes (uniséxuées Rich.).

Dans les Aroïdes, les fleurs étant situées immédiatement sur

(1) Voyez la Taxologie, aux méthodes naturelles. Cependant nous ne pouvons partager cette opinion, préférant celle de Jussieu.

leur axe ou spadice, l'Insertion réelle ou relative doit être hypogynique.

Dans la Mercuriale, privée de glande ovarienne, les étamines sont situées au centre du fond du calice ; alors on juge l'Insertion hypogynique immédiate, puisque sans cela l'on ne pourrait supposer au centre un ovaire libre.

Dans les Euphorbiacées, il y a un certain nombre de genres à étamines monadelphes, dont le groupe ou (*synème* Rich.) est au centre, alors l'Insertion est encore déterminée hypogynique. Dans le Buis, cette même sorte d'Insertion est plus facile à reconnaître, la présence d'un parastyle l'indiquant.

Le Chanvre, le Houblon manquent de glande ovarienne et de rudiment de pistil, et les étamines sont insérées à une certaine distance du fond du calice ; alors on suppose avec vraisemblance l'Insertion périgynique : ce qui est prouvé par des genres voisins, où cette relation se fait vers les incisions du calice qui est unipartite.

D'après Cl. Richard, les espèces véritables du genre *Rhamnus* sont dioïques, les étamines et les pétales étant attachés au haut du calice, l'Insertion en est périgyne péristomique.

L'*Ilex*, qui doit être séparé des Rhamnacées, a une Insertion hypogyne, les fleurs staminaires portant la corolle et les étamines attachés autour d'un disque podogyne.

Dans les Sapindacées, les fleurs staminaires (mâles) ont une glande ovarienne (Disque podogyne Rich.) au centre de laquelle les étamines sont attachées, ce qui établit une périgynie épidénique (*epidiscale*, Rich.). S'il y a des parastodes ou parastyles, il est bien plus facile de vérifier l'Insertion.

La fleur pistilaire infère (fleur femelle) entraîne inféréité dans les fleurs staminaires (mâles). Le plus ordinairement la connaissance des fleurs pistilaires et staminaires est nécessaire pour connaître l'Insertion des plantes à fleurs incomplètes, les staminaires seules ne pouvant la donner avec une certitude rigoureuse.

A raison de ce que la nature se soustrait quelquefois, dans certains genres et dans quelques familles, à la constance générale des Insertions, comme dans les Saxifrages, le *Vaccinium*, les Stellaires (*Stellaria aquatica* ou *Larbrœa*), les Mélastomacées, les Onagraires ; ou qu'elle perd quelquefois de sa précision, des Botanistes ont voulu rejeter ce moyen, surtout lorsqu'il est employé pour établir des classes dans la méthode naturelle de Jussieu ; mais c'est une allégation oiseuse, car si l'on prétendait en Botanique tout ramener à des choses toujours rigoureusement précises, il serait impossible de rien coordonner, de rien grouper, la nature se soustrayant dans un certain nombre de cas à tous nos moyens de classification, quelles qu'en soient les bases. C'est donc à tort qu'on a voulu faire le procès des Insertions, puisque nous pourrions prouver par d'innombrables détails, que suivre ces allégations ce serait condamner le fond de la science elle-même.

DE L'INFLORESCENCE.

On entend par Inflorescence (*Inflorescentia*), la disposition générale des fleurs par rapport entre elles sur les mêmes pieds, soit considérées dans leurs groupements, abstraction faite du support, soit considérées relativement à l'ordre que conservent les pédoncules : d'où résulte un ensemble d'une forme déterminée, plus ou moins facile à saisir. Les formes ou dispositions principales qu'on a pu signaler sont si peu absolues, que la nature nous offre des passages d'une Inflorescence à l'autre, dès qu'on y porte quelque attention ; aussi l'application n'en est-elle pas toujours très-rigoureuse dans les ouvrages de botanique. Cependant, avec M. Rœper, professeur de Botanique à Bâle, on peut reconnaître quatre dispositions générales dans les Inflorescences, 1° les *axillaires*, comme les fleurs solitaires, géminées ou verticillées, les Epis, Chatons, la Grappe, la Panicule ; 2° les Inflorescences *terminées*, comme la Cyme ; 3° les *mixtes*, telle que le Thyrse et le Corymbe, et 4° les *anomales*, au nombre desquelles on range l'Ombelle, la Sertule, le Capitule, c'est ce qui résulte du mémoire publié par le botaniste suisse.

Lorsqu'une fleur est écartée des autres fleurs, de manière à ce qu'elle ne puisse former avec elles un groupement, alors elle est dite *solitaire* ou *éparse*, deux modes d'Inflorescence différents et très-simples. Si au contraire plusieurs fleurs se trouvent disposées sur des rameaux écartés les uns des autres à la vérité, mais forment cependant un ensemble, cette Inflorescence porte le nom de *Panicule* (*Panicula*), et revient à ce que les anciens appellaient *Juba* dans le Millet des oiseaux (*Panicum miliaceum*) : avec cette différence que cette dernière sorte de Panicule est plus lâche. Tournefort n'emploie le mot de *Panicule* que pour désigner l'Inflorescence des Graminées paniculées.

Le *Thyrse* (*Thyrsus*) est une sorte de panicule dont toutes les fleurs sont rapprochées et forment un bouquet : tel on en voit dans l'Hippocastane Maronnier-d'Inde, dans les Lilas, le Troëne vulgaire, le Sureau à grappe, etc.

Le *Corymbe* (*Corymbus*) appelé rarement *fausse ombelle* est, pour ainsi dire, une panicule ou un thyrse, dont toutes les fleurs seraient portées de niveau par des pédoncules et des pédicelles inégaux. Le Corymbe est plus ou moins régulier. Dans l'*Achillée Millefeuilles* il est régulier ; dans l'*Achillée-Herbe à éternuer*, il est irrégulier. C'est lorsque le Corymbe était lâche et irrégulier que Ruellius et Tournefort le nommaient *Muscarium*. Un *Corymbus* pour Pline revient à notre capitule.

Le *Faisceau* (*Fasciculus*), est moins rameux que la panicule ; ses pédoncules et pédicelles partent assez près les uns des autres et les fleurs sont à peu près portées à la même hauteur, mais sans avoir la sorte de régularité du corymbe. C'est dans l'Œillet des Chartreux, celui des Poètes, et autres espèces que l'on trouve le *Faisceau* tel qu'il vient d'être caractérisé. Dans les Cerisiers c'est encore un Faisceau, mais se rapprochant un peu du sertule.

La *Cyme* (*Cyma*) diffère du faisceau en ce que la réunion des fleurs est beaucoup plus considérable, et que l'Inflorescence est bien plus large, au moins relativement à la dimension générale. Outre cela les pédoncules de la Cyme partent du même point, sont en petit nombre; et les pédicules très-ramifiés, partent de points différents. Telle est la Cyme du Sureau noir, du Sureau Hièble, de beaucoup de Sédons et Crassules. Dans son travail sur les Inflorescences, M. Rœper caractérise un peu différemment cette sorte de disposition.

Le *Sertule* (*Sertulum*) ou *Bouquet*, confondu par les auteurs avec l'Ombelle, se compose de plusieurs pédoncules uniflores à peu près de même longueur et partant du même point : tel on en voit dans les Primevères, les Androsaces, le Butome, les Aux : cette utile distinction est due à Cl. Richard.

L'*Ombelle* (*Umbella*) est une Inflorescence des mieux caractérisée ; tous les pédoncules partiels partent du même point du pédoncule général ; tous les pédicelles partent aussi d'un point commun et portent les fleurs à une même hauteur. Dans cette sorte d'Inflorescence, chaque pédoncule partiel est un *Rayon* (*Radius*) surmonté d'une petite Ombelle, conformée comme l'*Ombelle générale*, et distinguée par le nom d'*Ombellule* (*Umbellula*), ou *Ombelle partielle* (*Umbella partialis*). Nous ne connaissons point cette Inflorescence dans d'autres plantes que dans les Araliées et les Ombellifères.

La *Grappe* (*Racemus*), penchée pour l'ordinaire, est formée par un pédoncule général, *Axe* ou *Rachis*, d'où partent au pourtour, dans toute la longueur à peu près, des pédicelles simples, assez rapprochés ; telle est la Grappe de la Vigne, du Groseillier. Cette Inflorescence a beaucoup de rapport avec le thyrse, mais elle doit en être distinguée : bien que M. de Candolle ait fait de la Grappe un type renfermant la Grappe, le thyrse et la panicule. Dans certaines espèces de Véroniques, d'Amaranthes, cette Grappe a porté le nom de *queue* (*cauda*).

Quelquefois on a confondu la Grappe avec l'épi, à raison de ce que ses rameaux étant rapprochés, présentent l'aspect d'un épi ; mais ce n'est alors qu'une *Grappe spiciforme.*

Dans le Raisin, on appelle *Rafle* l'ensemble du pédoncule et des pédicelles, dépourvus de leur fleur ou de leur fruit. Dans quelques contrées les Grappes de la Vigne sont appelées *Lames* lorsqu'elles commencent à sortir.

L'*Epi* (*Spica*) a les fleurs presque sessiles ou courtement pédonculées; disposées autour d'un *Axe* ou *Rachis* (pédoncule général) : tel est l'Epi de toutes les Céréales, celui des Plantains, de la Verveine, etc.

On a proposé de donner le nom de Crète (*Crista* Rasp.), à des Epis ou comprimés ou unilatéraux, comme dans les Borraginées et la Célosie ; mais c'est une distinction superflue.

L'*Epillet* (*Spicula*), que quelques botanistes ont appellé *Locusta* (*Locuste*), avec Allioni et plusieurs anciens Agrosographes, a été appellé *Loquette* et *Paquet* par des Botanistes français; mais le mot Epillet a prévalu. Celui de Locuste a trop l'inconvénient de rappeler le nom d'un genre d'insecte. M. Palisot de Beauvois ayant conservé le nom de *Locuste* à l'Epillet, dans sa nouvelle agrostographie, a donné le nom d'*Epillet* aux rameaux d'une grappe spiciforme, comme par exemple dans son *Chilochloa phleoïdes* (*Phalaris phleoïdes* L.), ou bien aux rameaux des Digitaires : mais on doit préférablement adopter l'acception d'Epillet, telle qu'elle est généralement connue. L'Axe ou Rachis du véritable Epillet avait reçu de Necker le nom surabondant d'*Erisma.*

Le *Spadice* (*Spadix*), nommé aussi *Spadix*, et *Poinçon* dans notre langue, est un assemblage de fleurs disposées comme dans l'épi ; mais portées par un axe très-gros, relativement aux dimensions des fleurs. Souvent il est terminé par une partie renflée, dépourvue de fleurs et assez allongée pour qu'elle ait fait donner à l'ensemble le nom de Poinçon. Le Spadice est ordinairement accompagné d'une Spathe et appartient à toutes les plantes de la famille des Aroïdées.

Les Botanistes français sont convenus de nommer *Chaton* ce que les auteurs latins des divers âges ont appellé *Catulus*, *Julus* et plus habituellement *Amentum*. Comme c'est dans le Noyer que cette sorte d'Inflorescence a d'abord été remarquée, on la trouve désignée chez les anciens par le nom de *Nucamentum*, qui ne veut dire que Chaton du Noyer.

Le Chaton est un véritable épi, caduc en totalité, ayant au-dessous de chaque fleur, qui est comme sessile, une écaille de nature membraneuse ou scarieuse, se trouvant dessous les fleurs pistilaires, comme sous les fleurs staminaires. Cette sorte d'Inflorescence appartient à un petit nombre de familles de plantes :

telles sont celles des Amentacées, de quelques Conifères et Urticinées.

Le *Verticille* (*Verticillus*) est un assemblage de fleurs disposées circulairement autour des tiges ou des rameaux ; ou bien entourant la tige en forme d'anneau, bien que n'ayant ordinairement des points d'attache que de deux côtés opposés, comme dans toutes les Labiées. Le Verticille se trouve toujours accompagné de plusieurs autres, au-dessus ou au-dessous, disposés par étages aux extrémités des entre-nœuds.

Le *Glomérule* (*Glomerulus*) n'est qu'un groupement peu régulier, composé d'un plus ou moins grand nombre de fleurs disposées sans autre ordre, mais approchant cependant un peu de la sphéricité : c'est ce que Pline appelait *Corymbus*.

Le *Capitule* (*Capitulum*) est une réunion ou agglomération régulière de fleurs sessiles ou presque sessiles, dont l'ensemble forme comme une seule fleur plus ou moins globuleuse. On voit que c'est ce que Pline renfermait aussi dans son *Corymbus*, d'après l'application qu'il en a fait dans l'*Historia naturalis*.

Lorsque le Capitule est parfaitement globuleux, le Botaniste anglais Martyn lui donne le nom inutile de *Glomus*.

Le Capitule est avec ou sans involucre, mais n'appartient jamais à une fleur composée. Dans les Globulaires, le Budlege globuleux, la Sphéranthe occidentale, les Capitules sont arrondis ; dans les Zapanies il est oblong ; dans les *Lentana* il est comprimé du haut en bas.

L'*Anthode* (*Anthodium*) mérite d'être distingué du capitule, parce qu'il est pourvu toujours d'un Involucre, et d'un *réceptacle commun* très-distinct habituellement dilaté ou formant au moins un corps bien prononcé au sommet du pédoncule : réceptacle sur lequel les fleurs reposent, sans l'intermédiaire des pédicelles. L'Involucre est tellement conformé dans l'Anthode, qu'il présente la forme d'un calice polysépale, si l'Inflorescence n'était pas formée par une agglomération de florules.

L'Anthode est si bien caractérisé, que depuis long-temps Ehrhart l'avait distingué sous ce nom (*Anthodium*). Plusieurs Botanistes n'ayant point eu connaissance de ce qui avait été fait avant eux à cet égard, ont donné d'autres noms à cette Inflorescence : ainsi M. Richard l'a appelée *Céphalanthe* (*Cephalanthium*), M. Mirbel depuis encore *Calathide* (*Calathidis*), et habituellement on le trouve désigné sous le nom de *Fleur composée* (*Flos compositus*) ; M. de Candolle le rejette dans le capitule : c'était encore le *Corymbus* pour Pline le naturaliste.

Ces diverses Inflorescences sont si variables, qu'il est possible de passer de la Panicule au Faisceau, au Thyrse, à la Grappe, au Corymbe ; du Corymbe à la Panicule ; de l'Ombelle au Sertule, au Capitule, et de celui-ci à l'Anthode, de l'Epi au Chaton, à la Grappe, etc. etc.; mais il est un certain nombre d'entre elles qui sont assez constantes et assez parfaitement caractérisées pour être toujours signalées avec précision et utilité pour le diagnostique des espèces végétales.

DES SUPPORTS DES INFLORESCENCES.

En définissant l'inflorescence, nous avons dit que nous faisions abstraction de leur support, ce qui était d'autant plus nécessaire, que ce support affectant des formes diverses, suivant les sortes d'inflorescences, a reçu d'après cela différents noms.

Le plus simple des supports d'inflorescence est l'*Axe* ou Rachis (*Rachis*); c'est un pédoncule allongé, portant des pédicelles très-courts, comme dans les Poivriers, les Maïs.

La *Rafle* n'est pas tout-à-fait, comme on l'avait dit, la même chose que le rachis; c'est un Axe ou pédoncule pourvu de tous côtés de pédicelles assez prononcés, portant les fleurs solitaires ou tout au plus alterne-géminées : telle est celle du Groseiller rouge, des Vignes, etc.

Link, sans beaucoup de nécessité, a donné un nom aux pédoncules allongés qui portent le faisceau, et les a appelés *Anthures* (*Anthurus*), bien que cette inflorescence soit très-peu compliquée.

Lorsque les fleurs sont très-rapprochées, alors les pédoncules de chacunes d'elles se trouvant réunis, soudés, confondus pour mieux dire avec ceux des fleurs les plus proches, il résulte de cette disposition un corps particulier auquel on donne assez ordinairement et assez convenablement le nom de *Réceptacle commun* (*Receptaculum commune*), très-distinct de ce que nous avons appelé, avec les auteurs, *Réceptacle* ou *Réceptacle* de la fleur. Le Réceptacle commun est plane, globuleux ou convexe, et reçoit à sa surface l'implantation des florules qui composent le capitule ou l'anthode auquel il appartient exclusivement. C'est dans les *Composées* que l'on tient particulièrement compte de la forme et disposition du Réceptacle commun, parce que l'on en déduit des caractères distinctifs.

Le *Réceptacle commun* des Composées est ce que Tournefort nommait *Thalamus*, expression qui, appliquée dans trop de circonstances diverses, ne pouvait présenter une idée exclusive. Cl. Richard lui a donné depuis long-temps le nom de *Phoranthe* (*Phoranthium*), et plus tard M. Mirbel l'a appelé *Clinanthe* (*Clinanthium*), ce qui est d'autant plus inutile, que l'expression de *Réceptacle commun* ne présente en elle-même rien qui puisse la faire rejeter, et qu'elle est mise en usage dans tous les ouvrages de Linnée et des Botanistes de sa célèbre école.

L'Amphanthion (*Amphanthium*), sorte de Réceptacle commun que Link a proposé de distinguer, appartient à une inflorescence assez semblable à celle des Composées, mais dépourvue de l'involucre qui accompagne assez habituellement le *Réceptacle commun*; cependant, malgré cette différence, nous ne croyons pas nécessaire la distinction de l'Amphantion, dont au surplus les genres *Ambora*, Figuier, Dorstène, fournissent des exemples; mais qui ne se trouvent que dans ces genres, d'où résulte le peu de nécessité de surcharger les éléments de la science d'un mot très-rarement utile, surtout lorsqu'il peut être remplacé par l'expression reçue de Réceptacle commun.

Dans les Arinées, ce corps plus ou moins singulièrement fait, et ordinairement entouré d'une sorte de bractée ou spathe générale colorée, porte le nom de Spadice (*Spadix*).

PARTIES ACCESSOIRES DES INFLORESCENCES.

Les parties accessoires des inflorescences peuvent être réduites à une seule sorte, l'*Involucre*, et encore n'est-il qu'une modification de la *bractée* ou *bractéole* : avec la différence que l'*Involucre* est composé de plusieurs parties et se trouve commun à plusieurs fleurs.

L'*Involucre* (*Involucrum*) est, toute espèce de réunion de feuilles ou folioles, située au-dessous d'un groupe de fleurs, et présentant dans sa disposition un arrangement symétrique.

Les parties composant l'Involucre portent le nom de Folioles, Ecailles ou Paillettes, suivant l'apparence sous laquelle elles se présentent.

Dès qu'il y a dans une inflorescence différents ordres d'Involucre, alors on donne à celui qui se trouve le mieux prononcé, le plus grand, et au-dessous de tous les autres, le nom d'*Involucre* ou d'*Involucre général* (*Involucrum generale*), et encore d'*Involucre primaire* (*Inv. primarium* Scop.). L'on donne aux Involucres qui lui succèdent le nom d'*Involucelle* (*Involucellum*), et plus rarement les noms d'*Involucre secondaire* (*Inv. secundarium* Scop.), *Involucre partiel* (*Inv. partiale*).

Quelques auteurs français ont employé le nom de *Collerette* pour désigner les Involucres et les Involucelles; mais ces derniers noms sont d'un usage plus général.

L'Involucre des Composées, qui n'a rien de particulier pour être distingué, ainsi que l'a très-judicieusement senti M. De Candolle, a cependant reçu bien des noms différents. C'est le *Calice commun* des auteurs qui ont suivi Linnée (*Calix communis* L.); le Périgynande commun de Necker (*Perigynanda communis*); le Périphoranthe (*Periphoranthium*) du professeur Richard; et enfin le Péricline de H. Cassini (1) (*Periclinium*): toutes expressions entièrement superflues qui ne font qu'embarrasser la science et charger le langage du Botaniste d'une bigarrure ridicule, puisque l'on doit avoir l'attention de ne donner que le même nom aux choses semblables.

Dans les Lampourdes (*Xanthium*), c'est encore un Involucre qui forme comme un péricarpe, ainsi que dans les autres genres de la famille des Ambrosiacées. Dans la Noisette, l'If ce que l'on nomme *Cupule* (*Cupula*) est un Involucre, de même que dans la Chataigne et la Faîne : mais ici l'Involucre est hérissonné.

DE LA FRUCTUATION.

Par le mot *fructuation* (*fructuatio*) nous entendons tout ce qui a rapport au fruit : ce qu'il ne faut pas confondre avec la fructification, telle que l'on doit la concevoir, d'après l'idée que nous en avons donné : en ne suivant même que la manière de voir des Botanistes qui nous ont précédé, et qui ont su mettre de la précision et de l'exactitude dans le choix des mots et des expressions dont ils se sont servis:

DU FRUIT.

Le *Fruit* est le complément de la fructification;il se forme alors que l'anthèse ayant eu lieu, a été remplacée par la défleuraison.

Le *Fruit* est l'ovaire développé et parvenu au dernier degré d'accroissement dont il est susceptible.

Dans le langage vulgaire, dont il faut aussi connaître exactement les acceptions des mots, on ne donne le nom de Fruit qu'à celui qui peut fournir une substance *édule*, quelque soit sa nature, sa composition et disposition ; tandis que pour le Botaniste le Fruit est le corps produit par le développement de l'ovaire d'une fleur unique, quelque soit sa grosseur, sa nature, sa forme et ses qualités.

Dès que l'ovaire commence à prendre de l'accroissement, les autres parties de la fleur se flétrissent plus ou moins et tombent; les unes plutôt, les autres plus tard, suivant les espèces. Quelquefois cependant il en est qui persistent, soit qu'elles croissent ou non, et qui alors accompagnent le Fruit. Ces parties, dans ce cas, sont plus ou moins liées au développement de l'ovaire. Si elles n'altèrent point sa forme, alors le *Fruit* est *induvié* (*Fructus induviatus*), et la partie qui lui est étrangère et l'enveloppe alors, reçoit le nom d'*Induvia floralis*, que l'on a traduit trivialement par le mot *Chemise*, lorsque l'on peut dire *Induvie* (*Induvium* seu *Induvia*) déjà employé par quelques botanistes.

(1) Cet observateur réserve le nom d'Involucre, dans les Composées, à l'assemblage des bractées lâches, entourant la base des anthodes.

Dans les *Physalis*, les *Plumbago*, c'est le calice qui sert d'induvie au fruit ; dans le *Coriaria* à feuille de Myrte, ce sont les pétales ; dans les Nyctages, c'est la base de la corolle.

Dans la plupart des Monocotylédones, l'induvie du fruit est étranger à la fleur ; ainsi dans les Iridées, c'est la spathe qui le forme ; dans les Graminées, ce sont les glumes et les glumelles ; dans les Cypéracées, c'est le périanthe et les écailles ; dans les Joncinées, c'est le calice et la corolle, etc.

Le *Follicullus*, dans les ouvrages de Tournefort, est un fruit auquel le calice sert d'induvie, comme dans le genre *Anthyllis*.

Le Fruit, de même que l'ovaire dont il provient, est simple, divisé ou multiple. Quelquefois il est agrégé ou réuni à d'autres, d'une manière telle, que plusieurs Fruits semblent n'en faire qu'un seul : disposition à laquelle on doit bien prendre garde, pour éviter de confondre les Fruits multiples avec les Fruits agrégés.

Dans le Fruit on distingue le Péricarpe et la Graine, que nous allons examiner séparément.

Du Péricarpe.

Le *Péricarpe* (*Pericarpium*), dans le sens adopté par plusieurs auteurs, ne serait que le fruit lui-même, puisque souvent on voit qu'ils comptent autant de Péricarpes qu'il y a de parties distinctes dans un fruit. Medicus, sous le nom de *Pericarpium*, n'a fait même qu'une espèce particulière de fruit.

Par Péricarpe on doit entendre ce qui compose la périphérie du fruit, ou tout ce qui n'est pas la graine, puisque la graine est renfermée dans les cavités du Péricarpe ; c'est pourquoi Medicus qui avait fait une autre application du mot *Pericarpium*, le nommait *Conceptaculum seminum*. Le vénérable Ray appelait le Péricarpe de tous les fruits secs *Conceptaculum*.

On distingue dans le Péricarpe, l'enveloppe propre qui le constitue essentiellement ou enveloppe péricarpique, et les parties dépendantes de cette enveloppe.

L'enveloppe péricarpique n'est pas toujours d'une nature uniforme dans son épaisseur ; les Botanistes l'avaient remarqué depuis long-temps, et Necker avait même établi la distinction inconvenante d'*Involucrum* pour désigner les diverses couches distinctes dont se compose quelquefois un Péricarpe ; ainsi il disait qu'il y avait un, deux ou trois Involucres, suivant le nombre des couches différentes que l'on pouvait observer. Cl. Richard a le premier adopté à cet égard une nomenclature méthodique que l'on paraît vouloir adopter. Il distingue dans le Péricarpe trois couches qui, dans tous les fruits, sont plus ou moins faciles à observer : c'est l'*Epicarpe*, le *Sarcocarpe* et l'*Endocarpe*.

L'*Epicarpe* (*Epicarpium* ou *Ectocarpium*, de M. Raspail), que M. Mirbel a désigné par le mot peu heureux de *Pannexterne*, est l'Epiphlose ou Epiderme du fruit; qui contracte quelquefois une adhérence difficile à détruire, avec la couche qui suit: mais alors on ne tient pas compte de l'Epicarpe dans l'énoncé des caractères du fruit. Lorsque l'Epicarpe est mince, on l'a nommé Peau, Pellicule (*Pellicula*), ou Cuticule (*Cuticula*).

Le *Mésocarpe* du D.r Caffin (*Mesocarpium*), ou le *Sarcocarpe* (*Sarcocarpium*), d'après Cl. Richard, est la portion charnue ou ligneuse d'un fruit, située immédiatement sous l'Epicarpe. C'est lui qui forme la partie charnue des Prunes, des Pêches, des Cerises, de la Noix; c'est le Mésocarpe fibreux dont on dépouille le fruit du Cocotier pour en obtenir le noyau. Cette partie moyenne du fruit n'étant pas charnue le plus ordinairement, nous avons dû préférer le nom de Mésocarpe proposé par M. Caffin.

Lorsque le Mésocarpe est charnu, mais formé d'une substance un peu ferme, comme dans l'Abricot, la Pêche, il porte vulgairement le nom de *Chair* (*Caro*); lorsqu'il est ferme et de nature à n'être point mangé, comme dans la Noix, l'Amande, il reçoit ordinairement, par l'usage, le nom de *Brou* (*Naucum*); si au contraire la substance du Mésocarpe est molle et demi-liquide, comme dans le fruit des Groseillers, le Mésocarpe et l'Endocarpe sont dits *Pulpeux:* du mot *Pulpe*, désignant cette sorte d'état de substance.

L'*Endocarpe* (*Endocarpium*), que M. Mirbel nomme *Panninterne*, doit rigoureusement s'entendre de la membrane ou Epiphlose qui tapisse l'intérieur du Péricarpe: mais comme souvent cette partie devient d'une nature distincte de l'Epicarpe et du Mésocarpe, et qu'elle s'unit intimement avec une portion de ce dernier, elle prend alors une épaisseur qui lui est originairement étrangère, comme dans l'*Osselet* des fruits nommés habituellement *Fruits à noyau*, sans cependant cesser d'être nommée Endocarpe.

Le *Noyau* (*Pyrena*, *Nucleus*, *Ossiculus*) n'est donc que l'Endocarpe, plus une couche du Mésocarpe devenue ligneuse et renfermant la graine. Ce Noyau, de quelque espèce de fruit qu'il puisse provenir, porte le nom de *Coquille* (*Putamen*): abstraction faite de la graine qu'il renferme, et surtout lorsqu'il en est séparé.

On désigne assez généralement sous le nom de *Pulpe* (*Pulpa*) une substance molle et demi-liquide, dans quelque partie du fruit qu'elle puisse exister. Cependant en Botanique on lui a donné une acception plus limitée, et l'on n'appelle Pulpe que la substance demi-liquide qui est une partie constituante de l'Endocarpe et souvent d'une portion du Mésocarpe, comme dans la Casse, le Melon, et qui en circonscrit les loges avant la maturation, entoure les graines et remplit les loges par l'effet de la Pulpe, devenue molle par suite du développement.

Dans les Phaséoles, les Pois, on donne vulgairement le nom de *Parchemin* à l'Endocarpe, à raison de la nature de sa substance.

La nécessité seule ou la structure d'un fruit déterminent l'emploi des distinctions d'Epicarpe, Mésocarpe et Endocarpe: il est un grand nombre de circonstances où il serait superflu de s'en occuper, vu que ces parties n'offrent rien de remarquable ni d'extraordinaire dans la plupart des fruits.

Les parties dépendantes ou distinguées du Péricarpe sont les Carpelles, les Valves, les Cloisons, les Loges, la Columelle, le Placentaire, le Funicule et l'Arille.

Un fruit provenant d'une seule fleur n'est pas toujours simple; souvent il est partagé en plusieurs parties, plus ou moins semblables entre elles: provenant d'une solution de continuité spontanée avant la maturation, ou bien d'une structure existant dans l'ovaire. Jusqu'à ces derniers temps, on avait négligé d'établir une dénomination pour signaler chacune des parties d'un fruit multiple, et sous le nom de *Loge* on exprimait les cavités d'un fruit simple et les divisions d'un fruit composé de plusieurs parties, tandis que le mot Loge ne désigne que l'espace vide du Péricarpe. Comme on a souvent besoin de désigner chacune des parties du fruit, nous avons adopté, pour les indiquer, le mot *Carpelle* (*Carpellum*), de préférence à celui de *Camare*, que la délicatesse de notre langue repousse, et à celui de *Chorion*, que l'on peut confondre avec ce que les Anatomistes appellent Chorion dans les enveloppes du Fœtus: deux expressions employées à différentes époques par M. Mirbel, pour désigner les Carpelles. M. De Candolle a créé pour cette partie du fruit le nom de *Carpelle* (*Carpellum*), qui ne doit être appliqué que dans le cas où chaque partie du fruit forme véritablement une partie distincte: comme par exemple dans les Renonculacées.

En se servant du mot Camérule (*Camerula*), on peut indiquer très-facilement le nombre des cavités du Péricarpe, par les mots *Bicamérulé*, *Tricamérulé*, *Quadricamérulé*, *Quinquéocamérulé*, *Polycamérulé*. Dans les Gentianacées, on peut trouver tous les exemples relatifs à cette disposition des fruits.

Lorsque les Camérules ne sont pas originairement séparées les unes des autres, mais qu'elles sont manifestement distinctes au dehors par une saillie bien prononcée, et susceptibles de se séparer par déhiscence, alors on peut les nommer Coques (*Coccum*), ainsi que l'ont fait quelques botanistes. Les Mercuriales sont *dicoques*, les Euphorbiacées *tricoques* pour la plupart, de même que le *Cneorum*; l'*Hura crepitans* est *polycoque*. Au milieu des Coques on trouve ordinairement un Axe auquel on donne le nom de *Columelle* (*Columella*), et que dans les Ombellifères on a nommé *Spermapode* (*Spermapodium*), par un double emploi de mots.

L'*Erême* (*Eremus*), distinction établie par M. Mirbel, pour les parties du Péricarpe des Ochnacées et Labiées, rentre dans les carpelles : si l'on n'aime mieux les conserver dans les camérules.

Lorsque le fruit est simple, alors, qu'il ait une surface uniforme, ou qu'il puisse paraître formé de plusieurs camérules, toutes les cavités qu'il renferme, pourvu qu'elles soient bien séparées l'une de l'autre, portent le nom de *Loges* (*Loculus*) : Cæsalpin les appelait *Conceptacles* (*Conceptacula*). Le nom de coque peut être restreint, ainsi que semblerait l'autoriser l'usage, aux seuls fruits dont les camérules se séparent complètement les unes des autres, lors de la déhiscence, comme dans les Euphorbiacées.

Kamelli, au lieu d'indiquer le nombre des Loges, désignait le nombre des cavités qui en résultaient et disait *afora* pour un Péricarpe qui restait clos, et *unifora*, *bifora*, *trifora*, etc., suivant qu'il y avait au Péricarpe une, deux, trois ou plusieurs Loges ou cavités.

A l'extérieur du Péricarpe, la limite des Loges, comme celle des camérules, est indiquée par la distance que des lignes longitudinales, que l'on aperçoit à l'extérieur, laissent entre elles. La partie limitée par ces lignes, connues sous le nom de Sutures (*Suturæ*), a reçu le nom de *Battans* ou *Valves* (*Valvæ*, *Valvulæ*). Si les Valves se séparent, le fruit est *valvé* (*valvatus*) ; si elles ne sont qu'indiquées, alors le fruit est *valvacé* (*valvaceus*), et ne s'ouvre point.

Si un fruit est carpellé, les cavités sont formées par les parois du Carpelle ; mais s'il est loculé, les Loges sont séparées les unes des autres par des *Cloisons* (*Septi*) de la nature de l'Endocarpe, et qui correspondent aux bords des Sutures. Dans quelques espèces de fruits pourvus de carpelles, les Cloisons sont formées par les bords rentrants des Valves (*Valvis introflexis*), comme dans les Euphorbiacées, le *Cunonia*, le Rhododendron.

Il y a des *fausses Loges* (*Loculæ spuriæ*); ce sont celles dans lesquelles les Cloisons, qui ne sont aussi dans ce cas que de fausses Cloisons ; partant non des Sutures, mais de la paroi des Valves, ne s'attachent point à l'Endocarpe par tous les points, et sont libres dans une portion de leur bord : s'avançant plus ou moins dans la cavité du fruit, sans arriver au centre, comme dans les Pavots, ou n'arrivant jamais à la circonférence. Les Stramoines

(*Datura*), les Capriers, ont des Péricarpes pourvus de fausses loges et de fausses cloisons.

Lorsque les fruits présentent des Cloisons faisant angle droit avec les Sutures et séparant ces fruits par des cavités bien isolées les unes des autres, ce ne sont encore que de fausses Loges, mais séparées par des Dissépiments ou Diaphragmes (*Phragma*, Link) qui n'ont aucun rapport avec les véritables Cloisons. Les Legumineuses, comme la Casse des boutiques, par exemple, et l'*Acacia-Inga*, offrent fréquemment cette sorte de fausses Cloisons.

Les *Dissépiments cellulaires* (*Dissepimenta cellulares*), tels sont ceux du *Glaucium*, de la Giroflée, sont encore de fausses Cloisons, prises encore par les Botanistes pour de véritables Cloisons: bien qu'elles ne soient fixées que par un de leurs bords, le bord intérieur étant libre.

De même qu'il y a de fausses Cloisons, de même il y a de *fausses Sutures :* par exemple quelquefois on voit une ligne sur le milieu des Valves ; souvent la Valve se partage en deux parties égales et s'ouvre comme par des Sutures ; mais on les reconnaîtra toujours en ce qu'elles correspondent au sommet de chaque style, et parce qu'elles sont situées par le milieu des Loges, ce qui avait fait proposer les expressions de Cloisons médivalves (*medivalves*, Mirb.), et valvaires (*valvares* De C.), qui sont vicieuses ou inutiles.

Comme c'est par les Valves et les Sutures que les fruits s'ouvrent, il est nécessaire, avant de passer plus avant dans l'examen du Péricarpe, de dire quelques mots sur la *Déhiscence* (*Dehiscentia*), ou le mode propre à la séparation spontanée des parties du Péricarpe.

Il y a trois Déhiscences valvaires : 1° Loculicide : Ericinées ; 2° Septicide : séparée en Lames, Scrophularinées, Rhododendrum; 3° Septifrage : cloison libre, *Bignonia, Calluna.*

La *Déhiscence* d'un Péricarpe est l'action par laquelle il s'ouvre, lors de la maturité du fruit. Comme elle ne suit pas toujours la même marche, il est utile d'examiner ce qu'elle peut offrir de remarquable.

Si la Déhiscence a lieu par les Sutures, elle est naturelle, et alors c'est la *Déhiscence suturale* ou *suturaire* (*suturalis,* Desv.) ; elle se fait d'une manière régulière et déterminée par la direction des Sutures. Si au contraire le Péricarpe s'ouvre par un point qui ne soit point indiqué par les Sutures, c'est ou une fausse Déhiscence ou une *ruptilité*. La *Déhiscence septicide* en est une variété, et comme dans les Scrophularinées et le *Rhododendrum* la cloison est divisée en deux lames, dont chaque valve emporte la sienne, si la cloison reste libre, c'est une seconde modification dite *Déhiscence septifrage*.

La *fausse Déhiscence* est régulière lorsqu'elle a lieu par le milieu des Valves, qui se partagent spontanément, au lieu de s'écarter les unes des autres par les Sutures; c'est cette Déhiscence péricarpique à laquelle M. Richard donne le nom de *Déhiscence loculicide* (*loculicida*).

La *Déhiscence irrégulière* (*anomala*, Desv.) a lieu toutes les fois que les ouvertures du Péricarpe se forment par une autre voie que les Sutures, ou fausses Sutures; telle est celle des Pavots qui se fait par des ouvertures horizontales, situées au-dessous du stigmate, (*Dehiscentia hiantia*), celle du Réséda, etc. : telle est celle des Campanules: résultant de perforations naturelles qui s'établissent au bas de l'ovaire, dans le milieu de la loge: ou *Dehiscentia perforata*.

Dans les Plantains, les Jusquiames, les Mourons, les Amaranthes et quelques genres de la famille des Myrthacées, la *Déhiscence* est *circoncise*, (*Dehiscentia circumcisa*), c'est-à-dire, que le sommet du Péricarpe s'ouvre au moyen d'un couvercle circulaire qui se détache. La Déhiscence semi-circulaire n'a encore été observée que dans le genre *Jeffersonia*. L'excoriation spontanée de la Noix, par exemple, est une Déhiscence imparfaite, ou sorte de ruptilité.

La *Déhiscence* par *ruptilité* s'observe dans quelques Scrophularinées, les Réséda, les Nymphéa et Nuphar; elle a lieu par rupture de partie non déterminée par une structure naturelle.

On doit distinguer la *Déhiscence* par *ruptilité*, en *régulière* et *irrégulière*. Celle qui est régulière se fait, comme par exemple dans toutes les Légumineuses à Péricarpe articulé par étranglement de distance en distance et dont la solution de continuité a lieu par le milieu de ces étranglements.

La *Déhiscence* par *ruptilité irrégulière* ne suit aucune marche réglée; elle tient aux circonstances qui la modifient plus ou moins; dans beaucoup de Cucurbitacées, elle a lieu par décomposition; dans le Nénuphar, c'est par la turgescence des graines, ainsi que dans le *Datura ceratocaula*.

La *Déhiscence valvaire, suturale* ou *loculicide*, n'est pas toujours complète; elle s'arrête dans les mêmes espèces à peu près au même point: comme on peut l'observer dans le genre *Alsinanthus*; dans les Silènes, où elle n'a lieu que vers le sommet du Péricarpe. Le plus ordinairement ces Déhiscences sont *apicilaires*; cependant dans quelques genres de plantes, comme les Triglochin, les Quinquina, quelques Andromèdes, elle est *basilaire*. La *partibilité* est une Déhiscence incomplète, telle est celle des Labiées.

La *Déhiscence* est *septicide*, si elle sépare les lames de la cloison ; elle est *septifrage* lorsqu'elle rompt le bord externe des cloisons, comme dans les Mélastomacées.

En continuant de faire l'examen des parties dépendantes du Péricarpe, nous trouvons le *Placentaire*: ainsi nommé par M. Mirbel, et désigné auparavant par le nom de *Placenta*, qui, à raison de son application en anatomie, nous semble moins bien approprié que celui de Placentaire (*Placentarium*).

Les Botanistes ayant senti qu'il était essentiel de prendre en considération le support des graines, auquel Linnée avait fait peu d'attention, ont proposé successivement différents noms. Adanson est le premier qui adopta celui de *Placenta*; Necker désigna cette partie assez exactement par l'expression de *Réceptacle* de *la graine* (*Receptaculum seminum*); Link l'appelle *Spermophorus*; Salisbury, *Colum*; Cl. Richard, Trophosperme (*Trosphospermium*). A travers tous ces mots désignant une même chose, nous pensons que l'on doit préférer le dernier proposé, comme s'éloignant moins du premier mis en usage, et en même temps comme éloignant l'idée de *Placenta*.

Le *Placentaire* (*Placentarium*) est une production de l'Endocarpe, soit qu'il se trouve placé le long des Sutures des Valves, soit qu'il se trouve au centre du Péricarpe; il se distingue du reste de la surface des parois de l'Endocarpe, par ses irrégularités ou sa saillie. Quelquefois il donne naissance à des prolongements remarquables, comme dans les Acanthacées, où l'on voit à la partie supérieure du Placentaire un crochet ou hameçon de chaque côté et au-dessus de la graine, auquel on donne le nom de *Rétinacle* (*Retinaculum*): à raison de ce qu'il semblerait être placé là pour retenir la graine, bien qu'il ne remplisse en aucune manière cette fonction.

Du Placentaire, que le docteur Caffin appelle Ovaire, partent des prolongements plus ou moins prononcés, de forme variable, et en nombre relatif aux graines que renferme ou doit renfermer le Péricarpe, et qui portent les graines à leur extrémité ; c'est ce que l'on appelle le *Cordon ombilical* (*Funiculus umbilicalis* L.) depuis Linnée, et ce que nous préférons nommer *Funicule* (*Funiculus*) avec M. Mirbel: comme éloignant l'idée étrangère à la Botanique, attachée à la première dénomination. Le nom de Podosperme (*Podospermium*), donné au Funicule par M. Richard, se trouve moins heureusement choisi, joint à ce qu'il ajouterait encore au nombre des mots grecs employés dans le langage de la Botanique, inconvénient que l'on doit diminuer autant que possible.

Nous ne discuterons point ici l'opinion du docteur Caffin, qui, dans les fruits, donne le nom d'Ovaire au Placentaire, *comme organe recevant les œufs* ou graines, bien persuadés que nous sommes que l'application de ce mot, en ce sens, ne sera faite par aucun Botaniste. Nous ne jeterons cependant point de ridicule sur cette nouvelle manière d'envisager le fruit, ce médecin ayant des connaissances aussi positives en Physique végétale et botanique, qu'il en a montré au monde médical dans ses ouvrages sur la non-essentialité des fièvres.

Pour bien distinguer les particularités du Funicule, il faut lui reconnaître deux extrémités et les désigner, afin de pouvoir noter les différences qu'elles offrent, la partie moyenne étant peu variée. Ainsi la portion qui part du Placentaire peut être dite l'*extrémité placentérique*, et celle qui touche la graine l'*extrémité spermique*.

Le Funicule est ordinairement un prolongement filiforme, dilaté à son extrémité spermique; mais quelquefois il est composé comme dans quelques Onagraires, Apocinées, d'un assez grand nombre de filaments soyeux. Dans plusieurs genres, tels que *Magnolia, Zantoxylon, Brunellia, Lacistema*, le faisceau fibreux du Hile se sépare de son plexus cellulaire, sous la forme d'un filament qui ne tient à la graine que par le point où il pénètre dans le Spermoderme.

La dernière partie de l'Endocarpe qui doit nous occuper, est l'*Arille* (*Arillus*), que Tournefort a nommé *Calyptra* dans quelques plantes où il l'a observé. L'Arille est exactement le développement plus ou moins prononcé des bords ou de la circonférence de l'extrémité spermique du Funicule.

L'Arille ne forme quelquefois qu'un léger bourrelet; d'autres fois il se présente profondément lacinié, comme dans le Muscadier, où il porte le nom de Macis. Dans le *Turnera grandiflora*, c'est une sorte de feuille touchant la moitié de la graine; dans les Fusains, c'est une enveloppe presque complète, qui, sous la forme d'une membrane pulpeuse orangée, recouvre peu à peu la graine, sans contracter aucune adhérence avec elle; il est trilobé dans le *Polygala*. Dans les graines du Cabaret, de l'Aristoloche, de l'Operculaire, des Mufliers, il y a une portion du Funicule qui demeure attachée à la graine; c'est un Arille très-peu développé, qu'il ne faut pas prendre pour les Strophyoles dont nous aurons occasion de parler. Dans le fruit du Muscadier, l'Arille est d'un beau rouge; dans celui du *Ravenala*, il est d'un bleu de ciel remarquable.

Lorsque cet appareil est peu développé, il a été quelquefois nommé *Caroncule :* comme dans les *Coryalis bulbosa* et les Euphorbes. Dans ce dernier cas, M. Raspail le nomme *Hétérovule*, le regardant comme un ovule non développé, et ayant d'ailleurs des idées sur l'Arille que nous ne pouvons partager.

Cl. Richard est le seul de tous les Botanistes qui ait déterminé et fixé exactement ce que c'est que l'Arille. Linnée, qui le premier employa ce mot, renfermait dans la définition qu'il en a donnée, des choses tout-à-fait étrangères les unes aux autres. Il a dit de l'Arille : *Tunica propria exterior seminis, sponte secedens*, ce qui ne peut rigoureusement s'appliquer à l'Arille, tel que nous l'avons défini, et ce qui prouve que Linnée n'a pas bien connu cette partie. D'après la définition qu'il a donné de l'Arille, d'après l'application qu'il fait de ce mot, et d'après celle qu'en ont fait les auteurs d'après lui, on voit que l'on n'a désigné qu'un dédoublement spontané du Péricarpe, dont l'Endocarpe se sépare dans quelques plantes, pour former comme une enveloppe à la graine, ainsi que l'on peut le voir dans les Geraniacées, dans les Rutacées. Le Péricarpe lui-même a été appelé par Linnée Arille, dans la Cynoglosse, preuve que sur la partie du Péricarpe dont nous venons de parler, il n'avait que des idées confuses.

Dans le Caféier, le *Parchemin* qui n'est que l'Endocarpe détaché, a été encore appelé mal à propos Arille.

Des parties accessoires et des appendices du Péricarpe ou du Fruit.

Que l'on considère le fruit dans sa partie extérieure ou Péricarpe, ou que l'on en traite sous le nom de fruit, c'est-à-dire lorsque la graine et le Péricarpe sont encore en rapport, il n'en est pas moins vrai que les parties accessoires et les Appendices sont une dépendance du Péricarpe.

Les prolongements ou appendices du Péricarpe sont la *Queue*, le *Rostre*, le *Pédile*, le *Col*, l'*Aile*, la *Crète*, la *Côte*..

On a nommé *Queue* (*Cauda*) dans les Clématites, l'Atragène, le Dryas, et une section des Anémones, un prolongement remarquable, existant au sommet du Péricarpe ou de chaque carpelle du fruit multiple de ces plantes, et qui est pourvu à sa superficie de poils longs et soyeux, donnant à ce prolongement l'aspect d'une queue d'animal.

Le *Rostre* ou bec (*Rostrum*) est un prolongement d'un Péricarpe d'une camérule ou d'une carpelle, moins prononcé que la queue et dépourvu de poils à sa surface : ou du moins si peu nombreux et si peu apparents, que l'on ne saurait le confondre avec cette autre partie. Les Nigelles, les Ellébores, la Martynie annuelle, les Sédons, le *Penthorum* fournissent des exemples de ce Rostre, qui est *droit*, *courbé* ou *onguiculé*, *mutique* ou *piquant*..

Le *Pédile* (*Pedilis*) n'est qu'un amincissement de la base du Péricarpe, formant comme une sorte de pied au fruit, ce qu'il ne faut pas réunir avec le gonophore, ni avec le carpophore, qui ne sont pas continus avec le fruit, comme l'est le Pédile. On ne s'est servi de ce mot que pour le Péricarpe de quelques Composées, comme dans le genre *Barckhausia* et quelques autres; c'est le Pied (*Pes*) de quelques auteurs.

Le Col (*Collum*), distingué par H. Cassini dans les Composées, et nommé assez improprement Stype (*Stipes*) par beaucoup de Botanistes, est la partie étroite et allongée du fruit des Composées, des Scabieuses, servant de parties intermédiaires entre le corps du fruit et le calice.

L'*Aile* (*Ala*) est une expansion mince, membraneuse, des bords, des angles, des côtés ou du sommet du Péricarpe; elle est plus ou moins large, plus ou moins flexible. Les Ailes sont marginales dans les carpelles du fruit de l'Erable; elles sont sur les angles dans le Lotier tétragonolobe, et plusieurs fruits de Légumineuses; elles sont terminales dans les Péricarpes du Frêne. Dans le *Gyrocarpus* il en existe trois au sommet du fruit, ce qui fait que lorsqu'il tombe, il ressemble au volant et tourne en tombant, soutenu jusqu'à un certain point par ses ailes.

La *Crête* (*Crista*) est un prolongement unique, moins développé et d'une nature plus consistante que l'aile; elle forme une lame dressée plus large au milieu qu'à ses extrémités, située verticalement sur le Péricarpe, et imitant d'une manière éloignée à la vérité, la crête du coq. Elle est parfaitement marquée dans l'*Onobrychis Crista-galli* et dans presque toutes les espèces du genre *Onobrychis*.

Les *Côtes* (*Costæ*) sont des saillies planes, longitudinales, plus ou moins élevées à la surface du Péricarpe; séparées par des sillons ou par des espaces d'étendue différente (*Valleculæ* Hoff.). On les trouve bien prononcées sur les Melons, et dans des proportions très-petites sur un grand nombre d'autres fruits, comme dans les Ombellifères.

Les parties accessoires du Péricarpe sont moins intimement liées à sa surface que les Appendices ou prolongements dont nous venons de parler; elles pourraient en être détachées sans que le Péricarpe perdît de sa forme principale. Ces accessoires sont la *Couronne*, l'*Aigrette*, les *Rayons*, l'*Opercule*, l'*Armure*, les *Glochides*, les *Verrues* et la *Scabrite*.

La *Couronne* (*Corona*) ne peut être observée que dans les plantes à ovaire infère, parce qu'elle est formée par les lobes persistants du calice; c'est ce que l'on voit dans la section des Pomées, famille des Rosacées; dans les Valérianacées, et dans beaucoup de Rubiacées. Dans la Grenade, la *Couronne* est très-grande et porte même vulgairement ce nom.

Les *Rayons* (*Radii*) sont des Appendices plumeux, situés

sur un même plan et qui forment comme une sorte de *Gloire* ou auréole autour du Péricarpe ; tel en présente l'Héliocarpe d'Amérique (*Heliocarpus americana*), qui a reçu même son nom de la structure de son Péricarpe, mot exprimant bien l'idée de *fruit en soleil*, à raison de ce qu'il est rayonnant.

L'*Opercule* ou *Chapeau* (*Pileolus*) est une sorte de disque assez dilaté, plane, concave ou mamelonné ; qui surmonte la columelle de certains fruits polycamérulés, et que l'on remarque particulièrement dans les Malvacées, comme dans les genres Guimauve (*Althæa*), Mauve (*Malva*), et qui est singulièrement prononcé dans le genre *Stegia* : autrefois *Lavathera trimestris.*

L'*Armure* (*Arma*) des Péricarpes se compose de parties saillantes, dures et aiguës qui se trouvent à la surface de cette partie du fruit ; ce sont de fortes pointes dans la Macre d'eau (*Trapa natans*) ; ce sont des pointes longues, fines et multipliées, dans la Bignone hérissée (*Bignonia echinata*), ainsi que dans plusieurs Stramoines.

Les *Glochides* (*Glochis*) sont des pointes roides, dures, longues, piliformes, recourbées au sommet à la manière d'un hameçon, et susceptible par ce moyen de s'attacher aux corps qui les approchent. On en voit dans les Benoites (*Geum*), dans le Myosote bardane (*Myosotis Lappula*), dont on a fait le genre *Echinospermum.*

Les *Verrues* (*Verrulæ*) plus ou moins grosses, appartiennent aux Péricarpes, comme aux autres parties des plantes.

La *Scabrite* (*Pruina*) ou Pruine, est formée de grains assez tenus, faciles à reconnaître à l'œil : elle recouvre la surface de certains fruits et n'est pas toujours de la même nature. Dans le Kigellarier d'Afrique (*Kigellaria africana*), la Clutie belle (*Clutia pulchella*) le Croton laccifère (*Croton lacciferum*), l'Arbousier (*Arbutus unedo* et *andrachne*) la Scabrite est produite par des points sphériques, saillants, naissant de la surface du Péricarpe et de la même nature que lui ; dans les Ciriers (*Myrica*) elle est produite par une matière de la nature de la Cire et qui forme même la cire végétale.

De la Graine.

La seconde partie du fruit est la *Graine* (*Semen*), que l'on ne doit pas nommer *semence* ainsi que l'ont fait quelques Botanistes français : le mot *semence* étant consacré à distinguer la Graine destinée à faire les semis.

La Graine renfermée dans le péricarpe, n'en fait point partie constitutive, elle semble n'être que contiguë, bien qu'elle tienne à lui au moyen du funicule.

On a quelquefois appelé la Graine *œuf végétal,* à raison de ce qu'elle est aux plantes, ce qu'est l'œuf dans les animaux ; c'est à-dire, qu'elle fournit aux végétaux cotylédonés le moyen le plus ordinaire et le plus naturel de se propager. M. Raspail en distinguant dans la graine, la Panse (*Venter*), le Pseudopore (*Pseudoporus*) ou dépression qu'on peut observer quelquefois et qui rappellerait la place de ce qu'il nomme Stigmatule, n'ajoute rien à la science, et en y distinguant l'Hétérovule (*Heterovulum*), il établit un nouveau mot pour une simple modification de l'extrémité spermique du funicule quelquefois persistante sur la Graine et qui plus ou moins développée, est la véritable arille que l'auteur semblerait vouloir méconnaître.

La Graine varie par sa position dans le péricarpe : elle est *dressée* (*Sem. rectum*), dans les Composées; *renversée* (*inversum*); dans les Dipsacées ; *ascendente* (*ascendens*) dans la Poire, la Pomme; *suspendue* (*appensum*) dans les Jasminacées, les Apocinacées, elle est péritrope si elle est oblique à la direction du Péricarpe.

On doit distinguer dans la Graine, les enveloppes ou téguments et le corps de la Graine; et surtout ne pas confondre les véritables fruits indéchiscents sous le nom de Graine, ainsi que cela existe dans presque tous les ouvrages publiés jusqu'à ce jour, où sous le nom absurde de *Graines nues*, on trouve désignés les fruits des Graminées, Cypéracées, Dipsacées, Composées, Amaranthacées, Antriplicinées et de beaucoup de genres de différentes familles de plantes. Chrétien Knaut, qui vivait avant Linnée, avait cependant dit qu'il n'y avait point de Graines nues dans la nature, et malgré tout, ce préjugé n'est point encore détruit.

La Graine, pour être telle, doit être composée d'enveloppes particulières distinctes, et d'une partie renfermée dans ces enveloppes que l'on nomme *amande*. Si elle n'offre point ce caractère, bien qu'elle serve à la reproduction, le corps qui stimule la Graine appartient à un autre ordre de végétaux que les cotylédonés, qui seuls ont de véritables Graines. On ne peut bien désigner ce qui est relatif à la Graine, si l'on n'établit sa position relativement au principe ; si l'on ne distingue son axe fictif qui part du hile et va au sommet de la Graine; si l'on ne distingue la Graine comprimée de la Graine déprimée. Le hile étant au bord dans le premier cas et sur l'une des faces dans le second.

Des Enveloppes ou Téguments de la Graine.

On a varié sur le nom que devait porter l'*enveloppe propre de la graine*, ou ses *téguments* : on l'appelle vulgaire *peau de la graine*; Cl. Richard l'a nommé successivement *Périsperme* (*Perispermium*) et *Episperme* (*Epispermium*); M. Mirbel *Tunique séminale* (*Tunica seminalis*), d'autres auteurs, téguments propres (*integumenta propria*) et M. de Candolle *Spermoderme* (*Spermodermis*.)

De même que l'on a distingué trois parties dans le péricarpe, de même aussi l'on peut quelquefois établir un même nombre de distinctions dans le tégument de la graine ou Spermoderme, ainsi que M. Decandolle l'a déjà fait ; mais la structure de l'enveloppe de la graine n'a pas toujours besoin d'être signalée à ce point que l'on tienne compte de la manière d'être de chacune des parties du Spermoderme ; ce n'est donc que lorsque l'une ou l'autre présente un caractère extraordinaire que l'on spécifie ce qui peut leur être relatif.

Si la partie extérieure de l'enveloppe de la graine était toujours lisse, sèche, dure et fragile on pourrait lui conserver le nom de Teste (*Testa*) employé par Gaertner : mais dans le plus grand nombre des graines, elle est simplement membraneuse ; de là la nécessité d'adopter un nom qui ne puisse emporter avec lui une idée que ne justifierait pas la chose. Le mot Lorique (*Lorica*) adopté par M. Mirbel ne se rattachant pas avec les autres noms que l'on peut donner aux autres parties du Spermoderme, ne peut être choisi préférablement, et nous adopterons le mot d'Episperme, employé par M. Richard dans ses mémoires : (1) ainsi l'*Episperme* (*Epispermium*), sur la partie du spermoderme qui circonscrit la graine en dehors et en détermine l'aspect, par sa surface et sa nature. Lorsqu'il sera lisse et dure et fragile on dira *Episperme testacé* au lieu de *testa;* si il est membraneuse, cette dernière épithète en déterminera la nature. La nature testacée des graines des Sapotées leur avait fait donner le nom de *Naucum*, par Gaertner.

Comme il est des opinions qui sont adoptées souvent parce qu'elles sont nouvelles, nous signalerons une erreur d'un auteur moderne qui donne certains Epispermes hyalins et facilement destructibles, comme dans la graine des Passiflores ; pour des arilles, ce qui ne sert qu'à jeter de la confusion dans la science.

Le *Sarcosperme* (*Sarcospermium*), que M. de Candolle appelle *Sarcoderme* (*Sarcodermis*), est un tissu placé immédiatement au-dessous de l'Episperme, assez ordinairement peu distinct, mais quelquefois aussi très-apparent, comme dans les graines de l'Iris fétide (*Iris fœtidissima*), dans celle de la Pivoine : surtout lorsque ces graines sont encore fraîches. Cette partie du Spermoderme est si manifeste dans quelques végétaux, sous la forme de pulpe, que l'on trouve leurs graines indiquées sous le nom de *semina baccata:* ce que l'on doit échanger contre l'expression de *Sarcospermium pulposum,* comme dans le Grenadier.

Sous les noms de *Tunique intérieure* ou *interne* (*Tunica inte-*

(1) Mais il entendait par Épisperme ce que nous nommons Spermoderme avec M. de Candolle.

rior Gaert.), d'Hilofère (*Hiloferus* Mirbel), de Tégmen par Gaertner, et d'Endoplèvre (*Endoplevra* de Cand.), on a désigné la partie du spermoderme qui est appliquée immédiatement sur l'amande et à laquelle nous donnons le nom d'*Endosperme* (*Endospermium*) que l'on ne doit pas confondre avec l'albumen, auquel Cl. Richard a donné aussi ce nom d'Endosperme.

L'Endosperme est une pellicule mince, hyaline, qui le plus ordinairement se trouve intimement combinée avec le Sarcosperme, revêt intérieurement le Spermoderme, et quelques fois aussi se détache avec assez de facilité.

La Graine n'est pas libre dans la cavité du Péricarpe; elle doit présenter nécessairement un point par lequel elle se rattache au fruit. Ce point est indiqué par la présence d'une *Cicatricule* à laquelle vient se fixer l'extrémité spermique du funicule, lorsque la Graine dans le Péricarpe est encore dans son rapport naturel avec lui. C'est ce point, toujours déprimé, inégal et terne à sa surface, très-apparent sur le spermoderme, que l'on a nommé successivement Cicatrice, Cicatricule (*Cicatricula*), Ombilic (*Umbilicus*), Fenêtre (*Fenestra*) et enfin *Hile* (*Hilus* et *Hylus*, *Hylum*) qui est plus généralement adopté. Au point où se trouve placé le Hile, le spermoderme est perforé au moins jusqu'à l'*Endosperme* et c'est pourquoi M. Mirbel avait nommé cette dernière membrane hilofère, parce que c'est elle qui sert plus particulièrement de communication du funicule à la graine. Le Hile est très-large dans le Marron-d'Inde et surtout dans toutes les Sapotées, nommées pour cela Hilospermes par quelques botanistes.

Lorsque le Hile est d'une certaine largeur, comme dans les graines un peu volumineuses, on distingue une partie protubérante à laquelle vient se fixer le funicule d'une manière plus intime et par plus de faisceaux fibreux que dans le reste de la surface du Hile, c'est ce que M. Turpin appelle *Omphalode* (*Omphalodium*).

Le *Micropyle* (*Micropyla*), ainsi nommé par M. Turpin, avait été distingué déjà par Geoffroy ; et Grew, qui l'avait très-bien observé et appellé *Foramen*. Ce *trou* est situé à côté ou au devant de l'omphalode et forme a-t-on cru une cavité réelle, un trou, ce dont nous ne sommes nullement assuré à l'examen des graines encore jeunes. On aperçoit bien sortir par le Mycropyle une gouttelette du suc qu'elles renferment si on les presse légèrement sans les écraser, ce que l'on peut très-bien vérifier dans le Pois cultivé (*Pisum sativum*). Dans les Phaséoles, le Mycropyle est au-devant du hile et n'a point de communication avec lui, au lieu que dans le Pois cultivé, il ne devient perceptible qu'après avoir enlevé le funicule. Vu la place qu'occupe quelquefois le Micropyle, il est difficile de lui reconnaître un usage bien déterminé et surtout de croire qu'il ait du rapport avec le phénomène de la formation de la graine, par l'acte de la fécondation, ainsi que les botanistes semblent le penser : au surplus son existence, si elle était générale, aurait rapport à la phytotomie.

Auprès du hile, et à l'opposé du Micropyle, dans le Haricot par exemple, on voit une protubérance calleuse à laquelle on a donné le nom de Caroncule et que Gaertner nommait *Strophiolæ*. On a confondu sous ce nom deux choses très-distinctes, les véritables strophioles et les arilles caronculaires ou tuberculaires : dans la Chélidoine il n'y a point de strophioles il n'y a qu'une arille. Les strophioles sont remarquables dans le Cabaret, les Aristoloches, l'Operculaire, le Muflier etc.

Dans les Graminées, le professeur Richard a désigné sous le nom de Spile (*Spilus*), une tache située à la base interne de leur fruit en dedans du Péricarpe; tache qui paraît être produite par le hile et le funicule. Dans cet état de choses le funicule si raccourci qu'il est, se confond avec la surface du hile, qui ne peut alors être observé que d'une manière un peu obscure, parce que dans le fruit de ces plantes le Péricarpe et le Spermoderme se soudent l'un à l'autre par le développement.

M. Mirbel a donné fort judicieusement le nom de *Prostype* (*Prostypum*) *funiculaire*, au faisceau de fibres partant de l'extrémité spermique du funicule pour pénétrer sous le spermoderme.

Lorsque le Prostype se prolonge dans l'épaisseur du spermoderme sous la forme d'une ou plusieurs lignes en relief, Gaertner lui a donné le nom de *Raphé* (*Raphe*) ou Vasiducte. C'est à l'extrémité de la Raphé que souvent on voit une tache produite par son épanouissement et à laquelle le même savant carpologue a donné le nom de *Chalaze* (*Chalaza*), que quelques botanistes ont rendu par l'expression d'*Ombilic interne*. Gaertner la regarde avec raison comme une attache intérieure de l'amande à l'endosperme. La Chalaze est ordinairement le point ou la surface, marquée au fond du hile sur l'endosperme et qui ne devient très-remarquable que lorsque qu'il y a une Raphé ; parce que c'est à l'extrémité de cette Raphé que la Chalaze se présente sous la forme d'une tache plus ou moins apparente comme par exemple dans la graine de l'Amandier : c'est le point de contact de l'amande avec l'endosperme.

Lorsque l'Episperme est testacé, le Prostype ne paraît point à l'extérieur de la graine : l'analyse seule peut le faire trouver, comme dans les Nénuphar, le Sablier (*Hura crepitans*).

D'après les observations de M. Mirbel, la Chalaze est un tubercule incolore dans les Labiées et la Raphé est courte ; dans les

Aurantiacées elle se porte d'une extrémité de l'endosperme à l'autre et la Chalaze est rayonnante ou cupuliforme.

Ce que Gaertner avait désigné dans quelques graines de végétaux monocotylédones, sous le nom d'*Embryotège* (*Embryotegium*) et que M. Mirbel appelle *Opercule*, n'est point une partie distincte, c'est seulement une portion circulaire du spermoderme que la radicule pousse au-devant d'elle pendant la germination et qui donne moyen à la plantule de s'échapper par l'ouverture qui en résulte, comme on le voit dans les Asperges, le Balisier, le Dattier, les Commélines, etc.

Les parties accessoires distinguées à la superficie de la graine et qui ne se trouvent pas comprises sous d'autres noms, sont le *Ptérigion* (*Pterigium*) qui n'est qu'un appendice membraneux pellucide, en forme d'aile que l'on peut facilement voir dans les graines de quelques espèces des genres *Buda*, *Cheiranthus*, *Spergula*, *Anagallis*.

La *Chevelure* (*Coma*) confondue avant Gaertner, avec les calices aigretteux, est une sorte de houppe de poils soyeux qui existe au sommet de plusieurs graines, comme dans quelques Lyserons; et à leur surface comme dans les genres, *Gossypium* et *Bombax*, où ils sont attachés à la surface de l'épisperme; ou si l'on aime mieux à l'épiphlose de la graine (*epidermidis* Gaertn. pellicule, *pellicula*, de Cand.)

DE L'AMANDE DE LA GRAINE.

L'acception vulgaire du mot *Amande* (*Amygdala*) est bien connue lorsqu'il s'agit de désigner la graine de l'Amandier mais en Botanique on a donné à ce mot une bien plus grande extension puisque l'Amande (*Nucleus*) est la portion intérieure de toute graine, considérée abstraction faite du spermoderme.

On distingue dans l'Amande l'Embryon et l'Albumen; quelquefois l'Embryon existe seul, et l'Amande n'est formée que par lui.

On trouve dans les écrits des botanistes qui ont précédé notre siècle, l'Embryon (*Embryo*), désigné sous les noms, de *Cor seminis*, et de *Corculum*. Cette partie de la graine est d'autant mieux dénommée que c'est en effet un Embryon, renfermant sous un très-petit volume, relatif à celui de chaque espèce de graine, l'élément d'une plante susceptible de prendre de l'accroissement, et que pour cette raison on trouve indiqué aussi sous le nom de *Germe* (*Germen*), dans quelques ouvrages de naturalistes français.

On distingue dans l'Embryon la portion cotylédonaire et le Blaste ou Blastème : ou bien la Radicule, le Cotylédon, la Tigelle (*Cauliculus*) et la Gemmule. La Tigelle dans le plus grand nombre de circonstances se confond avec la Radicule dont elle n'est qu'un prolongement et se termine à la base de la cavité cotylédonaire ou à la fissure des cotylédons.

La portion de l'Embryon la plus apparente et la plus volumineuse est formée par le *Cotylédon* (*Cotyledon*) lorsqu'il n'y en a qu'un et par les Cotylédons lorsqu'il en existe deux ou plusieurs. On a nommé *Lobes* (*Lobi* Grew), les divisions des Cotylédons lorsqu'il en existe deux ou plus, et le point qui les rattache au Blaste est indiqué par M. Richard sous le nom de *Synzygie* (*Synzygia*), bien que l'on ait rarement besoin de le signaler et s'il devenait utile de le faire, le mot *Symphise* pouvait suffire. Habituellement les Cotylédons sont applicatiles, cependant quelquefois comme dans les genres *Thesium* et *Myristica* ils sont divergents; et même dans quelques espèces, qui sortiront probablement du genre Ménisperme, ils sont placés chacun isolément dans une loge. Les Cotylédons sont *planes*, *condupliqués* ou ployés en deux, *spiralés* ou contournés, *chiffonnés* et *digités*.

Dans le cas où les Cotylédons sont accolés et semblent soudés, comme dans la Chataigne, le Manglier, les Cycadées, le Marron-d'Inde, la Capucine, on donne plus particulièrement au corps qui en résulte, le nom de *corps cotylédonaire* (*corpus cotyledonarium*) que Grew nommait *main-body*. Ce corps ne se sépare point même pendant la germination, où tout ce qui forme l'Amande se développe ordinairement. Les Cotylédons de quelques plantes dicotylédonées ne sont pas toujours de dimension égale; dans le genre *Trapa* on en a un exemple des plus frappants, ils sont de la plus grande disproportion connue.

Le *Blaste* (*Blastus*), ainsi désigné par le professeur Richard, et nommé Blastème (*Blastema*) par M. Mirbel est formé par l'Embryon inalbuminé, abstraction faite des cotylédons. Il se compose de trois parties distinctes : le Collet, la Radicule et la Plumule; c'est à la portion charnue du Blaste, proférée par la graine de la Jacinthe et qui appartient à l'embryon; que Link donne le nom de *Bacillus*.

Dans le Blaste c'est toujours la Radicule (*Radicula* Gaert. *Rostellum* Linn.) qui est la partie la plus apparente. C'est un corps conique droit ou courbé, correspondant au hile, et opposé à la Plumule par l'intermédiaire du *collet* (*collum*) où est le point de symphyse cotylédonaire. Lorsque la Radicule se développe, elle suit une marche un peu différente, suivant qu'elle appartient à une plante monocotylédone ou dicotylédone. Dans les monocotylédones, la Radicule se tronque et laisse sortir de dedans en dehors une ou plusieurs radicelles ou racines secondaires qui deviennent par leur prolongement les véritables racines. Cette disposition a fait nommer Endorhizes (*Endorhizæ*) par M.

Richard, toutes les monocotylédones, de même qu'il a nommé les dicotylédones Exorhizes (*Exorhizæ*) à raison de ce que c'est la véritable Radicule qui forme les racines, sans éprouver d'autre changement que de grossir, s'allonger et se ramifier. (1).

La Plumule (*Plumula*), appelée selon Grew *Acrospire* dans l'Orge naissante et mal à propos *Plantule* par quelques botanistes peu exacts, surmonte la radicule et se trouve cachée dans l'enroulement du cotylédon lorsqu'il n'y en a qu'un, ou entre les cotylédons s'il y en a plusieurs. C'est à tort que des auteurs ont rattaché à l'idée de *Plumule* la présence des cotylédons ; la Plumule ne se composant que de la *Tigelle* (*Cauliculus* Rich) ou base de la Plumule et de la *Gemmule* (*Gemmula* Rich.) ou le Bourgeon qui surmonte la Plumule et est composé des *feuilles primordiales* (*folia primordialia*) différentes des *feuilles séminales* (*folia seminalia*) qui ne sont que des cotylédons ayant pris l'apparence de feuilles, par l'effet de la germination, comme par exemple dans le Radis. Les feuilles primordiales sont les éléments des premières feuilles que présentera la plante.

Avant de terminer les détails relatifs au Blaste, il est nécessaire de parler de l'Albumen.

L'Embryon inalbuminé ou nu, est celui qui n'est accompagné d'aucun corps particulier et qui est par conséquent en contact avec l'Endosperme par toute sa périphérie : mais dans un assez grand nombre de plantes on observe un corps comme étranger à l'Embryon et d'une autre nature que lui (*Medulla seminis* de Jungius) renfermé avec lui dans la cavité du spermoderme. C'est à ce corps que Grew et Gaertner ont donné le nom d'*Albumen* que nous conserverons et que M. de Jussieu l'auteur du *Genera plantarum* a nommé *Périsperme* (*Perispermium*) et M. Richard *Endosperme* (*Endospermum*), noms que nous n'appliquons ainsi qu'on a pu le voir qu'à la membrane interne du spermoderme : qui peut-être serait mieux appelée *Périsperme* ainsi que M. Richard l'avait proposé, si ce mot n'était pas adopté par beaucoup d'auteurs pour désigner l'Albumen. Comme l'Albumen est enveloppé quelquefois dans les replis de l'Embryon ce nom de Périsperme implique contradiction, de même que quelquefois celui d'Endosperme. Le mot Albumen, bien que rappellant l'idée de l'*Albumen* de l'œuf, avec lequel Gaertner l'avait comparé, est préférable à raison de ce que la couleur de cette partie de l'Amande est le plus ordinairement blanche ou blanchâtre. Cependant on le trouvera quelquefois coloré soit en jaunâtre, soit en couleur verdâtre comme dans le Guy. L'Embryon est placé au milieu ordinairement (intraire), et quelquefois au dehors (extraire) comme dans les Graminées.

(1) Nous ne nous faisons point l'idée de ce que l'on a appelé Rhiziophyse (*Rhiziophysis* Mirb.) ou appendice qui se prolonge des radicules du Nénuphar.

Dans quelques graines l'Albumen paraît continu avec l'Embryon ; ce que Cl. Richard a observé dans les Conifères et les Cycadées, qu'il appelle pour cela végétaux *synorhizes*. Dans les autres végétaux ces deux parties de l'amande sont toujours séparées et seulement appliquées l'une auprès de l'autre ; au moins dans les graines parvenues à maturité, seulement il est très-adhérent ou agglutiné dans plusieurs monocotylédones.

Malpighi, contemporain de Grew et qui comme lui s'est beaucoup occupé de la distinction des parties de la graine, appelle *Chorion* la substance pulpeuse renfermée dans le spermoderme dans le premier moment de la formation de la graine;de même qu'il nomme *Amnios* la liqueur hyaline gélatineuse dans laquelle se trouve placé l'Embryon avant la maturité de la graine et qui paraît être l'Albumen n'ayant pas encore changé de nature, comme cela a lieu plus tard lorsque toutes les parties de la graine cessent de croître. Toute la liqueur émulsive qui compose ce que l'on appelle *lait du Coco*, est un Albumen encore liquide, ou l'Amnios.

Dans un certain nombre de familles de plantes telles que Conifères, Graminées, Plombaginées, Renonculacées, etc., toutes les espèces sont pourvues d'un Albumen très-volumineux, relativement aux dimensions de la graine. Dans plusieurs familles au contraire, telles que les Rosacées, Méliacées, Thymélées, l'Albumen est si aminci qu'il passait pour être une partie du Spermoderme ou Endosperme. Dans les Borraginées, les Légumineuses il se trouve dans certains groupes de la famille et n'existe point dans d'autres; où du moins il cesse de pouvoir être facile à distinguer.

L'Albumen est farineux dans les Graminées, les Nyctaginées, Atriplicinées, Amaranthacées; il est oléagineux dans les Euphorbiacées ; il est corné dans les Aristolochinées, les Rubiacées, les Palmiers ; coriace, dans les Ombellifères.

Ce n'est que dans les Légumineuses et les Malvacées que l'on a vu l'Albumen se convertir dans l'eau en matière mucilagineuse, ainsi que celui du Micoucoulier (*Celtis*) : dans les autres végétaux albuminés, cette partie est insoluble à froid.

Comme il importe au Botaniste de bien connaître ce qui est relatif à toutes les parties de la graine, à raison de ce que ces parties ont été l'objet de beaucoup d'observations essentielles, nous allons revenir sur ce que nous avons été forcé de laisser un instant en arrière, pour ne pas surcharger l'idée première que l'on devait prendre de l'organisation de l'Amande des graines.

La base d'une graine est toujours déterminée par le hile et par la place qu'il occupe, quelle que soit la forme de la graine ; par conséquent c'est en suivant cette indication que l'on peut déterminer quelle est la situation des parties de l'Amande relativement à cette base.

La direction de l'Embryon et sa position dans l'Albumen, ne sont pas toujours dans le sens de la base. Dans les Conifères, l'Embryon est axile (*Embryo axilis*), c'est-à-dire, droit et situé dans l'axe de la graine. Dans le *Cyclamen*, les Renouées, il se porte vers un des côtés de l'Albumen; dans les Ombellifères, les Pipéritées, Papavéracées, Bananiers, Palmiers, Renonculacées, il est excentrique; dans les Nyctaginées il enveloppe et renferme complètement l'Albumen; dans les Atriplicinées il est annulaire entourant l'Albumen; enfin dans les Convolvulacées il est plissé conjointement avec l'Albumen et en suit les sinuosités.

Le plus ordinairement l'Embryon, suit la direction de la graine et dans ce cas le mot *homotrope* (*homotropus*) pour qualifier ce mode presque général, devient superflu, bien que proposé par un très-savant Botaniste. Dans quelques végétaux, au lieu de correspondre au sommet de la graine, le sommet de l'Embryon correspond au hile, ce que M. Richard désignait par l'expression d'Embryon *antitrope*, (*Embryo antitropus*), mais que l'on peut très-bien faire entendre par celle d'*Embryon adverse*, tel le présentent les Mélampyres, les Fluviales, les Thymélées, le genre Acanthe, le *Sterculia Balanghas*. L'Embryon annulaire ou *contourné*, ou dont les sommets des cotylédons et de la radicule regardant le hile était dit *antihémitrope*, ou *amphitrope* par le même observateur, telle est la disposition de l'Embryon des Crucifères, Caryophyllées, Atriplicinées en général. Dans le *Cyclamen* la radicule est très-éloignée du hile.

C'est particulièrement pour les Embryons monocotylédonés que l'on a cherché à établir des distinctions, auxquelles n'obligent point l'uniformité de structure des graines des végétaux dicotylédonés.

Une Amande d'Embryon monocotylédone, vue par dehors et du côté correspondant au hile, offre quelquefois une gibbosité plus ou moins remarquable à sa surface, c'est l'*Epiblaste* (*Epiblastus*) d'après M. Richard, et est ainsi nommé parce qu'il est à la partie extérieure du Blaste et s'annonce par un prolongement situé au-dessus du Blaste.

L'*Hypoblaste* (*Hypoblastus* Rich.), dans les mêmes sortes de végétaux, est un corps charnu au moyen duquel l'Embryon adhère à l'Albumen par le milieu de sa face postérieureet sur lequel il semble couché; c'est encore le *Blastophore* (*Blastophorus*) du même observateur. Cette sorte de modification de l'Embryon, qui ne nous paraît pas mériter d'être indiquée comme corps particulier et par un nom spécial, est ce que Gaertner désignait sous le nom de *Vitellus* : mais dans tous les cas s'il est utile de le signaler, le mot *Blastophore* nous semble le plus convenable et ce n'est au surplus que la portion albumineuse elle-même de l'Embryon, renfermé dans les enveloppes fructuaire et spermique combinées, et portant par exemple à l'un des points de sa surface, l'*aréole embryonale.*

Le *Vitellus* n'est pas toujours la même chose dans les auteurs ; dans la *Ruppia*, on a pris pour tel la radicule renflée ; dans l'*Hydrocharis* c'est encore la même partie, au milieu de laquelle se trouve enfoncée comme dans un trou qu'elle bouche complètement, la portion cotylédonaire. Dans le genre *Zostera*, le *Vitellus* n'est que la radicule grosse, fendue et portant la tigelle vers le centre (Richard) ; dans le *Nelumbium* la radicule est profondément divisée et vient recouvrir le reste de l'Embryon.

Les dimensions remarquables des régions de quelques embryons de monocotylédones, ont déterminé l'emploi de quelques qualifications, qu'à raison de la rareté de leur application il eut peut-être mieux valu ne pas créer : ainsi lors que l'extrémité supérieure du Blaste est renflée, on dit l'Embryon Macrocéphale (*Embryo macrocephalus* Rich.), tel est celui du Bananier et des Amomacées; lors qu'au contraire c'est l'extrémité inférieure, il est macropode (*Embryo macropodius* Rich.), comme on peut le voir dans les Commélinées et le genre *Cabomba.* Si cette extrémité inférieure est seulement conique, Cl. Richard disait l'Embryon coïnopode (*E. coïnopodus.*)

Nous ne nous arrêterons point aux divisions des sortes d'Embryons proposés par le professeur Willdenow, parce qu'elles sont fondées sur des rapports vicieux(1) ou des observations inexactes.

A raison de ce que toutes les parties qui composent les Embryons monocotylédonés sont enroulées et se développent de dedans en dehors, hors d'une gaîne qui est l'analogue des gaînes des feuilles et des bractées, il paraît autour de la base de la plumule et de la radicule une sorte de gaîne que dans la radicule M. Mirbel appelle *Coléorhize* et dans la plumule *Coléophylle* ou *Coléoptile* (*Coleoptila*), mais il est naturel de regarder la première partie comme la véritable Radicule que M. Richard a nommée ici *Radiculode* et la seconde partie ne nous semble être autre chose

(1) Embryons *dermoblastes (dermoblastæ)*, le cotylédon des Champignons!!... Embryons *némoblastes (nemoblastæ)*, Embryons filiformes des Mousses et des Fougères ; Embryons *pléxeoblastes (plexeoblastæ)*, acotylédons épigés se changeant en feuilles plus ou moins approchant des feuilles ordinaires; Embryons *géoblastes (geoblastæ)*, ou hypogés, distingués en *rhizoblastes*, ou pourvus de racines ; en *arhizoblastes*, ou dépourvus de racines, comme dans les plantes parasites. Et enfin les Embryons *sphéroblastes (spheroblastæ)*, ou ceux qui d'après cet auteur, étant épigés, se divisent en deux parties globuleuses pédicellées, à plumule latérale, tel est celui du Jonc des marais *(Juncus bufonius).*

que le véritable cotylédon : les observateurs ayant appliqué ce dernier nom à la feuille primordiale, selon notre manière de voir.

On a observé dans les genres Guy (*Viscum*) et Capucine (*Tropæolum*) des sortes de *Coléorhizes* qui sont différentes de celles des monocotylédones.

C'est encore le cotylédon, ou si on l'aime mieux la gaîne du cotylédon ou *coléorhize* ou *Radiculode*, à laquelle M. Mirbel a encore appliqué le nom de *Piléole* (*Pileola*) dans quelques monocotylédones, par la mauvaise habitude que l'on a en général d'isoler les observations ou les faits les uns des autres ; delà cet abus de nomenclature pour des choses qui généralisées se réduisent à un type uniforme. C'est cette même *feuille séminale* que M. Mirbel appelle un *lobule* (*lobulus*), lorsqu'elle se développe peu, comme dans l'Asperge, et alors il nomme cotylédon la seconde feuille primordiale.

En surchargeant ainsi la nomenclature, nous ne dirons pas des diverses parties de la graine, mais de ses diverses régions, bien loin d'éclaircir la matière, l'on jette un voile impénétrable, pour ainsi dire, sur une organisation qui s'éloigne moins que l'on ne l'imagine du type universel des véritables graines. Si l'on voulait comparer par exemple la germination du Maronnier-d'Inde avec celle des monocotylédones, l'on n'y verrait pas une telle dissemblance qu'elles ne puissent s'éclairer réciproquement.

Chaque auteur ayant vu les choses à sa manière, et souvent différente de celle des Botanistes qui l'ont devancé, a surchargé la nomenclature des appareils des végétaux, en appliquant par exemple pour la graine, des noms différents à des choses semblables. Dans cet état de choses, non-seulement il faut ramener toutes les dissidences à une nomenclature uniforme, mais encore il est indispensable de trouver la concordance entre les observations qui ont pû être faites et c'est ce qui rend actuellement l'étude des livres difficile pour ceux qui ne sont pas initiés dans tous les détails de la science, et jette dans l'étude des plantes, des difficultés infiniment plus grandes que la nature n'en présente elle-même.

Lors que l'Embryon, par l'effet de la germination, est dégagé de toutes ses enveloppes et en est séparé, lorsqu'enfin l'on peut distinguer la Radicule, la Tigelle, les feuilles séminales ou bien les cotylédons modifiés et enfin les feuilles primordiales, le végétal cesse de faire partie d'une graine et prend le nom de *Plantule* (*Plantula*). Son accroissement marchant peu à peu vers l'entier développement relatif à chaque espèce, lui fait donner alors le nom général de plante ou végétal et il présente dans cet état de perfectionnement toutes les parties ou tous les appareils dont nous avons fait mention et que l'on observera et distinguera facilement en suivant la marche que nous avons proposée et qui tend non-seulement à voir la nature telle qu'elle est, mais encore à rectifier les erreurs de ceux qui paraissent l'avoir observée d'une manière inexacte ou sous de faux points de vue.

DES ESPÈCES DE FRUITS.

Après avoir donné l'idée de la structure générale du Fruit il devient indispensable de traiter des diverses sortes ou espèces de Fruits que l'on a distingué, pour faciliter la description de ces parties des végétaux dans chaque espèce, et pour simplifier s'il est possible les descriptions botaniques, dans lesquelles le nom de l'espèce de Fruit rappelle des idées connues ou des définitions convenues.

Les nombreuses modifications des Fruits, relativement à leur forme, à leur substance, à leur structure ont fixé non-seulement les regards des Botanistes, mais aussi ceux du vulgaire puisqu'il ne donne point le même nom au fruit du Noyer, comme à celui du Chêne ; au Pêcher comme au Haricot, et qu'il distingue fort bien les *fruits secs* d'avec les *fruits à noyau.*

Comme les Fruits fournissent des caractères pour distinguer les végétaux entr'eux, et que ces caractères sont même assez importants, on a senti la nécessité d'établir des distinctions nominales entre les formes de Fruit. Ce travail ne s'est fait que successivement et l'on peut même dire qu'il est ou imparfait ou incomplet.

On peut remarquer que les anciens Botanistes, par les mots qu'ils ont employés, n'indiquaient que la *Pomme*, la *Baie* et le *Fruit.* Ce dernier s'appliquait généralement pour tout ce qui n'était pas *Pomme*, *Baie* ou *Drupe*, et encore le nom simplement de *Graine* (*Semen*) désignait un grand nombre de Fruits dans lesquels on confondait le Péricarpe et le Spermoderme, faute d'observation.

Ray distingue le *Strobile* (*Strobilus*) que Tournefort appella *Cône* (*Conus*) bien que ce ne soit qu'une inflorescence et non un fruit.

Depuis Tournefort, qui établit la distinction exacte entre la *Capsule* et la *Silique*, différents auteurs, tels que Gaertner, Richard, Necker, Mœnch, ont désigné diverses sortes de Fruits plus ou moins bien caractérisées. Mais ce n'est que dans ces derniers temps que l'on a examiné méthodiquement les espèces botaniques de Fruits. MM. DeCandolle, Mirbel et Nous, les avons distribués, classés d'après des bases particulières à chacun, pour en faire ressortir les différences, suivant que nous avons cru qu'elles devaient être mises en évidence.

Personne n'eut été plus capable de traiter de la distinction des sortes de Fruits, que le savant observateur Gaertner, et cependant à peine a-t-il effleuré cette partie essentielle de son ouvrage carpologique; aussi en est-il résulté trés-souvent dans la nomenclature qu'il a adoptée, une sorte de confusion que nous nous garderions bien de signaler ici, si ce n'eut été que notre sentiment particulier. Il adopta les *Galbule*, *Acine*, *Utricule* et *Samare*. Necker avait proposé l'*Achène*.

Sans prétendre faire prévaloir nos idées relatives aux diverses distinctions de Fruits, sur celles de MM. De Candolle ou Mirbel, cependant ici nous adopterons le travail que nous avons fait en dernier lieu, et qui résulte d'une étude répétée plusieurs fois, de cette partie des éléments de la science. La difficulté de bien faire un semblable travail, est d'autant mieux sentie par Nous, qu'après l'avoir refait jusqu'à trois fois, nous ne pouvons en être parfaitement satisfait : bien que nous ayons pu consulter ce qui a pu être publié à cet égard jusqu'à ce jour, et que nous ayons profité de ce qui nous a paru mériter d'être adopté.

Le *Fruit* réel n'est jamais il est vrai, ainsi que nous l'avons dit, que le développement d'une *fleur* : mais dans beaucoup de circonstances l'on a étendu assez inconsidérément l'application de ce mot à des groupes de Fruits provenant de plusieurs fleurs, ou bien à des Fruits présentant des parties accessoires qui ne font point ordinairement partie constitutive du Fruit. Il est de ces additions de parties qui sont telles, que la forme extérieure est modifiée, ou qu'elle disparaît quelquefois même entièrement. C'est d'après cela que nous avons distingué les Fruits en *autocarpiens*, *hétérocarpiens* et *pseudocarpiens*, dans chacune des trois classes de Fruits que nous avons cru devoir adopter en dernier lieu.

Afin de mettre à même de choisir la méthode que l'on croira la plus convenable, nous allons exposer les trois principales méthodes proposées, Cl. Richard n'ayant fait que créer quelques noms nouveaux tels que ceux de *Cariopse*, *Polachène*, *Nuculaine* et *Syncarpe*, sans se proposer un travail spécial sur cette partie élémentaire de la science.

Nous ne pouvons nous faire un mérite d'avoir donné un plus grand nombre de noms, puisque l'on verra que nous n'adoptons en réalité qu'un petit nombre d'espèces de fruits, ne traitant des autres que comme faisant partie des travaux faits en ce genre.

MÉTHODES DIVERSES POUR LES ESPÈCES DE FRUITS.

M. DE CANDOLLE. (1)

I. FRUITS PSEUDOSPERMES.

1. Cariopse. *Richard.*
2. Achène. *Necker.*
3. Polachène. *Rich.*
4. Utricule. *Gaertner.*
5. Scléranthe. *Mœnch.*
6. Samare. *Pline.*
7. Gland.
8. Noisette. *De Cand.*

II. FR. GYMNOBASIQUES.

9. Sarcobase. *De Cand.*
10. Microbase. *De C.*

III. FRUITS CHARNUS.

11. Drupe. *Linnée.*
12. Noix.
13. Nuculaine. *Rich.*
14. Pomme. *Lin.*
15. Péponide. *Lin.*
16. Orange. *De Cand.*
17. Baie.

IV. FRUITS CAPSULAIRES.

18. Follicule. *Lin.*
19. Gousse. *Lin.*
20. Silique. *Tournefort.*
21. Boîte à savonnette.
22. Capsule.

V. FRUITS AGRÉGÉS.

23. Syncarpe. *Rich.*
24. Figue. *De Cand.*
25 Cône. *Tourn.*

M. MIRBEL. (2)

Ire CLASSE.

Phénocarpes ou *Gymnocarpes.*

Ier ORDRE. — *Carcérulaires.*

1er genre. — Cérion. *Mirb.*
2. — Cypsèle. *Mirbel.*
3. — Utricule. *Gaert.*
4. — Thécidion. *Mirb.*
5. — Ptéride. *Mirb.*
6. — Carcérule. *Mirb.*

2me ORDRE. — *Capsulaires.*

7. — Gousse. *Lin.*
8. — Pyxide. *Erh.*
9. — Silique. *Lin.*
10. — Capsule. *Lin.*

3me ORDRE. — *Synochorionaires* ou *Diérésiliens.*

11. — Crémocarpe. *Mirb.*
12. — Regmate. *Mirb.*
13. — Synochorion. *Mirb.*
14. — Diérésile. *Mirb.*

4me ORDRE. — *Chorionaires* ou *Etairionnaires.*

15. — Double follicule. *L.*
16. — Polychorion. *Mirb.*
17. — Polychorionide. *M.*
18. — Etairion. *Mirb.*

5me ORDRE. — *Drupacés.*

19. — Drupe. *Linnée.*

6me ORDRE. — *Exostilaires* ou *Cénobionaires.*

20. Poléxostyle *ou* Cénobion. *Mirb.*

7me ORDRE. — *Bacciens.*

21. Pomme. *Lin.*
22. Nuculaine. *Rich.*
23. Pépon. *Lin.*
24. Baie. *Lin.*

IIme CLASSE.

Ordre unique. — *Cryptocarpes* ou *Angiocarpes.*

25. Gland *ou* Calybion.
26. Sycone. *Mirb.*
27. Sorose. *Mirb.*
28. Galbule. *Gaert.*
29. Cône *ou* Strobile.

M. DESVAUX. (3)

Ire CLASSE.

Péricarpes secs.

Ier ORDRE. — *Simples et indéhiscents.*

1. Cariopse. *Rich.*
2. Achène. *Neck.*
3. Stéphanoé. *Desvaux.*
4. Diclésie. *Desv.*
5. Catoclésie. *Desv.*
6. Xylodie. *Desv.*
7. Noisette. *Desv.*
8. Gland.
9. Ptérodie. *Desv.*
10. Amphisarque. *Desv.*
11. Carcérule. *Mirb.*

Simples et déhiscents.

12. Utricule. *Gaert.*
13. Conceptacle. *Lin.*
14. Silique. *Lin.*
15. Gousse. *Lin.*
16. Hémigyre. *Desv.*
17. Regmate. *Mirb.*
18. Capsule. *Lin.*
19. Stérigime. *Desv.*
20. Pyxidie. *Erhart.*
21. Diplotège. *Desv.*

2me ORDRE. *Secs composés.*

22. Follicule. *Rich.*
23. Carpadèle. *Desv.*
24. Microbase. *De Cand.*
25. Plopocarpe. *Desv.*
26. Polysèque. *Desv.*
27. Amalthée. *Desv.*
28. Strobile. *Lin.*

IIme CLASSE.

Péricarpes charnus.

Ier ORDRE. — *Simples.*

29. Sphalérocarpe.
30. Baie. *Lin.*
31. Acrosarque. *Desv.*
32. Péponide.
33. Arcestide. *Desv.*
34. Hespéridion. *Desv.*
35. Drupe. *Lin.*
36. Nuculaine. *Rich.*
37. Pyrénaire. *Desv.*
38. Mélonidie. *Desv.*
39. Balauste. *Desv.*

2me ORDRE. — *Composés.*

40. Cynarrhode. *Desv.*
41. Erythrostôme. *Desv.*
42. Sarcobase. *De Cand.*
43. Baccaulaire. *Desv.*
44. Assimine. *Desv.*
45. Syncarpe. *Rich.*

(1) En 1808.

(2) En 1812 et 1813.

(3) En 1812.

M. Caffin, médecin fort distingué, connu par divers travaux, qui, dans son *Exposition méthodique du règne végétal* (1), a critiqué avec beaucoup de justesse toutes les bases de classifications des Fruits, que nous même avions jugé sous le même point de vue (2), a cru pouvoir obvier à tous les inconvénients de ces classifications, en divisant les fruits en *fruits columellaires*, à graines axiles, en y rangeant ceux des Liliacées, Iridées, Campanulacées, Epilobes, Hermanniées, Géraniacées, etc.; en *fruits pariétaux*, ou à graines fixées au péricarpe du côté des valves, comme dans les Orchidacées, les Cistinées, les Capparidacées, etc.; enfin en *fruits carpellaires*, ou provenants d'un ovaire multiple. Il a même classé toutes les familles des plantes sur la connaissance du Fruit d'après ces principes. Si nous voulions entreprendre de signaler les cas où la nature se soustrait dans cette classification aux règles posées comme fixes, nous prouverions que cette distinction n'a pas plus de précision que toutes celles employées, et que l'auteur n'a fait que l'application d'une idée que nous avions déjà émise dans notre premier travail sur les Fruits. Dans quelques familles on peut passer de l'une de ces espèces à une autre, et qu'il faut toujours revenir à distinguer si les Fruits sont pulpeux ou secs, simples ou multiples, accompagnés ou non de parties accessoires accressibles avec eux, et enfin isolés ou groupés : ce qui oblige encore à l'adoption du plus grand nombre des distinctions qui ont été faites et dont nous allons donner les caractères.

En prenant pour base de nos premières divisions, la structure générale du Fruit, c'est-à-dire en les distinguant en simples, en composés et agrégés, nous avons cru suivre une marche plus naturelle, puisqu'il est certain qu'en employant pour base, ainsi que nous l'avions fait dans notre premier travail, (3) la substance des Fruits, on éloigne par là les espèces qui se ressemblent le plus : étant bien certain qu'à la première ou seconde époque du développement d'un Fruit, il est douteux si l'on peut assigner s'il sera sec ou pulpeux; tandis qu'il est toujours facile de s'assurer s'il est simple, composé ou agrégé; de voir s'il est libre, s'il est augmenté de quelque partie accessoire ou s'il est caché en totalité. La seule chose que nous ayons à dire sur cette énumération d'espèces de Fruits, quelle que réduite qu'elle soit, c'est qu'elle est encore trop nombreuse. Ici la richesse d'un vocabulaire, ainsi que dans une foule de cas en botanique, n'est véritablement point en rapport avec des progrès réels; et souvent c'est plutôt pour persuader qu'on a fait une découverte,

(1) Paris, 1822.

(2) Voyez vol. XI. page 179 de notre Journal de Botanique.

que pour en constater une, qu'on crée un mot nouveau et qu'on grossit sans utilité le vocabulaire d'une science qui, par là, s'éloigne de plus en plus de son objet essentiel, celui d'être usuelle, ou la science de tous. Nous serons donc des premiers à regarder qu'il reste encore d'utiles réformes à faire dans cette partie des éléments de la science.

FRUITS SIMPLES.

Les fruits sont *simples* toutes les fois que, provenant d'un ovaire simple non divisible spontanément en parties distinctes, ils croissent, se développent et parviennent à leur maturité sans qu'ils puissent laisser voir qu'ils soient formés de plusieurs parties, que peut seule alors démontrer l'analyse du péricarpe.

FRUITS AUTOCARPIENS.

Les fruits sont *autocarpiens* (1) lorsqu'ils se développent sans contracter aucune adhérence avec les parties environnantes, ou sans être immédiatement recouverts par elle, et enfin sans présenter de connexion avec toute partie qui n'appartiendrait pas exclusivement au péricarpe. Les fruits autocarpiens ne sont pas la même chose que les Gymnocarpiens ou Phénocarpiens de M. Mirbel.

§. *Fruits autocarpiens secs.* — Indéhiscents.

1. Le CARIOPSE (*Cariopsis*, Richard) est un fruit monosperme, à péricarpe adhérent au spermoderme, par la totalité de sa paroi intérieure.

Si l'on ne peut parvenir à isoler la graine du péricarpe, il est certain alors que le fruit est un Cariopse. Cl. Richard le premier proposa cette espèce de fruit, et la caractérisa ; elle est maintenant adoptée dans la description des plantes. On l'observe dans toutes les Graminées, dans le Ruban d'eau (*Sparganium*), les Sparganiacées ou Pandanées.

M. Mirbel, en ne considérant le Cariopse que dans la famille des Graminées, l'a appelé successivement dans ses divers ouvrages *Grain* (*Granum*) et *Cérion* (*Cerium*). Ce dernier mot exprimant que c'est une espèce de fruit propre à donner de la farine, était d'un choix très-heureux, si le mot *Cariopse* n'eût été publié vingt ans auparavant.

Cette espèce de fruit long-temps confondue avec les prétendues *graines nues*, avait encore été appelé aussi improprement *Noix* dans plusieurs ouvrages de Botanique.

2. L'ACHÈNE (*Achœna* Necker, *Acenium* Link, *Akena* De C., *Achenium* Richard), fut distingué par Necker le Botaniste, et il

(1) De *Autos* lui-même et *Carpos* fruit.

employa ce nom pour tous les fruits sans exception qui étaient secs et indéhiscents, comme l'exprime le mot Achène qui veut dire *privé de suture* ou qui *ne s'ouvre pas*, et nullement comme on l'a dit, un *fruit pauvre*. Quelques Botanistes joignent la Cypsèle de M. Mirbel à l'Achène.

M. Richard, en adoptant cette espèce ou sorte de fruit, en circonscrivit l'application et ne considéra comme Achène que les fruits monospermes à péricarpe indéhiscent, coriace, non ligneux, ne contractant aucune adhérence avec le spermoderme; tel est celui des Cypéracées, des Fumeterres (*Fumaria*); de plusieurs Crucifères, telles que les Isatis, Cakilé, Lælie (*Lælia*), Rapistre (*Rapistrum*) : mais nous devons ajouter, pour le caractère de ce fruit, qu'il est libre de toute adhérence, ce que ne spécifiait pas la définition donnée par M. Richard, qui par là renfermait dans l'Achène beaucoup d'autres fruits.

Le *Sacelle* (*Sacellus*) distingué d'abord par M. Mirbel, rentre dans l'Achène.

Nous avions donné le nom de *Ptérode* (1) et *Ptérodie* (*Pterodium*), et M. Mirbel celui de *Ptéride* (*Pterides*), à une Achène ailée, que Gaertner avait nommée *Samare*, fruit oligosperme (*Samara*), du nom que Pline donnait au fruit de l'Orme, lequel tout examen fait, ne peut être bien distinct de l'Achène lorsque le fruit est à sa maturité, si ce n'est par le bord membraneux : caractère trop léger pour établir une espèce distincte de fruits, dont il y a déjà un assez grand nombre.

3. Le CARCÉRULE (*Carcerulus*) est un fruit multiloculaire, sec, indéhiscent, à loges confluentes ou distinctes, mais sans la présence d'aucune partie étrangère au péricarpe : tel est le fruit des Tilleuls, de plusieurs Sapindacées.

Le mot *Carcérule* (2), employé d'abord par M. Mirbel, désignait un si grand nombre de fruits différents, qu'il était trop vague pour laisser une idée exacte de ce que ce pouvait être, si ce n'est qu'il renfermait toutes les Achènes et les fruits indéhiscents multiloculaires.

L'*Amphisarque* (*Amphisarca* (3)) diffère peu du Carcérule, seulement l'épicarpe est ligneux, l'endocarpe pulpeux et les loges en nombre plus ou moins grand, tel est le fruit de l'*Adansonia digitata*; celui du Calebassier (*Crescentia cujete*), celui de l'Omphalocarpe géant (*Omphalocarpum procerum*), et peut disparaître sans inconvénient étant en principe un Carcérule.

(1) De *Pteron* aile.
(2) De *Carcer* prison, de ce que les loges sont closes.
(3) Du grec *Amphi* double, et *Sarx* chair.

§§ *Fruits autocarpiens secs.* — Déhiscents.

4. L'UTRICULE (*Utriculus*), que Gaertener a bien caractérisé et qui peut-être serait mieux appelé *Cystidion* (*Cystidium*) ainsi que l'a proposé Link, est un fruit à péricarpe libre, monosperme, mince, déhiscent avec plus ou moins d'irrégularité : quelquefois par circoncision. On l'observe dans la famille des Amaranthacées, et quelques genres appartenant à d'autres familles de plantes.

5. De la SILIQUE (*Siliqua* L.) on peut dire que c'est une capsule bivalve, biloculaire, mais il est reçu de la distinguer généralement et jusqu'à une réforme faite par des mains plus habiles et plus hardies que les nôtres; nous la conservons comme une espèce distincte.

La *Silique* est un fruit sec, coriace ou membraneux, bivalve, uniloculaire ou pourvu de deux fausses cloisons qui s'appliquent l'une contre l'autre au milieu de la loge et établissent deux fausses loges portant les graines de chaque côté de leur bords suturaires et présentant, au moins en longueur, trois fois son diamètre. Si elle a moins de trois fois son diamètre en longueur, tout en présentant les mêmes caractères, alors elle prend le nom de *Silicule* (*Silicula*) qui n'est qu'un diminutif. Elle s'offre quelquefois dans ce cas sans les fausses cloisons. Une partie des Crucifères, à raison de la forme de son fruit porte le nom de *Siliqueuse* (*Siliquosæ*) et l'autre celui de *Siliculeuse* (*Siliculosæ*), toutes distinctions employées avant et depuis Linnée. La division en Siliques vraies (*Siliqua vera*) à graines attachées aux bords de la cloison et celle de fausses Siliques (*Siliqua spuria*), à graines sur le bord même des valves, établie par Moench, nous paraît peu utile.

Le *Conceptacle* (*Conceptaculum*) que M. de Candolle nomme *Follicule* (*Folliculus*), est un fruit coriace uniloculaire, bivalve, souvent non-symétrique, à graines portées d'un seul côté sur le bord suturaire.

Plusieurs botanistes ayant adopté cette distinction de fruit, en parlant des genres *Corydalis, Cleome, Hypecoum,* Chélidoine (*Chelidonium*) et *Glaucium*, nous la croyons suffisamment fondée; tout ce que l'on peut en faire c'est une sorte de *Capsule bivalve* ou une *silique* manquant de ses fausses cloisons et encore cette espèce de fruit ne leur conviendra-t-elle qu'imparfaitement.

6. LA GOUSSE (*Legumen* L.), que l'on ne doit pas appeler *Légume* (*Legumen*) dans notre langue, ainsi qu'on l'a fait, ce qui jette de la confusion avec la signification que nous donnons jour-

nellement au mot légume dans les usages de la vie civile, la Gousse est un fruit non-symétrique presque toujours bivalve (1) ayant ses graines portées par le bord le plus court et vers la suture la plus prononcée ; c'est-à-dire, le placentaire intervalvaire répondant à la courbure.

On ne distingue la *Gousse* que dans les Légumineuses et malgré les nombreuses modifications qu'elle éprouve on la reconnaît toujours à la position de son placentaire.

Lorsque ce placentaire se prolonge dans la Gousse il forme une fausse cloison et deux fausses loges, lorsqu'il est étranglé dans sa longueur ou séparé par de nombreux dissépiments il ne cesse pas de rentrer dans la forme générale de la Gousse quand bien même il serait sec, ou pulpeux, coriace ou ligneux.

La Gousse diaphragmatique (*fragmigera* de C.) porte des diaphragmes transversaux et la *lomentacée* (*articulata* de C.) se sépare en parties, fixées d'abord les unes à la suite des autres. Dans le cas de Gousse pulpeuse, Necker avait fait l'espèce de fruit qu'il nomme *Scytinum* qui se trouvait dans le Tamarinier, la Combarie, le Caroubier et les Casses cathartiques.

Si l'*Hémigyre* (*Hemigyrus*) (2) n'avait pas ses graines placées bien différemment de la Gousse, on pourrait le confondre avec elle, surtout lorsqu'il est coriace comme dans quelques espèces de Ptérocarpes; et cependant nous n'osons pas persister à reconnaître ce fruit comme espèce non-symétrique, uniloculaire, rarement biloculaire, souvent ligneux à loges mono ou dispermes, déhiscent d'un seul côté qui a été appelé Noix, par beaucoup d'auteurs. Il appartient exclusivement aux Protéacées.

7. La **Capsule** (*Capsula*) désigna long-temps toute espèce de fruit indéhiscent, avant que l'on eut porté quelque précision dans la distinction des espèces de fruits ; mais depuis qu'il en a été distrait un assez grand nombre, formant des espèces distinctes, il a fallu restreindre l'application de ce mot. Cependant, c'est encore de toutes les espèces de fruits celle qui revient le plus souvent dans la description des plantes.

La Capsule est un fruit sec, jamais ligneux ; ayant une déhiscence régulière, mais pas toujours symétrique ; étant libre de toute adhérence et dégagée de toute autre partie ; ayant d'une à plusieurs loges mono ou polyspermes, et ne pouvant se rapporter aux espèces précédemment énumérées.

Les Liliacées, Colchicacées, Scrophularinées, Convolvulacées,

(1) On trouve quelques genres que l'on ne peut sortir des groupes de ceux qui offrent des gousses, avoir trois valves à cette gousse.

(2) Du grec *êmi* demi, et *Guros* tour.

Gentianacées et un grand nombre de genres de plusieurs autres familles de plantes, offrent des Capsules de diverses formes, plus ou moins régulières ou symétriques.

On doit regarder la *Capsule circoncise* (*Capsula circumcisa* L.), ridiculement appelée *Boîte à savonnette*, comme une variété de Capsule, et non en faire une espèce de fruit, comme Ehrhart, qui l'avait nommée *Pyxidium*, que nous avions cru devoir adopter d'abord sous la dénomination de Pyxidie, et M. Mirbel sous celle de Pyxide.

La déhiscence de cette sorte de Capsule se fait par une circoncision horizontale, au moyen d'une ruptilité régulière et non par des sutures ou fausses sutures, comme on peut le voir dans les Portulacinées, les Mourons (*Anagallis*), les Jusquiames (*Hyosciamus*). Ce mode de ruptilité, s'observant dans plusieurs sortes de fruits de structure et d'espèces différentes, ne peut donner lieu à la formation d'espèces distinctes de fruits; ce qui serait rompre les rapports naturels que l'on doit s'efforcer de conserver, même dans une classification où l'on est un peu forcé de sacrifier à l'esprit de système pour la facilité de l'étude. La partie inférieure de ce péricarpe est appelée *Amphore* et la supérieure *Opercule*, comme dans les Lécythidées.

§§§. *Fruits autocarpiens charnus.*

8. La Baie (*Bacca*) est plutôt molle et pulpeuse que charnue: elle est à une ou plusieurs loges, à peine distinctes lorsqu'elle a pris tout son accroissement, dans lesquelles alors les graines ne paraissent pas conserver un ordre déterminé.

Les véritables Baies sont beaucoup moins communes que l'on ne l'imagine en lisant les ouvrages de Botanique, parce que l'on a appliqué ce nom à des fruits forts différents, mais pulpeux. On peut voir des Baies dans la plupart des genres des Solanacées; telles que le Lyciet (*Lycium*), les Alkekenges (*Physalis*), Solanons, etc.

La Baie se distinguera toujours à ses graines libres dans la pulpe et à son défaut d'adhérence avec aucune autre partie. Le Botaniste Moench a distingué la *vraie Baie* (*Bacca vera*), dont les graines sont dispersées sans ordre dans la pulpe et la *fausse Baie* (*Bacca falsa*), dans laquelle les graines conservent l'ordre primitif: telle est celle de l'Androsème.

9. L'Hespéridion (*Hesperidium*), appelé primitivement Orange (*Aurantium*) par M. De Candolle et *Bacca corticata* par plusieurs Botanistes, est caractérisé par son épicarpe membraneux, séparable, ses loges distinctes, son sarcocarpe ou mésocarpe (Caffin) spongieux, et son endocarpe portant des cellules pulpeuses, mêlées entre les graines.

14

Cette espèce de fruit, qui appartient à la famille des *Aurantiacées*, est des plus distinctes. Nous avons cru devoir proposer le nom d'Hespéridie et mieux Hespéridion, pour rappeler que c'est là cette *Pomme des Hespérides* si célèbre dans l'antiquité fabuleuse : ayant pensé qu'il y eut eu une sorte d'inconvenance d'appeller un *Limon*, un *Citron*, une *Orange*. Le fruit des Passiflores, dont Necker avait fait son *Cysta*, doit rentrer essentiellement dans l'Hespéridion.

10. Le DRUPE (*Drupa*) que l'on a mis tantôt au féminin et tantôt au masculin, et que l'on a appelé aussi Droupe (Richard), est un fruit pulpeux, charnu ou fibreux, uni ou multiloculaire; dont l'endocarpe ligneux et facilement séparable du mésocarpe, enveloppe les graines.

On voit des Drupes pulpeux uniloculaires dans les Cerises, les Prunes ; on en voit de charnus dans l'Amande, le Noyer (*Juglans regia*).

Dans les Cocotiers et beaucoup de Palmiers, le Drupe qui est organiquement triloculaire et uniloculaire par avortement, est composé à sa surface de fibres sèches et très-entortillées qui recouvrent les noyaux.

C'est à tort que le fruit du Noyer offrant tous les caractères du Drupe, est établi dans quelques auteurs sous le nom de Noix, comme espèce distincte. MM. Richard et De Candolle ont conservé ce nom de Noix (*Nux*) aux fruits tels que l'Amande, la Noix, qui rentrent dans le Drupe et dont Necker avait fait son *Tryma*, à raison de sa déhiscence spontanée : tandis que pour lui la Noix renfermait le fruit du *Xanthium* qui n'est qu'un fruit à involucre épineux.

Dans beaucoup d'anciens Botanistes, le mot *Prunus* se trouve désigner les Drupes de diverses espèces d'arbres.

Lorsqu'il y a plusieurs noyaux dans un Drupe, ils sont ou distincts les uns des autres ou réunis. Ils sont habituellement séparés dans le Cocotier des Maldives (*Lodoïcea sechellarum*). Dans le genre *Spondias*; ils sont réunis comme dans les genres *Melia*, *Bontia*, *Rhamnus*, et alors le noyau est à plusieurs loges. Nous avions nommé le Drupe multiloculaire, *Nuculaine* dans notre premier travail, et appelé *Pyrénaire* le véritable *Nuculaine*.

Pour bien juger d'un Drupe il faut que le mésocarpe ne soit pas desséché, parce qu'alors on pourrait le confondre avec les Carcérules : si l'on ne faisait pas attention surtout à l'osselet ou noyau, ce qui peut arriver dans les végétaux dont les Nucules sont à enveloppe peu osseuse, comme dans plusieurs Rhamnacées dont la structure rentre dans cette sorte de fruit.

Il y a de très-petits fruits, constitués comme les gros Drupes, tel on en voit dans les Sumacs, (*Rhus*), les Rivinies (*Rivinia*), on a proposé de leur donner le nom de Drupéole (*Drupeola* Mirb.) de même que l'on a fait silique et silicule, ce qui n'entraîne pas un très-grand inconvénient.

FRUITS HÉTÉROCARPIENS. (1)

Dans beaucoup de fruits on observe que le péricarpe se développe conjointement avec quelqu'autre corps qui, sans en cacher la forme primitive, modifie cependant cette forme soit par augmentation de volume, soit par addition de quelques parties : disposition qui nous les a fait regarder, dans ce cas comme étant des fruits hétérogènes, d'où nous les avons qualifiés de fruits hétérocarpiens.

§ *Fruits hétérocarpiens secs.*

Uniloculaires, cachés, ou Cryptocarpiens.

11° L'AGGÉDULE (*Aggedula* Necker); c'est la *Cypsèle* (*Cypsela*) de M. Mirbel, le *Stéphanoé* (*Stephanuum*) que nous avions primitivement adopté, mais le mot de Necker est seul admissible, si l'on tient à conserver une dénomination à cette sorte de fruit.

L'Aggédule est monosperme, infère, couronnée ordinairement par un calice aigretteux ou aigrette : tel est celle des Dipsacinées, Composées et Valérianacées, que l'on regardait comme du nombre des *graines nues*.

Ce fruit qui n'est jamais que coriace, excepté dans le genre *Osteospermum* dans lequel il y a un osselet, et dans le genre *Clibadium* où il y a un drupe, est complètement enveloppé par le calice : lequel s'identifie tellement au péricarpe que l'on ne peut en reconnaître la présence que par les parties de formes variables qui sont au sommet et qui, suivant leur nature, ont porté le nom de Couronne, de Paillette, d'Aigrette, et enfin de Calice aigretteux.

Le genre Cypsèle (*Cypsela*) établit par M. Turpin doit faire que le mot Aggédule prévale, afin d'éviter de confondre un genre de plantes avec un nom de fruit. D'ailleurs M. Mirbel n'avait appliqué le nom de Cypsèle qu'au fruit des Composées, lorsqu'il est comme impossible de ne pas en faire d'applications aux autres familles de plantes que nous avons cité. L'antériorité acquise à Necker, nous fait volontiers renoncer au mot Stéphanoé.

La *Diplotège* (*Diplotegia* (2)) ou *capsule infère* des auteurs, était un fruit sec, multiloculaire, infère, portant ordinairement

(1) De *étéros* autre, et *carpos* fruit.

(2) De *Diplasios* double, et *stegé* couverture.

à son sommet les indices de la présence des lobes du calice : dans lequel on pourrait distinguer deux variétés, l'une dans laquelle le fruit se divise en plusieurs valves comme dans les Iridées, Orchidées, les Ouagraires etc; l'autre, qui n'est déhiscente que par certaines ouvertures, s'établissant lors de la maturation comme dans les Campanules, dans les Myrthacées à fruit sec : mais c'est encore une distinction dont la science peut se passer. Cette sorte de fruit prend quelquefois une consistance ligneuse comme dans le *Lecythis* qui même présente une déhiscence circoncise. Pour le genre *Couroupita*, Necker avait fait l'espèce du nom de *Scrinum*.

Le *Diclésion* (*Diclesium* (1)) ou Diclésia, que Moench avait nommé *Scleranthum* (*Scléranthe* de C.), fruit monosperme, recouvert par la base endurcie de la corolle, qui prend la consistance de péricarpe et qui existe dans la famille des Plombaginées et en particulier dans les genres *Calyxmenia* et *Nyctago*, peut encore être supprimé.

Le mot *Scleranthum* adopté par Moench pour cette espèce de fruit forme d'ailleurs un double emploi de mots puisqu'il y a déjà le genre *Scleranthus*. Au surplus l'application du mot Diclésion est très-restreinte, cette singularité de structure de fruit ne se présentant que dans une famille de plantes.

** Multiloculaires, à parties accessoires.

12. Le Gland (*Glans*) que l'on pourrait appeler *Calybion* avec M. Mirbel, pour éviter l'équivoque produite par le mot gland, appliqué au péricarpe du Noisetier ou Coudrier, est un fruit à une loge ; (2) clos dans un involucre ligneux ou coriace ; soutenu par une Cupule de nature et de forme variables. Il n'est monosperme que par avortement.

On pourrait dire *Calybion nuculé* dans le Noisetier, le Charme, l'If, avec la différence que dans le Charme la Cupule (*Cupula*) est foliacée; pulpeuse dans l'If et dans les autres on pourrait dire *Calybion membranacé*; dans le Chêne, le Hêtre, qui ont aussi la Cupule, mais n'enveloppant que la base du fruit dans le Chêne, et le couvrant en entier dans le Châtaignier, le Hêtre. Il n'est guère possible de distinguer l'espèce du fruit appelée par M. de Candolle, Noisette (*Nucula*), et que nous avions d'abord adopté, de ce que l'on avait appelé Gland (*Glans*) parce qu'à l'exception de la nature de l'involucre, qui se soude complètement avec le péricarpe, la structure générale est la même.

(1) De *Duo* deux, et *Kleis* fermeture.

(2) Par avortement souvent prédisposé des autres loges.

Dans le Hêtre et le Châtaignier, la Cupule porte vulgairement le nom de *Hérisson* et plus ordinairement celui de *Bogue*, et dans le commerce celle du Gland reçoit le nom de *Vélanède*.

Il est nécessaire de rejeter entièrement le nom de Noix pour toute espèce de fruit considéré dans le sens de ceux dont nous traitons en ce moment, parce que ce mot jette une confusion entière dans les idées, les auteurs ayant appliqué ce mot dans beaucoup de circonstances différentes. Ceux qui ont défini la Noix comme une espèce de fruit, ont donné ce nom également au Froment et au Coco, ce qui ne pouvait se faire sans renverser toute idée de précision dans la science.

*** Multiloculaires phénocarpiens, ou sans accessoires.

13. Le POLACHÈNE (*Polachenium*) est un fruit composé de plusieurs Camérules achénacées, portées par une Columelle, comme dans les Ombellifères, où il y en a deux, dans les Araliacées où il y en a plusieurs : seulement dans ce fruit la columelle forme un axe simple, n'offrant point de configurations particulières.

C'est Cl. Richard qui avait le premier établi cette espèce de fruit. M. Mirbel, sous le nom de Crémocarpe (*Cremocarpium*), ne réunissait que les fruits des plantes de la famille des Ombellifères, et nous avions proposé celui de Carpadèle (1) (*Carpadelium*), à raison de ce que, dans la plupart des variétés de ce fruit, le péricarpe est si fortement appliqué sur le spermoderme, que l'on croirait qu'ils sont continus ; mais nous pensons que le mot Polachène doit être adopté.

Le Stérigmé (*Sterigmium*) se rapproche beaucoup du Polachène, mais il présente une columelle plus ou moins saillante au-dessus des camérules qui sont monospermes ou polyspermes.

On trouve le Stérigmé dans les seules familles des Géraniacées et des Malvacées. C'est cette espèce de fruit que M. Mirbel avait nommé d'abord *Synochorion*, et que dans son dernier ouvrage il appelle Diérésile (*Dieresilis*) : y renfermant cependant des fruits qui manquent de columelle, tels que ceux des Rubiacées d'Europe, qui ont de véritables Polachènes.

Le but vers lequel nous avons tendu a été de caractériser, à quelque chose près, tous les fruits des végétaux, famille par famille. Les autres Botanistes au contraire ont établi des caractères de fruits qui permettent d'y placer ou plutôt d'y jeter une foule de fruits, d'une forme plus ou moins embarrassante, et qui n'ont pour ainsi dire rien de commun entre eux.

Le Crépitacle (*Crepitaculum*) avait été appelé Elatère (*Ela-*

(1) Du grec *carpos* fruit, et *adêlos* douteux.

terium) par le professeur Richard ; mais l'emploi de ce nom déjà fait pour désigner un genre des Cucurbitacées, nous a fait adopter un autre nom, ainsi qu'à M. Mirbel qui l'a nommé *Regmate* (*Regma*). Le caractère en est d'être sec, coriace, ordinairement tricoque, à loges mono ou dispermes, à columelle persistante, à déhiscence loculicide et valvaire, avec élasticité, à épicarpe charnu, herbacé, à endocarpe cartilagineux ou lignescent, séparable spontanément, à graines appendantes. Il existe dans la famille des Euphorbiacées et des Rutacées, appartient à tous les genres qu'elles renferment. Il peut rentrer dans les fruits capsulaires dédoublables.

**** Fruit uniloculaire phénocarpien.

14. Le Xylodion (1) (*Xylodium*) ou Xylodie est un fruit non symétrique, ligneux, monosperme, porté sur un pédoncule volumineux, charnu, plus gros que le fruit lui-même.

Cette espèce, considérée isolément, porte le nom de Noix dans les auteurs, lorsqu'ils traitent des genres *Anacardium* et *Cassuvium* et qu'ils désignent le péricarpe, abstraction faite du pédoncule ; et c'est aussi la *Noix d'Anacarde* et la *Noix d'Acajou* dans le langage vulgaire, de même que le pédoncule porte le nom de Poire ou Pomme d'Acajou, suivant que sa forme approche de celle de ces deux fruits. Peut-être pourrait-on s'en passer, en le portant sous la désignation d'achène non symétrique.

§§ *Fruits hétérocarpiens charnus.*

15. Le Péponion (*Pepo* L., *Peponium*, Brotero), ressemble beaucoup à l'Acrosarque ; mais la substance de l'épicarpe est coriace ; celle du mésocarpe ferme et dur, et l'endocarpe n'est nullement marqué, se trouvant confondu avec les placentaires et une chair mollasse ou spongieuse qui est à l'intérieur. Cette sorte de fruit, toujours multiloculaire, est irrégulièrement cloisonnée lorsqu'elle est parfaitement développée ; elle a les loges éparses dans la pulpe renfermant une seule graine close dans une membrane pariétale interne, à laquelle chaque graine est comme soudée. La loge du centre du fruit est fausse et accidentelle, sans membrane pariétale. Le fruit du Pastèque n'éprouve aucun changement de forme par son développement et sa maturation.

Le Péponion existe spécialement dans les Cucurbitacées, où il présente toutes les nuances possibles pour la consistance comme pour la forme. On le voit encore dans les Nymphéacées et les Hydrocharidées (Rich.).

(1) De *Xulôdês* abondant en bois.

Après avoir porté successivement les noms de *Pépon* (*Pepo* L.), *Péponide* (*Peponida* Rich., Desv.), il nous semble plus naturel d'adopter celui de *Péponion* (*Peponium*), proposé par le Botaniste portugais Brotero : par là on évite de confondre cette espèce de fruit avec l'espèce de plantes appelée *Melo-Pepo*. Le *Theca* de N. J. Necker a quelques rapports avec le Péponion, s'il ne s'ouvrait pas.

L'*Acrosarque* (1) (*Acrosarcum*) est la *Baie couronnée* des auteurs, qui lui ont donné ce nom parce que les lobes du calice persistent souvent à son sommet. C'est une véritable Baie avec laquelle le calice est soudé et comme fondu dans la même substance. Le sommet de l'Acrosarque est toujours plus ou moins libre, ce qui forme une sorte d'auréole, bordée par les divisions du calice. Les Grossularinées, Ficoïdes, Opontiacées, Ericinées, Myrthacées, en fournissent des exemples.

Le *Nuculaine* (*Nuculanium* Rich.) est un véritable Drupe réuni avec le calice, renfermant un ou plusieurs osselets ou noyaux, et couronné par le sommet du calice. Dans l'*Eleagnus*, il y a un seul noyau ; dans les Néfliers il y en a ordinairement cinq. Dans le Sureau et le Lierre, les Nucules sont peu sensiblement ossiculés.

Ayant reporté aux Drupes les espèces de fruits que nous avions distingué sous le nom de Nuculaine, il a été nécessaire de supprimer le nom de Pyrénaire (*Pyrenarius*) que nous avions donné aux sortes de fruits que nous laissons avec M. Richard sous la dénomination de Nuculaine : dont l'admission n'est pas encore rigoureusement utile, et qui peut être joint au suivant sans inconvénient.

§§§ *Fruits pseudocarpiens.*

Le fruit ou péricarpe, dans un certain nombre de végétaux, est caché de telle manière par les parties environnantes, que celles-ci ayant acquis l'apparence d'un péricarpe, font prendre de ce fruit une idée étrangère à ce qu'il est véritablement, et font disparaître ou cachent la forme et la nature de substance du fruit, ce qui lui donne une apparence toute différente, ou pour mieux dire un fruit Pseudo-carpien (2).

16. Le PYRIDION (*Pyridium*), est composé d'un calice charnu, rétréci à la gorge, laissant passer les débris du style, et de loges coriaces groupées dans la substance du calice. C'est un fruit pseudocarpien, ombiliqué et perforé au som-

(1) De *acros* extrémité, et *sarx* charnu, à raison de ce que le calice ou partie terminale, est charnue.

(2) De *Pseudês* faux, et *carpos* fruit.

met pour le passage du style, formé par le calice accrescent et charnu, confondu avec la base du péricarpe, dont l'épicarpe et le mésocarpe sont charnus et l'endocarpe parcheminé.

Cette sorte de fruit se trouve dans plusieurs genres des Rosacées, section des Pommées, tels que Poirier, Pommier, Sorbier, Coignassier, etc. M. Mirbel plaçait des Nuculaines dans ce genre de fruit.

Les noms d'*Antrum* (Moench), de Pomme (*Pomum* L. Dec.), de Mélonide (*Melonida* Rich.) ou Mélonidie (*Melonidium*), ont été donnés successivement à cette espèce de fruit pour lequel nous préférons celui proposé en dernier lieu par M. Mirbel, comme le plus convenable, à raison de ce qu'il rappelle l'idée de la Poire, dont tous les Pyridions des divers genres ne sont que des variétés.

Le Coignassier est le seul dans lequel on puisse séparer et isoler le péricarpe en entier, en ouvrant le calice et rompant ses adhérences.

Le *Sphalérocarpe* (1) (*Sphalerocarpium*) est un fruit indéhiscent, sec, monosperme, recouvert en totalité par le calice accrescent : ayant pris l'apparence d'une baie régulière ou irrégulière, et offrant une substance pulpeuse absolument analogue à celle des baies, le péricarpe étant rarement lignescent.

Le défaut de continuité entre les parties composant l'enveloppe pulpeuse et leur point d'insertion, peuvent éclairer sur la structure de ce fruit, lorsqu'il vient à se rencontrer. On en trouve dans les genres *Coccoloba* et *Basella*, la Blette (*Blitum*), et même le Redoule (*Coriaria*); mais ici ce sont les pétales qui sont devenus pulpeux. Nous renonçons volontiers à l'établissement de cette modification de fruit, ainsi qu'au suivant.

Le *Thécidion* (*Thecidium*) est un fruit ressemblant entièrement au Sphalérocarpe; mais étant recouvert par le calice accrescent, et de nature sèche et coriace, ne présentant jamais l'apparence d'un corps pulpeux ou charnu : c'est un péricarpe achénacé, étroitement induvié.

Dans ce fruit, comme dans le précédent, le calice prend un développement tel, qu'il a l'apparence d'un véritable péricarpe et que l'on observe difficilement le point où existent les ouvertures naturelles. C'est ce que l'on peut voir dans la famille des Atriplicées, et plus particulièrement dans les genres *Spinacia*, *Petiveria*, *Chenopodium*, *Atriplex*. Le *Pteranthus* et plusieurs autres genres auraient un Thécidion.

Nous n'avions pas hésité à adopter le mot Thécidion, proposé par M. Mirbel, comme plus agréable à la prononciation que

(1) De *Sphaleros* trompeur, et *carpos* fruit.

celui de Catoclésie (*Catoclesium*), que nous avions choisi d'abord, et conservé dans notre premier travail ; mais ni l'un ni l'autre de ces mots n'étant encore passé dans les livres, il est encore temps de se déterminer sur le choix, qui doit être fait d'après l'antériorité de publication et aussi les règles du goût.

FRUITS COMPOSÉS.

Les Fruits sont composés ou multiples lorsqu'ils se présentent avec plusieurs parties distinctes l'une de l'autre, soit dans l'ovaire, soit dans le développement et avant la déhiscence lors qu'ils proviennent d'une seule fleur.

§ *Fruits autocarpiens* — Secs.

17° La FOLLICULE (*Follicula*) ainsi nommée par M. Richard, et caractérisée par lui, est appelée le *Double follicule* (*Bifolliculus*) par M. Mirbel. C'est un fruit à deux carpelles distincts jusqu'à la base, déhiscent par la suture des faces internes des carpelles, univalve, polysperme.

Ce fruit que l'on trouve dans la famille des Apocinacées est ordinairement à péricarpe membraneux ou coriace, mais aussi quelquefois totalement ligneux.

18° Le POLYCHORION (*Polychorium* Mirb.), *Plopocarpe* (*Plopocarpium* Desv.) est un fruit multicarpellé, à carpelles polyspermes, intérieurement déhiscent. La *Camare* (*Camara* de C.) paraît rentrer dans cette sorte de fruit. Au Polychorion se rapporte réellement la Follicule : ne présentant toujours que deux carpelles. On trouve fréquemment des exemples de cette espèce, dans les Crassulacées, les Alismacées, la section des Rosacées appelée Ulmariées, et celle des Renonculacées à laquelle le genre Nigelle appartient. Les genres Xylopie (*Xylopia*) et Badiane (*Illicium*) fournissent encore des exemples de Polychorion.

** Pulpeux.

19° Le BACCAULAIRE (*Baccaularius*) est un fruit à plusieurs carpelles distincts, libres, bacciformes, plus ou moins éloignés les uns des autres et jamais pourvu d'une glande ovarienne au sommet du pédoncule, c'est-à-dire, sur le réceptacle.

Dans les genres *Drymis*, *Zantoxylum* et dans tous les genres de la famille des Menispermacées, on trouve le Baccaulaire : que nous avons ainsi nommé à raison de ce qu'il présente comme plusieurs baies distinctes.

L'*Assimine* (*Assimina*), que nous avons ainsi appelée de l'arbre qui la porte, l'Assiminier, connu plus généralement sous le nom de Corossolier, serait un fruit composé de plusieurs carpelles uniloculaires, bacciformes, confluents sous l'apparence d'un seul fruit sphérique.

C'est dans le genre Anone que l'on voit l'Assimine, que M. Mirbel plaçait dans son espèce de fruit nommé Etairion, renfermant la plus grande partie des fruits multicamérulés; aussi la science doit peu se préoccuper de ces deux distinctions de fruit.

§§ *Fruits hétérocarpiens.* — Secs.

Le *Microbase* (*Microbasis*) est un fruit partible en quatre camérules portées par une glande ovarienne, dont le péricarpe est coriace et la loge monosperme : ces camérules d'abord réunies sont le produit d'un ovaire partible.

Cette espèce de fruit appelée microbase par M. de Candolle, rentrait dans les Polachènes de M. Richard : mais s'en distinguerait par la glande très-prononcée qui sert de base aux camérules. C'est le *Poléxostyle* (*Polexostylus*) du premier travail de M. Mirbel et le *Cénobion* (*Cenobium*) dans ses éléments de Botanique, les Ochnacées exceptées. C'est dans les Labiées, les Borraginées, que l'on voit cette espèce de fruit, qui pourrait être sacrifiée sans beaucoup d'inconvénients.

Le *Polysèque* (1) (*Polysecus*) renferme les sortes de fruit que M. Mirbel avait d'abord appelé Polychorionides (*Polychorionides*). Il est formé d'un grand nombre de carpelles quelquefois indéhiscents, portés sur un réceptacle proéminent et colonnaire, ou dilaté.

Les exemples de ce fruit sont fournis par la première section des Rosacées ou Dryadées et surtout par le Fraisier d'une manière bien marquée : le réceptacle devenant très-volumineux, charnu ou même presque pulpeux.

Dans les Magnoliers, les Tulipiers, le Campac d'Inde (*Michelia*), et tous les genres de la première section des Renonculacées on voit pour fruit un Polysèque.

Ce genre de fruit est voisin du Polychorion, mais il s'en distingue, par la présence d'un réceptacle très-saillant, il pourrait encore être supprimé sans nuire à la science.

Pulpeux.

L'*Erythrostôme* (1) (*Erythrostomium*) est composé d'un réceptacle conique, servant de support à un grand nombre de carpelles bacciformes, distincts, monospermes.

On ne trouve d'exemple de ce singulier fruit que dans la Ronce : malgré son apparence de conformité avec la Fraise il est

(1) De *polusêcos*, à plusieurs loges.

(1) De *Erithraô* je rougis, et *stoma* bouche.

bien loin de lui ressembler, les carpelles dans le Fraisier étant secs et le réceptacle pulpeux, ce qui est l'inverse dans l'Erythrostôme, il peut encore être supprimé.

Le *Sarcobase* (*Sarcobasis*) est un fruit composé de plusieurs carpelles bacciformes, distinctes, portées sur une glande ovarienne très-charnue et très-grande. C'est à M. de Candolle que l'on en doit la distinction. On le trouve dans un petit nombre de genres tels que le *Castelea*, et les deux familles établies par M. de Candolle sous le nom de Simaroubées et d'Ochnacées. S'il n'était pas pourvu de la glande ovarienne il rentrerait dans le Baccaulaire (nº 19) et n'en est véritablement qu'une variété.

§§§ *Fruits pseudocarpiens.*

L'*Amalthée* (*Amalthea*) est un fruit composé de plusieurs carpelles secs et non-symétriques; renfermés dans la cavité d'un calice coriace, clos ou très-resseré vers la gorge.

Toute la tribu de la famille des Rosacées, appelée Agrimoniées et renfermant les genres Pimprenelle (*Poterium*) Sanguisorbe (*Sanguisorba*), Aigremoine (*Agrimonia*), Alchimille (*Alchimilla*), Aphanèse, *Ancistrum Nemada*, présente une *Amalthée*. C'est par allusion à la corne d'abondance, que nous avons donné ce nom à ce fruit parce que le calice renferme des fruits dans la cavité de son tube, il se lie insensiblement avec le Pyridion (nº 16).

La *Balauste* (*Balausta*) est un fruit infère, multiloculaire, dont le péricarpe réuni au calice coriace, est comme spongieux et renferme un très-grand nombre de graines à mésocarpe drupacé.

Scopoli avait déjà distingué et caractérisé cette espèce de fruit qu'il nommait *Granatum*, et la graine osseuse était nommée *Malicorium* par Ruellius.

Le Grenadier et toutes les vraies Myrthacées présentent ce singulier fruit, auquel nous avons conservé le nom de Balauste qu'il porte dans les officines, lorsqu'il n'est encore que naissant ou peu après l'anthèse, mais il n'est pas important par le peu d'applications qu'on peut en faire.

Le *Cynarrhode* (*Cynarrhodium*), ressemble encore beaucoup au Pyridion (nº 16), mais le péricarpe n'est point soudé avec le calice devenu charnu : il se compose d'un calice accrescent, charnu ou pulpeux, renfermant des carpelles pariétaux, distants. Ce calice est clos vers la gorge, par un rétrécissement dont l'orifice est fermé par les styles qui le traversent.

Dans le Rosier et le genre *Calycanthus* on voit des exemples de ce fruit auquel nous avons conservé le nom qu'il prend dans les officines, de la même manière que nous l'avons fait pour l'espèce précédente, mais il ne peut être aussi que d'une très-rare application.

FRUITS AGRÉGÉS. — *Ordre unique.*

On devrait rejeter les fruits agrégés dans les inflorescences, si l'habitude de les considérer comme un tout uniforme, ne contraignait pour ainsi dire à les regarder comme des fruits. Cette manière de voir est si peu conforme à la nature que l'on sait que la fleur ne se compose que d'un ovaire simple divisé ou multiple et cependant les fruits agrégés résultent de l'agglomération de plusieurs fruits auxquels M. de Candolle impose le nom de *Carpide* (*Carpidium*) et dont la réunion forme un tout symétrique.

20. L'ARCESTHIDE (1) (*Arcesthida* Desv.) est une réunion globuleuse d'écailles charnues comme soudées ensemble et portant chacune dans leur aisselle un fruit à péricarpe ossiculé, c'est un *Pseudocarpe* d'après M. Mirbel.

L'Arcesthide qui offre l'aspect et la substance d'une baie, peut très-bien faire illusion, si l'on n'y fait une grande attention, mais comme elle n'existe que dans le genre Genêvrier, on ne peut guère tomber dans l'erreur à cet égard. Le fruit de l'Arbre à pain (*Artocarpus integrifolia*) offre un fruit dont la disposition est entièrement analogue à l'Arcesthide.

21. Le STROBILE (*Strobilus*) ou *Cône* (*Conus*) est un assemblage de fruits placés dans l'aisselle d'écailles ligneuses, à sommet applati ou dilaté, toutes imbriquées et portées par un axe plus ou moins prolongé.

Le véritable Strobile n'existerait que dans la famille des Conifères ; cependant il nous paraîtrait assez convenable de ranger sous ce nom les Cônes de la plupart des Protéacées, dont la disposition ne diffère point du Strobile, et qui ne sont que le résultat d'une inflorescence semblable à celle des Conifères, de même que celle des Casuarinées.

Lorsque le Strobile est oblong, comme dans les Pins, les Sapins, les Cèdres, les Mélèzes, on doit lui conserver ce nom, ou celui de Cône ; et lorsqu'il est globuleux ou globuloïde, comme dans les Thuya, les Cyprès, on peut lui donner le nom de *Galbule* (*Galbulus*), que Gaertener leur avait imposé d'après les anciens.

C'est à tort que l'on trouve des auteurs citant la *Noix du Cyprès.* On ne peut donner un nom plus inconvenant sous tous les rapports ; puisqu'il est composé d'écailles peltées au sommet, su-

(1) De *Arcesthis*, nom grec du fruit du Genèvrier.

béreuses, striées en rayons à leur superficie, mucronées ou tuberculeuses au centre, portant à leur base quatre ou plusieurs fruits, ce qui rentre dans le type général de l'organisation du Strobile.

22. Le SYNCARPE (*Syncarpium* Desv., *Syncarpa* Rich.), tel que l'a défini Cl. Richard, qui le premier a proposé ce nom, n'était qu'un fruit composé de plusieurs carpelles provenant d'une seule fleur; mais il nous paraît plus convenable d'adopter ce nom dans l'acception que lui assigne M. De Candolle, et qui annonce que réellement il résulte de la réunion de plusieurs péricarpes, comme le signifie le mot.

Le Syncarpe, tel que nous le reconnaissons, et tel que M. Mirbel a cru devoir le nommer Sycône (*Syconus*), résulte de la réunion de plusieurs péricarpes distincts, réunis les uns près des autres, au moyen d'un réceptacle commun; et dont la forme est si variable dans les divers végétaux qui ont des Syncarpes, que l'on pourrait faire autant de fruits particuliers qu'il y a de genres d'arbres qui les offrent. Ils se nuance graduellement, depuis le plus simple, dont toutes les parties sont apparentes, jusqu'au plus compliqué, dont toutes les parties sont cachées dans le réceptacle clos, et pris pour fruit ou péricarpe.

Dans le genre *Dorstenia*, le Syncarpe est composé d'un réceptacle commun, circulaire ou anguleux, plane et couvert de petits fruits. Dans l'*Ambora* le réceptacle est cupuliforme et presque lignescent; dans les Figuiers il est pyriforme et presque clos au sommet, les péricarpes se trouvant comme renfermés.

M. De Candolle fait de la Figue une espèce de fruit auquel il conserve le nom de *Figue*, rentrant dans le Sycône de M. Mirbel.

23. Le SOROSE (*Sorosus*) est une sorte de Syncarpe; mais au lieu d'avoir un réceptacle commun plane ou concave, il a un axe filiforme ou au moins allongé, le long duquel les fruits sont disposés comme les fleurs dans un épi. Cette distinction de fruit faite par M. Mirbel, peut être admise jusqu'à un certain point. On en a des exemples dans la Mûre, dans l'Ananas, où les péricarpes sont pulpeux, et dans le *Cecropia*, le Poivrier, où ils sont d'une nature presque sèche.

Telle est la véritable série d'espèces de fruits que nous avons pensé qu'il était indispensable d'établir, pour pouvoir parler nettement de la fructuation. Le tableau qui en résulte, bien que restreint, présentera peut-être encore de la difficulté dans les premiers moments de l'étude; mais en voyant la nature et la comparant avec les caractères assignés pour chacune des espèces de fruit, on s'apercevra que les définitions données généralement jusqu'à ce jour, ne peuvent réellement renfermer toutes les espèces, et que, quelle que puisse être l'extension que l'on donnera aux définitions des espèces anciennement connues, il est impossible d'y placer d'une manière convenable, ou sans une phrase descriptive, équivalant à une définition, toutes les sortes principales de fruits que nous avons cités.

Malgré l'éloignement pour les innovations, on ne peut disconvenir qu'il ne soit nécessaire d'adopter, pour l'usage, une partie et au moins la plus grande partie des espèces de fruits dont on vient de parler, et dont les distinctions résultent des travaux successifs d'un grand nombre de savants Botanistes : travaux que nous avons médités, pour en donner l'exposé qui vient d'être fait, et auxquels sont jointes nos propres recherches ; cependant nous sommes loin d'imaginer que nous avons fixé cette partie de la science.

Tout ce que nous avons exposé jusqu'ici sur la fructification ne peut s'appliquer qu'aux végétaux cotylédonés dont la structure est à peu près basée sur le même type général, soit que l'on veuille les considérer comme monocotylédones, soit que l'on veuille les regarder comme dicotylédones ou polycotylédones ; mais il n'en est pas ainsi pour ce qui est relatif à ce qui représente la fructification dans les végétaux acotylédonés. Tous les appareils variés de reproduction de ces végétaux méritent d'être examinés isolément ; ils reposent sur une forme et une structure que l'on ne peut rapprocher de celles propres aux végétaux cotylédonés : quelqu'aient pu être les efforts d'un grand nombre de Botanistes de la célèbre école linnéenne, qui ne voulaient voir dans les végétaux qu'un type unique d'organisation.

DES APPAREILS DE REPRODUCTION DANS LES ACOTYLÉDONES.

Aux nombres des parties des végétaux acotylédonés, analogues à celles qui composent la fructification des cotylédonés, et qui vont nous occuper, on ne doit plus s'attendre à voir des fleurs, des fruits, des graines ; et malgré que beaucoup de naturalistes se soient efforcés de se faire illusion, pour distinguer des pistils, des étamines ou des anthères, des calices, des corolles, et qu'ils aient cherché à faire partager une opinion qui leur semblait la seule bonne et la seule raisonnable, il ne faut point identifier deux modes d'organisation entre lesquels il y a une ligne de démarcation bien marquée. Cette vérité d'observation est si bien établie pour tout homme exempt de préjugés, que dès que l'on suit dans les végétaux les formes de leurs parties, à travers les formes presque infinies qu'ils présentent, on voit décroître les proportions, s'annihiler les fonctions, et on arrive au point où ces parties cessent même d'exister, et souvent si la place qu'elles devaient occuper existe encore, elle est envahie par une partie très-différente.

Pour ne pas présenter une idée que ne justifierait point l'examen, nous ne donnerons point le nom de fructification aux corps qui dans les acotylédones, fournissent le plus ordinairement les moyens de reproduction, nous les appellerons simplement des *Appareils de reproduction*. Ce sont ces appareils, dont la disposition est relative à chaque groupe particulier des acotylédones, qui déterminent et caractérisent le mode de reproduction propre à ces végétaux : c'est dans ces appareils de diverses sortes que sont renfermés les *Spores*, d'où le nom de *Sporange* leur sera donné, ainsi que celui de *Sporangide*, suivant qu'ils seront plus ou moins compliqués.

DES SPORES.

Les *Spores* (*Sporæ*) sont, dans les acotylédones ce que les graines sont dans les végétaux cotylédonés : avec cette différence essentielle cependant, que rien ne prouve qu'elles soient attachées à leur support ou réceptacle, par un prolongement analogue au funicule. Elles s'éloignent encore des graines, en ce qu'elles n'ont point de tégument propre et distinct, comme on en voit dans les graines, et qu'elles sont pourvues seulement d'un *Epiphlose* ou Epiderme très-mince et continu avec leur substance.

Quelques soient les végétaux auxquels puissent appartenir les Spores, elles sont à peu près conformées de la même manière et surtout caractérisées par une ténuité si grande, que le plus ordinairement elles sont pulvisculaires et d'une forme que les instruments d'optique peuvent seuls nous rendre sensibles à la vue. Alors on remarque que suivant qu'elles sont plus ou moins pressées dans leur enveloppe commune, elles présentent quelquefois des facettes, ce qui en forme de petits polyèdres. Il arrive que les Spores diffèrent tellement entre elles, considérées dans les espèces congénères, ou même dans les individus d'une même espèce, soit par leur forme, soit par leur grosseur, soit encore par leur enveloppe, que ces différences, ainsi que l'a fait observer Cl. Richard (Analyse du fruit, p. 51), signalent la grande distance existant entre les Acotylédones, et les Cotylédones.

La ténuité des Spores est telle, qu'elle peut être comparée à celle du Pollen, et même qu'elle est souvent plus grande encore ; c'est ce qui a fait que les Botanistes, dans le plus grand nombre des circonstances, les ont regardées comme étant le Pollen : et la plupart ne sont pas même encore revenus de leur erreur, surtout ceux qui adoptent entièrement la doctrine des sexes dans les végétaux, bien que plusieurs Naturalistes aient démontré par des expériences directes que ce prétendu Pollen donnait naissance à des végétaux semblables à ceux dont il sortait. Si les Spores sont inflammables, presqu'à la manière du Pollen, ce dont il est facile de se convaincre, ce phénomène tient à la nature combustible de ces corps, aidée encore en cela par leur ténuité.

La distinction la plus matérielle existant entre les Spores et les graines, tient à ce que dans la Spore toute la substance qui la compose entre en mouvement lorsqu'elle donne naissance au végétal et croît sans qu'il y ait aucune partie stagnante, au lieu que dans les graines, dès qu'il y a germination, il y a séparation de parties, les unes se développent, les autres s'altèrent ou sont rejettées, comme l'Albumen et le Spermoderme : distinction au surplus qui n'est pas exempte d'exemples de transition, car la nature n'est limitée que dans nos ouvrages.

Necker avait depuis long-temps parfaitement distingué les graines de ce que l'on appelle Spore; et malgré le peu de développement qu'il a donné à ses idées, idées qui en botanique pouvaient paraître plus extraordinaires il y a cinquante ans qu'actuellement, il avait déjà nommé la *Bésimence* (*Besimen*) ce qu'Hedwig appelle *Spores*, Gaertner *Gongyle* (*Gongylus*); Cl. Richard *Sporule* (*Sporula*) et que nous-même dans quelques-uns de nos mémoires avions cru devoir désigner avec quelques auteurs sous le nom de *Corpuscules reproductifs*.

Beaucoup de Botanistes persistent à regarder les Spores comme des Graines (*Semina*) et leur conservent ce nom; d'autres comme M. Mirbel en font des Séminules (*Seminulæ*), mais un certain nombre d'entre eux ne voulant pas se prononcer positivement pour une manière de voir plutôt que pour une autre, se contentent de les désigner dans les Lycopodiées par l'expression de *Pulvisculus*, (Necker). Dans les Nidulaires, ce que l'on appelle Orbicule (*Orbiculus*) nous paraît une sorte de *Corps reproductif* un peu différent des Spores : bien que nous les ayons vu donner naissance aux Champignons de la même espèce.

DES SPORANGES.

Quelles que soient les applications particulières que l'on ait fait du mot *Sporange*, nous croyons devoir classer, sous ce nom général, toutes les espèces d'appareils de reproduction distingués dans les Acotylédones, sous un grand nombre de noms différents et qui malgré la singularité de leur forme et l'apparente complication de leur organisation, ne sont que des sortes de Boites ou cavités remplies de Spores en plus ou moins grande quantité : ce qui leur a valu de la part de quelques Botanistes le nom de *Périspore* (*Perisporium*). Ainsi les Sporanges sont formés du *Périspore* et des *Spores*. Au lieu de multiplier les noms et d'indiquer chaque espèce de Sporange par une dénomination particulière, ainsi que l'ont fait jusqu'à ce moment les naturalistes, nous les ramènerons tous à des formes déterminées; par ce moyen l'on verra disparaître cette foule de noms qui surchargent inutilement les descriptions des différents groupes de végétaux renfermés dans les Acotylédones.

Les *Sporanges* sont solitaires ou groupés; c'est surtout de la manière dont ils sont groupés, que résultent les plus singulières conformations des appareils de reproduction des végétaux acotylédonés : mais il faut d'abord traiter des plus simples, ce qui facilitera la connaissance des appareils composés ou Sporangides.

Des Sporanges ou appareils simples de reproduction des Acotylédones.

Les *Sporanges* ou Appareils simples de reproduction dans les végétaux acotylédonés, présentent une ou plusieurs *Loculès* (*Loculæ*) dégagées de toute partie étrangère, constituant seules la boîte ou enveloppe sporangienne.

Comme l'on a besoin quelquefois d'indiquer la nature, l'aspect ou la couleur de la pellicule ou épiphlose du *Sporange* alors on peut le nommer Episporange (*Episporangium*), très-différent de ce dont nous parlerons sous le nom d'Indusie, lorsque nous traiterons des parties accessoires des appareils de reproduction des Acotylédones. On l'avait déjà désigné par le nom de Périspores (*Perisporium*), comme remplaçant le péricarpe : mais pour être conséquent avec les principes de notre nomenclature il faudrait adopter *Périsporange*, si on le préfère à Episporange.

Dans quelques végétaux tels que Lichénées et Hypoxylées, Acharius a dénommé le *Sporange*, Apothécie (*Apothecium*); Willdenow adopte le mot *Thalamus* pour le désigner et le Botaniste allemand Link, a choisi le nom assez heureux de *Sporidium;* dans les ouvrages modernes de quelques Botanistes ces mêmes Sporanges portent le nom de *Conceptacles* et de *Réceptacles*, dans les Hypoxylées et les Lichénées.

Comme l'étude des Appareils de reproduction des végétaux dont nous traitons est assez difficile, nous allons exposer toutes les formes principales sous lesquelles se présentent les Sporanges, afin de lever toutes les difficultés qui peuvent naître dans l'examen que l'on peut être à même d'en faire.

1° Le *Sporange évalvé* (*Sporangium evalvatum*), est celui qui, présentant l'apparence capsuloïde, ne s'ouvre point, ou au moins que d'une manière irrégulière : tel on en voit dans la famille des Marsiléacées. Il est *unilocellé* (*unilocellatum*), dans l'*Isoetes; quadrilocellé* (*quadrilocellatum*) dans la Pilulaire (*Pilularia globulifera* L.); il est *multilocellé* (*multilocellatum*) dans les Marsilées (*Marsilea*). Quelques auteurs ont donné à cette dernière espèce de Sporange, le nom d'Involucre, sans que l'on puisse trouver de rapport entre ces parties et ce que l'on est convenu de nommer en botanique, *involucrum*.

2. Le *Sporange capsuloïde* (*Spor. capsuloïdes*) offre à l'examen l'apparence d'une capsule, comme on en voit dans les végétaux cotylédonés : soit sous le rapport de la forme, soit sous celui de la consistance, sans cependant présenter la même structure, puisqu'ils n'ont point de véritables valves et qu'ils ne peuvent être considérés que comme des sacs membraneux régulièrement ruptiles.

Ce Sporange est *uniloculé* dans les Lycopodes, les Osmondées, groupe des Fougères; *biloculé* dans le *Tmesipteris; triloculé* dans le *Psilotum*, et *multiloculés* dans les Marathiées autre groupe des Fougères. Les divisions du Périsporange correspondant aux Locules ne sont jamais distinctes ni séparables jusqu'à la base.

Comme le Sporange des Lycopodes est un peu réniforme, Necker lui avait donné le nom de *Nephrosta*.

3. Le *Sporange annulifère* (*Spor. annuliferum*) appartient à la section la plus nombreuse des Fougères; il a été appelé souvent Capsule. Il est uniloculé, et comme, sur la presque totalité de son pourtour on observe une partie annelée, ruptile avec élasticité, propre à livrer un passage aux spores dès qu'elles se sont détachées en partie du Périsporange, on a donné à cette partie différents noms relatifs à sa forme ou à sa propriété élastique. Willdenow l'a dénommée Gyre (*Gyrus*), Link *Gyroma*, d'autres l'ont appelé simplement Anneau élastique (*Annulus elasticus*), Hedwig *Symplokium*. Elle se détache, excepté dans un point où elle est continue au reste du périsporange. La ruptilité de cette partie est une sorte de circoncision, à peu près analogue à celle qui a lieu dans les péricarpes circoncis.

4. Le *Sporange verruciforme* (*Spor. verruciforme*) est un petit globule, plus ou moins enfoncé dans la substance du végétal qui le porte, et s'ouvrant au sommet par un pore, comme dans les genres Verrucaire (*Verrucaria*), Pyrénulaire (*Pyrenula*) : c'est le Tubercule (*Tuberculum*) du professeur de Candolle.

5. Le *Sporange utriculiforme* (*Spor. utriculiforme*) ne diffère

du Sporange verruciforme que parce qu'il a une forme mieux déterminée et plus distincte des parties environnantes. Comme le précédent, il est perforé au sommet, il renferme des Spores plongées dans une substance gélatineuse et sortant confusément, lorsque l'ouverture est déterminée par la marche du développement. C'est cette espèce de Sporange qui est indiquée sous le nom de *Sphérule* (*Sphærula*), dans les ouvrages de Willdenow et de plusieurs Botanistes.

6. Le *Sporange globuloïde* (*Spor. globuloïde*) : a été appelé *Globule* (*Globulus* Mirbel), lorsqu'il naît à l'extrémité d'un pédicule, dans la substance duquel il est enchassé à moitié et dont il se détache après un certain temps; laissant apercevoir la fossette sur laquelle il reposait, comme dans le genre *Isidium*. Dans le genre *Stereocaulon*, où ce Sporange est fixé au sommet des pédicules et ne s'en détache que par vétusté, sous forme de fragments, Acharius le nomme *Tubercule* (*Tuberculum*) et M. Mirbel *Céphalode* (*Cephalodium*). Dans les Sphérophores où il se sépare comme en quatre valves, par ruptilité et renferme des Spores réunies sous forme de globules entremêlés de filaments, Acharius lui a donné le nom de *Cistelle* (*Cistella*) que M. Mirbel a changé en *Cistule* (*Cistula*) : mais ce sont autant de noms superflus puisque les choses ont entre elles de si grands rapports que ce sont tout au plus des variations de forme, sans modification sensible de structure.

7. Le *Sporange discoïde* (*Spor. discoïdeum*), est plus ou moins plane ou hémisphérique, sessile, uniforme, à surface glabre, posé à la superficie du Thalle, dans un assez grand nombre de genres, ou au sommet d'un pédicule. Lorsqu'il est sessile, M. Mirbel propose de lui donner le nom de *Mammule* (*Mammula*) telles en présentent les espèces du genre *Spiloma* (*Coniocarpon* de C.) : c'est cette espèce de Sporange que M. de Candolle nomme (*Cephalodium*) *Céphalode*, qui n'est pas le même que le Sporange indiqué sous ce nom par M. Mirbel.

Lorsque le Sporange discoïde porte à son pourtour un rebord saillant, de la même couleur et de la même substance que lui, on lui a donné le nom de *Patellule* (*Patellula* seu *Glomerulus* Acharius), comme dans les Variolaires. Si au contraire ce rebord est un prolongement de la substance du Thalle, le Sporange prend le nom de *Scutelle* (*Scutella*), d'après la distinction qu'en a fait Acharius : tel on en voit dans le genre *Leckanora*; le rebord venant à s'élargir en disque autour de la Scutelle et même à offrir des prolongements plus ou moins prononcés en forme de cils, cette Scutelle est appelée un Orbille (*Orbilla*), par le patient scrutateur Acharius, dans quelques genres des Lichénées, tels que les Corniculaires, les Usnées, etc.

Le Sporange discoïde, appelé par les Botanistes français le *Bouclier* ou le *Pelta* et *Peltu* par Acharius et ses sectateurs, n'est autre chose qu'un Sporange discoïde, marginal, porté verticalement comme on en voit dans le genre *Peltidea* ou *Peltigera :* lequel prend positivement son nom de la forme de ses Sporanges imitant un petit Bouclier. Ce Sporange large; applati, sans bordure apparente, est quelquefois échancré comme dans le *Nephronema.*

8. Le *Sporange ridé* (*Sporangium rimosum*), est le Gyrome (*Gyroma* Mirbel, *Trica* Acharius) des auteurs; il est orbiculaire, sessile, marqué de rides ou sillons profonds, spiralés, qui se fendent longitudinalement et renferment des agglomérations de huit Spores, qui sont émises au dehors par la déhiscence. On observe cette modification que dans le genre *Gyrophora.*

9. Le *Sporange linéaire* (*Spor. lineare*) est sessile, allongé en ligne droite ou flexueuse; s'ouvrant en-dessus par une fente longitudinale, donnant issue aux Spores : tels sont les Sporanges des genres *Hysterium, Graphis, Opegrapha,* dans lesquels les auteurs donnent le nom de *Lirelles* (*Lirellæ*) à ces Sporanges.

§§. *De quelques dispositions particulières des Spores.*

Il est un grand nombre de formes de Sporanges autres que celles indiquées ici, mais comme elle ne sont que des variétés, ou peuvent être ramenées aux formes générales assignées précédemment, nous n'en tiendrons point compte en ce moment, et même si nous avons énuméré la série précédente, contre le plan général de la partie de la Botanique qui nous occupe en ce moment, c'est à raison de ce que l'on avait voulu regarder tous ces Sporanges, comme des parties distinctes les unes des autres et qu'il fallait prouver, en les ramenant à une structure générale, qu'ils n'étaient que des modifications d'une seule et même chose.

Les Spores ne sont pas toujours disposées dans un appareil particulier et renfermées par un Perisporange, quelquefois elles sont dispersées çà et là dans la substance même du végétal, comme dans les Ulves, les Rivulaires. Si elles en sortent c'est par suite de la destruction de la plante, ou par des ouvertures qui ne sont pas perceptibles à notre vue.

Il n'est qu'un genre, le *Calycium,* dans lequel l'appareil de la reproduction, ou du moins ce que l'on prend pour cela, forme un corps hémisphérique, élevé sur un pédicule, dépourvu de périsporange apparent et qui se change peu à peu en une poussière caduque que l'on croit être les Spores : qui se trouveraient alors absolument à découvert. On a donné le nom de

Pilidion (*Pilidium* Acharius) à cet appareil qui pourrait recevoir celui de *Sporange pulvéracé*.

Dans la substance des Nostoch, les Spores sont serrées et forment des sortes de chapelets ou *Sporanges monoliformes*.

Dans les Champignons la ténuité des Spores en rend l'observation difficile ; cependant à l'examen on aperçoit que les molécules impalpables qu'elles laissent échapper sous forme de vapeur légère sont des Spores d'une forme déterminée et constante dans les mêmes espèces. Il est certaines portions de la surface de ces Champignons dans lesquelles les Spores sont logées, qui ne permettent plus de distinguer de Sporange ou appareil particulier; cependant on désigne par une dénomination particulière cette *Aire à Spores* si nous pouvons nous exprimer ainsi, et le docteur Persoon, notre savant ami, lui a donné le nom d'*Hyménion* (*Hymenium*), ce qui équivaut à l'expression de *membrane fructifère*. Les surfaces qui cachent les Spores, dans l'épaisseur de l'Hyménion, sont de diverses formes; par exemple dans les Théléphores ce sont des *Papilles* nombreuses ou protubérances un peu obtuses (*Papillæ*); dans les Hydnes ce sont des pointes auxquelles on donne le nom d'*Echinus* à raison de ce qu'elles présentent en petit l'aspect des piquants du Hérisson; dans les Bolets et genres analogues, ce sont des *Tubes* (*Pori*) pressés les uns près des autres, d'où résulte une surface plus ou moins profondément poreuse, dont chaque tube porte les Spores dans l'épaisseur de ses parois; dans les Mérules, les *rides* ou plis (*rugæ*) sont formées par les replis de l'Hyménion; enfin dans les Agarics, ce que l'on appelle *lames* ou *feuillets*, existant au-dessous de la partie désignée ordinairement par l'expression triviale de *chapeau*, est formée par les replis ou plutôt par des prolongements lamellaires de cette même membrane.

Les Spores ne sont pas toujours confondues seules sans aucun ordre, ou dans la cavité du Sporange : nous avons déjà vu dans le Sporange globuloïde un exemple dans lequel on voit des filaments mêlés à l'amas de Spores renfermées dans le périsporange. Dans quelques-uns des végétaux acotylédones, comme des Algues, quelques Hypoxylées, on trouve une substance gélatineuse dans laquelle nagent les Spores renfermées dans le périsporange.

Dans les Equisétacées et le genre Jongermanne, on voit que les Spores sont attachées à des filaments enroulés, cylindracés ou membraneux, susceptibles de se distendre avec élasticité lors de la déhiscence des Sporanges. Ce sont ces filaments que l'on trouve indiqués sous le nom d'*Elatères* (*Elateres*, *fila adductoria* seu *adductores* Hedw.) et que M. Mirbel désigne par le nom de *Crinule* (*Crinulus*) : s'ils ne sont point sensiblement élastiques et qu'ils soient simplement mêlés avec les Spores, dans ce cas Link les qualifie de *Prosphyses*: tel il en existe dans le Sporange de plusieurs Champignons à Sporange gastrique. Dans les Jongermannes où ces filaments sont comprimés, perforés sur leur longueur et portent les Spores, on les trouve indiqués sous le nom de *Catenula*.

§§§. *Des appareils composés de reproduction dans les Acotylédones, ou Sporangides.*

Hedwig avait donné le nom de *Sporangide* (*Sporangidium*) à l'axe ou columelle qui traverse le Sporange ou Urne des Mousses et qui forme, pour ainsi dire, le support de l'appareil de reproduction propre à cette famille de végétaux; au lieu de n'appliquer ce mot qu'à ce cas particulier nous croyons devoir proposer de s'en servir pour désigner l'ensemble des Sporanges lorsqu'ils sont réunis les uns aux autres de manière à ne former qu'un seul corps et non lorsqu'ils sont seulement agglomérés sans être en contact immédiat; par ce moyen on peut parvenir à simplifier singulièrement la langue de la Botanique, qui se trouve surchargée, relativement aux végétaux acotylédones, d'une foule de mots pour la plupart superflus et qui n'ont été inventés ou proposés que parce que chaque observateur s'étant attaché à n'étudier qu'un groupe, en a fait l'analyse d'une manière trop indépendante des autres groupes et n'a vu que des faits particuliers, lorsque l'étude de l'ensemble devait en fournir de généraux.

Nous distinguerons les *Sporangides* d'après les formes sous lesquelles ils se présentent, de la même manière que nous l'avons fait pour les Sporanges.

Les *Sporangides* sont *simples* ou *composés*; ils sont simples toutes les fois qu'il n'y a qu'un Sporange, mais qui se trouve combiné avec quelque partie accessoire de manière à ne former qu'un tout continu, pourvu que ce soit abstraction faite du pédicule. Les Sporangides sont composés lorsqu'étant réunis plusieurs ensemble, ils se touchent et se tiennent par continuité de substance, ou bien sont liés les uns aux autres par des développements de parties non-dépendantes des Périsporanges.

* Des Sporangides composés.

1° Le *Sporangide strobiloïde* (*Sporangidium strobiloïde*) est celui dans lequel les Sporanges réunis en grand nombre au moyen d'un axe commun, présentent la forme d'une pomme de Pin ou *strobile*, comme on peut le voir dans les Equisétacées.

2° Le *Sporangide subépiphlogique* (*Sporangidium subepiphlogicum*) est placé sous l'épiphlose ou épiderme des végétaux. Il est composé de plusieurs Sporanges groupés les uns près des autres, susceptibles de sortir par une ouverture naturelle qui se forme au dehors et au sommet du Sporangide. C'est aux Sporanges de cet appareil pris isolément et renfermant les Spores, que quelques botanistes ont donné le nom d'*Elytres* (*Elytrae* Mirb.). L'ouverture par où ces Sporanges sortent, reçoit le nom d'*Ostiole* (*Ostiolum*) : de même que dans les *Sporanges utriculiformes* pour le sommet desquels le Dr. Persoon a employé ce mot.

3. Le *Sporangide ombraculiforme* (*Sporangidium umbraculiforme*), porte de quatre à dix Sporanges, situés isolément dans l'épaisseur d'un disque horizontal souvent radié sur les bords, et porté par un pédicule.

L'ensemble du disque a été appelé *Umbraculum* (Necker). Quelquefois l'Ombracule est *conoïde* comme on peut le voir dans la Marchante conique (*Marchantia conica* L.), mais il est ordinairement à peu près applati horizontalement, telle est la disposition qu'il présente dans la plus grande partie des espèces du genre *Marchantia*. Dans ces végétaux, malgré la différence de leur appareil de reproduction d'avec la fructification des plantes cotylédonées, on a indiqué les Sporanges sous le nom de *capsule* et la part du Sporangide qui les supporte, sous ceux d'*involucre* et de *réceptacle*, qui tous étaient trop vagues pour donner l'idée de l'objet que l'on se proposait d'indiquer.

4. Le *Sporangide stratifère* (*Sporangidium stratiferum*) est composé d'une couche ou *stratum* plus ou moins épaisse, applatie ou sinueuse, dans laquelle sont incrustés plus ou moins profondément un plus grand nombre de Sporanges, faisant corps avec cette couche, à laquelle on donne le nom de *Strôme* (*Stroma* Pers.) dans les ouvrages des Botanistes qui ont parlé des Sphéries, genre de plantes confondu long-temps avec les Champignons et placé maintenant dans les Hypoxylées.

** Des Sporangides simples.

Lorsque les Sporanges sont solitaires ou simplement accompagnés de quelques corps ou parties accessoires entrant dans le plan de leur disposition, ce sont alors des *Sporangides simples*.

1° Le *Sporangide immergé* (*Sporangidium immersum*) est celui placé dans la substance même du végétal et dont le Sporange ne peut laisser échapper les Spores que par une ouverture qui se fait jour à la surface, telle est la disposition de l'appareil propre aux Riccies (*Riccia*).

2. Le *Sporangide occultant* (*Sporangidium occultans*) présente une membrane ou épipérisporange superficiel dans lequel

est renfermé un Sporange ruptile irrégulièrement, auquel Necker avait donné le nom de Raphide (*Raphida*).

On voit ce Sporangide dans le Sphérocarpe et la Targionie, il forme le passage au suivant.

3. Le *Sporangide siliquiforme* (*Spor. siliquiforme*) est allongé et se divise en deux parties ou valves ne se séparant point vers le bas et le haut, qui sont soutenues par un axe central ou columelle, autour duquel les spores paraissent disposées. Cet appareil est propre au genre Anthocère (*Anthoceros*). On l'a appelé tantôt du nom de Raphide (*Raphida* Necker), tantôt de celui de Péricarpe (*Pericarpium semibivalve*).

4. Le *Sporangide globifère* (*Sporangidium globiferum*) est composé d'un *pédicule* distinct, nommé habituellement soie (*seta*), expression peu appropriée, et d'un Sporange globuleux : ruptile par quatre, six ou huit divisions à peu près égales. La base du pédicule est entourée d'une petite bourse ou membrane tubuleuse, hyaline, du centre de laquelle s'élève le pédicule portant le Sporange et qui est donné comme étant un *calice* par plusieurs Botanistes : c'est la Colésule (*Colesula*) de Necker. Lorsque le Sporangide part d'un surcule feuillé et non d'une frondelle, alors les auteurs ont appelé les feuilles qui sont les plus près de la base de cet appareil un *périanthe* : tant l'idée de l'analogie poussé à l'extrême peut égarer l'esprit.

Le Sporange de cet appareil de reproduction, naturel à tout le genre Jongermanne (*Jungermannia*), porte simplement le nom de Globule (*Globulus*) dans les ouvrages de Necker ; Schwagrichen, l'appelle *Theca* ; Weber *Capsule* et Hooker Botaniste anglais le dénomme Fruit (*Fructus*).

5. Le *Sporangide utriculifère* (*Sporangidium utriculiferum*) mérite un examen très-attentif, tant parce que les parties dont il se compose ont reçu beaucoup de noms différents, qu'à raison de ce que les caractères tirés de cet appareil de reproduction propre à la famille des Mousses, sont très-variés et très-importants à connaître lorsque l'on veut étudier la nombreuse série de végétaux qui composent cette famille de plantes.

On distingue dans le Sporangide utriculifère, plusieurs parties dont les principales sont la Soie, la Coiffe et le Sporange ou Urne.

La Soie (*Seta*) est un filament grêle, plus ou moins allongé qui sert de support au Sporange dont elle est une partie atténuée et très-différente du *stipe* (*stipes*) ou *pédicelle* (*pedicellus*) dont on lui a donné le nom : bien qu'il n'y ait de véritable *pédicelle* que dans les genres de Mousse Sphaigne (*Sphagnum*) et *Andræa*. On ne peut comparer la Soie qu'au Pédile (*Pedilus*) du fruit des Composées, ou au Carpophore des végétaux cotylédonés.

Lorsque la *Soie* est manifestement renflée à sa base, Necker a nommé ce renflement Gymnocide (*Gymnocidium*) et lorsqu'au contraire il existe un renflement au sommet et au-dessous du Sporange il porte le nom d'Apophyse (*Apophysis*), plus rarement celui de *stroma* : mais alors ce renflement doit être unilatéral, ou dirigé plus particulièrement vers l'un des côtés, pour recevoir ce dernier nom, peu utile à conserver.

A la base de cette *Soie,* outre la Vaginule (*Vaginula*) qui est la portion inférieure restant de la Coiffe et entourant le Gymnocidion lorsqu'il existe, on trouve une sorte d'involucre qui représente en quelque sorte la Colésule ou épipérisporange du Sporangide globifère, mais elle est composée de plusieurs feuilles d'une nature et d'une forme un peu différente des autres feuilles et ressemble à ce que l'on avait nommé si mal à propos Périanthe dans les Jongermannes feuillées. On donne à cet ensemble de feuilles le nom de *Périchèse* (*Perichœtium*) et les feuilles qui le forment sont désignées par l'expression de *feuilles périchétiales.* M. Palisot de Beauvois avait proposé successivement les noms de *Péricole* et de *Périsyphe,* qui ne peuvent faire oublier le nom de Périchèse. Bien qu'il soit assez peu utile d'établir cette distinction de feuilles elle est habituellement adoptée par les Muscologues. Hedwig qui avait employé le mot Périchèse, indiquait aussi quelquefois la même chose sous le nom de *Perigonium.* Cette partie des Mousses reviendrait à ce que Necker appellait *Perocidium* et que M. Mirbel dans ses éléments traite de *Clinanthe.*

Le Sporange, ou Urne proprement dite, placé au haut de la soie, avait été nommé *Calpa* par Necker. Il porte à son sommet une partie cuculliforme qui le recouvre sans y adhérer et s'ôte facilement, c'est ce que l'on nomme *Coiffe* et mieux *Calyptre* (*Calyptra*). Cette Calyptre recouvre originairement tout l'appareil du Sporangide utriculifère, et n'est dégagée et portée au sommet du Sporange que par suite du développement et surtout par l'allongement de la Soie. Elle est membraneuse, lisse ou couverte de poils, entière ou fendue, et surmontée ordinairement d'une pointe mousse ou aiguë.

Dès que l'on ôte la Calyptre ou qu'elle est tombée on voit au sommet du Sporange, appelé ordinairement *Urne* (*Theca*) (1), un couvercle conoïde-comprimé, rostré plus ou moins manifestement, fermant l'ouverture du Sporange et s'en séparant par une déhiscence circoncise lors de la maturation : c'est ce que l'on nomme *Opercule* (*Operculum*), sur lequel repose immédiatement

(1) *Pyxidium* d'Erhart : *Sporangium* d'Hedwig ; *Anthera* de Linnée, et *Capsula* de Bridel; *Calpa* dans les Fontinales, et *Aggedula* dans les Mousses ; *Pyxis* de Necker; et *Conceptaculum* de plusieurs botanistes.

la Calyptre. Dans les genres *Andrœa* et *Tetraphis* l'Opercule se fend en quatre parties, et comme les quatre divisions se tiennent par le sommet dans le genre *Andrœa*, Ehrhart a donné dans ce cas le nom de *Conjunctorium* à l'Opercule.

L'ouverture que forme l'Opercule s'appelle *Stome* ou Bouche (*Stoma*). Autour de cette ouverture on voit ordinairement une ou deux rangées de dents (*Blephara* Link) ou cils (*Dentes*) qui relativement à leur ensemble et à leur position prennent le nom de Péristôme (*Peristoma*) en distinguant lorsqu'il y en a deux : le Péristôme externe (*P. externum*) et le Péristôme interne (*P. simplex*) lorsqu'il n'y a qu'un rang de dents, et Péristôme double (*Peristoma duplex*) lorsqu'il y a deux rangs de dents; dont un plus excentrique. Dans quelques genres il n'y a point de Péristôme. Le nom de *dent* (*dens*) s'entend des divisions du Péristôme externe et celui de cils (*cilia*) du Péristome interne.

Le sommet de toutes les dents du Péristôme se contourne en faisceau dans les genres *Barbula* et *Tortula*, d'où Necker donnait à cet ensemble le nom de Barbule comme imitant un toupet de Barbe.

Le cercle du Péristôme, qui supporte quelquefois les dents, lorsqu'il n'est pas à dents distinctes jusqu'à la base, a été appelé Membranule (*Membranula*) par le Botaniste que nous venons de citer.

Outre l'Opercule et le Péristôme, on voit encore distinctement, dans quelques Mousses une membrane horizontale situé à l'orifice de l'Urne et qui tombe quelquefois avec l'Opercule, mais souvent aussi persiste; tantôt sous la forme d'une membrane continue, unie, à laquelle on donne alors le nom d'Epiphragme (*Epiphragma*); tantôt sous la forme d'un anneau frangé que Willdenow a nommé *Fimbria* (*Frange* de C.) et Hedwig *Annulus* et qui doit être regardé comme étant un *Epiphragme frangé*.

La partie la plus considérable du *Sporangide utriculifère*, est celle de forme urcéolée, indiquée par son nom et composée extérieurement d'une membrane unie ; elle est un peu variable et plus ou moins allongée renfermant au centre de sa cavité une Columelle (*Columella Sporangidium* Hedw.) en forme d'axe, laissant entre elle et le Périsporange un espace rempli par les Spores que Linnée et la plupart des Botanistes ont pris pour des grainés de Pollen : d'où l'on voit que quelques auteurs ont appellé ce Sporangide, *anthère* des Mousses ou bien *fleur mâle*.

6. Le *Sporangide gastérique* (*Sporangidium gastericum*) est dans un grand nombre de Champignons, un renflement sphéroïde, renfermant dans son Périsporange plus ou moins épais et susceptible de se séparer en deux ou trois membranes distinctes, une poussière très-abondante que l'on croit être les

Spores ; tel est le Sporangide qui forme presque la totalité des Champignons appellés Vesses-loup (*Lycoperdon*) et de tous ceux appellés Champignons gastéromiques. On trouve ce *sporangide* indiqué dans les auteurs modernes sous le nom de Péridie ou Péridion (*Peridium*).

Quelquefois dans ce Sporangide, les spores sont entremêlées à un assemblage de fibres très-déliées, simples ou rameuses, formant comme une sorte d'étoupe, c'est ce que l'on a désigné en notre langue par le nom ridicule de *Perruque*, que le Dr Persoon nommait *Capillitium*, et le professeur Willdenow *Thricidium*, mais qu'il est fort inutile de désigner par un nom particulier. Nous serions tenté de ranger ici l'*Orygoma* de Necker, sorte de fosse d'abord close renfermant, non des spores mais des corps reproducteurs comme dans quelques Hépathiques.

7. Le *Sporangide piléolé* (*Sporangidium pileolatum*) est ce que l'on a appelé dans les Champignons, *Chapeau* et *Pileus*. Le corps du végétal n'étant qu'un *hypha stupoïde*, le Sporangide est très-volumineux relativement au reste de la plante y compris le pédicule de ce Sporangide. C'est un corps de forme très-variable ordinairement en forme d'ombrelle, couvert sur l'une de ses faces par l'Hyménion, ou la membrane qui loge dans son tissu, les Spores de ces végétaux.

*** De quelques dispositions des Sporanges.

On voit souvent dans les végétaux acotylédones des réunions ou agglomérations plus ou moins nombreuses de *Sporanges*, mais sans qu'il y ait entre eux aucune connexion, et par conséquent ne pouvant former ce que nous appellons des Sporangides, bien qu'ils puissent avoir une sorte d'enveloppe commune seulement, qui ne tient point à eux. Ces sortes d'agglomérations sont peu variées et nous n'en distinguerons que quatre : l'*Amas*, la *Tache*, le *Sore*, l'*Epi*.

1° L'*Amas* (*Acervulus*, *Acervus* Linck) est une réunion de Sporanges, en nombre indéterminé, sous une forme et circonscription variables et qui manque d'enveloppe particulière, si ce n'est quelquefois que l'on aperçoit au pourtour une pellicule formée par la rupture de l'Epiphlose, occasionnée par la sortie de ces végétaux qui se développent habituellement sous les autres végétaux et paraissent à leur surface : comme les genres *Uredo*, *Puccinia*, *Æcidium*.

2° La *Tache* (*Macula*) se compose de plusieurs Amas, dans une étendue plus ou moins grande, assez rapprochée, et sous une forme variable, comme en offrent la plupart des genres *Uredo* et Æcidion.

3° Le *Sore* ou *Groupe* (*Sorus*) est un peu différent de l'Amas et ne peut surtout être confondu avec la *Tache*.

Dans le Sore, la disposition des groupes de Sporanges est toujours la même dans les mêmes espèces, et ensuite, pour le plus ordinaire, ils sont accompagnés d'une partie étrangère qui leur forme comme un abri et dont nous parlerons en traitant des téguments accessoires des appareils de reproduction des Acotylédones.

C'est dans les Fougères que l'on a adopté le nom de *Sore* ou *Sorus*, pour désigner les groupes de Sporanges qui sont en groupes circulaires, elliptiques, allongés ou linéaires.

4° L'*Epi*, dans les Acotylédones, présente une forme presque analogue à l'inflorescence désignée sous le nom de *chaton*, c'est-à-dire, que chaque Sporange est accompagné d'une écaille et que l'ensemble forme une inflorescence courte et dense, comme dans une grande partie des espèces du genre Lycopode.

§§§§. *Des Supports des appareils de reproduction dans les Acotylédones.*

On a varié sur les noms que devaient porter les Supports des Sporanges et Sporangides, ce qui n'aurait pas eu lieu, si l'on eût porté un coup d'œil général sur l'ensemble de l'organisation de ces appareils de reproduction. De même que si l'on eut bien connu l'origine de certains de ces supports, on ne les eut pas confondus l'un avec l'autre : c'est ainsi que la *Soie* des Mousses, qui est une sorte de dépendance du Périsporange, effilée à sa base, a été assimilée au *Pédoncule* ou plutôt Pédicule des Hépatiques, tandis que dans les genres *Salvinia, Marsilea, Pilularia*, on a donné le nom de Pétiole à un support qui est semblable à celui des Hépatiques.

Dans les Lichénées, c'est encore un autre nom pour une chose semblable ; on voit paraître le mot de *Podétion* (*Podetium*) pour désigner un support d'appareil de reproduction qui n'a rien de plus particulier que ceux dont il vient d'être fait mention, la *Soie* exceptée.

On trouve encore désigné sous les noms de *Scyphus*, *Entonnoir*, une sorte de *Pédicule* comme infondibulé, sur les bords duquel se développent les Sporanges dans plusieurs espèces de Lichénées, comme dans le *Cenomice Scyphophorus*; c'est un *Pédicule infondibuliforme* que l'on trouve désigné dans les ouvrages de Necker sous le nom d'*Oplarium*.

Quelque soit le nom que l'on ait donné au support des appareils de reproduction des Acotylédones, tels que *Stipe* (*Stipes*), *Pied*, *Pétiole*, *Pédoncule*, etc. On doit s'en tenir au mot *Pédicule*, Petit Pied, (*Pediculus*), qui suffit pour indiquer le support des Sporanges, lorsque celui de Pédoncule indiquera le support d'une fleur. Au moyen de cette distinction l'en parviendra facilement à simplifier la langue de la Botanique.

§§§§§. *Des Téguments ou Enveloppes accessoires des Sporanges.*

Les Téguments accessoires des Sporanges se présentent sous des formes si différentes les unes des autres et appartiennent à des végétaux d'une organisation si peu identique, sous plusieurs rapports, qu'il est assez naturel de leur conserver les noms qu'une nécessité bien établie a mis dans le cas de créer pour chacun d'eux, et qui sont en trop petit nombre pour qu'il y ait lieu de craindre, en les conservant, que l'étude de la Botanique en soit entravée.

En traitant du *Sporangide utriculifère*, ou *Urne* des Mousses, nous avons parlé du Périchèse, qui peut être considéré comme une sorte d'involucre polyphylle.

On peut donner le nom générique d'Involucre à l'*Epipérisporange* (*Epiperisporangium*) et à tous les téguments accessoires des Sporanges, à raison de ce qu'il couvre plus ou moins le Périsporange ou enveloppe propre des Spores.

Dans beaucoup de genres des *Hépatiques*, on observe autour ou auprès du Sporange une partie accessoire qui a reçu différents noms, suivant l'apparence qu'elle présentait. Nous voulons parler de la Colésule (*Colesula*, Necker), ou petite graine hyaline qui se trouve au bas et autour du pédicule des Jongermannes et dont sort le Sporangide. Dickson l'a simplement appelée *Vagina* (Gaîne), et plusieurs auteurs tels que Weber, Hooker l'ont appelée Calice (*Calix*); dans les Jongermannes la *Colésule* est entière, seulement fimbriée ou onduleuse sur les bords; dans la Targione (*Targionia*) elle est bivalve.

Dans les Mousses, l'Epipérisporange se partageant horizontalement en deux parties par suite du développement. Celle qui demeure au bas de la Soie reçoit le nom de Vaginule, et la supérieure, emportée par le Sporange, auquel elle sert comme de couvercle, prend, ainsi que nous l'avons vu, le nom de Calyptre, ou Coëffe (*Calyptra*).

La forme variée, les dispositions diverses des Epipérisporanges, dans les divers genres de Fougères, leur ont fait donner plusieurs noms, même par chaque auteur, à raison de ce que l'on s'est plus appliqué à juger les objets en eux-mêmes, chacun pris isolément, que d'après la liaison réelle qu'ils peuvent avoir entre eux : ainsi Bernhardi fait tantôt un *Episporange*, tantôt un *Périsporange* de ce que d'autres Botanistes nomment Indusie (*Indusium*).

L'*Indusie* ou *Indusion* est une pellicule de forme variée, dépendante de l'Epiphlose des Fougères, et d'une nature plus ou moins solide, qui sert de tégument accessoire aux groupes des Sporanges ou des *Sores*. Lorsqu'elle est d'une forme circulaire, Guettard en a fait ses *Glandes écailleuses*, et Necker lui appliquait le nom de *Membranula*; plusieurs Botanistes, tels que Smith, R. Brown ont employé dans ce cas le nom d'Involucre (*Involucrum*), d'autre simplement celui de Tégument (*Tegumentum*).

Comme l'Indusion est pelté, réniforme, linéaire, globuleux, ou utriculiforme, on doit bien étudier ses modifications, afin de ne pas le prendre pour un *Périsporange*, dans le sens que nous avons définitivement assigné à ce mot.

Dans les Champignons on trouve indiqué sous le nom de Volve ou Volva une membrane complètement sphéroïdale, entourant le Sporangide piléolé d'un certain nombre d'espèces, qui s'en dégage par l'effet du développement, une partie et la plus considérable restant autour du pédicule, sous forme de demi-sphère et les débris de la partie supérieure, demeurant en plus ou moins grande quantité à la surface supérieure du Sporangide. Quelquefois le Sporangide est entouré d'une *Volve* si mince, qu'elle cesse de subsister et d'être apparente lorsque le Champignon est développé.

On distingue le *faux Volva* ou la *fausse Volve*, appelée encore Volve incomplète (*Volva incompleta*), parce qu'elle n'enveloppe point la totalité du Sporangide; seulement elle part du bord du *Piléole* (Chapeau) et enveloppe le pédicule que l'on a jusqu'ici appelé Stipe, sous la forme d'un Gaîne plus ou moins prononcée.

L'*Anneau*, appelé aussi *Collier* (*Annulus*), est un cercle membraneux ou filamenteux qui, dans les Sporangides piléolés, recouvre la surface inférieure du Piléole, étant fixé vers les bords, et dont ordinairement il se détache, pour rester fixé simplement au haut du Pédicule, sous la forme d'un anneau, qui devient même libre quelquefois et ressemble à une boucle qui serait passée dans le Pédicule. Ce que l'on a appellé *Cortina* (Persoon) ne doit point être regardé comme une partie distincte; ce n'est qu'un anneau filamenteux qui se détache du Pédicule par fragments qui restent pendants aux bords du Piléole.

Dans le genre Nidulaire (*Nidularia*) la membrane qui recouvre le Sporangide campaniforme à la manière d'une peau de tambour a été appellé *Tympan*, elle ne peut point être comparée à rien de ce que l'on voit dans les autres genres de Champignons.

DE QUELQUES CORPS ÉTRANGERS ORDINAIRES AUX APPAREILS DE REPRODUCTION.

La nature simple des Spores fait que, dans quelques circonstances, elles peuvent prendre un développement extraordinaire ; ou du moins il est certain que dans les végétaux acotylédones il existe des corps crus de la même nature à peu près que les Spores, en ayant presque toutes les propriétés et étant susceptibles de reproduire des individus de l'espèce dont il proviennent au moins pour la plupart : ainsi que semblent le prouver beaucoup d'observations faites avec soin. Ces corps qui existent indépendamment des Spores, ont été appelés tantôt *Corps reproductifs*, tantôt *Corpuscules reproductifs* et mieux Propagules ou Propagines (*Propago* et *Propagulum*).

Dans le genre Nidulaire les Propagules sont un peu comprimés et comme lenticulaires, assez gros relativement au corps du végétal, ils ont été appellés Orbicules (*Orbiculi*), ils existent constamment dans ce genre de Champignons, mais peut-être les Spores pulvisculaires existent-elles indépendamment de cela : au moins nous sommes porté à le croire, bien que nous ayons suivi le développement de ces *Orbicules*. Dans le genre *Polysaccum*, il y a bien une grande quantité de corps renfermés dans le Périsporange, mais nous pensons qu'ils ne doivent pas être comparés à ceux des Nidulaires.

Dans l'*Isoëtes* et dans un certain nombre de Lycopodes, on trouve des Périsporanges renfermant des Spores pulvérulentes et des Périsporanges de forme semblable aux premiers qui sont remplis de corps très-gros, que l'expérience paraît avoir prouvé être aussi propres à la multiplication que les Spores pulvisculaires. Ce sont ces Corps reproductifs, ou Propagules que beaucoup de Botanistes regardent comme des graines, les Spores n'étant pour eux que le *Pollen*, malgré les expériences qui ont éclairé la nature de ces deux parties de végétaux acotylédones, par lesquelles on prouve la presque identité de ces corps, non-seulement par la structure commune de leur enveloppe, mais aussi par le résultat de leur développement.

Il est des Propagules qui ne croissent pas dans des Périsporanges, mais qui sont accompagnés de quelques parties accessoires ou se développent en groupes.

Dans les Marchantes (*Marchantia*) les Propagules sont renfermés dans une petite *coupe* ou *soucoupe* verdâtre, sessile, qui est indiquée par les auteurs sous le nom de *Cyathus* ou *Scyphus* et d'*Origome* par M. Mirbel, d'après le Botaniste Necker (*Orygoma* Neck.), ce sont des productions particulières.

Ce sont des corps de la nature des Propagules que dans les Lichénées on a appellé Conide (*Conidium* Link), à raison de ce qu'ils sont comme pulvérulents, et que Willdenow indique seulement comme des *Propagules*. Lorsqu'ils sont réunis en grand nombre, Acharius les désigne collectivement sous les noms de *Glomérules*, et de Sorédions (*Soredium* Mirb.), pour d'autres. Ce sont comme des fragments du Thalle, sous forme pulvérulente et que pourcela les Botanistes de l'école Linnéenne regardent comme les *fleurs mâles*: d'autres les ont pris pour des Spores, d'autres pour ce que nous les reconnaissons, des Propagules.

Dans les Mousses on a appelé Sphérule (*Sphærula* Necker) une réunion sphérique de Propagules pulvisculaires, portée à nu, par une Soie, à la manière des Sporangides ordinaires et qui a les plus grands rapports avec le Sporange pulvéracé bien que l'on doive l'en distinguer puisqu'il n'est pas un véritable Sporange, celui-ci existant dans le genre *Gymnocephalus*, sous la forme générale propre aux Mousses, indépendamment de cet amas de Propagules.

Les Stellules des Mousses (*Stellulæ* Necker), prises par la plupart des auteurs pour la *fleur staminifère* des Mousses et par d'autre pour la *fleur pistilifère*, se trouve au sommet des surcules des Mousses ou à l'extrémité de leurs rameaux, sous la forme de petites étoiles à plusieurs rayons, provenant de la disposition de plusieurs feuilles un peu raides, pressées les unes auprès des autres en rosette. Parmi ces feuilles sont placés, si l'on veut s'en rapporter aux expériences faites, des Propagules plus ou moins gros, plus ou moins allongés que le célèbre Hedwig a pris pour les anthères des Mousses et que d'autres Botanistes, comme le célèbre Micheli, regardent comme la fleur femelle. Au milieu de ces prétendues fleurs mâles ou femelles suivant que le préjugé le fait croire, il existe des filets fistuleux, cloisonnés, très-minces que Willdenow appelle *Paraphyses* qui sont les *Fila succulenta* d'Hedwig.

DES PARTIES ACCESSOIRES DES VÉGÉTAUX.

Ce n'est qu'après avoir étudié chaque partie essentielle des végétaux vus sous un rapport général, que nous devons traiter de quelques parties accessoires beaucoup moins importantes, qui sont communes à toutes les parties d'une plante. Non pas qu'elles puissent se trouver réunies ensemble sur la même espèce, mais à raison de ce que dans diverses espèces elle se trouvent tantôt sur une partie, tantôt sur une autre: ainsi les Cirrhes, les Epines, les Aiguillons, les Poils, les Glandes, appartiennent suivant les espèces, ou suivant les circonstances, aux tiges, aux feuilles, au calice. Dès qu'elles ne sont pas une dépendance d'une partie plutôt que d'une autre il devient essentiel d'en faire le complément de la section de Glossologie dont nous traitons en ce moment.

Ces parties accessoires peuvent se diviser en *Supports* et en *Défenses*.

§. *Des Supports.*

C'est sous le nom de *Fulcra* (*Soutiens*, *Supports*,) que Linnée traitait des Epines, des Aiguillons, des Cirrhes, etc., les regardant peut-être d'une manière un peu trop générale, comme propres à aider le développement des végétaux. Scopoli les range ensemble sous le titre d'*Adminiculum*. On en traite maintenant dans le sens du titre que nous avons choisi. (*parties accessoires*), et qui tient moins au style figuré que les mots de *Supports*, de *Soutiens*, puis qu'excepté les Stipules et les Bractées dont nous avons parlé à leur place, qui peuvent être considérées comme les *Supports* des feuilles et des fleurs ainsi que le faisait Linnée, ce sont les seules parties pouvant être considérées véritablement comme des *Soutiens* (*Fulcra.*)

S'il était très-ordinaire de trouver des végétaux qui s'attachassent à d'autres plantes à la manière des Cuscutes sur les espèces dont elles sont parasites, il serait très-utile de distinguer, ainsi que l'a fait M. De Candolle, les très-petits tubercules partant des filets composant la tige et les rameaux des Cuscutes et qui s'attachent par empâtement à la surface du végétal sur lequel elles se développent: mais il n'y a que quelques plantes qui offrent cette particularité et encore si les *Suçoirs* (*Haustoria* Dec.) ne se présentent que sous la forme de petits tubercules cela tient plutôt à la ténuité naturelle aux Cuscutes qu'à la différence réelle de ces parties avec les *Mains*.

Le Professeur que nous venons de citer applique le nom de *Fulcra*, qu'il traduit par *Crampon* aux parties que nous nommerons *Mains* avec quelques botanistes et qui sont bien différentes des Vrilles, avec lesquelles beaucoup d'auteurs les confondent mal à propos.

Les *Mains* (*Fulcræ*) sont des appendices de la tige dans certains végétaux épigés; ou de la base des frondelles dans les Algues. Ce sont comme des sortes de racines aériennes qui, partant du point de la tige ou des rameaux qui approchent un corps, s'attachent fortement à ce corps comme le feraient les doigts, sans enroulement et par la seule application : telles sont les mains de l'Achit-Vigne-Vierge (*Cissus quinquefolia*), du Lierre, du Sumac Toxicodendre (*Rhus toxicodendrum*), de plusieures Bignones.

On doit convenir que les racines sont de toutes les parties du végétal celles avec lesquelles les *Mains* des plantes ont le plus de rapport et qu'il est même difficile de ne pas les confondre avec les racines des tiges hypogées ou souterraines que nous avons distingué sous le nom de Souche-Rhizôme.

Les *Vrilles* ou Cirrhes (*Cirrus* et non *Cyrrhus* ou *Cirrhus*) que quelques Botanistes confondent avec les *Mains*, et que les anciens appelaient *Capreolus*, *Clavicula*, *Claviculus*, par allusion à la propriété qu'elles ont de servir au végétal à grimper, sont des filets plus ou moins gros, simples ou rameux, nus ou dépourvus de toute partie foliacée, et qui ont la facilité de s'enrouler autour des corps voisins; ou au défaut de ces corps, de revenir sur eux-mêmes et de s'attacher au végétal qui leur donne naissance.

Les Vrilles existent ordinairement sur les rameaux et naissent ou dans l'aisselle des feuilles, comme dans les Passiflores, à côté du pétiole comme dans les Bryones, ou à l'opposé des feuilles comme dans la Vigne. Mais aussi s'en trouve-t-il sur d'autres parties. Dans les Pois, les Gesses, la Vrille est formée par le sommet du pétiole, dans quelques Fumeterres c'est le pétiole lui-même qui fait les fonctions de Vrille. A l'extrémité des divisions de quelques corolles comme dans le genre *Syphonanthus*, on voit un prolongement imitant une Vrille.

Cette partie des végétaux est une sorte de métamorphose tantôt d'un pédoncule comme dans la Vigne, tantôt d'un pétiole, comme dans les Gesses, et tantôt d'une stipule comme dans les Salsepareilles. (*Smilax*).

§§. *Des Défenses.*

Sous le nom de Piquants ou Défenses (*Arma*) d'*Armures*, l'on a compris toutes les parties aiguës, dures et piquantes des végétaux: distinction qui ne peut être d'une très-grande utilité puisqu'elle ne peut regarder que l'*Epine* et l'*Aiguillon*.

L'*Epine* (*Spina*) est un corps aigu, piquant, plus ou moins lisse, simple ou rameux; coloré comme le bois mais à épiphlose plus unie; ligneuse intérieurement, faisant partie du corps du végétal ou tenant au tissu intérieur et ne pouvant se détacher qu'au moyen du déchirement de la partie ligneuse qui la supporte ou plutôt dont elle est un prolongement. Excepté sur les racines et sur les parties délicates de la fleur, telles que les pétales, les étamines, le style, les Epines peuvent exister sur toutes les autres parties d'un végétal: ainsi l'on en voit sur la tige dans les Féviers (*Gleditschia*), les Cactiers (*Cactus*); sur les feuilles dans le Cardon (*Cinara Carduncellus*), les Chardons, les Cirses, la plupart des Solanons; sur les involucres dans les Panicaut (*Eryngium*), beaucoup de Centaurées, sur le calice, dans le *Solanum decurrens* et autres ; enfin il s'en trouve sur les pédoncules, les pétioles, les péricarpes, les nervures des feuilles.

Les Epines ne tirent pas leur origine de la même chose : dans beaucoup de cas on doit les considérer comme des parties métamorphosées, c'est ainsi que dans les *Berberis* les Epines sont des feuilles altérées, comme nous aurons lieu d'en traiter plus en détail dans la Phytotomie comparée.

Dans quelques petits végétaux, surtout dans les Acotylédones, on trouve aussi des Epines ; mais elles sont si petites et si faibles que l'on est convenu de les distinguer sous le nom de *Spinules* (*Spinulæ*). Elles sont de la même nature que le corps du végétal, mais elles sont petites et flexibles, différentes en cela des véritables Epines. Dans les Algues, dans les Lichens, on trouve fréquemment des *Spinules*.

Les *Aiguillons* (*Aculei*) ont l'apparence des Epines et dans le langage vulgaire on en fait rarement la distinction : mais ils ne sont jamais ligneux intérieurement : n'étant remplis que d'une substance de la nature du Liége. Ils ne tiennent qu'à la partie extérieure du végétal, c'est-à-dire, à ce que l'on nomme trivialement la *Peau* ou Ecorce, soit qu'ils appartiennent à un végétal herbacé, soit qu'ils dépendent d'un végétal ligneux.

Les Aiguillons qui se trouvent sur les mêmes parties que l'Epine, sont aussi fréquents dans la nature que les véritables Epines : on en voit dans les Ronces, les Rosiers, les Robiniers et qui prennent naissance ou sur les rameaux ou tiennent lieu de stipules.

La forme des Epines varie peu, elle sont cylindracées, droites, mais quelquefois courbées à leur sommet comme dans le Paliure, (*Paliurus aculeatus* Lin.), au lieu que les Aiguillons sont plus souvent courbés que droits. Dans le Clavelier (*Zanthoxylum Clava-Herculis*) ils sont coniques ; dans les Rosiers ils sont ordinairement comprimés.

§§§. *De la Pubescence.*

Par l'expression de Pubescence (*Pubescentia*) on doit entendre ce qui a rapport aux parties que l'on désigne dans les végétaux sous le nom de Poils : quelles que soient les modifications qu'ils puissent présenter et les noms qu'ils aient reçu relativement à ces modifications.

En général les Poils (*Pili*) sont des productions filiformes ou capillaires, hyalines ou pellucides, naissant de toutes les parties d'une plante, sans aucun choix particulier : les racines cependant excepté, sur lesquelles on n'en observe guère que dans certaines Graminées comme l'Orge ; recouvrant ces parties en plus ou moins grande quantité, à peu près à la manière dont les poils sont disposés sur les animaux, d'où ils ont pris le nom générique de Poils, et dont on distingue plusieurs sortes tant par rapport à leur nature particulière, que par rapport à leur disposition sur la plante, ou à leur forme. Malgré certains rapports de situation et même d'organisation, on les distingue assez facilement des Aiguillons, ceux-ci n'étant pas simplement formés d'un tube incolore ou cylindre capillaire hyalin, mais d'un tissu verdâtre.

Le *Poil* (*Pilus*) dans les plantes est doux au toucher, et légèrement raide. Lorsqu'il est couché et mou il prend le nom de *Villus* dans les botanistes écrivant la langue romaine. S'il y a un grand nombre de ces mêmes Poils, l'ensemble prend le nom de Duvet (*Pubes*); lorsque ces Poils sont d'une longueur remarquable et assez nombreux, on les distingue par le mot *Hirsuties*, qui n'a point de synonyme en notre langue.

Quelquefois le Poil est un peu raide, manifestement tubuleux et perforé à son extrémité ; dans ce cas il surmonte un réservoir renfermant une liqueur âcre, qui s'écoule par le trou du sommet dans la piqûre qu'il fait lorsqu'on touche les plantes qui portent de ces sortes de Poils, et excite une démangeaison incommode ou même douloureuse, qui a fait donner le nom de *Stimulus* à ces sortes de Poils.

La *Laine* (*Lana*, *Lanugo*), dans les végétaux, de même que dans les brebis, est un enlacement de poils longs, mous, médiocrement serrés les uns près des autres et couchés plus ou moins, comme on en voit dans plusieurs Centaurées (*Centaurea benedicta, C. eriophorum*, etc.), dans plusieurs Sauges (*Salvia lanata*, *œtiopis*, etc.).

Le *Coton* (*Tomentum*) est composé de poils courts, mous, entrecroisés, crépus et serrés, dont on ne distingue pas aisément la direction et qui présente l'aspect du Coton ; tel est celui qui couvre le Micrope droit (*Micropus erectus*), les Cotonnières (*Filago*) et beaucoup d'autres plantes de diverses familles.

Le *Drap* ou *Velours* (*Velumen*) est une réunion de poils très-courts, très-ras et très-serrés, imitant le toucher du drap ou du velours, comme on peut le remarquer sur la plupart des espèces de Molène (*Verbascum*), dont les feuilles sont drapées.

Les Poils prennent le nom de Cils (*Cilium*) lorsque, étant un peu raides, ils sont placés sur les bords d'une partie ou sur celui d'une surface ; des pétales, des feuilles sont souvent *ciliées*.

La *Houppe*, ou plutôt le *Pinceau* de poils (*Penicillus*) que l'on désigne aussi, mais plus rarement par le mot Barbe (*Barba*), est formée par un petit amas de Poils droits disposés en touffe, ou rayonnants, placés sur un point quelconque d'un végétal, les graines et les péricarpes exceptés, sur lesquels nous avons vu que les Poils groupés sous forme de Houppe prenaient le nom de *Coma* (Houppe) ou d'Aigrette.

La *Soie*, prise dans le sens où l'on dit *soyeux*, est un poil doux, luisant, comme argenté ; mais pris dans le sens simplement de soie isolée de toute autre soie (*Seta*), est un poil raide, comme par exemple dans la soie du porc, terminant une partie de plante : telle est celle que l'on observe au sommet des spathelles et spathellules des Graminées : pour laquelle le mot de Soie a été plus spécialement appliqué par M. Palisot de Beauvois, qui le premier a très-bien fait sentir la différence qui doit exister entre la *Soie* et l'*Arête*, ou mieux *Barbe* (*Arista*).

La Soie, dans les Graminées, est un prolongement d'une nervure saillante hors du tissu dont la nervure fait partie ; et la Barbe qu'il ne faut pas appeler Arête, pour ne pas confondre ce corps avec l'angle saillant de deux plans qui forment aussi une Arête, présente à sa base un renflement ou un amincissement qui fait soupçonner l'existence d'une articulation, puisque dans beaucoup d'espèces de plantes elle se détache spontanément, ce qui ne peut arriver à la Soie. C'est spécialement dans les Graminées et les Cypéracées que l'on voit la *Soie* et l'*Arête*.

Considérés en eux-mêmes et isolément de leur ensemble, les Poils sont étoilés, bifides, articulés, en crochet, en coussinet, etc., toutes considérations qui se rattachent à la Phytotomie ; il en est de rayonnants, comme dans le plus grand nombre des espèces du genre *Croton* ; d'autres couchés horizontalement sont fixés par le milieu, tels sont ceux des Malpighiers.

§§§§. *De la Pruine.*

C'est sur les fruits que l'on a commencé à distinguer la *Pruine* (*Pruina*), qui est nommée vulgairement la *Fleur* ou *Rosée* (*Ros*) ; c'est une poussière blanchâtre ou blanc-bleuâtre que l'on observe par exemple sur les Prunes, les Raisins, sur les feuilles du Chou, les tiges de plusieurs plantes, et que l'impression seule des doigts enlève très-facilement. Le nom de *Fleur* a été donné à cette poussière probablement par allusion à la fleur de farine, que la Rosée des végétaux représente assez bien. Quelques auteurs l'appellent Poussière glauque (*Pollen glaucum*, et *Pulvisculus glaucus*) ; c'étai tles *Glandes globulaires* de Guettard.

§§§§§. *De la Squamature.*

Les *Ecailles* (*Squamæ*) sont des parties accessoires qui n'affectent pas un lieu particulier dans les plantes, puisque l'on en voit sur toutes les parties ou auprès des diverses parties. Ce sont des corps membraneux, ordinairement scarieux, colorés en fauve ou en brun, que l'on a quelquefois dénommés différemment, suivant qu'ils s'éloignent plus ou moins de ce que l'on appelle généralement *Ecaille* (*Squama*).

Dans les Bourgeons, les Ecailles sont des parties allongées, concaves en dessous, convexes en dessus, et présentant tous les caractères assignés à l'*Ecaille*. Dans l'intervalle des florules des Composées, on trouve des Ecailles petites, planes, blanchâtres, que l'on nomme Paillettes (*Paleæ*); lorsque ces *Paillettes* ou petites pailles sont allongées, très-étroites, se rapprochant un peu de l'apparence d'un poil, on les appelle *Striga*. Dans les Fougères, les très-petites et très-minces écailles qui se trouvent sur les feuilles et le pétiole, ou si l'on veut sur la frondelle, de même que sur la Souche-Rhizôme de ces végétaux, sont désignés par le mot *Rumentum*.

§§§§§§. *Des Protubérances.*

Toutes les Protubérances ou parties accessoires tuberculeuses que l'on peut observer dans les végétaux sont de deux sortes : celles qui ne fournissent aucune sécrétion appréciable dont nous parlerons d'abord, et celles qui laissent transsuder un suc particulier desquelles nous traiterons ensuite sous le nom de Glande.

Les Protubérances non sécrétoires que l'on peut distinguer dans les végétaux, reçoivent des noms relatifs à leur volume, comparé bien entendu, à celui de la partie sur laquelle elles se trouvent ou des végétaux sur lesquels elles se développent, parce qu'elles pourraient à volume égal recevoir une dénomination très-différente dans deux plantes ou deux parties de plantes dont une serait très-petite et l'autre très-volumineuse.

On distingue le *Mamelon*, la *Bosse*, la *Verrue*, la *Papille* la *Papule*, la *Lenticule*.

Le *Mamelon* (*Umbo*) est une protubérance solitaire au centre d'une partie, tel on en voit au centre de la surface supérieure du piléole de beaucoup d'Agarics.

La *Bosse* ou *Apophyse* (*Apophysis*) est une élévation ou protubérance peu régulière, solitaire, sans place déterminée et que l'on a appelée *Goître* (*Stroma*) lorsqu'elle est portée vers un côté comme dans quelques Mousses.

La *Verrue* (*Verruca*) est un corps de forme granulée plus ou moins solide, ordinairement groupé en plus ou moins grand nombre sur une partie, telles sont les petites protubérances que l'on voit sur quelques Aloës, comme dans l'Aloës perle (*Aloes margaritacea*.)

La *Papille* (*Papilla*) ressemble à la Verrue, mais elle a une forme oblongue, on l'observe sur plusieurs espèces de Champignons telles que Théléphores, *Odontia*, etc.

La *Papule* (*Papula*) avec la même forme que la Verrue en diffère beaucoup; elle est hyaline et aqueuse dans son intérieur, on la trouve par exemple dans la Ficoïde Glaciale (*Mesembryanthemum cristallinum*) les *Tetragonia cristallina* et autres. Ce sont les Papules que Guettard et tous les auteurs depuis lui ont pris pour des glandes qu'ils nommaient Glandes utriculaires (*Glandulæ utriculares*) ou *Glandes ampullaires* de M. Mirbel.

La lymphe limpide et incolore qui remplit ces Papules est inodore et sans saveur marquée.

Ces Papules sont quelquefois surmontées d'un poil tubuleux comme dans les Orties, les Malpighiers, et ont été nommées glandes lorsque ce ne sont que des réservoirs.

Ce que l'on a désigné sous le nom de Glandes globulaires (*Glandulæ globulares*) d'après Guettard, sont des Papules extraordinairement petites que nous appellerons *Papellules* (*Papellulæ*). Elles sont formées d'une pellicule renfermant comme la Papule une lymphe limpide, dans une seule cavité, dont elles se composent. Leur réunion, toujours en assez grande quantité dans les plantes qui en sont pourvues, forme comme une poussière brillante sur les feuilles, particulièrement à la surface inférieure, comme dans beaucoup d'Aroches (*Atriplex*) et quelques Chenopodes (*Chenopodium*). Des Botanistes ont confondu ces *Papellules* avec la Pruine, ce qui est totalement différent et par la manière d'être et par la nature de leur substance réciproque.

On trouve encore ces Papellules sur le calice, la corolle et les anthères de beaucoup de Labiées. Elles sont quelquefois allongées en massue dans les plantes, d'après les observations de M. Mirbel, comme par exemple à l'orifice de la corolle du Népéta crépu (*Nepeta crispa*).

La *Lenticule* (*Lenticula*) est une protubérance superficielle, arrondie ou oblongue que d'après Guettard on appelle *Glande lenticulaire* (*Glandula lenticularis*). Elle se trouve sur l'écorce lisse des arbres, sans que l'on puisse imaginer que ce soient des glandes, car il semblerait qu'on a désigné souvent, comme glandes de cette sorte, des testes desséchés de quelques *coccus* d'une très-petite espèce.

§§§§§§§. *Des Glandes.*

La connaissance de la structure vraie des végétaux, est maintenant assez avancée pour que l'on puisse avoir des idées fixes et exactes sur ce qui doit être appelé *Glandes* dans les plantes.

On devait croire que les derniers ouvrages publiés sur les généralités de la Botanique, auraient présenté quelque chose de plus précis qu'il n'en existait jusqu'à ce moment ; c'est cependant ce qui n'a point eu lieu. Au moins les observations que nous avions présenté à l'Institut de France en 1841, nous semblent encore être ce qu'il y a de plus rationnel sur cette partie du végétal. L'ouvrage de M. Decandolle, intitulé *Théorie élémentaire de Botanique*, est le seul dans lequel on trouve quelques réformes à cet égard, mais elles y sont présentées d'une manière trop succinte.

Notre travail sur les *Nectaires* nous a conduit, ainsi qu'on l'a vu plus haut à étudier les *Glandes* des végétaux et ce n'est qu'après avoir beaucoup vu, avec l'intention d'observer que nous avons cru devoir présenter les idées suivantes, sur ces Glandes.

Jusqu'à l'époque des travaux de Guettard, sur ce que l'on a appelé *Glande* dans les végétaux, insérés dans les mémoires de l'Académie des sciences, ces parties avaient été négligées. Les recherches de ce savant académicien dirigées particulièrement sur la distinction de ces corps, jeta sur ces sortes de protubérances un intérêt entièrement nouveau ; mais alors on n'avait pas assez étudié l'ensemble de l'organisation végétale ou la physique végétale et la Phytotomie, pour pouvoir déterminer avec exactitude la nature de toutes ces sortes de Glandes et l'on courait risque, comme cela a eu lieu, de confondre ensemble plusieurs choses fort différentes.

Les Glandes telles que les considèrent encore presque tous les botanistes, sont des parties des végétaux très-diverses pour la forme et pour les fonctions, puisque pour en citer un exemple, dans le *Coriaria myrtifolia* Linnée a donné ce nom aux pétales. C'est pour fixer s'il est possible, ce que l'on doit appeler *Glande* en Botanique que nous avons étudié, avec tout le soin dont Nous sommes susceptible, les diverses sortes de glandes, afin de fixer les idées que l'on doit conserver sur chacunes d'elles.

Dans le sens rigoureux du mot *Glande* (*Glandula*) on entend ordinairement une partie ou organe susceptible de fournir des principes excrétoires, tandis qu'il paraîtrait, à en juger par ce que les botanistes nomment ainsi, que toute protubérance plus ou moins prononcée, remplie d'un fluide d'une nature quelconque, ou seulement pleine de tissu ou plexus réticulaire, pourvu qu'elle ne soit ni un poil, ni une épine ou aiguillon, ni une callosité très-prononcé reçoit le nom de Glande.

D'après la définition de Linnée : *Glandulatio vasa secretoria offert*, on a pu croire en ne les observant que superficiellement, que beaucoup de corps remplis d'une humeur ou fluide, en étaient les secréteurs lorsqu'ils n'en étaient que les réservoirs, ce qui est tout à fait différent.

M. Mirbel dans quelques-uns de ses mémoires, nous paraît être le premier qui ait posé les limites entre les Glandes et les corps qui leur sont étrangers : sans cependant avoir fait usage d'une idée aussi lumineuse, dans ses *Eléments de Physiologie végétale et de Botanique*, où il distingue ainsi qu'on l'a fait jusqu'à présent depuis Guettard diverses espèces de Glandes, dont, sur les huit espèces dont fait mention M. Mirbel, il n'y en a en réalité que deux qui puissent conserver ce nom.

Afin de bien appliquer le mot *Glande* en Botanique, il faut se rappeler que dans les végétaux les Glandes doivent avoir, pour être regardées comme telles, des fonctions assez semblables en apparence, à celles des corps glandulaires dans les animaux: avec cette grande différence cependant que les Glandes des végétaux manquent du canal excréteur qui caractérise essentiellement les glandes chez les animaux. Nous avons eu occasion de faire voir que l'on donnerait vainement ce nom au *canal* ou cavité longitudinale qui suit la longueur des poils dans plusieurs espèces de plantes, en venant même s'ouvrir au sommet; on ne peut raisonnablement l'assimiler au canal propre à chaque véritable Glande.

L'examen de chaque sorte de corps appelé *Glande* dans les végétaux, donnera plus d'éclaircissement que les généralités que nous venons d'exposer.

Sous le nom de *Glandes miliaires* (*Glandulæ miliares*) on désigne de très-petits corps placés, en plus ou moins grande abondance suivant les espèces, sur toutes les parties vertes de la plupart des végétaux cotylédonés, excepté dans les plantes aquatiles ou submergées, mais elles sont plus abondantes sur les végétaux ou parties de végétaux destinées naturellement à être très-couvertes de poils, aussi les jeunes rameaux, le dessous des feuilles en présentent en bien plus grande quantité que les autres parties.

Dans les Graminées pourvues de poils on observe les *Glandes miliaires* là seulement où se manifeste la villosité. Dans ces végétaux il est ordinaire de voir ces sortes de corps surmontés d'un poil, tels on peut les observer dans une espèce des plus vulgaire, la Digitaire sanguine (*Digitaria sanguinalis*).

C'est dans tous les arbres verts tels que Pins, Sapins, Mélèses etc. que les prétendues Glandes miliaires se présentent avec des caractères qui ont pu faire illusion sur leur véritable nature. Sous la lentille du microscope on voit une ellipse circonscrite par une ligne et portant vers son centre un trait opaque, qui examiné dans toutes les modifications que peuvent présenter les végétaux à cet égard, n'est autre chose suivant notre manière de voir, que la base d'un poil qui n'est pas développé. Pour entendre cette structure, bien rendue par les précieuses figures publiées par MM. Keiser et Mirbel : mais mal expliquée par eux d'après ce qu'il nous semble, il faut concevoir que chacune de ces prétendues *Glandes miliaires*, ou *Glandes épidermoïdales* de Lamethéric et *Glandes corticales* de Dessaussure, n'est qu'une lacune plus ou moins prononcée, appartenant à l'épiphlose; ayant une tendance à s'ouvrir ou par un pore ou par un tube, bien que clos habituellement. L'observation n'a nullement démontré que ce pore existât lorsque cette lacune n'était surmontée d'aucun prolongement tubulaire ou poil creux; ainsi nous ne pensons pas que les noms de *Pores évaporatoires* employé par Hedwig, de *Pores de l'épiderme* proposé par Rudolphi, celui de *Stomate* que leur donne Link, ceux de *Pores allongés* ou de *grands pores* employés quelquefois par M. Mirbel, puissent leur convenir, pas plus que celui de *Pores* proprement dit que leur a donné M. Jurine fils. Opinion que nous voyons partagée avec plaisir en 1837 par M. Raspail, et que nous professions déjà en 1811.

D'après le peu de mots que nous venons de dire on voit que l'on ne peut séparer l'idée de *Lacunes de l'Epiphlose*, d'avec la connaissance de la structure des Poils et que ce ne sont point des *Glandes*, que l'on a indiqué sous le nom de *Glandes miliaires*, au plus ce seraient des glandes avortées, si l'on persistait à regarder quelques cellules groupées comme des Glandes telles que nous les reconnaissons. Les Poils dans les végétaux sont des prolongements ou développements de l'Epiphlose qui ne sont que très-rarement perforés, contre ce qu'a dit Linnée dans sa Philosophie Botanique : *Pilus est ductus excretorius plantæ setaceus*, et l'on ne peut les comparer que d'une manière très-éloignée avec les poils des animaux dont la base est implantée dans le Derme, lorsque dans les végétaux la base des poils part de l'Epiphlose et quelquefois même comme une dépression au-dessus de l'Epiphlose.

Pour ne plus appliquer un nom qui entraine des idées entièrement opposées à la réalité, nous proposons de donner aux Glandes miliaires celui de *Lacunes épiphlogiques*, pour les distinguer des espèces de Lacunes dont nous parlerons dans un moment. Ce qui nous porte à croire que ces Lacunes ne sont ni des Glandes, ni des Pores, c'est qu'elles n'ont pas la moindre ressemblance avec la structure que nous verrons être propre aux véritables Glandes végétales.

Quelquefois, comme dans plusieurs Urticées, cette sorte de Lacune est remplie d'un fluide âcre qui s'est épanché dans sa cavité et pénètre la tubulure du poil, pourvue d'un pore à son sommet. Si ce pore existe rarement, il ne peut être observé dans toutes les circonstances où les auteurs abandonnant le nom de Glande pour les *Lacunes épiphlogiques*, y ont substitué celui de Pore; nous sommes loin en effet d'être d'accord avec les auteurs sur l'existence de ce Pore dans les Lacunes épiphlogiques : ils ont appelé *Glande* ou *Pore*, la totalité de la surface de la *Lacune* : mais s'il en existe un, ce qui n'est point prouvé, il ne peut être que sur la ligne obscure qui nous paraît être la base ou la naissance d'un Poilet, non un Poil recourbé comme l'a prétendu M. Mirbel.

Si les bases des Poils paraissent plus étendues que les Lacunes épiphlogiques, cela s'explique naturellement par le plus grand développement de tout l'appareil.

D'après ce que nous avons dit des *Glandes globulaires* (*Glandulæ globulares*) en parlant des *Papellules*, à l'article des *Protubérances dans les végétaux*, telles sont celles indiquées dans les Labiées, il est inutile d'y revenir. Nous ajouterons qu'à raison de ce que ces *Papellules* tiennent quelquefois à l'Epiphlose, au moyen d'un Pédicule plus ou moins prononcé, on pourrait les considérer pour ainsi dire comme une sorte de métamorphose d'un poil dont la cavité est dilatée et la superficie arrondie par la présence d'un liquide n'ayant point d'issue pour s'échapper. Il est même à remarquer qu'il n'existe point de poils sur les plantes ou parties de plantes pourvues de ces Papellules. Ce sont de simples réservoirs globuleux dépendants de l'Epiphlose.

Dans les Rosages, comme dans le Rhododendron ponctué les *Papellules* ont une forme qui mérite de fixer l'attention.

Les *Glandes utriculaires*, que nous avons appelé *Papules* avec M. de Candolle, ne peuvent être distinguées physiquement parlant, des *Pappellules* ni des *Lacunes épiphlogiques*; elles sont seulement plus volumineuses, d'une forme hémisphérique. On ne confondra pas les Papules avec les verrues : ces dernières étant solides intérieurement.

Le nom de *Glandes lenticulaires* (*Glandulæ lenticulares*), a été appliqué à des parties très-différentes les unes des autres : Guettard appelait ainsi les taches oblongues que l'on voit en assez grand nombre sur l'épiphlose des jeunes rameaux de plusieurs arbres tels que Coignassier, Coudrier, Aulne, Bouleau, etc. et surtout dans l'*Evonymus verrucosus*, et qui paraissent résulter d'une disposition particulière au moyen de laquelle l'Epiphlose comme gercée de distance en distance, laisse passer par les gerçures une substance à peu près de la nature de la *Subérine* ou Liége, seulement un peu plus friable. Ce résultat de la végétation plus abondante et les taches plus multipliées dans certaines espèces, avait fixé l'attention des observateurs.

Ces sortes de prétendues *glandes* n'ayant aucune fonction appréciable et point de but déterminé, qui au moins nous soit connu, ne pourraient être à rigoureusement parler, considérées que comme des rugosités, cependant nous leur conserverons le nom de *Lenticules* ou *Lenticelles* que leur a donné M. Decandolle: ce professéur ayant parfaitement senti qu'elles ne pouvaient avoir aucun rapport avec les Glandes.

On ne s'éloignerait peut-être pas de la vérité en regardant les *Lenticules* comme des *Lacunes épiphlogiques*, à travers lesquelles la Subérine trouve moyen de se faire jour; ce serait encore si l'on veut un rudiment d'aiguillon, puisque cette partie du végétal est rempli d'une sorte de Subérine.

Les *Glandes lenticulaires*, telles que les désigne M. Mirbel, ne sont plus de la nature de celles dont a parlé Guettard et que nous appellons Lenticules ; comme le dit lui-même M. Mirbel, ces Glandes sont des lacunes remplies d'un suc propre, dont la forme est irrégulièrement lenticulaire et la saillie peu prononcée, on peut voir de ces sortes de corps dans le Ptelier à trois feuilles (*Ptelea trifoliata*); dans presque tous les Psoraliers et beaucoup d'autres espèces de plantes. Ces sortes de gibbosités légères sont encore le résultat d'une disposition particulière des *Lacunes épiphlogiques*, ce qui fait qu'elles sont un peu plus proéminentes que celles dont nous avons traité en premier lieu et qui ne renferment aucun principe particulier, peut-être parce que la nature des végétaux sur lesquels on les a observées n'est pas de fournir quelques principes propres à s'épancher. Cette structure commune nous détermine à ne considérer les *Glandes lenticulaires* dont a parlé M. Mirbel que comme étant des *Lacunes épiphlogiques* ou *réservoir propre lacuneux*, si on le préfère.

Les *Glandes vésiculaires* (*Glandulæ vesiculares*) que M. Decandolle place au nombre des vaisseaux propres, sous le nom de *Réservoirs vésiculaires*, diffèrent à peine des *Glandes lenticulaires* telles que les considère M. Mirbel; elles offrent cependant ce caractère, qu'elles ne forment point de saillie appréciable, comme l'on peut s'en assurer en observant les feuilles et les jeunes rameaux des Myrthacées, des Orantiacées, des Hypéricinées, des Rutacées et autres familles de plantes. Elles ont pour parois le parenchyme en-dessous et l'épiphlose en-dessus. Comme cette disposition amincit le parenchyme, il en résulte que les feuilles des familles de plantes que nous venons de citer, vues entre l'œil et la lumière, paraissent comme perforées, dans chaque point où existe une Lacune, lorsqu'elles ne sont que ponctués. En indiquant ces cavités sous le nom de *Lacunes sous-épiphlogiques* on donne une idée exacte de ces prétendues *Glandes*.

Dans l'écorce de l'Orange les lacunes *sous-épiphlogiques* pouvaient recevoir le nom de *Glande vésiculaire* avec quelque apparence de vérité, étant formées par une Vésicule globuleuse renfermant l'essence propre à ce fruit. Dans les péricarpes des Ombellifères, ces mêmes lacunes sont quelquefois allongées et alors elles ont été distinguées sous un nom particulier par quelques Botanistes : M. Decandolle les nomme *Réservoirs en cœcum* ; Hoffmann, dans son travail sur les Ombellifères les appelle *Vittæ*.

Les parties de l'appareil de reproduction dans les Fougères, auxquelles Guettard avait donné le nom de *Glandes écailleuses* (*Glandulæ squamosæ*) ne sont plus que des épisporanges que l'on a appelé *indusion* ou *indusie*, qui ne participent des glanges végétales sous aucun rapport.

L'auteur de la dissertation intitulée *De plantarum epidermide*, Kroker, a distingué à la surface des feuilles de plusieurs plantes, des corps qui sembleraient n'appartenir à aucuns de ceux dont nous venons de parler et auxquels il a donné le nom de *Glandulæ papillares*, que l'on trouve indiquées dans les ouvrages des Botanistes français, sous les expressions de *Glandes papillaires* et de *Glandes en mamelon*, à raison de leur forme. Leur structure ne donne d'autre idée que celle d'une réunion de trois à quatre lacunes épiphlogiques: mais d'après l'examen que nous en avons fait, tout en prononçant affirmativement que ce ne sont point des Glandes, nous pensons qu'elles ne sont ni assez généralement répandues sur les plantes, ni assez multipliées sur celles qui en offrent, pour qu'il soit possible d'en parler d'une manière aussi positive que de celles dont nous avons parlé jusqu'ici. On peut observer les Glandes papillaires à la surface inférieure des Labiées à odeur pénétrante, comme par exemple et d'une manière remarquable, dans la Sariette des jardins (*Satureia hortensis*). Elles sont sous la forme d'un mamelon placé dans une dépression de la même forme mais plus grandes qu'elles. On peut les regarder comme des *Lacunes épiphlogiques composées* renfermant une essence ou huile essentielle, qui ne diffèrent guère des *Glandes lenticulaires* de M. Mirbel que par leur plus grande régularité et la dépression dans laquelle elles sont logées.

Jusqu'ici nous n'avons observé aucun corps auquel le nom de Glande puisse être appliqué d'une manière exacte, d'après l'idée que l'on doit se faire d'une Glande dans les végétaux ; nous n'avons vu que des cavités à parois de formes diverses, renfermant des principes de nature différente, dont elles sont les réservoirs. Cependant il existe dans les végétaux des parties qui donnent naissance à une sécrétion d'une nature particulière, qui peuvent et doivent seules conserver le nom de *Glandes*, dans le sens que nous l'avons déterminé dans les végétaux.

M. De Candolle, d'après les premières observations de M. Mirbel, a distingué deux sortes de *Glandes*, les *cellulaires* (*Glandulæ cellulares*), et les *vasculaires* (*Glandulæ vasculares*), ayant chacunes des caractères faciles à saisir.

Les Glandes cellulaires, que nous croyons devoir distinguer

sous le nom de Glandes nectarifères (*Glandulæ nectariferæ*), ne sont pas plus cellulaires que les autres. Elles se trouvent particulièrement sur les parties les plus délicates et colorées de la fleur. Ce sont ces Glandes ou plutôt ces surfaces glandulaires auxquelles on a donné le nom de Nectaires, en confondant avec eux, en même temps à la vérité, l'appendice servant quelquefois à recouvrir ces Nectaires, lorsque c'est la surface glandulaire qui seule compose le Nectaire et fournit la *substance mucoso-sucrée* ou *Nectar* qui la lubréfie continuellement et sert à distinguer ces Glandes des *Glandes réticulaires* ou *vasculaires* de M. De Candolle.

La distinction de l'enveloppe du Nectaire d'avec la Glande nectarifère, n'a point échappé au docteur Conrad Sprengel, car il signale très-bien, et après lui plusieurs Botanistes du nord, le *Nectarothèque* ou l'Enveloppe ou support du Nectaire et le Nectaire lui-même, tel qu'il le conçoit.

Notre objet étant ici de déterminer la nature des corps dont on a traité jusqu'à ce moment en Botanique, sous le nom de Glande, il nous suffira de rappeler qu'en traitant du Nectaire, nous avons dit qu'il y avait des *Glandes nectarifères* sur les pistils, les étamines, les anthères, les calices, les corolles, et que le stigmate lui-même n'est en dernière analyse qu'une Glande dépendante de l'Ovaire.

Les Glandes nectarifères ne forment point un corps distinct de celui qui leur sert de support, et ne sont visibles que par la nature de leur surface sécrétoire ; il en résulte que ces sortes de Glandes se perdent pour ainsi dire dans la substance de la partie sur laquelle elles prennent naissance, ce qui avait fait imaginer qu'elles n'étaient que cellulaires.

Les Glandes vasculaires, que nous appellerons Glandes réticulaires (*Glandulæ reticulares*), pour éviter de décider ici la question de savoir s'il y a ou s'il n'y a pas de vaisseaux dans les plantes, ont cela de particulier que l'on ne peut les observer que dans les parties vertes des végétaux. Ce sont elles que les auteurs désignaient par les noms de Glandes urcéolaires (*Glandulæ urceolares*), de *Glandes cyathyformes*, de *Glandes à godet*. On les trouve aux dentelures des feuilles dans les Pruniers, Pêchers, Saules, Peupliers, etc. ; sur le pétiole, dans les Passiflores, les Crotons, les Casses ; sur les stipules, dans les Bauhiniers (*Bauhinia*) ; sur la face supérieure des nervures des feuilles dans quelques Passiflores, comme dans la Passiflore ponctuée (*Passiflora punctata*), plante dans laquelle les Glandes réticulaires étant sessiles, ne sont plus pour ainsi dire que des surfaces sécrétoires, à la manière des Glandes nectarifères ; mais elles sécrètent un suc de la même nature que les autres Glandes réticulaires.

Dans les dentelures des feuilles du Saule, du Peuplier, du Prunier, les Glandes réticulaires sont sous la forme de callosités plus ou moins allongées, terminant les dentelures, ne laissant transsuder un suc de nature simplement mucilagineuse que pendant les premiers moments du développement des feuilles. Ainsi contre l'opinion émise par quelques auteurs qui n'ont observé les Glandes réticulaires que dans un état avancé, il est certain que ces Glandes sont sécrétoires, comme on peut le démontrer facilement, en les étudiant dans les feuilles sortant du bourgeon.

Dans les Peupliers d'Italie, baumier, noir, etc., les Glandes laissent échapper un suc de nature balsamique, lorsque dans tous les autres arbres que nous avons cité, ce suc est un mucilage plus ou moins visqueux.

Les corps auxquels Adanson et Cl. Richard ont donné le nom de Disque, et qui, suivant les familles naturelles de plantes, occupent, relativement à l'ovaire, une situation différente, ne sont autre chose qu'un corps glandulaire, dont la structure et la nature de la sécrétion sont les mêmes que celles des Glandes réticulaires.

Comme les autres Glandes de la même espèce, ce n'est que dans les premiers instants de leur développement que ces Glandes, que nous avons appelées ailleurs Glandes ovariennes, sécrètent un principe particulier, car dès que l'ovaire croît, prend l'apparence d'un fruit après la chute des autres parties de la fleur, la surface cesse d'être sécrétoire et lubréfiée par un suc mucilagineux : seulement elle est encore unie et luisante, comme on peut le voir dans le *Cobœa*, les Crucifères, etc.

Une observation qui a peut-être échappé aux Botanistes qui se sont occupés des Glandes, puisqu'ils n'en parlent pas, est qu'indépendamment de leur forme et de leur situation respective, les Glandes nectarifères et réticulaires sont caractérisées par la dissemblance de leur principe excrété, et c'est même là le caractère le plus fixe, puisqu'il suffirait pour faire une Glande réticulaire d'une Glande nectarifère, de supposer celle-ci composée essentiellement d'une surface, portée par un corps distinct, et qu'alors elles ne pourraient différer que par la nature de leur sécrétion, ce qui se présente dans le sens contraire où nous venons de le supposer, dans quelques Passiflores, où les Glandes réticulaires se réduisent à une surface.

La texture des Glandes réticulaires est la même que celle du parenchyme, mais plus délicate et d'un vert moins prononcé dans les Glandes ovariennes, que dans celles appartenant aux feuilles, aux pétioles. L'étude de cette texture ne présente dans la structure de ces Glandes aucune différence, comparée à celles des autres parties vertes des végétaux; seulement les anastomoses, entre les parties du *Plexus réticulaire*, sont très-rapprochées, très-déliées dans la portion de ces Glandes qui en constituent le sommet, surtout vers la partie portant la surface sécrétoire.

De toutes ces Glandes réticulaires il en est dont la surface totale est sécrétoire, comme dans l'Abricotier, le Prunier; dans d'autres il n'y a que le sommet de ces Glandes qui fournissent à la sécrétion : telles sont les Glandes réticulaires à godet, comme en ont les Casses sur les pétioles et pétiolules, et les Passiflores vers le sommet du pétiole.

Leurs formes varient suivant les espèces de végétaux ; ainsi elles sont globuloïdes, ovoïdes, turbinées en massue, cupuliformes, cylindroïdes. Les Glandes factices qui deviennent des galles, sont du ressort des considérations relatives à la Phytothérosie.

Après avoir traité de la distinction des Glandes des végétaux, il nous resterait à parler de leurs fonctions ; mais cet objet appartient à une autre partie de la Botanique, dans laquelle nous nous réservons de discuter cette matière et de l'éclaircir autant qu'il nous sera possible, notre article Nectaire ayant au surplus donné quelques développements à cet égard.

DES CAVITÉS QUE L'ON DISTINGUE DANS LES VÉGÉTAUX.

Après avoir parlé des protubérances de diverses sortes dans les végétaux, il est naturel de dire un mot des Cavités que l'on observe quelquefois dans les végétaux, et qui ne se rattachent à aucunes des parties dont nous avons traité jusqu'ici.

On appelle Cyphelle (*Cyphella*) des cavités ou dépressions régulières, de forme orbiculaire, résultant de la structure propre à la partie sur laquelle elle existe, et n'offrant dans leur intérieur rien de comparable à ce qui se trouve dans les Scyphules, qui sont des corps distincts dont nous avons parlé, et non simplement des cavités. On en voit dans le genre *Sticta* de la famille des Lichénées.

L'Ombilic (*Umbilicus*) n'offre point de différence réelle avec la Cyphelle : seulement il est toujours unique à peu près au centre d'une surface, tandis que les Cyphelles sont toujours groupés plusieurs ensemble. L'Ombilic est à la Cyphelle ce que le Mamelon est aux Verrues. On en voit dans presque toutes les espèces du genre *Gynophora*.

Une Fossette (*Fovea*) est une sorte de dépression peu considérable, sans forme rigoureusement déterminée, comme on en voit dans le Lichen, appelé *Nephroma saccata* (*Lichen saccatus* L.).

Les *Alvéoles* (*Faveolæ*) sont des cavités bien marquées, profondes, approchant de la forme et de la régularité des alvéoles des rayons des abeilles. Le genre *Favolus*, distrait avec raison des Bolets, par P. de Beauvois, présente pour caractère essentiel un Piléole ou chapeau pourvu en dessous d'Alvéoles régulières. Dans les Composées beaucoup d'espèces ont un Réceptacle commun couvert d'Alvéoles.

Nous avons déjà eu lieu de parler des Lacunes (*Lacunæ*) : ce sont des trous d'une forme indéterminée, traversant l'épaisseur de la partie qui en est pourvue; ou bien ce ne sont que des cavités placées dans l'épaisseur d'un corps.

On trouve des Lacunes dans les feuilles de plusieurs Ariées qui sont trouées. Le corps foliacé (Thalle) de la *Gyrophora erosa* est entièrement lacuneux: disposition qu'offrent plusieurs espèces dans la famille de végétaux dont dépend le genre Gyrophore (les Lichénées). Les troncs des Clusiers sont également pourvus de très-larges Lacunes, ce qui donne à ces tiges, qui sont volubiles, une disposition très-singulière.

Pore (*Porus*), petite cavité ou trou d'un très-petit diamètre.

Lorsque nous traiterons de la Phytotomie, nous aurons encore occasion de citer plusieurs sortes de Lacunes, existant dans l'intérieur des végétaux, soit qu'elles récèlent un suc particulier, soit qu'elles ne renferment que de l'air.

DES DIVERSES PORTIONS D'UNE PARTIE DIVISÉE.

Suivant la disposition des portions composant un corps, et suivant la forme et les dimensions relatives de ces portions, elles prennent un nom différent.

Lorsqu'une partie est divisée complètement en plusieurs portions à peu près égales entre elles, mais en petit nombre, on leur donne le nom de *Parties*, et mieux de *Segments* (*Segmenta*). Si les portions ne sont pas distinctes jusqu'à la base, alors elles prennent le nom de *Partitions* (*Partitiones*), et plus habituellement de celui *Divisions*.

Les *Lobes* (*Lobi*) sont des portions peu profondes, mais d'assez grande dimension, relativement au tout dont ils font partie; ainsi on dit les Lobes d'une feuille, les Lobes d'une corolle, lorsque les divisions sont peu profondes et ne forment point de Partitions.

Le *Sinus* indique une partition arrondie à son sommet, peu profonde et assez multipliée.

Les *Laciniures* (*Laciniæ*) sont des partitions ou découpures multipliées, assez fines; ne présentant point un ordre parfaitement régulier.

Les *Fimbriures* (*Fimbriæ*) sont des découpures très-fines, assez allongées relativement à leur largeur, et formant comme une frange, par leur disposition générale.

Les *Crénelures* (*Crenæ*) sont des dents nombreuses, obtuses, dressées, c'est-à-dire, ne se portant ni vers la base, ni vers le sommet de la partie dont elles dépendent.

Les *Serratures* (*Serraturæ*) sont des dents nombreuses, aiguës, dirigées vers le sommet de la partie qui les supporte.

Les *Dents* (*Dentes*) sont de très-petites parties d'un corps, imitant à peu près, par leur disposition, l'arrangement des dents, étant dressées et uniformes.

Valve (*Valva*), partie distincte d'un péricarpe, et qui, suivant le nombre de ces Valves, est dit univalve (*univalvis*), bivalve, trivalve, quadrivalve, quinquévalve et plurivalve (*multivalvis*).

DES DIVERSES SORTES D'ÉCHANCRURES OU DÉCOUPURES.

Dans les végétaux, les intervalles qui séparent les portions d'une partie divisée portent des noms différents, suivant la forme de ces intervalles; soit sous le rapport de l'étendue de la séparation; soit sous celui de la distance entre les parties séparées.

L'*Échancrure* (*Emarginatura*), que les anciens nommaient *Deliquium*, est une incision ou un intervalle qui n'atteint qu'une très-petite portion du corps sur lequel elle s'observe, et qui peut être également sur un corps solide comme sur un corps plan : les deux bords sont toujours plus ou moins éloignés.

La *Fente* (*Fissa*) est une séparation plus ou moins profonde dont les bords sont un peu rapprochés.

La *Fissure* (*Fissura*) est une fente dont l'intervalle entre les parties séparées est à peine sensible.

Le *Sillon* (*Sulcus*) est une cavité longitudinale, déprimée, bordée par un corps saillant, placé auprès de cavités ou échancrures semblables.

La *Strie* (*Stria*) est un sillon extrêmement fin; toujours accompagné d'un grand nombre de sillons semblables, séparés par les *Côtes* (Pulvini), ou parties relevées.

DES APPENDICES GÉNÉRAUX.

Les Appendices généraux sont tous ceux qui appartiennent indifféremment à telle ou telle partie, qui en sont comme des expansions, et dont on parle isolément, à raison de ce qu'ils ne rentrent pas naturellement dans la forme générale du corps dont ils font partie. Ces Appendices sont aigus ou sont comprimés.

Les Appendices aigus sont l'Apicule, le Cuspide, le Mucrone, l'Hameçon, le Glochilde, le *Stimulus* et la Queue.

L'*Apicule* (*Apiculus*) est un poil ou une pointe piliforme, terminale, aiguë, d'une faible consistance et qui peut être ployé.

Le *Cuspide* (*Cuspis*) est un Apicule allongé, aigu et roide, mais un peu moins que s'il était de nature épineuse.

Le *Mucrone* (*Mucro*) est un Apicule roide et droit, mais moins allongé que le Cuspide.

L'*Hameçon* (*Hamus*) est un corps roide et courbé à son extrémité, dont le *Rostellum* et l'*Uncus* ne sont que des variétés. On emploie le mot *Uncus* lorsque l'Hameçon est court et forme comme l'ongle d'un animal, tel que d'un oiseau ou d'un chat, et le mot *Rostre* (*Rostellum*), lorsqu'étant un peu gros et courbé, il imite la forme du bec de certains oiseaux.

Le *Glochide* (*Glochis*) est un poil roide, allongé, recourbé à son sommet, de manière à devenir accrochant comme l'Hameçon. On en trouve dans l'involucre des Bardanes (*Lappa*); au sommet des carpelles des Benoites (*Geum*).

Le *Stimulus* n'est autre chose qu'un poil roide, cassant; dont la piqûre occasionne une démangeaison désagréable : tel on en voit dans les Malpighiers, dans les Orties.

La *Queue* (*Cauda*) est un appendice terminal, long, mou, flexible, couvert de poils, ou nu, et d'une dimension assez considérable, relativement à la partie dont elle est un prolongement.

Les Appendices comprimés sont l'*Aile* et l'*Auricule*.

L'*Aile* (*Ala*), dont nous avons déjà eu occasion de parler pour quelques parties, est une dilatation plus ou moins grande, mince, foliacée, et qui tient par une étendue notable. On en voit sur les tiges, les rameaux, les pédoncules, les fruits, les graines, etc.

L'*Auricule* ou *Oreillette* (*Auricula*) est une sorte d'Aile, de la même consistance que la partie dont elle est presque détachée par une échancrure plus ou moins profonde ; c'est pourquoi on dit aussi souvent *Aile* que *Auricule*. Dans une acception générale, l'Auricule est un Appendice court, latéral, arrondi à la manière du lobule de l'oreille de l'homme.

Quelquefois on applique le mot *Auricule* pour *Aile*, comme dans le pétiole de l'Oranger, où l'on dit, mais inexactement, qu'il est auriculé. Dans les Jongermannes, Willdenow et d'autres Botanistes ont confondu les véritables Auricules qui existent dans un très-petit nombre d'espèces de ce genre, avec les stipules qui se trouvent dans une grande quantité d'espèces de ce même genre.

L'Aigrette est toute partie poilue qui se trouve à une graine, comme dans l'Epilobe, ou à un fruit, comme dans beaucoup de Composées ; mais dans le premier cas c'est un funicule, et dans le second un calice : aussi ne pensons-nous pas que le mot Aigrette soit d'un emploi rationnel maintenant en Botanique, d'après ce qui a été dit en parlant du calice.

Ici se termine la première partie de la Glossologie ou celle qui traite des noms relatifs aux choses. Par l'importance des objets dont elle s'occupe, elle était de nature à beaucoup fixer l'attention, puisqu'elle forme une partie principale et essentielle des connaissances techniques du Botaniste ; tandis que les matières de la section qui suit ne sont que de nature à être parcourues ou consultées seulement, comme une sorte de dictionnaire logique rationnel et non alphabétique.

TROISIÈME SECTION.

GLOSSOLOGIE QUALIFICATIVE.

Cette section de la Glossologie est destinée à réunir tous les qualificatifs appartenant au langage du Botaniste. C'eût peut-être été un inconvénient d'en traiter en même temps que l'on parlait des parties composant un végétal, parce qu'il s'en fut suivi des détails et souvent une longue énumération, qui, bien loin d'être convenables, eussent ralenti l'exposition de la connaissance générale que l'on voulait acquérir, et fait perdre de vue le but principal et la liaison que les objets, dont traite la première partie de la Glossologie, ont les uns avec les autres : inconvénient qui se fait trop ressentir dans les ouvrages où se trouvent exposés en notre langue les éléments de la Botanique.

Soit que l'on se serve de la langue des savants, soit que l'on emploie le langage vulgaire, les termes de ces langues, s'ils sont suffisamment appropriés, peuvent servir au besoin pour exprimer beaucoup de particularités de la structure des végétaux, et dans ce cas il est peu utile de s'étendre beaucoup à leur égard dans les explications que l'on en donne et d'insister sur les applications que l'on en fait ; mais il en est aussi un assez grand nombre dont le Botaniste seul éprouve le besoin de connaître l'acception, soit parce que cette acception est un peu détournée de celle reçue dans les usages ordinaires de la vie, soit parce que ces termes ne sont applicables qu'à l'étude des végétaux.

Au moyen d'un choix de mots, en petit nombre et bien appropriés, il est possible de donner le signalement d'un végétal avec une telle précision, que le peintre ou le dessinateur puissent sur ce simple énoncé, le représenter avec la plus grande exactitude, sans l'avoir jamais eu sous les yeux.

Il est assez difficile de trouver une méthode d'exposition des termes ou mots caractéristiques : les placer suivant l'ordre des organes ou parties dont nous avons traité, serait une répétition monotone, chacune de ces parties pouvant être susceptible des mêmes modifications, et peut-être se priverait-on, par cette disposition, de la facilité de classer beaucoup de mots qui ne s'appliquent que dans quelques cas particuliers. Enumérer ces termes qualificatifs d'après l'ordre alphabétique, serait lever une grande difficulté pour la facilité de ce travail : mais ce serait en élever une insurmontable pour ceux qui auraient besoin de consulter quelques mots, puisqu'ils ne pourraient retrouver ceux qui échapperaient à leur mémoire, au lieu qu'au moyen d'une énumération méthodique on peut arriver à trouver sans difficulté le mot dont on a besoin. C'est donc ce dernier moyen que nous prendrons pour donner une idée de l'ensemble des termes caractéristiques, ou mots qualificatifs employés en Botanique, et que déjà M. De Candolle avait essayé de classer d'une manière assez satisfaisante.

DES MOTS INDIQUANT EN GÉNÉRAL COMPOSITION DE PARTIES.

Dans les végétaux une partie est *simple* ou *composée*; lorsqu'elle est simple (*simplex*) ou entière (*integerrima*), elle est continue (*continua*) dans toute son étendue : mais il peut arriver qu'elle soit divisée (*divisa*), de manière à présenter comme plusieurs parties qui ne cessent pas pour cela d'être continues entre elles : alors elle est multifide (*multifida*) ou polytôme (*polytoma*). Dans les parties susceptibles de se diviser en rameaux, les mots indivis (*indivisa*) et rameux (*ramosa*) indiquent à peu près deux manières d'être analogues aux parties dites *simples* et *multifides*.

Si les divisions d'une partie *simple* se prolongent au-dessous du milieu et s'avancent jusque vers la base, au lieu d'être dite *multifide*, elle est désignée comme multipartite (*multipartita*).

Le mot composé (*compositus*), appliqué à quelques parties des végétaux, indique une réunion de choses semblables, distinctes l'une de l'autre, mais, cependant formant comme un tout : ainsi on dit une *fleur composée* (*flos compositus*) en parlant d'une réunion de fleurs dans un anthode; on dit une *feuille composée* (*folium compositum*), lorsqu'elle est formée par la réunion de plusieurs *folioles* distinctes les unes des autres par articulation. Par opposition on dit décomposée (*decompositus*), lorsqu'une partie étant pour l'ordinaire simple, se trouve divisée en plusieurs parties qui en forment un tout composé.

Par rapport au nombre des parties semblables, considérées dans leur groupement, d'où peut résulter un assemblage plus ou moins considérable, on dit simple (*simplex* vel *unicus*) pour une fleur, un involucre, un péristôme, lorsqu'ils ne sont composés que d'un rang de parties; et l'on dit qu'ils sont doubles (*duplex*) ou multiples (*multiplex*) lorsqu'ils sont formés par la réunion de deux ou plusieurs parties concentriques les unes aux autres, comme un péristôme *double*, un calice *double*.

DES MOTS EXPRIMANT ABSENCE DE PARTIES.

Nul (*Nullus*). Si l'on a besoin d'employer les caractères négatifs alors on dit qu'une partie est *nulle* lorsqu'elle n'existe point; ainsi on dit corolle *nulle*, style *nul* etc.

Nu (*Nudus*). Si une partie se trouve dépourvue de parties environnantes ou de parties accessoires qui l'accompagnent ordinairement on dit qu'elle est *nue*. Ainsi par exemple la hampe de beaucoup de Liliacées est *nue*, étant sans feuilles; la fleur des Fluviales est *nue* étant sans calice ni corolle; les ombelles et ombellules des Ombellifères sont *nues* lorsqu'elles manquent d'involucre ou d'involucelle.

Quelquefois c'est par erreur que le mot *nu* a été appliqué, comme dans le cas de plusieurs fruits où le péricarpe monosperme s'appliquait presqu'immédiatement sur la graine ce qui avait fait nommer ces fruits des graines *nues*.

Une Radicule *nue* pour M. Mirbel, est celle qui manque de *Coléoptile*; mais ce prétendu défaut ne tient qu'au système d'organisation adopté par ce botaniste qui explique d'une manière inexacte la structure des monocotylédones, et par suite des polycotylédones qu'il croit manquer d'une partie qui n'en est pas une en réalité.

Les Boutons ou Bourgeons sont *nus* lorsqu'ils ne sont point enveloppés d'écailles. On a dit mais trop légèrement, Amande *nue*, celle dont le spermoderne a été pris pour le péricarpe.

Chauve (*Calvus*). On a dit Pin *chauve* pour un arbre (*Taxodium disticha*) dont les élignites radiculaires sont dépourvues de feuilles et de branches; on dit graine *chauve* (*semen calvum*) par opposition aux graines qui portent une *chevelure* : les graines de la Pervenche sont nues (*nudæ*) celles des Asclépias sont *chevelues*.

Exaristatus. Une partie dépourvue d'arête est dite *exaristée* par opposition à celle qui en est munie, comme on en a des exemples dans les spathelles et spathellules des Graminées.

En général tous les termes particuliers indiquant défaut ou absence de parties sont dérivés des mots signalant les diverses sortes d'appareils dont ils indiquent l'absence.

Arhize (*Arhizus*). Si un végétal manque totalement de la partie nommée racine, il est dit *arhize*, telle est la Truffe, (*Tuber cibarium*), tous les Champignons épiphylles, ou croissant sur les feuilles.

Acaule (*Acaulis.*) Un végétal peut être privé de tige, sans être d'une structure qui fasse soupçonner qu'il puisse en avoir une, alors il n'y a point de nécessité de lui appliquer le nom d'*acaule* : mais il en est qui sont constitués pour en avoir et dans lesquels elle est tellement raccourcie ou cachée que l'on a pu leur appliquer avec quelque vraisemblance le nom d'*acaule* ou d'*intigé*, comme par exemple dans les Primevères.

Aphylle (*Aphyllus*). Si un végétal ne présente aucune apparence de feuilles, ou au moins lorsqu'elles sont comme imperceptibles, ou sous des formes ne se rapportant point à ce qui est généralement connu sous ce nom, on le dit *aphylle*, c'est-à-dire, *privé de feuilles*. Les Cuscutes sont véritablement privées de feuilles en ce sens, ainsi que les Orobanches, l'Hypociste, beaucoup de Cactiers, et tous les végétaux portant des *Thalles*.

Apérianthé, (*Aperiantheus* Rasp.) sans périanthe.

Nullinerve (*Enervis*, *nullinervis*.) Une feuille est *nullinerve*, ou un végétal est *nullinerve*, lorsqu'ils n'offrent l'apparence d'aucune nervure à leur surface. Beaucoup d'Ulves, de Varecs sont *nullinerves* ; la plupart des feuilles des Mousses, celles de quelques arbres à feuilles très-épaisses et toutes celles des plantes grasses, sont *nullinerves*.

Ananthus, veut dire qui est *privé de fleur*, non pas à raison de ce que les fleurs pourraient être détachées naturellement ou par cas fortuit, mais par suite d'une organisation naturelle, faisant qu'un végétal est *privé de fleur*, c'est-à-dire, d'étamines ou de pistil.

Ebracté (*Ebracteatus*), qui est *privé de bractée*.

Acotylédon (*Acotyledoneus*). Un végétal qui est privé, par son organisation, de véritable graine, manque d'embryon ; il n'a que des spores et ne peut par conséquent avoir de cotylédons d'où il est dit *acotylédoné* ou *acotylédon* : mais il est plusieurs expressions qui servent à désigner les végétaux pourvus de cette organisation, à la vérité résultant de vues différentes et du système propre à celui qui a introduit chaque expression. Linnée a dit Cryptogames(*Cryptogamiæ*) à raison de ce qu'ils avaient des *sexes* et *noces cachées*; MM. de Lamarck et Richard ont dit Agames (*Agamiæ*) pensant que les acotylédons n'avaient point de *sexe* et parconséquent point de *noce* ni acte de *fécondation*. C'est à peu près dans le même sens qu'Adanson s'était servi du mot *Asexe*, exprimant l'absence des étamines et du pistil, regardés comme les organes des sexes dans les végétaux. Le mot Neutre (*Neuter*) a été employé par quelques Botanistes dans le même sens, bien que quelquefois on l'ait fait désigner les individus à fleurs staminifères. Lamethérie avait proposé enfin pour les acotylédons le mot Agène (*Agenius*) voulant dire encore qui ne peut engendrer par copulation.

Le mot inembryoné (*Inembryonatus*), dont se sont servi quelques Botanistes, s'applique encore aux *acotylédons* et peut-être dans le cas où il arrive quelquefois que les cotylédons ne sont pas distincts ce mot pourrait-il prêter à équivoque.

Il est quelques végétaux cotylédonés dont l'embryon est acotylédone, telles sont les Cuscutes si l'observation n'est point inexacte.

Inalbuminé (*Exalbuminatus*), se dit de tout embryon dépourvu d'Albumen de même que ceux qui adoptent le mot *Périsperme*; ont dit Apérispermé (*Aperispermus*) dans le même cas.

DES MOTS EXPRIMANT OCCULTATION DE PARTIES.

Invisible (*Inconspicuus*). On s'est servi de ce mot en Botanique, non pas dans le sens de caché mais dans le sens de non-existence : ainsi on a dit fleur *invisible* pour les acotylédons qui physiquement parlant manquent de fleur ; on a dit que la tigelle était *invisible* dans l'embryon des Commélines, des Aulx, des Pins, etc. La radicule est tellement disposée dans plusieurs embryons qu'elle est *invisible* avant la germination, bien que l'embryon soit inalbuminé.

Caché (*reconditus.*) On emploie ce mot lors qu'ayant la certitude de l'existence d'une partie, elle est cependant disposée de manière à n'être pas facilement perceptible.

Cryptogame (*cryptogamus*) qui a des *noces cachées*. (voyez Acotylédon).

Cryptocarpe (*cryptocarpus*), à fruit caché, et pour les graines *cryptosperme*. Cryptogyne (*Cryptogynia*), nom sous lequel un auteur désigne les acotylédons, comme n'ayant point d'ovaire, comme un autre les a désigné par le mot de Cryptanthérés (*Cryptantheræ*) et d'autres par celui de Cryptostèmes (*Cryptostemon*) ou Cryptostèmones.

DES MOTS QUI INDIQUENT UNE IMPERFECTION.

Incomplet (*incompletus*) s'il y a quelque partie qui manque, contre ce qui a lieu le plus généralement : ainsi, pour nous, les fleurs seulement à étamines ou à pistil, celles qui manquent de véritable calice ou corolle, sont des fleurs *incomplètes*. Un fruit *incomplet* s'est développé sans les parties composant intégralement l'ovaire.

Imparfait (*imperfectus*) ; un fruit doit avoir trois loges, une ou deux loges avortent, le fruit est *imparfait*; l'anthère des Sauges est *imparfait*, parce qu'il n'a qu'une loge anthérique et de plus il est irrégulier.

Dérégulier (*deregularis*), expression vicieuse pour indiquer une partie qui tient le milieu entre régulier et irrégulier.

Irrégulier (*irregularis*); un appareil dans le végétal peuvent être *irréguliers* sans être ni incomplets ni imparfaits, c'est le cas des fleurs de la Violette, des feuilles de certains Mûriers et du Figuier commun.

Anomal (*anomalus*); une partie *anomale* est non-seulement irrégulière, mais encore est-il difficile de lui assigner des formes comparatives.

Stérile (*sterilis*), ce mot emporte l'idée d'improduction : un végétal qui ne donne pas de graine est *stérile*; une fleur qui ne noue pas ou qui manque d'ovaire est *stérile*.

DES MOTS EXPRIMANT PRÉSENCE D'APPAREILS OU DE PARTIES.

Les termes signalant la présence d'une partie sont presque toujours un dérivé du nom de cette même partie ou appareil, tels sont les suivants.

Albuminé (*albuminosus*) ou périspermé; arillé (*arillatus*); engaîné (*vaginatus*); ailé (*alatus*); aiguilloné (*aculeatus*).

Bractéé (*bracteatus*); bracteolé (*bracteolatus*); **bulbifère** (*bulbiferus*); bulbillifère (*bulbilliferus*).

Caliculé (*calyculatus*); **caulescent** ou tigé (*caulescens*); **coiffé** (*comosus, calyptratus*); **cilié** (*ciliatus*); coléorhizé (*coleorhizus*); **coléoptilé** (*coleoptilis*); **corollé** ou corollifère (*corollatus*); **cotylédoné** (*cotyledoneus*); **couronné** (*coronatus*).

Ecailleux (*squammosus, squammatus, squamulosus*); pérulé d'après quelques auteurs; **épineux** (*spinosus*).

Feuillé (*foliatus*); **florifère** (*floriferus*); **foliolé** (*foliolatus*); foliifère (*foliiferus*); **fructifère** (*fructiferus*).

Grainé (*seminem referens*).

Hilifère (*hiliferus*), qui est pourvu d'un hile.

Ovuligère (*ovuligerus*) qui porte, ou qui a des ovules.

Induvié (*induviatus*) ; **involucré** (*involucratus*) ; involucellé (*involucellatus*).

Loriqué (*loricatus*), avec lorique ou spermoderme testacé.

Pédiculé (*pediculatus*) ; pédicellé (*pedicellatus*) ; pédonculé (*pedunculatus*) ; **pérulé** (*perulatus*) ; **pétiolé** (*petiolatus*) ; pétiolulé (*petiolulatus*) ; **piléolé** (*pileolatus*) ; **pistilifère** (*pistiliferus*).

Ramifié (*ramosus*) ; à fortes racines (*radicatus, radicosus*).

Sobolifère (*soboliferus*) ; **spinescent** (*spinosus*) ; **staminifère** (*staminiferus*) ; **stipulé**, stipulacé, stipulifère (*stipulatus, stipulosus, stipuliferus*) ; **stolonifère** (*stoloniferus*) ou à Stolons.

Tegminé ou tuniqué (*tunicatus*) ou avec enveloppe.

Vaginé (*vaginatus*) portant un étui ; **valvé** (*valvatus*) qui offre des valves distinctes.

Vrillé (*cirrhosus*) ou cirrhifère, portant des vrilles.

Voilé (*velatus*) ou couvert en partie.

DES MOTS EXPRIMANT PRÉSENCE DE PARTIES EN GRAND NOMBRE.

Aiguillonneux (*aculeosus*), la *Rosa spinosissima* est *aiguillonneuse* et la *Rosa canina*, *aiguillonnée* seulement.

Chevelu, ou fibrilleux (*comosus*) ensemble de ramifications fines et très-divisées, ou indication de beaucoup de fibres.

Fibreux (*fibrosus*) composé d'un grand nombre de fibres, ou ayant la texture fibreuse.

Epineux (*spinosus*) : le latin n'indique pas la différence de *spinescent* pourvu d'épines, et *épineux*, couvert de beaucoup d'épines.

Fibrilleux (*fibrillosus*), offrant une plus ou moins grande quantité de fibres, libres dans leur longueur.

Filamenteux (*filamentosus*), exprime la forme et aussi, suivant les circonstances, l'idée d'un plus ou moins grand nombre de filaments, plus longs que lorsque l'on dit simplement *fibreux*.

Feuillu (*foliosus*), pourvu non-seulement d'un grand nombre de feuilles : mais les feuilles étant très-rapprochées les unes des autres.

Poileux (*pilosus*) couvert de poils longs et nombreux.

Poreux (*porosus*) ; soit à la surface, soit intérieurement.

Papuleux (*papulosus*), les papules étant petites et nombreuses.

Rameux (*ramosus*) : le latin semble ne pouvoir exprimer la différence que le français établit entre *ramifié*, divisé en rameaux, et *rameux* divisé en beaucoup de rameaux.

Tortueux (*tortuosus*), offrant de nombreux sinus.

DES MOTS INDIQUANT UNE DÉPENDANCE.

Ces sortes de mots rappellent toujours l'idée d'une dépendance entière et ont le plus ordinairement une désinence commune.

Basilaire (*basilaris*); ayant une déhiscence *basilaire*, comme dans le genre Triglochin.

Columellaire (*columellaris*), qui dépend de la columelle ; il y a des déhiscences *columellaires*, comme dans les Mauves et des placentaires semblables.

Corollin (*corollinus*), qui a des dépendances avec la corolle.

Dorsal (*dorsalis*) : qui est placé au dos d'une partie.

Fructuaire (*fructuarius*), qui a du rapport au fruit ou est dans sa dépendance.

Pariétal (*parietalis*); une suture *pariétale* a lieu par le point qui sépare les cloisons des valves : c'est-à-dire, par la suture naturelle; un placentaire est *pariétal* s'il existe sur les parois des cloisons.

Péricarpique (*pericarpicus*), dépendant du péricarpe ou même du fruit, vû d'une manière générale.

Pétioléen (*petioleanus*) qui est relatif au pétiole.

Stipuléen (*stipuleanus*) qui est en rapport avec les stipules.

Valvaire (*valvaris*) Il y a des placentaires, des déhiscences *valvaires*. On a proposé valvulaire (*vavülaris*) pour ce dernier cas, mais l'expression est impropre.

DES MOTS DÉTERMINANT LES MODIFICATIONS DANS LA PUBESCENCE.

Poilu (*pilosus*) donne l'idée d'une partie pourvue de poils, sans donner celle d'une grande quantité : différence nullement sentie par le *pilosus* des latins.

Pubescent (*pubescens*), offrant des poils assez longs sans être pressés.

Duveté est synonyme de pubescent.

Velouté (*velosus*) les poils étant si doux et si serrés qu'il en résulte comme une sorte de velours (*velumen*).

Drapé ou tomenteux (*tomentosus*), poils serrés, plus ou moins rudes, offrant à la surface le toucher du drap de laine.

Velu (*villosus*), poils couchés, nombreux, un peu mous sans être laineux.

Soyeux (*sericeus*), couverts de poils doux, couchés, nombreux, brillants, offrant comme un aspect métallique.

Laineux (*lanuginosus*), offrant des poils longs, mous, ou floconneux, ou entrecroisés.

Il y a une expression utile à introduire, c'est Aranéeux (*piloso-araneosus*). C'est lorsqu'il y a sur une partie de très-longs poils mous, entrecroisés sans se toucher, très-fins et imitant les fils d'une toile d'araignée : comme on en voit dans une Lampsane, une Joubarbe, quelques Cirses.

Le mot *crinitus* ne peut se rendre dans notre langue que par l'expression *à crins*, et s'emploie lorsqu'une partie porte des poils rudes, gros, plus ou moins nombreux : telle est la surface de quelques Bolets.

DES MOTS EXPRIMANT LES DIVERS ÉTATS DE DÉPRESSION.

Les modifications de surfaces résultant des dépressions régulières de ces surfaces, forment une série différente de celles produites par des dépressions et inégalités très-petites et placées irrégulièrement.

Aciculé (*aciculatus*), bien différent d'*aciculaire*, se dit des surfaces marquées de raies fines et sans ordre, faites comme avec la pointe d'une aiguille : telle est la surface de certaines graines.

Strié (*striatus*), marqué de très-petits sillons (*stria*) longitudinaux et parallèles ; dont les bords ou parties relevées portent le nom de Côtes ou Dos (*Pulvinus*).

Sillonné ou cannelé (*sulcatus*), c'est-à-dire, marqué de sillons (*sulci*) plus profonds que dans les stries et plus écartés.

Réticulé (*reticulatus, retiformis*), disposé en réseau, plus ou moins approchant de celui de la dentelle.

En **damier** (*tesselatus*), disposition alternative de parties plus ou moins approchant du parallélogramme : telles sont les teintes des pétales et sépales de la Fritillaire-Méléagre. On a dit aussi *tuilé*, mais c'est par erreur, tuilé se rapportant à imbriqué.

Crevassé (*rimosus*), offrant des fentes plus ou moins rapprochées et formant un compartiment.

Scrobiculé (*scrobiculatus*), à dépressions en fossettes plus ou moins régulières, sans disposition générale déterminée.

Labyrinthiforme (*labyrinthiformis, dedaleus*) : des sillons plus ou moins tortueux : telles sont les dispositions de l'hyménion de tout le genre de Champignons nommé *Dædalea*.

Alvéolé (*alveolatus, favosus, faveolatus*), ou à cavités un peu approchant de celles qui forment les rayons d'abeille. Telle est la disposition de l'hyménion du genre *Favolus*, et celle du réceptacle commun de beaucoup de Composées.

Porulé (*foraminulosus*) : plus que poreux ; les trous sont plus profonds, plus grands et nombreux : tels sont la plupart des Bolets en dessous.

DES MOTS EXPRIMANT LES DIVERSES SORTES D'ÉMINENCES QUE L'ON OBSERVE AUX SURFACES DES VÉGÉTAUX.

Goîtreux (*strumosus*), portant une bosse latérale (*struma*)

Bosselé s'applique aux renflements plus ou moins prononcés, plus ou moins réguliers que l'on observe sur des parties cylindracées (*torosus*, *torulosus*) ; mais *bosselé* peut encore s'appliquer à des surfaces planes, plus ou moins couvertes de petites élévations. Sur un corps d'une autre forme, c'est une apophyse (*apophysis*).

Ridé (*rugosus*), inutilement traduit par *rugueux*, indique la présence de plis irréguliers, comparés aux rides.

Bullé (*bullatus*), relevé en bulles ou petites bosselures : telle est la variété du Basilic à feuilles bullées.

Bossu (*gibbus*, *gibbosus*), relevé en bosses, ou en petite bosse.

Plissé (*plicatus*), marqué de plis qui dans ce cas sont droits et parallèles.

Hérissonné (*echinatus*), couverts de pointes roides, allongées, à la manière du hérisson : telle est l'involucre de la Châtaigne et certains péricarpes de Luzerne. Dans le cas où les pointes sont courtes et grosses, comparées à celles de certaines coquilles du genre *Murex*, on dit le corps ou la partie muriquée (*muricatus*). *Exasperatus* s'emploie lorsque les aspérités sont peu saillantes.

DES MOTS EXPRIMANT L'ASPECT DES SURFACES.

Bien qu'il y ait des mots généraux dans le nombre de ceux qui signalent les modifications d'aspect des surfaces, cependant il est utile de les rappeler avec ceux qui sont propres à la Botanique.

Uni (*æquatus*), par opposition, aux surfaces relevées par des aspérités d'une forme quelconque.

Nu (*nudus*), c'est encore par opposition à une partie accompagnée de quelqu'autre, que l'on emploie cette qualification, ou bien par opposition à l'état habituel d'une chose.

Glâbre (*glaber*), dépourvu de toute espèce de poils. *Glabratus*, qui est devenu glâbre.

Ondulé (*undulatus*, *undatus*), plan à surface relevée de distance en distance par des ondulations, sans détruire le plan général.

Recourbé (*repandus*), ondulations très-grandes.

Crêpu (*crispus*), une surface est *crépue*, lorsque les ondulations sont très-rapprochées, tortueuses et bulleuses, tout en même temps : telle est l'*Ulva intestinalis*.

Rude (*scaber*, *scabridus*), muni d'aspérités plus sensibles au tact qu'à l'œil.

Apre (*asper*), muni d'aspérités très-fortes. La feuille de l'Orme est rude, celle du Figuier commun est âpre.

Ponctué (*punctatus*), s'entend également de points relevés, déprimés, ou simplement formés par des taches planes, bien que l'on ne dut l'appliquer que dans ce dernier cas.

Lisse (*lævis*) est plus qu'uni ; non seulement les surfaces *lisses* sont planes, mais aussi elles sont relevées d'un certain éclat, dû à l'égalité de tous les points de la surface. Une partie peut être unie, c'est-à-dire, n'offrir des dépressions d'aucun genre, et cependant n'être pas *lisse*.

Vernissé (*vernicosus*) indique une surface comme couverte d'un vernis, ce qui est très-bien applicable au *Boletus vernicosus*.

Brillant (*splendens*), présentant un aspect éclatant : telles sont les surfaces de certaines feuilles argentées, de plusieurs Liserons, et de divers *Chrysophyllum*.

Luisant (*lucidus*) ; beaucoup de feuilles d'arbre sont d'un vert très-luisant, et, suivant les inclinaisons diverses, donnent des reflets vifs de lumière.

Lustré (*nitidus*) ; il est difficile de faire sentir la différence de *luisant* et de *lustré*, et cependant dans beaucoup de cas l'on ne peut les appliquer l'un pour l'autre ; mais le *luisant* est plus prononcé que le *lustré*.

Le *soyeux* (*sericeus*) tient à la pubescence.

Pelé (*pellitus*, *recutitus*) ; c'est une surface dont on aurait comme enlevé l'épiphlose ou épiderme, et qui par cela même est privée de tout espèce de brillant, ce que nous avons observé sur plusieurs espèces de Haricots : on a dit *éderme*.

DES MOTS EXPRIMANT L'ÉTAT DES PARTIES VÉGÉTALES SOUS LE RAPPORT DES PRINCIPES HUMIDES.

Sec (*siccus*) est employé par opposition à des parties ou surfaces humectées : le stigmate est humide, le style *sec*.

Onctueux (*unctuosus*) ; la pulpe de certains fruits est grasse au toucher ; l'albumen de toutes les plantes oléagineuses étant écrasé est très-*onctueux*.

Roridus, ou couvert d'une humidité comparable à la rosée, n'a point en notre langue d'expression équivalente. On trouve les feuilles de divers végétaux dans cet état, tels les *Drosera*, le Pois chiche.

Visqueux (*viscosus*) ; une partie est *visqueuse* dès qu'elle détermine une forte adhérence de la part des corps qui la touchent : il y a le *Lychnis viscaria*.

Viscide (*viscidus*), lorsque par le contact on éprouve une sorte d'adhésion avec le corps par un léger état de viscidité : tel est souvent l'*Arenaria tenuifolia*, et quelques Céraistes.

Glutineux (*glutinosus*); une partie des plantes est *glutineuse* lorsqu'elle abandonne une portion de principes au corps qui la touche : la Térébenthine est *glutineuse*; la Joubarbe *glutineuse* est encore dans ce cas. Lactescent est toujours relatif à la nature intérieure.

DES MOTS EXPRIMANT LA FORME DU SOMMET D'UNE PARTIE, OU DÉSINENCE.

Obtus (*obtusus*), terminé en pointe mousse et arrondie plus ou moins, et lorsque l'on veut exprimer que cet état est très-prononcé, l'on dit très-obtus (*rotundatus*).

Mutique (*muticus*), qui ne présente pas de pointes et qui n'est point aigu.

Emoussé (*hebetatus*) exprime que la partie se présente comme si on lui avait cassé une pointe qu'elle aurait eue.

Tronqué (*truncatus*), qui semble avoir été coupé sur une assez grande étendue et à angle droit.

Ecrasé (*retusus*), s'entend seulement pour tous les corps épais qui ont été comprimés, tandis que le latin s'applique même aux corps planes, comme à des feuilles ou folioles de plusieurs Crotalaires et Luzernes qui sont rétuses, c'est-à-dire tronquées avec une échancrure au milieu de la troncature.

Rongé (*præmorsus*); troncature irrégulière et comme si elle eut été produite par une morsure : tel est le sommet de beaucoup de Souches-Rhizômes, et telle est la racine de la Scabieuse des bois (*Scabiosa succisa*).

Pointu (*acutus*) se dit d'une manière générale pour toute partie dont le sommet se termine à angle aigu, à côtés un peu prolongés.

Aigu (*acuminatus*), qui se prolonge en un angle très-aigu, sans que le corps soit piquant. *Acuminosus* sert à désigner plus spécialement les sommités planes et aiguës ou avec prolongement (*acumen*).

Apiculé (*apiculatus*), ou pourvu d'un Apicule (*apiculus*), sorte de partie courte, aiguë, à peu de consistance.

Mucroné (*mucronatus*), prolongé en pointe (*mucro*) courte, droite et roide.

Cuspidé (*cuspidatus*), offrant une longue pointe (*cuspis*), droite ou roide, ou d'une consistance identique à la partie dont elle est le prolongement.

Piquant (*pungens*), qui porte une pointe à son sommet, ou qui est aigu et assez dur pour piquer : telles sont par exemple toutes les serratures de l'*Yucca aloïfolia*,

Rostellé ou à bec (*rostellatus*) qui est terminé en pointe allongée et crochue, à laquelle on applique le nom de Bec (*rostellum*) : le fruit de la *Martynia annua*.

Hameçonné (*hamosus*), dont la courbure imite celle du hameçon (*hamus*) : les épines de l'Ananas pinguin (*Bromelia pinguin*) sont *hameçonnées* en sens opposé, ce qui rend cette plante redoutable.

Ongulé (*ungulatus, unguiculatus*) est appliqué aux parties se terminant à la manière d'un ongle crochu d'animal : telles sont les épines du Jujubier croc de chien (*Zizyphus inguanea*), et dans des cas d'organisation rapprochée de ce que l'on exprime par *rostellé* et *hameçonné*.

DES MOTS SERVANT A EXPRIMER LES DIVERSES FORMES GÉNÉRALES DES PARTIES DES PLANTES.

De toutes les séries des mots dont nous avons traité ou dont nous traiterons, c'est sans contredit celle qui fournira le plus de détails, par les nombreuses modifications que l'on a lieu de remarquer dans les végétaux. La fixation de ces formes est d'une importance majeure, relativement aux descriptions et caractères des plantes ; mais quant à la nature, cette multitude de formes est peu importante.

L'on ne devra donc point s'attendre à trouver dans les définitions ou dans l'emploi des qualificatifs cette précision matémathique que le Géomètre est habitué à apporter, mais cependant elle sera suffisante pour ne pas prendre une forme pour une autre.

La forme générale d'une partie est déterminée par tous les points proéminents desquels on suppose des lignes tirées de l'un à l'autre et qui en déterminent la limite générale ou circonscription, sans avoir égard aux légères modifications que peuvent présenter certains points de cette circonscription.

Nous ramenerons toutes les formes générales, en Botanique, à deux divisions principales, celles qui sont comprimées et celles qui sont solides.

§. *Formes planes, à deux extrémités.*

Linéaire (*linearis*), approchant d'un plan très-allongé, très-étroit, et comme à côtés parallèles : telles seraient les feuilles de Sapin.

Oblong (*oblongus*), étroit, et formant comme une ellipse très-allongée.

Allongé (*elongatus*), étendu dans toutes les parties de la forme générale.

Lancéolé (*lanceolatus*), allongé, et les deux extrémités se rétrécissant en pointe, moyennement aiguë.

Ligulé (*ligulatus*), en bandelettes allongées, approchant de la forme d'une langue. Il y a des feuilles, des corolles *ligulées*.

Ovale, (*ovalis*, *ovatus* L.), offrant la circonscription de l'œuf, l'extrémité resserrée en haut.

Obovale (*obovalis*), forme de la circonscription de l'œuf, mais l'extrémité resserrée étant dirigée en bas.

Elliptique (*ellipticus*, *ovalis* L.), les deux extrémités également arrondies et le grand diamètre étant double du petit et même plus.

Orbiculaire (*orbicularis*, *circinnatus*, *disciformis*) : détermine l'idée d'une forme plus ou moins arrondie.

Arrondi (*subrotundus*, *rotundatus*), approchant de la forme circulaire.

Parabolique (*parabolicus*) : le diamètre longitudinal surpassant le tranversal, et la largeur se rétrécissant insensiblement de la base au sommet, de manière à présenter la moitié d'une surface demi-ovale ; se rapproche plus ou moins de la forme rhomboïdale.

Spathulé (*spathulatus*); en *spatule*, élargi et comme arrondi par le haut, et passant brusquement à une forme étroite dans une plus longue étendue.

Cunéiforme (*cuneiformis*), en forme de *coin*, élargi et obtus par le sommet, et se rétrécissant longuement jusqu'à la base : plus raccourcie, cette forme est l'*obovée*.

Rhomboïdal (*rhomboïdalis*, *rhombeus* L.) : le diamètre transversal se raccourcissant brusquement aux extrémités, depuis le milieu de la longueur, de manière à donner l'idée du Rhombe.

Flabelliforme (*flabelliformis*), largement obovale, ou plutôt largement cunéiforme et présentant le développement de l'éventail : les feuilles du *Ginkgo biloba*.

Ensiforme (*ensiformis*), ou en sabre, présentant plus ou moins la courbure du sabre : un bord convexe et l'autre concave.

§§. *Formes planes angulaires.*

Angulé (*angulatus*), d'une manière positive, les angles bien prononcés.

Anguleux (*angulosus*), présentant des angles plus ou moins bien prononcés ; *angulaire* que l'on emploie comme synonyme d'anguleux, ne peut exprimer que la place qu'occupe une partie.

Les mots, triangulaire (*triangularis*), quadrangulaire, (*quadrangularis*) quinquangulaire (*quinquangularis*) sexangulaire (*sexangularis*), septangulaire, (*septangularis*) et octangulaire (*octangularis*), signalent le nombre des côtés qui bordent, plus ou moins régulièrement, une partie plane d'un végétal.

Deltoïde (*deltoïdeus*) dans les parties planes revient à triangulaire.

Cordiforme (*cordatus*, *cordiformis*) et non *cordé* ainsi qu'on l'a rendu : ayant la base échancrée, les angles latéraux arrondis et représentant assez bien la forme du cœur des jeux de Cartes.

Réniforme ou en rein, (*reniformis*), base comme la disposition cordiforme et le sommet court et obtus de manière à ce que le plus petit diamètre soit de bas en haut.

Lunulé (*lunatus*, *lunulatus*) : disposition cordiforme mais arquée de manière à donner l'idée d'un croissant de lune.

Sagitté ou en fer de flèche (*sagittatus*); base échancrée formée par deux angles presque parallèles au pétiole dans les feuilles, et sommet aigu ; tel est le *Rumex scutatus*.

Hasté ou en fer de lance (*hastatus*), la base échancrée étant terminée latéralement par deux angles aigus se jetant sur le côté; telles sont les feuilles de la Sagittaire.

Panduriforme ou en forme de violon (*panduratus*, *panduriformis*), c'est une forme allongée obtuse aux deux extrémités, échancrée vers le milieu de manière à présenter grossièrement le plan d'un violon ; telles sont les feuilles du *Rumex pulcher*.

Pelté (*peltatus*) ou en forme de bouclier : le support étant plus ou moins placé vers le centre du plan ; l'*Hydrocotyle vulgaris* a les feuilles *peltées*, le *Sarracenia* a son stigmate *pelté*.

Palmé (*palmatus*): cinq angles et au-delà, disposés à peu près comme les doigts étalés de la main, telle est la feuille de Vigne.

Pédalé (*pedatus*), ou lobes placés de manière à présenter une sorte de radiation.

Ronciné (*runcinatus*) ou en rondache, oblong, entier au sommet et pinnatifide à la base, telle est la feuille du *Taraxacum*, mais les lobes étant réfléchis, pour l'ordinaire.

Lyriforme (*lyræformis*), présentant la coupe de la lyre des anciens, telle est la feuille de la *Passiflora lyrata*.

§§§. *Formes solides, sans cavité.*

Ces formes résultant de la présence des trois dimensions de tout corps solide, ne sont pas moins variées que les précédentes.

Les mots trigone, (*trigonus*), tétragone (*tetragonus*), pentagone (*pentagonus*), hexagone, (*hexagonus*) heptagone, (*heptagonus*), octogone (*octogonus*) et polygone (*polygonus*), sont appliqués suivant le nombre des pans offerts par les corps divers de certains végétaux.

Lorsque l'on veut indiquer les arêtes d'un corps polygone, au lieu de ses pans, les pans dans ce cas n'étant pas ordinairement bien déterminés, l'on dit tri, quadri, pentaquètre (*triqueter*, *tetraqueter*, *pentaqueter*) les autres dispositions ne se trouvent point indiquées en Botanique.

On a très-rarement occasion d'employer les expressions de trilateral, quadrilatéral (*trilateralis*, *quadrilateralis*), indiquant un corps prismatique à trois ou quatre côtés ; ou bien ceux de trièdre, tétraèdre (*trieder, tetraeder*) indiquant un corps à trois ou quatre angles plans, sans angles rentrants: ce ne serait que relativement aux graines, dans lesquelles on peut observer des formes dont les configurations appelleraient l'application de ces mots.

Capillaire (*capillaris*), ayant la grosseur d'un cheveu ; telles sont les Conferves.

Filiforme (*filiformis*), ayant la grosseur d'un fil, telle serait la tige des Cuscutes.

Funiculaire (*funicularis*), de la grosseur d'une petite corde nommée ficelle ; les tiges de *Cassytha*, celles de plusieurs *Chara*.

Flagelliforme (*flagelliformis*), en forme de fouet, allongé, pendant et cylindracé, telles sont les tiges de plusieurs Cactiers.

Cylindracé (*cylindraceus*), approchant de la forme cylindrique.

Cylindrique (*cylindricus*, *teres*), dont la coupe horizontale serait un cercle: les tiges, ordinairement.

Hémi-cylindrique (*hemi-cylindricus*), cylindre comprimé d'un côté, on trouve telles quelques tiges et surtout les pétioles.

Subulé (*subulatus*, *subuliformis*), en cône très-effilé et aciculaire comme une alène.

Comprimé (*compressus*), dont la coupe horizontale serait une ellipse ; si la compression est très-prononcée, le corps peut ne plus être que membraneux (*membranaceus*).

Déprimé (*depressus*), ayant éprouvé comme une dépression.

Convexe (*convexus*), rehaussé en courbure : presque toutes les espèces du genre Agaric sont *convexes* au Sporangide.

Grêle (*gracilis*), tenu dans toutes ses parties, sans positivement être allongé.

Effilé (*tenuis*), allongé et mince, relativement à ses autres proportions.

Aciculaire (*acicularis*), cylindracé, effilé, grêle et aigu, comme l'est une aiguille ; telles sont les épines des Cactiers. Très-différent d'*Acerosus*.

Fusiforme (*fusiformis*), il faut prendre pour type de cette forme la racine de la Carotte, et non le fuseau à filer.

Nous n'avons pas de mot pouvant rendre l'idée d'un cylindre

aminci aux deux bouts, c'est ce que le latin exprime par *fusinus* : il y a des spores et des graines de cette forme.

Napiforme ou **Napacé** (*napiformis*, *napaceus*), qui approche ou ressemble à la forme du Navet : plusieurs racines.

Gladié (*gladiatus*, *ensatus*), comprimé et les arêtes si saillantes que l'on compare le corps à un glaive; telles sont les tiges du *Gladiolus anceps*.

Acinaciforme (*acinaciformis*) ou en forme de sabre, comprimé, triquètre, un peu redressé vers le haut, à carène tranchante, tel est la feuille du *Mesembryanthemum acinaciformis*.

En **Poignard** (*pugioniformis*), appliqué à des feuilles trigones, aiguës, longues et roides, dans le genre *Mesembryanthemum*.

Dolabriforme (*dolabriformis*) en doloire, ou comprimé, arrondi, obtus, bossu sur le dos, vers le sommet : nous ne connaissons qu'un seul exemple de cette forme dans les plantes, c'est encore dans le Mesembryanthemum. (*Mes. dolabriforme*).

Claviforme (*claviformis*) ou en massue. On trouve plusieurs Clavaires, des styles, une arête, ayant cette forme.

Linguiforme (*linguiformis*), en forme de langue; telles sont les feuilles de plusieurs Aloës.

Tœnianus, en forme de Tænia, long, applati, étranglé, les rameaux des frondelles de beaucoup d'Algues marines, surtout des genres *Ceramium* et *Diatoma*.

En **Parasol** (*umbraculiformis*), beaucoup d'Agarics.

En **Chapeau** ou en **chapiteau** (*pileatus, pileiformis*), il y a peu de différence entre cette forme et la précédente.

En **Coussin** (*pulvinatus*) ou en forme de coussin.

En **forme** de **Balai** (*muscariiformis*).

En **Pinceau** (*penicillatus*, *penicilliformis*), ou pénicellé : les poils sont souvent disposés sous cette forme.

Aspergilliforme (*aspergilliformis*) en forme de goupillon: disposition de quelques moisissures.

En **forme de moyeu de roue** (*medioliformis*), comme quelques fruits du genre Luzerne.

En **forme de rein** (*nephroïdeus*) : les sporanges des Lycopodes sont sous cette conformation.

Meniscoïdeus, ou dont la coupe est en forme de croissant.

Lenticulaire (*lenticularis*), en forme de lentille. Les espèces du genre *Lemna*.

Trochléaire (*trochlearis*), en forme de poulie : on trouve quelques graines dont l'embryon présente cette forme.

En **forme de tonneau** (*dolioliformis*), c'est celle du fruit de quelques Luzernes.

Crêté (*cristatus*), n'est pas dire en forme de crête positivement mais qui a une *crête*, et cependant il y a des péricarpes qui ont la forme de la tête du coq plus la crête : les *Onobrychis*.

En **forme de doigt** (*dactyliformis*), telles sont les feuilles épaisses et allongées de quelques Cacalies.

En **bouclier** (*clypeatus*) forme elliptique, telles sont les silicules du genre *Farsetia*.

En **forme de monnaie** (*nummularius*, *nummulariformis*), d'une forme circulaire ; tels sont les fruits de certains arbres ; les graines de plusieurs autres.

Lomentacé (*lomentaceus*), composé de plusieurs articulations non cylindracées.

Moniliforme (*moniliformis*) ou en forme de chapelet : articles arrondis, tandis qu'ils sont applatis dans le cas précédent.

En tête (*capitatus*, *capitiformis*, *gongylodes*), qui est arrondi en forme de tête.

Globuleux (*globulosus*), dont la forme approche d'un globe.

Sphérique (*globosus*, *sphericus*), dont la forme est parfaitement sphérique. Les graines du *Canna* sont *sphériques*, les péricarpes de la Fumeterre sont *globuleux*.

Hémisphérique (*hemisphericus*), quelques graines ont cette forme.

Ellipsoïde (*ellipsoideus*) ; ce n'est que dans les graines et quelques fruits que l'on peut trouver le solide analogue à l'ellipse.

Ovoïde, oviforme (*ovoïdeus*, *oviformis*), forme approchant de celle de l'œuf comme dans les fruits pulpeux ou charnus.

Turbiné (*turbinatus*) ou en toupie c'est un cône large, court, renversé, tronqué.

Conique (*conicus*), forme du pain de sucre, la partie la plus large posant en bas.

Obconique (*obconicus*), forme conique mais renversée.

Pyriforme (*pyriformis*), forme de la poire ou cône renversé, court à sommet arrondi.

Claviforme ou en massue (*claviformis.*)

Pyramidal (*pyramidalis*, *pyramidatus*), c'est un cône dont les faces sont coupées par trois ou plusieurs plans. Cette forme est peu régulière dans les parties des végétaux qui l'offrent.

Grenu (*granulosus*), ou en forme de grain.

Pulvisculaire (*pulviscularis*), en forme de grains de poussière : telles sont par exemple les graines des Orchidées, en général.

§§§§. *Formes solides, avec une cavité quelconque.*

Les noms des formes solides, offrant quelque cavité qui en modifie visiblement la forme générale et en déterminent la distinction, sont assez nombreux pour être réunis dans un groupe séparé.

Caréné (*carinatus, navicularis*), dont la saillie imite la carène d'un vaisseau, telle est celle des fleurs papillionacées.

Hypocratériforme (*hypocrateriformis*), en forme de soucoupe, ou évasé par le haut, étroit vers le bas.

Rotacé (*rotaceus, rotatus*), en forme de roue : employé pour les corolles.

Poculiforme (*poculiformis*) : en forme de coupe, peu profonde, à base hémisphérique et bords droits. Tel est l'appendice corollin du Narcisse des poètes.

Cotyliforme (*cotyliformis*) en forme d'écuelle : en roue et à fond redressé.

Calathiforme (*calatiformis*), approchant de la forme du bol : certaines Pezizes.

Acétabuliforme (*acetabuliformis*), forme de coupe à bords un peu rentrés en dedans : il y a plusieurs Pezizes de cette forme.

Cratériforme (*craterœformis*) en forme de cratère, c'est-à-dire concave, hémisphérique, rétréci à la base.

Infundibuliforme (*infundibuliformis*), en forme d'entonnoir, évasé au sommet et assez longuement tubulé à la base.

Cyathiforme (*cyathiformis*), concave en forme de cône renversé : telle est la forme du haut des verres à pied.

Campanuliforme (*campanuliformis*), en forme de cloche.

Digitaliforme (*digitaliformis*), en forme de dé à coudre : telle est la cupule très-profonde de certains glands. La corolle de la Digitale rouge rentre dans cette sorte de forme, que l'on observe dans quelques Pezizes.

Urcéolé (*urceolatus*), ou en forme d'outre, de grelot ou de godet globuleux ; creux et peu ouvert, ou comme fermé vers le haut.

Patelliforme (*patelliformis*), en forme de petite assiette très-plate : tel est le sporange de beaucoup de Lichens.

Scutelliforme (*scutelliformis*), en forme lenticulaire légèrement marginée : Ex. les sporanges de plusieurs genres de Lichen.

Tubulé (*tubulosus, tubulatus, tubatus*), en forme de tube : le genre *Solenia* offre ce genre de forme. *Tubuleux* se dit aussi.

Tubiforme (*tubœformis*) ou en trompette ou plutôt corne à trompette, est un tube très-évasé à l'une de ses extrémités : telles sont la plupart des espèces du genre *Merulius*.

Proboscideus, en forme de trompe d'éléphant ; ce n'est que par une approximation très-grossière que l'on a appliqué ce nom, par exemple au fruit du *Martynia annua*, à raison de ce qu'il est courbé. Quelques corolles approchent un peu plus de cette forme de trompe d'éléphant.

On trouve *Vascularis*, en forme de pot à fleur, employé dans quelques ouvrages.

Cucullé ou cuculliforme (*cucullatus, cuculliformis*), en forme de capuchon : tels sont quelques corolles, quelques calices, et aussi certaines feuilles dont le disque est un peu enroulé à la base, et forme comme un cornet à papier.

Galéiforme ou en casque (*galeiformis*), comme dans la fleur du genre Aconit.

Scrotiforme (*scrotiformis*), en forme de scrotum, ou offrant le renflement que présente les bourses : le calice de plusieurs Biscutelles est *scrotiforme*.

§§§§ *Formes solides, donnant l'idée de vacuité.*

Creux (*cavus*), muni d'une cavité interne, dont la forme est ordinairement déterminée par celle du corps.

Concave (*concavus*), creusé ou courbé sans former d'angles, par opposition à convexe (*convexus*).

Vide (*vacuus, inanis*), sert à désigner l'état d'un végétal, portant à son centre une moelle très-spongieuse et lacuneuse.

Canaliculé (*canaliculatus*), creusé en canal ou en gouttière, ou disposition approchante : ainsi une feuille dont les deux parties du disque sont un peu relevées et se regardent, est *canaliculée*.

Celluleux (*cellulosus, cellularis, utriculosus, utricularis*) ou utriculaire, exprime en général un assemblage de petites cavités, ayant une organisation commune et semblable.

Lacuneux (*lacunosus*), ou offrant des lacunes ; c'est une absence de parties, contre ce qui a lieu ordinairement : ainsi le disque d'une feuille est d'être continu, dans quelques plantes il offre des trous.

Vésiculeux (*vesiculosus, vesicularis*), enflé comme une vessie, tel est le fruit du Cardiosperme.

Renflé (*inflatus, emphysematosus*), enflé, mais non à la manière d'une vessie : le pétiole des Macres, le pédoncule du réceptacle commun de plusieurs Composées, sont renflés.

Fistuleux (*fistulosus*), creux et cylindrique, à la manière d'une flûte.

Etagé (*tubulatus*), offrant plusieurs couches de cavités séparées par des dissépiments : telle est la moelle du Noyer et de plusieurs autres arbres.

Loculé (*loculatus, locularis*), offrant à l'intérieur un plus ou moins grand nombre de loges ou cavités régulières : la plupart des fruits sont loculés de là biloculé ou biloculaire, (*bilocularis*), *triloculé*, *quadriloculé*, *quinquéloculé et multiloculé*.

DES MOTS EMPORTANT L'IDÉE DE DÉCOUPURES PEU PROFONDES.

Toutes les fois qu'une échancrure ne se prolonge pas profondément, la partie ne peut cesser d'être simple, et c'est en ce sens que le mot *integer* est employé par les Botanistes : l'expression de *très-entier* (*integerrimus*) étant réservée pour désigner l'absence de toute découpure quelconque. Dans notre langue le mot *entier* doit être synonyme d'*integerrimus*.

Denté (*dentatus*) ; une partie est *dentée* lorsque les incisions dont elle est munie sont un peu obtuses, dirigées vers le sommet de la partie, et peu profondes.

Serreté (*serratus*), ou à dents de scie ; les dentelures (*serraturæ*) sont aiguës et dirigées aussi vers le sommet.

Serrulé (*serrulatus*), la dentelure étant très-petite ou peu prononcée relativement aux dimensions de la partie.

Crenelé (*crenatus, crenulatus*): les dents étant obtuses et droites, c'est-à-dire, ne se dirigeant, au moins d'une manière prononcée, ni vers le sommet, ni surtout vers la base du corps. Dans le cas spécial de cette dernière disposition, soit pour les dents soit pour les serratures, on dit *retrorsùm serratus, retrorsùm dentatus*.

Bidentelé (*bidentatus*) et non bidenté ; cela a lieu lorsque les dents sont elles-mêmes pourvues de *dents* plus petites : telles sont beaucoup de feuilles de Rosiers.

Biserreté (*biserratus*), dans le même sens que bidentelé : bidenté ne veut dire qu'*à deux dents*.

Bidenté (*bidens*), qui ne porte que deux dents, et suivant le nombre de dents l'on dit tridenté (*tridens*), quadridenté (*quadridens*), quinquédenté (*quinquedentatus*), sexdenté (*sexdentatus*).

Sinué (*sinuatus*), à bord muni d'échancrures peu profondes et de parties saillantes, arrondies, peu avancées, imitant les sinuosités du reptile : alors l'échancrure est un *sinus*.

Amphibilobé (*amphibilobatus*), proposé pour les extrémités des anthères des Graminées, comme hastée aux deux extrémités.

Echancré ou émarginé (*emarginatus*), portant une incision (*emarginatura*, et chez les anciens *deliquium*), située au sommet ou à la base d'une partie.

Rongé (*erosus*), irrégulièrement dentelé ou sinué.

Frangé ou fimbrié (*fimbriatus*), bordé de dents rapprochées, aiguës et allongées, point roides.

DES MOTS EMPORTANT L'IDÉE DE DIVISIONS PROFONDES ET EN NOMBRE INDÉTERMINÉ.

Bien que les divisions d'une partie soient profondes, si elles ne se prolongent pas au-delà de la moitié de la totalité, cette partie ne cesse pas d'être simple.

Dimidié (*dimidiatus*), réduit à moitié de ce qu'il doit être : un champignon dont le chapeau, au lieu d'être circulaire, offre un demi-cercle, est *dimidié* ; un involucre qui ne fait qu'envelopper la moitié du pédoncule, est *dimidié*.

Lobé ou **découpé** (*lobatus*), ou dont les incisions (*incisuræ*) sont plus profondes que les dents et forment plusieurs parties bien apparentes, ou lobes (*lobus*). Suivant le nombre, l'on dit bilobé (*bilobatus*), trilobé (*trilobatus*), quadrilobé (*quadrilobatus*), quinquélobé (*quinquelobatus*), ainsi des autres.

Fendu (*fissus*): de manière à ce que les lobes ou parties (*fissuræ*) atteignent la moitié de l'étendue du corps. Suivant le nombre des fissures l'on dit bifide (*bifidus*), trifide (*trifidus*), quadrifide (*quadrafidus*), quinquéfide (*quinquefidus*) (*sexfidus*), etc.

Partagé (*partitus*) : lorsque les partitions ou portions (*partitiones*) sont presque complètement isolées les unes des autres. Suivant leur nombre on dit bipartite (*bipartitus*), tripartite (*tripartitus*), quadripartite (*quadripartitus*), quinquépartite (*quinquepartitus*), sexpartite (*sexpartitus*), et passé ce nombre l'on dit multipartite (*multipartitus*).

Lacéré (*lacerativus*), incisé profondément, et les divisions nombreuses et irrégulières : c'est une disposition plus prononcée que dans le cas de *Frangé*.

Pinnatilobé (*pinnato-lobatus*), lobes disposés de chaque côté.

Pinnatifide (*pinnatifidus*), ou pennatifide ; divisions ou lobes linéaires, disposés de chaque côté du corps et ne dépassant pas la moitié de l'étendue du corps : suivant cependant que cette disposition est extrême, l'on dit légèrement ou profondément *pinnatifide*; tels sont beaucoup de Polypodes.

Pinnatipartite (*pinnatipartitus*). Dans le cas où les divisions dépassent le milieu de l'étendue d'une partie, on peut employer cette qualification, ainsi le *Polypodium aureum* est *pinnatipartite*.

Pinnatoïde ou pinnatiséqué (*pinnatisectus*). Les feuilles dont les divisions vont jusqu'à la nervure, sans en être complètement distinctes, peuvent être ainsi désignées, au lieu de dire profondément pinnatipartites.

Dans le sens des définitions précédentes l'on dit palmatifide (*palmatifidus*), palmatipartite (*palmatipartitus*), palmatilobe (*palmatilobatus*), palmatoïde ou palmatiséqué (*palmatisectus*), lorsque les divisions sont divergentes à la manière des doigts ouverts d'une main.

Lorsque les divisions se trouvent placées de manière à rayonner et à simuler grossièrement les divisions d'un pied d'animal qui en porte en avant et en arrière, l'on dit suivant les degrés de profondeur de ces divisions : pédatilobe (*pedatilobatus*), pédatifide (*pedatifidus*), pédatipartite (*pedatipartitus*), pédatoïde ou pédatiséqué (*pedatisectus*).

DES MOTS EMPORTANT L'IDÉE DE COMBINAISON OU RÉUNION DE PARTIES.

Auriculé (*auriculatus*), ou portant une partie très-prononcée ou distincte, en forme d'oreillette. On applique souvent ce mot dans les cas où les sinus de quelques parties sont très-allongés : telles sont certaines feuilles ; mais souvent aussi l'oreillette (*auricula*) est une partie distincte.

Conjugué (*conjugatus*), lorsque deux parties très-distinctes l'une de l'autre sont rapprochées pour former un seul ensemble : telle est la feuille de la Fabagelle (*Zygophyllum fabago*), dite binée (*binata*) par quelques Botanistes.

Didyme (*didymus*) semble avoir été appliqué pour désigner l'accolement de deux parties arrondies, soit qu'elles soient séparées l'une de l'autre, soit qu'elles soient jointes, tandis que *conjugué* est consacré pour les corps plans. Les camérules du genre *Senebiera* sont *didymes*, les carpelles des Ombellifères et surtout de la Coriandre testiculée, sont *didymes*. Les *Orchis* sont à tubercules *didymes*.

Conjugué-pinné (*conjugato-pinnatus*) ; on ne trouve ainsi que quelques feuilles à deux parties qui sont chacunes pinnées.

Conjugué-palmé (*conjugato-palmatus*), dans le sens précédent.

Biterné (*biternatus*), deux fois terné : quelques feuilles, et dans le même sens, bigéminé (*bigeminatus*).

Triterné (*triternatus*) : dans l'*Epimedium alpinum*, les feuilles sont *triternées*.

Bigéminé (*bigeminatus*), comme lorsqu'un pétiole se bifurque, les feuilles ayant quatre folioles.

Trigéminé (*tergeminatus*). Nous ne connaissons que le Gui et un Mimosa (*Mimosa tergemina*) qui aient de semblables dispositions dans les feuilles.

Pennogéminé (*pinnogeminatus*), les deux pétioles d'une feuille étaient à folioles pennées.

Fourchu (*furcatus*), divisé en deux branches s'écartant sous un angle peu ouvert. On dit bi, tri, quadrifurqué (*bi*, *tri*, *quadrifurcatus*), suivant le nombre de divisions.

Dichotôme (*dichotomus*), lorsque les divisions primaires se ramifient en deux divisions, et chacune de celles-ci en autant d'autres : telles sont les Mâches (*Valerianellæ*); presque toutes les Rubiacées étrangères.

Trichotôme (*trichotomus*), division régulière de trois en trois : tels sont les Lauroses (*Nerium*) et quelques Crotons. La Dichotomie est la partie inférieure de l'angle qui sépare les rameaux des arbres ou des styles, offrant cette disposition.

Pédalé (*pedatus*), divisé en parties divergentes : tel est l'*Adiantum pedatum.*

Palmé (*palmatus*), formé par plusieurs parties étalées en devant, comme les doigts écartés de la main : tel est le *Cissus quinquefolius.*

Palmato-pelté (*palmato-peltatus*), les divisions à peu près de même grandeur, partant d'un centre commun : telles sont les feuilles de l'*Adansonia digitata.*

Pinné ou penné (*pinnatus*), composé de parties disposées de chaque côté comme les barbes d'une plume, et nommé :

Alterni-penné (*alterni-pinnatus*), les divisions étant alternes et pennées en même temps ; telles sont les feuilles du Noyer.

Oppositi-penné (*oppositi-pinnatus*), les pennes étant opposées : ce que l'on peut voir dans les Casses, le Frêne.

Impari-penné ou ailé avec impaire (*impari-pinnatus*) une penne ou foliole solitaire, terminant le corps penné, telle est la feuille du Noyer.(*Juglans regia.*)

Abrupte-penné, pari-penné (*paripennatus* seu *abruptè-pinnatus*), terminé sans feuille solitaire ou impaire.

Bipenné (*bipinnatus*), les pennes ou divisions primaires étant elles-mêmes divisées.

Tripenné et quadripenné (*tripinnatus*, *quadripinnatus*): s'entendent dans le même sens : mais passé ce nombre et souvent lorsqu'une feuille même n'est que quadripennée on la dit *décomposée* (*decomposita.*)

On a proposé de signaler quelques dispositions analogues, mais les exemples en sont si rares que nous les croyons peu utiles (1).

DES MOTS INDIQUANT, DANS LES APPAREILS, UN MODE DE PLICATURE OU D'ENROULEMENT QUELCONQUE.

Plié (*plicatus*) est dit d'une manière générale pour toute partie ployée en deux.

Plissé (*plicatilis*) plissé à la manière des plis d'un éventail : les feuilles par exemple du *Chamærops.*

(1) *Intrapenné*, une petite foliole entre deux grandes; *rétropenné*, chaque foliole étant un peu décurrente ; *articulopenné*, lorsque la feuille est articulée et pennée ; *auriculopenné*, à folioles auriculées. M. RASPAIL.

Replissé (*replicatus*) plissé de haut en bas.

Equitatif ou équitant (*equitativus*), plié moitié sur moitié, comme les feuilles du Troëne dans le bourgeon.

Demi-embrassé (*semi-amplexus*), disposition ayant lieu pour des feuilles dans le bourgeon, qui n'étant pas tout-à-fait opposées sont pliées sur leur nervure, et alors chaque moitié de feuille est placée entre les deux parties ployées de la feuille opposée.

Embrassé (*amplexus*), a lieu pour des feuilles qui en renferment d'autres complétement, comme dans l'Iris.

Condupliqué (*conduplicatus*). On trouve cet exemple de plicature dans les feuilles ployées par moitié et s'appliquant l'une sur l'autre.

Pelotonné ou congestif (*congestivus*), plissé sans soin et comme chiffonné. Les pétales des Pavots sont pelotonnés dans le bouton.

Voluté ou circinnale (*circinnatus*), roulé en forme de crosse ou imitant une crosse : les jeunes pousses des Fougères.

Convoluté (*convolutus*), enroulé à la manière d'un cornet de papier, tel sont tous les Bananiers et le genre Balisier.

Supervoluté (*supervolutus*), ce sont deux enroulements en sens contraire s'enveloppant mutuellement : comme l'on peut le voir dans les jeunes feuilles de l'abricotier, disposition exprimée par *alterninfléchi* (*alterninvolutus.*) par M. Raspail.

Involuté (*involutus*), roulé en dedans ou en dessus, tels sont les pétales des Ombellifères, le calice des Valérianes. On l'a exprimé encore par *oppositinfléchi* (*oppositinvolutus.*)

Révoluté (*revolutus*), roulé en dehors ou en dessous, par exemple les bords des feuilles du Romarin, des espèces du genre *Sedum*. M. Raspail a exprimé cette disposition par *oppositoréfléchi* (*oppositirevolutus*).

Obvoluté (*obvolutus*), se dit pour les parties qui s'enroulent mutuellement. On a traduit aussi par *Engrené*.

Imbriqué (*imbricatus*) ou imbriquant, disposé en recouvrement, ou sur une seule ligne, ou sur deux lignes opposées, ou en série courbe, comme dans le cône des Pins pour ce dernier cas. (1)

DES MOTS INDIQUANT LA DIRECTION DES NERVURES DANS LES PARTIES VÉGÉTALES.

Parallélinerve (*parallelinervis*) : toutes les nervures étant parallèles. Elles peuvent être telles sans être droites : telles sont celles des Plantains.

(1) On a proposé encore : Quadratéquitant (*quadratequitantia*), comme lorsque les feuilles équitantes forment presque un quadrilatère dans le bourgeon ; trigonéquitant (*trigonequitantia*), disposition qu'on trouve seulement dans les feuilles de Cypéracées à tige triangulaire.

Rectinerve (*rectinervis*) ; les nervures étant droites et parallèles, comme dans les Graminées.

Curvinerve (*curvinervis*), les nervures étant très-courbées, comme dans les feuilles de l'Hémerocale du Japon.

Penninerves (*penninervis*), les nervures étant distiques et alternes ou opposées, ou bien correspondant à des divisions d'un tout : les feuilles du Dattier.

Ruptinerve (*ruptinervis*), penniforme, ou palmiforme.

Palminerve (*palminervis*), les nervures étant rayonnantes : ex. le *Chamærops*, la Vigne.

Pédalinerve (*pedalinervis*) : dans le cas de feuille pédalée cela a toujours lieu. Ex. l'Hellébore fétide.

Peltinerve (*peltinervis*), toutes les feuilles peltées : la Capucine, l'*Hydrocotyle*.

Rétinerve (*retinervis*) : l'ensemble des nervures formant en tout ou en partie un réseau. Les feuilles réticulées sont toujours en grande partie *rétinerves*.

Triplinerve (*triplinervis*) ne s'applique qu'à des parties offrant trois nervures, dont les deux latérales naissent plus haut que la nervure médiane : beaucoup de Mélastomacées.

Quintuplinerve (*quintuplinervis*) : deux nervures latérales insérée, un peu au-dessus de la base de la principale ou moyenne.

Il faut faire une grande différence entre tri et quintuplinerve. et tri et quinquénerve.

Vaginerve (*vaginervis*) : cette disposition a lieu dans toutes les feuilles grasses et cylindriques.

DES MOTS RAPPELANT DES IDÉES DE POSITION OU SITUATION.

Nous ne parlerons ici que des termes relatifs aux situations des parties des végétaux, les unes par rapport aux autres ; leur situation par rapport au milieu dans lequel ils vivent ou station étant autre chose. Nous ne donnerons point aussi l'explication des termes généraux :

Terminal (*terminalis*), basilaire (*basilaris*) marginaire, médivalve (*medivalvis*).

Latéral (*lateralis*), dorsal (*dorsalis*), parce qu'ils s'entendent bien encore. Il en est de même des mots externe ou extraire (*externus*, *extrarius*), placé au dehors et interne ou intraire (*internus*, *intrarius*), placé au dedans, employés, surtout pour l'embryon par rapport à l'albumen.

Axosperme (*axospermus* Caffin), fruit à graines et parties d'ovaire fixées à un axe.

Inclu (*inclusus*), renfermé dedans ou par telle autre partie : mais l'on ne s'en sert que par opposition, de même que du terme suivant.

Exsert (*exsertus*) ou saillant hors d'une partie : les divers appareils de la fleur peuvent être sortants les uns des autres ou se dépasser en hauteur : les étamines, le pistil sont *exserts* ou *inclus.*

Libre (*liberus*), qui ne contracte aucune adhérence avec les parties voisines. Infère (*inferus*), placé au-dessous d'une partie, ou inférieur par rapport à la situation.

Supère (*superus*), placé de manière à surmonter une autre partie. Ces deux termes ne s'appliquent guère que lorsqu'il s'agit des appareils de la fleur.

Radical (*radicalis*), posé sur la racine ou vers la région de la racine. On dit aussi *epirhizus.*

Caulinaire (*caulinus*, *caulinaris*), appuyé sur la tige ou dépendant d'elle.

Raméal (*ramealis*), dépendant du rameau.

Pétiolaire (*petiolaris*), attaché ou fixé au calice ou près du calice.

Stipulaire (*stipularis*) placé à l'endroit des stipules : il y a des épines *stipulaires.*

Floral (*floralis*), dépendant de la fleur ou de ce qui est relatif à la fleur appareil *floral*, époque *florale.*

Florifère (*florifer*) qui porte la fleur ou qui porte fleur.

Bractéolaire (*bracteolaris*) qui appartient aux bractées ou en tient lieu.

Rhizanthus, fleur naissant sur la racine ou près la racine.

Obsuturale (*obsuturalis*) placé près de la suture, comme la graine des Légumineuses.

Caulocarpe (*caulocarpus*), portant des fruits sur la tige ou le tronc, comme l'Omphalocarpe.

Calicostème (*calycostemon*), les étamines naissant sur le calice, comme dans le Rosier.

Caliciflore (*calyciflorus*) emporte une idée fausse puisque l'on ne veut désignere par là que la position de la corolle sur le calice: il est alors préférable de dire calice *corollifère* ou *pétalifère.*

Epipétale (*epipetalus* qui nait sur le pétale ou sur un des points de cette partie.

Staminifère (*staminiferus*) qui porte les étamines.

Gynandre (*gynander*) le pistil portant les étamines et formant une sorte de corps avec elles, sont dites encore épigynes (1) et *stylostemon* (Moench.)

Thalamiflore (*thalamiflorus*), portant immédiatement tous les appareils de la fleur sur le réceptacle.

Epimène (*epimena*) employé par Necker (*Perigynanda epimena*) et revient à fleur supère.

(1) Voyez l'article des insertions dans la première section de la Glossologie.

Epiphylle (*epiphyllus*), placé sur la feuille, mais sans indiquer sur quel point. Cependant ce mot entraîne l'idée de situation à la partie supérieure du disque.

Hypophylle (*hypophyllus*), placé à la surface inférieure du disque de la feuille, ou même s'entendant aussi au-dessous du point de l'insertion du pétiole.

Epigyne (*epigynus*), hypogyne (*hypogynus*) et périgyne (*perigynus*,) ont été bien expliqués à l'article des insertions.

Péristique (*peristicus* Caffin) : placé au tour et en dedans de la cavité du fruit.

Péripétale (*peripetalus*), pétales placés autour.

Hypopétale (*hypopetalus*), pétales placés ou insérés au-dessous.

Epipétale (*epipetalus*), pétales placés au-dessus.

Stigmastemon, les anthères étant collées avec le stigmate.

Epiptéré (*epipteratus*), qui est ailé en-dessus, ou porte une aile ; tel est le fruit du Frêne.

Hypoptéré (*hypopteratus*), portant une aile en-dessous, tels sont les fruits des Sapins, des Melèses.

Périptéré (*peripterus*), ayant une aile dans son pourtour ; tel est le fruit de l'Orme. Marginé ou bordé n'indique pas que le rebord soit mince, prolongé et sous forme d'aile.

Suprafoliacé (*suprafoliaceus*), foliacé à la partie supérieure, tels sont beaucoup de Lycopodes rampants.

Infrafoliacé (*infrafoliaceus*), portant en-dessous des feuilles ou des développements qui imitent un corps foliacé.

Dans des sens relatifs l'on emploie de même les mots *intrafoliaceus*, placé en dedans des feuilles ; *extrafoliaceus*, placé en dehors des feuilles, et *interfoliaceus*, placé entre les feuilles.

Parallèle (*parallelus*), a lieu dans le cas où les surfaces des parties suivent la même direction.

Opposé (*oppositus*) ou oppositif (*oppositivus*), lorsqu'une partie est placée exactement au devant d'une autre (*antemedius* Mirb.) ou antémédiaire : quelquefois les parties des appareils de la fleur sont oppositives.

Alterne (*alternus*) ou intermédiaire (*intermedius* Mirb.) Une partie a une position *alterne* avec une autre ; par exemple les sépales avec les pétales, mais entre les parties de quelques appareils il peut y avoir des parties qui sont réellement *intermédiaires*, tels sont souvent les staminodes.

Incombant (*incumbens*), qui se couche dessus, comme en se laissant tomber.

Couché (*procumbens*) placé horizontalement. *Humifusus*, indique que la chose est couchée d'une manière plus immédiate sur son support.

Rampant (*reptans*), qui touche la terre en s'allongeant.

Radicant (*radicans*), qui pousse des racines en s'avançant ou seulement par quelques prolongements.

Allagostemon (Moench), les étamines étant alternativement attachées au réceptacle et aux pétales.

Superaxillaire (*superaxillaris*) et inferaxillaire (*inferaxillaris*) désignent une situation relative à l'angle que font les parties d'un végétal.

DES MOTS DÉSIGNANT DES DISPOSITIONS TENANT A DES DISTANCES RELATIVES.

Rare (*rarus*) est appliqué lorsque les parties d'une même sorte sont peu abondantes, ainsi l'on dit *rariflorus* par opposition à *floribundus*.

Lâche (*laxus*), les parties semblables étant plus éloignées les unes des autres que dans les cas semblables ordinaires. Une panicule *lâche* a les fleurs très-écartées.

Distant ou éloigné (*distans*) n'est applicable que relativement.

Ecarté (*remotus*), ne marque pas un aussi grand degré d'éloignement entre les parties que le mot distant.

Epars (*sparsus*) peut indiquer et une disposition avec éloignement et une disposition sans ordre. On a proposé aussi dans le même sens perfus (*perfusus*) comme les graines dans le fruit du *Nymphœa*, l'*Hydrocharis*.

Rapproché (*approximatus*). C'est toujours par opposition que ce mot et les précédents peuvent avoir une valeur plus ou moins caractéristique en botanique.

Confluent (*confluens*), lorsque les parties sont soudées les unes aux autres par une portion de leur étendue : les folioles de beaucoup d'involucres sont *confluentes*.

Contigu (*contiguus*), qui touche immédiatement une partie ou un point.

Continu (*continuus*) qui est une suite par l'effet d'une soudure ou d'un prolongement.

Serré (*confertus*, *coarctatus*), densement rapproché.

Touffu (*cœspitosus*), formant comme un gazon, ou un assemblage épais.

Aggloméré et congloméré, (*agglomeratus*, *conglomeratus*, *conglobatus*), rappellent les idées d'agglomération dense.

Capitulé (*capituliformis*) agglomération sous forme presque arrondie.

DES MOTS INDIQUANT UNE DISPOSITION TENANT A UN ARRANGEMENT DÉTERMINÉ DE PARTIES.

Cette disposition se combine en même temps de la direction et de la distance des parties.

Conjoint ou coadné (*connatus, coadnatus*), soudé par sa base à une autre partie. Il y a des feuilles ayant cette disposition : le Chèvrefeuille des jardins, la Saponaire.

Connivent (*connivens*), dont les parties se touchent par le sommet.

Opposé (*oppositus*), qui est disposé en regard d'une autre partie semblable.

Opposé en croix, croisé ou brachié (*decussatus*) : beaucoup de végétaux ont les feuilles et les rameaux *opposés en croix.*

Divergent (*divergens*), s'écartant beaucoup et presqu'à angle droit du point d'insertion.

Etalé (*patulus, patens*) : les parties étant éloignées les unes des autres, sans avoir l'air de se fuir.

Sérié (*seriatus*), disposé en série régulière, et suivant leur nombre l'on dit, uni-bi-tri quadri-quinqué-sex-sérié etc. (*uni-sex seriatus*).

Unilatéral (*unilateralis*), toutes les parties naissant et étant tournées d'un même côté. Les fleurs du Muguet de mai, au contraire sont dites secondaires (*secundus*), étant dirigées du même côté, mais prenant naissance de points opposés : *homomallus* veut dire la même chose.

Distique (*distichus*), lorsque les parties sont situées exactement sur deux lignes opposées d'un même axe : les feuilles de l'Orme sont *alternes-distiques*. On a dit aussi *tristique* et *tétrastique* pour trisérié et quadrisérié.

Bifarié (*bifarius*), ce mot n'emporte pas la même idée que bisérié, parce que les parties *bifariées* ne sont pas supposées être aussi exactement disposées entre elles et sur deux lignes aussi régulières que dans le cas de sériation. On dit de même tri-quadri-quinque-sex-farié etc.

Géminé (*geminatus*), indique une disposition de parties semblables, à côté les unes des autres : plusieurs *Lonicera* (*xylosteon, tarturica* etc.), ont des fleurs *géminées*.

Crucié ou cruciforme (*cruciatus, cruciformis*), indique toujours quatre parties qui se joignent à angle droit.

En **étoile** et non **étoilé** (*stellatus, stelliformis, stellulatus*), disposé de manière à figurer les rayons d'une *étoile* : telles seraient les feuilles de la Garance.

Rayonnant (*radiatus*), disposé comme les rayons d'une roue, sans avoir l'apparence étoilée.

Verticillé (*verticillatus*), toutes les parties étant disposées circulairement et partant d'un même point, sans qu'il y ait indication, comme dans le cas précédent, que les parties soient rectilignes. On a dit demi-verticillé (*semi-verticillatus*), verticillé trois par trois, quatre par quatre, etc. suivant certaines dispositions qu'on peut observer.

Rosellé, en rosace, en rosette ou stellé (*rosaceus*, *rosellatus* et non *roseus*), se dit des parties disposées à la manière des pétales d'une rose semi-double : les feuilles ou jeunes pousses des Saxifrages sont *rosellées*.

Appliqué (*adpressus*), posant dessus : les bractées, les feuilles par exemple, sont *appliquées* ou applicatiles (*applicatilis*), dans quelques végétaux.

Couvrant (*tegens*), et **couvert** (*tectus*), indiquent des rapports bien connus.

Resserré (*contractus*), qui semble avoir été pressé : les écailles du cône du Cèdre du Liban sont *resserrées*, celle du Pin du lord sont appliquées.

Diffus (*diffusus*), dont les parties sont disposées sans ordre et distantes les unes des autres ; cependant on dit encore dans ce sens épars (*sparsus*).

Entassé (*confertus*), lorsque tout est comme en masse et sans ordre.

Fastigié (*fastigiatus*), toutes les parties formant un faisceau et partant de points peu éloignés les uns des autres.

Arrondi (*capitiformis*), disposé en tête d'Oranger.

Pyramidé (*pyramidatus*), disposé en forme *pyramidale*, c'est-à-dire, large à la base et conique au sommet.

Couronnant (*coronans*), qui est placé au sommet : les bractées dans l'Ananas sont *couronnantes*.

Frondescent (*frondescens*), portant des feuilles ou expansions foliiformes seulement au sommet, comme les Palmiers et certaines Fougères.

Spiralé (*spiralis*), disposé en spirale : les feuilles dans beaucoup de Lycopodes sont *spiralées* et sériées en même temps. On a dit *spiranthé* pour la disposition des appareils de la fleur des Magnoliers.

Quinconcé (*quincuncis*), les parties étant disposées en spirale simple, de manière à ce que la cinquième se trouve recouvrir la première, et la cinquième l'être par la dixième : c'est ce que l'on peut remarquer dans presque tous les arbres à feuilles alternes, tels que le Pommier ou le Poirier.

DES MOTS DÉSIGNANT UNE DISPOSITION RELATIVE A LA MANIÈRE D'ÊTRE FIXÉ.

Fixe (*adfixus*), sans pouvoir se remuer ou être remué.

Cohérent (*cohærens*) attaché sans articulation.

Adné (*adnatus*) né avec, faisant corps avec et lié dans toute son étendue.

Articulé (*articulatus*), uni par l'intermédiaire d'un point *articulé* ou au moins ayant une apparence articulaire.

Versatile (*versatilis*) qui peut se diriger en divers sens, telles sont les anthères du Lis.

Oscillant (*oscillatorius*) entraîne l'idée d'un mouvement alternatif ; tels sont les filets de certaines Oscillatoires.

Palaceus qui adhère à son support par un des bords, tel est le disque des feuilles et par opposition l'on dit pelté (*peltatus*) lorsque le point d'attache est vers le centre de la partie.

Palaris est employé pour désigner une continuation de la racine avec le tronc.

Embrassant (*amplectans*), se dit de toute partie qui au point de son insertion embrasse en tout ou en partie (*semi-amplectans*), son support par le moyen de sa base. Delà amplexicaule (*amplexicaulis*), qui embrasse la tige ou semi-amplexicaule (*semi-amplexicaulis.*)

Engaînant ou vaginant (*vaginans*) qui est en forme de gaîne autour d'une partie, tels sont les pétioles de toutes les Graminées.

DES MOTS DONNANT L'IDÉE D'UNE SITUATION RELATIVE GÉNÉRALE.

Reclus (*reclusus*), ou renfermé dans ; se dit aussi **inclus** (*inclusus*) lorsque contre la disposition la plus ordinaire une partie est renfermée: le fruit de l'Alkekenge est *reclus*, parce qu'il est *inclus* dans le calice accrescible.

Axile (*axilis*) qui est au centre, fait fonction d'axe ou en tient la place. Plusieurs placentaires sont *axiles*.

Médiaire (*mediaris*) qui est placé au milieu : la côte *médiaire* des feuilles ; l'embryon *médiaire*, placé à la partie centrale de l'albumen.

Basilaire (*basilaris*), posé près la base, comme le style dans l'*Alchemilla vulgaris*.

Central (*centralis*); le pistil est *central*, tous les autres appareils sont excentiques.

Centrifuge (*centrifugus*) qui se dirige en fuyant le centre : telle est la radicule dans les Cucurbitacées par exemple.

Centripète (*centripetus*) qui se dirige vers le centre : tel est le cas de la radicule dans le *Citrus*, l'*Œnothera*, etc.

Excentrique (*excentricus*) qui est au-delà du centre.

Externe (*externus*) et **interne** (*internus*) n'ont pas besoin de développement.

Extrorse (*extrorsus*), tourné en dehors, lorsque la face d'un corps est dirigée vers le dehors du point regardé comme centre;

ce qui a été moins bien rendu pour les anthères par l'expression de postérieures (*anthera postica.*)

Introrse (*introrsus*), lorsque la face antérieure d'un corps se trouve tournée en regard du point central avec lequel elle a des relations : les anthères ordinairement *introrses* sont extrorses dans les Iridinées. On a dit aussi pour les anthères *introrses*, anthères antérieures (*anthera anteriora.*)

Périsphérique (*perisphericus*), placé au point le plus excentrique.

Superficiel (*superficialis*), qui ne fait que toucher l'extérieur sans être en contact avec le corps : les aiguillons sont attachés superficiellement.

Transverse (*transversus*), qui se trouve placé obliquement au sens de la longueur.

Adverse (*adversus*) anciennement employé dans le sens d'opposé, ne signifie plus que tournant la face au midi (*adversus soli.*)

Longitudinal (*longitudinalis*), qui est dans le sens de la longueur de la partie dont il est une dépendance.

Marginal (*marginalis*), qui est sur le bord, comme l'anthère du Balisier.

Niché (*nidulus*), placé comme l'œuf dans le nid ; se dit des graines lorsqu'elles se trouvent éparses dans la substance pulpeuse d'un fruit.

Oblique (*obliquus*), formant un angle avec le corps dont il fait partie.

Vague (*vagus*), dont la place n'est pas fixée d'une manière positive : le point d'attache des graines est *vague* dans les fruits pulpeux.

DES MOTS EMPORTANT L'IDÉE DE SITUATION DE MILIEU.

Terrestre (*terrestris*), qui croît sur la terre ou est placé sur la terre.

Aquatile (*aquatilis*), qui croît ou vit tout à fait dans l'eau. Par opposition **Aquatique** (*aquaticus*).

Emergé (*emersus*), qui croît dans l'eau, mais en se montrant à la superficie.

Submergé (*immersus*), qui est couvert par l'eau ou croît dans la profondeur de l'eau. Les Charagnes (*Chara*) sont *submergées*.

Nageant (*natans*), suspendu dans l'eau, sans être fixé à rien ; les Lentilles d'eau (*Lemna*) sont *nageantes*.

Flottant (*fluitans*), fixé au fond de l'eau, mais portant en partie à la surface de l'eau : les Nymphéacées sont *flottantes*.

Aérien (*aerius*), qui est comme suspendu dans l'air : quelques végétaux parasites sont comme *aériens*.

Epigé (*epigeus*), qui est à la surface de la terre : le plus grand nombre des végétaux sont *épigés*.

Souterrain ou *hypogé*, qui est placé sous la terre ou dans la terre. La tige des végétaux est aérienne ou épigée et la racine *hypogée* ; les tiges des Clandestines sont *hypogées* ; les Truffes (*Tuber*) sont souterraines ou *hypogées*.

DES MOTS EXPRIMANT PROPORTION OU SIMILITUDE DE PARTIES.

Egal (*œqualis*), dont toutes les parties ont des proportions semblables. (1)

Inégal (*inœqualis*), les proportions des parties étant dissemblables.

Dissemblable (*dissimilis, diversus*), ayant des caractères de proportion, de forme ou de couleur qui font paraître différentes des parties analogues : dans les fleurs irrégulières les parties des appareils sont ordinairement *dissemblables* et souvent *inégales* : dans le sens opposé l'on dit **semblable** (*similis, conformis*) et **homogène** (*homogenus*), ne veut dire que de la même nature.

Varié (*varius*) ; **variant** (*varians, mutabilis*), expriment des états inconstants, mais l'expression *mutabilis* emporte l'idée d'un changement successif dans la partie, ainsi certaines fleurs blanches d'abord, deviennent rouges ensuite : c'est là une véritable *mutabilité*.

Régulier (*regularis*) et **irrégulier** (*irregularis*), expriment des différences d'une manière très-générale : on a quelquefois employé le mot *deregularis* pour exprimer un commencement d'irrégularité : ainsi les fleurs de Molène (*Verbascum*) portent ce caractère.

Hétérocarpe (*heterocarpicus*), qui porte des fruits ou *dissemblables* à eux-mêmes ou *dissemblables* comparés à ceux des autres végétaux analogues.

Didyname (*didynamicus*), offrant deux puissances : c'est le cas où il y a deux étamines plus longues que les autres : ce mot est seulement employé ainsi que le suivant dans un cas analogue.

Tétradyname ou **tétradynamique** (*tetradynamicus*), quatre puissances ou quatre étamines plus longues.

DES MOTS EXPRIMAMT LES DIMENSIONS.

Ces sortes de mots expriment ou d'une manière générale, ou d'une manière positive, les dimensions dans les végétaux.

(1) On emploie les expressions, plus grand *(major)*, plus petit *(minor)*, de moitié plus grand ou plus petit *(duplò major, duplò minor)*, sous-double plus grand ou plus petit *(dimidiò major, dimidiò minor)*, triple *(triplò minor, triplò major)*.

§. *Dimensions modifiées par la forme et d'une manière générale.*

Grand (*magnus*, *grandis*), c'est toujours par comparaison : on dit aussi *maximus*.

Gigantesque (*giganteus*), proportions hors de la nature ordinaire: la stature du Baobab (*Adansonia digitata*) est *gigantesque*, dans les arbres; la fleur de certaines Aristoloches est *gigantesque* (*Aristolochia grandiflora.*)

Elancé (*exaltatus*), allongé dans des proportions hors de mesure; tels sont beaucoup de Bambous, et même nos Graminées par rapport au diamètre de leur chaume.

Elevé (*elatus*, *procerus*), qui est plus long que dans l'état ordinaire, ou dans les corps congénères.

Effilé ou **aminci** (*attenuatus*), se dit des corps longs, grêles, tandis que *virgatus* indique qu'avec ces premières conditions le corps est encore très-droit.

Tenu (*tenuis*, *exilis*), aminci dans toutes ses dimensions : *gracilis* indique des proportions petites et agréables.

Minimus, très-petit, par comparaison à des choses analogues: le *Centunculus minimus* est un pygmée.

Petit (*parvus*, *minutulus*), offrant de très-petites proportions.

Exigu (*exiguus*), ayant un très-petit volume, telle est l'*Euphorbia exigua*.

Humble (*humilis*), peu élevé, ou même qui se couche un peu sur terre.

Pusillus et *perpusillus*, s'appliquent à des plantes petites et grêles dans toutes leurs parties.

Nain (*nanus*, *pygmæus*, *pumilus*, *pumilio*); indique une grande petitesse, toujours relative, mais avec des parties bien proportionnées.

Major et *minor*, sont souvent employés d'une manière absolue : comme dans le cas de *Plantago major*.

Moyen (*medius*), qui tient le milieu entre deux choses connues : tel est par exemple le *Plantago media*.

Médiocre (*mediocris*) : rarement appliqué en botanique.

Gros (*grossus*), bien proportionné, si ce n'est dans l'épaisseur qui est plus marquée.

Ample (*amplus*) et **élargi** (*ampliatus*), ajoutent à l'idée de la grandeur, mais en tous sens.

Accrescent (*accrescens*), partie de la fleur susceptible de croître après l'Anthèse, contre les cas les plus ordinaires.

Épais (*crassus*) ou **épaissi** (*incrassatus*), indique une grosseur qui n'est pas en rapport avec la surface totale.

Court (*brevis*), peu allongé relativement à sa longueur.

Raccourci (*abbreviatus*), qui semble arrêté dans son développement naturel.

Long (*longus*), plus allongé proportionellement que large.

Allongé (*elongatus*), long dans des proportions hors de mesure ordinaire.

Large (*latus*), dimension transversale très-notable : la Laminaire saccharine (*Fucus saccharinus* L.) est *large*.

Étroit (*angustus*) et très-étroit (*angustissimus*), sont opposés à large : tel est le *Fucus loreus*; on dit encore rétreci (*angustatus*).

§§. *Dimensions absolues.*

Capillaire (*capillaris*), épaisseur d'un cheveu, ou cinquième partie d'un millimètre.

Linéale (*linealis*), ou de la longueur d'une ligne équivalant à 2 millimètres forts.

Uucialis, qui a la longueur d'un ongle : *Cladönia uncialis*.

Digitalis, de la longeur du doigt index, équivalant à 26 millimètres.

Palmaris, de la longueur d'un palme équivalant à la largeur de quatre doigts de la main ou 83 millimètres.

Dodrantalis, de la longeur d'un empan, ou la longeur contenue entre le pouce et le petit doigt écartés avec allongement, ou neuf pouces de long.

Spithamens, ayant sept pouces de long, ou la distance comprise entre le pouce et l'index ouverts le plus possible.

Pedalis, d'un pied de long (12 pouces en France, 11 en Angleterre).

Cubitalis, ayant dix-sept pouces de long, ou la longueur de la moitié du bras à prendre du coude au sommet des doigts.

Brachialis ou *ulnaris*, ayant 65 centimètres, c'est-à-dire, la longueur du bras ou de l'aisselle au sommet du doigt du milieu.

Orgyalis, ayant 1 mètre 948 millimètres équivalant à une toise, ou à la hauteur d'un homme d'une haute taille, ou à celle d'une extrémité d'un doigt à l'autre, les bras étant étendus.

Si ces expressions sont employées par des écrivains dont la mesure positive diffère un peu, tel est le pied des Anglais, on ne peut voir dans cet emploi qu'une mesure approximative, car dans le sens positif on adopte les divisions d'une mesure rigoureuse. Telles sont les suivantes : Ligne (*linea*), ou 2 millimètres égalant la distance du point le plus bas de l'arc de cercle formé par l'ongle au point le plus haut du blanc de l'ongle. Pouce (*pollex, uncia*), équivalant à douze lignes; Pied (*pes*) valant douze pouces ou 327 millimètres.

Les mots cheveu (*capillus*), équivalant à 2 millimètres ;

Ongle (*unguis*), la moitié d'un pouce pris sur l'ongle du doigt du milieu, ou 13 millimètres; Doigt (*digitus*), ou 26 millimètres; Palme (*palmus*), a trois pouces, ou 82 millimètres, dont l'épaisseur de la base des quatre doigts moins le pouce est le type naturel; Empan (*dodrans*) a neuf pouces, ou 246 millimètres c'est l'étendue comprise entre le sommet du pouce et du petit doigt étendus le plus possible; le petit Empan (*spithama*), a sept pouces seulement ou 192 millimètres, c'est l'étendue comprise entre le sommet du pouce et celui de l'index, très-étendus. La Coudée (*cubitus*), a dix-sept pouces; la Brasse (*ulna*, *brachium*) a vingt-quatre pouces (1); enfin la Toise (*orgya*) équivalant à six pieds de long, ne sont jamais qu'approximatives, lorsqu'il est question de plantes.

DES MOTS INDIQUANT UN MODE D'ADHÉRENCE QUELCONQUE.

Adhérent (*adhærens*), qui touche avec combinaison mutuelle plus ou moins prononcée.

Adné (*adnatus*, *adnexus*), soudé par toute son étendue à une autre partie : les anthères sont souvent *adnées* au filet. *Accretus* indique une adhérence quelconque avec développement simultané.

Cohérent (*cohærens*, *coadnatus*, *coalitus*, *coadunatus*, *connatus*), indique une adhérence entre parties similaires.

Appendant (*appendens*), qui est attaché de manière à être comme suspendu et penché en bas : ne se dit que pour certaines graines.

Confluent (*confluens*), se dit pour toute partie qui se confond avec une autre par quelques-uns de ses points.

Soudé (*connatus*), lorsque deux parties semblables sont réunies de manière à ce que malgré qu'elles soient distinctes, elles soient cependant continues, telles sont les feuilles *soudées*. **Greffé** (*coalitus*), ne se dit que dans le cas où le rapprochement a été déterminé par la volonté ou par accident.

Perfolié (*perfoliatus*), les soudures sont si prononcées que l'on imaginerait que les deux choses réunies n'en font qu'une seule : tel est le cas de certaines feuilles, et alors, les comparant à une feuille unique traversée par la tige on a dit feuille *perfoliée*, ou plante à feuille *perfoliée*.

Décurrent (*decurrens*), lorsqu'une partie se prolonge d'une manière graduée sur la partie qui la supporte. Le disque des feuilles est quelquefois *décurrent* sur le pétiole et celui-ci sur la tige; ou la feuille elle-même, lorsqu'elle est sessile.

(1) L'usage vulgaire prend le mot AULNE (*ulna*) et BRASSE (*brachium*), dans l'acception double de ce qui est indiqué ici.

Décursif (*decursivus*), peu différent de décurrent : s'applique lorsque la nervure seule d'une feuille est décurrente.

Copulatif (*copulativus*), n'est employé que pour exprimer l'adhérence continue, même après la maturation, des cloisons avec l'axe et l'endocarpe en même temps.

Monadelphe (*monadelphus*), lorsque les étamines sont soudées en un seul corps par les filets : ce que Wachendorf exprimait par *cylindro-basiostemon*, et Moench par *symphyostemon* : les Mauves.

Diadelphe (*diadelphus*), deux frères ou deux corps d'étamines: le Haricot.

Polyadelphe (*polyadelphus*), plusieurs corps d'étamines, composés chacun de la réunion de plusieurs filets : l'Oranger.

Synanthérique (*synanthericus*), dont les anthères sont réunies et soudées ensemble. Ce que Linnée appelle *syngénèse* (*staminæ syngenesæ*), Moench *symphyantheræ*, Wachendorf *cylindrantheræ* et Richard *synantheræ*. Par opposition on a dit anthères libres (*antheræ liberæ* et *plantæ eleutherantheræ*.)

Unipartite (*unipartitus*), composé d'une seule partie et surtout relativement aux corolles nommées monopétales et les calices monosépales, gamosépale (*gamosepulus* Dec.) ou monophylles, qui les uns et les autres ne sont composés ni d'un seul pétale ni d'un seul sépale, mais bien d'un tout *unipartite*.

DES MOTS S'APPLIQUANT A LA DIRECTION DANS LES VÉGÉTAUX OU PARTIES DES VÉGÉTAUX.

Le plus grand nombre des mots qui se rattachent à cet article sont connus et d'une facile intelligence malgré les modifications variées qu'ils expriment.

Droit (*rectus*), se dirigeant en ligne droite; quelque soit la position.

Dressé (*erectus*), se dirigeant en ligne droite mais de bas en haut.

Roide (*arectus*), direction rectiligne avec aspect *roide*.

Strict (*strictus*), qui est droit, grêle, roide et peu rameux.

Ascendant (*ascendens*), qui étant horizontal à la base se redresse et se dirige verticalement, appliqué relativement aux tiges, de même que *redressé* qui emporte la même idée.

Montant (*adsurgens*, *assurgens*), s'applique aux parties d'appareils de végétaux qui se dressent et se dirigent ascentionellement et droit.

Vertical ou **perpendiculaire** (*verticalis*), faisant angle droit avec l'horizon.

Oblique (*obliquus*), qui forme un angle aigu ou obtus avec une autre partie.

Horizontal (*horizontalis*), qui est parallèle au plan *horizontal* de la partie avec laquelle on établit la comparaison.

Renversé (*inversus*), ou dont la base est au zénith et le sommet en bas, n'est relatif qu'aux graines par rapport au péricarpe.

Récliné (*reclinatus*), l'extrémité d'un corps ascendant se déjetant en bas.

Incliné (*inclinatus*), qui est oblique à l'horizon, mais sans que le corps soit pour cela droit par lui-même.

Penché (*nutans*), intermédiaire entre la direction droite et la direction pendante.

Tombant (*decumbens*), qui se laisse aller comme pour tomber.

Cernuus, intermédiaire entre pendant et penché.

Pendant (*pendulus*), qui est attaché, la base en haut et le sommet en bas : il y a des graines et des fleurs *pendantes*.

Résupiné ou **renversé** (*resupinatus*), ayant une position contraire à celle qui est habituelle aux choses semblables : ainsi dans le Basilic, la plus grande lèvre est en bas, contre l'usage des Labiées.

Courbé (*curvus*), dont la flexion est arrondie.

Fléchi (*flexus*), qui est détourné de la ligne droite.

Recourbé (*recurvus*, *recurvatus*), flexion arrondie et dirigée en dedans.

Réfléchi (*reflexus*), flexion se portant en dedans, sans qu'il soit nécessaire pour cela qu'elle soit arrondie.

Rétrofléchi ou **décliné** (*retroflexus*), réfléchi en arrière et dans le même sens *retrocurvus*.

Declinatus, *deflexus*, retombant en forme d'arc.

Rebroussé (*retrorsus*), dirigé en arrière.

Infractus, changeant brusquement de direction.

Flexueux (*flexuosus*), qui est plusieurs fois et alternativement arqué ou fléchi dans deux sens opposés et sur une même ligne, ou comme l'on dit vulgairement, en zig-zag.

Arqué (*arcuatus*), courbé en arc ou approchant du demi cerle.

Annulaire (*annularis*), courbé en anneau.

Falqué (*falcatus*), courbé en fer de faucille.

Géniculé ou **genouillé** (*geniculatus*), courbé à angle de manière à ce que le sommet de l'angle forme un genou (*geniculum*).

Tordu (*tordus*), qui est contourné irrégulièrement.

Tordile (*tortilis*), qui est susceptible de se tordre ou par la nature de son développement ou par celle de sa substance.

Contourné (*contortus*), entraîne l'idée de contours moins brusques et plus réguliers que tordu.

Entortillé (*intortus*), qui se tortille sur lui-même, spontanément.

Spiralé (*spiralis*), qui se contourne en spirale; par succession de tours ou spires (*spira*) : anfractuosité (*anfractus*), est l'intervalle des déviations irrégulières.

Volubile (*volubilis*), qui est susceptible de se rouler régulièrement en spirale autour d'un axe; de gauche à droite, (*sinistrorsum volubilis*) ou de droite à gauche, (*dextrorsum volubilis*).

Grimpant (*scandens*), qui s'élève par un moyen quelconque.

DES MOTS INDIQUANT MODIFICATION DE NOMBRE DE PARTIES DANS LES APPAREILS.

Ces mots sont ou absolus ou relatifs; absolus lorsque l'on compte le nombre des parties; relatifs, lorsque l'on compare ce nombre avec celui d'appareils semblables ou différents, dans les premiers il y en a de spéciaux et de généraux. En Botanique les spéciaux ont pour radical ou la langue latine ou la langue grecque, et si on place ces nombres, suivant la nature grecque ou latine du nom d'appareil ou de partie que l'on désigne, on aura l'idée de la formation des mots les plus en usage signalant le nombre des parties.

	ABSOLUS.		COMPARATIFS.		COLLECTIFS.	
	LATIN.	GREC.				
1.	uni.	mono.	simplici.	simple.		
2.	bi.	di.	duplici.	double.	bini.	2 à 2.
3.	tri.	tri.	triplici.	triple.	ternati.	3 à 3.
4.	quadri.	tetra.	quadruplici.	quadruple.	quaternati.	4 à 4.
5.	quinque.	penta.	quintuplici.	quintuple.	quini.	5 à 5.
6.	sex.	hexa.	sextuplici.	sextuple.	seni.	6 à 6.
7.	septem.	hepta.			septeni.	7 à 7.
8.	octo.	octo.	multiplici.	multiple.	octoni.	8 à 8.
9.	novem.	ennea.			noveni.	9 a 9.
10.	decem.	deca.			deni.	10 à 10.
12.	duodecim.	dodeca.			duodeni.	12 à 12.
20.	viginti.	ico				

Quelques termes peu connus mais dont l'usage introduit par Haller serait très-précieux pour abréger les descriptions, sont tirés du grec et servent à faire entendre le nombre relatif des étamines comparé à celui des pétales ou des divisions de la corolle, en sous-entendant toujours la comparaison.

Isostémone (*isostemones*), étamines en nombre égal à celui des divisions de la corolle.

Anisostémone (*anisostemones*), d'une manière générale, nombre différent.

Méiostémone (*meiostemones*), moins d'étamines que de pétales.

Dyplostémone (*dyplostemones*), étamines en nombre double des pétales.

Triplostémone (*triplostemones*), nombre des étamines triple des divisions de la corolle.

Polystémone (*polystemones*), étamines plus nombreuses que les divisions ou parties de la corolle.

DES MOTS EXPRIMANT L'AUGMENTATION DE PARTIES PAR PLÉTORE.

Lorsque le nombre des parties dans les fleurs est tel que la nature le donne ordinairement, on dit que la fleur est **simple** (*simplex*); mais par circonstance accidentelle, la nature augmente le nombre de ces parties et bien plus souvent encore l'art opère ce changement par la culture, alors on dit :

Sémi-double (*semi-duplex*), ou dont les parties sont peu augmentées.

Double (*duplex*), les parties étant augmentées du *double* ou même au-delà.

Plein (*plenus*), dont toutes les nombreuses parties remplissent la capacité de l'étendue de la fleur.

Pétalodé (*fl. petalodeus*), fleur qui a changé quelques-uns de ses appareils en tout ou en partie en pétales; telle est la Rose.

Multipliée (*flos multiplicatus*), fleur qui double par l'augmentation de parties semblables, par dédoublement. Tel est le *Datura fastuosa*, et des variétés de Primevères.

Permutée (*fl. permutatus*), fleur dans laquelle les appareils staminaire et pistilaire, entrainent des changements notables dans les autres appareils et que M. de Candolle dans un travail spécial, a signalé par des mots particuliers, et suivant l'appareil permuté, mais qui ne peuvent se rattacher qu'à la physique végétale.

DES MOTS INDIQUANT LA MODIFICATION DE SUBSTANCE.

Ces mots sont ou absolus ou comparatifs, mais d'une acception bien connue pour la plupart, par l'usage auquel on les applique. C'est ainsi que **dur** (*durus*), **mol** (*mollis*), **solide** (*solidus*), **liquide** (*fluidus*); s'entendent très-bien; les mots comparatifs ont besoin d'être un peu plus exactement indiqués.

Charnu (*carnosus*), composé d'une substance humide, ferme et cassante; telle est la chair de la Poire et même celle fondante de la Pêche; ou bien cela se dit des tiges des plantes grasses.

Pulpeux (*pulposus*), formé d'une substance molle, humide, qui n'offre aucune résistance, telle est la pulpe de la Prune, de la Groseille : mal exprimée par l'expression de *mucilagineux* qu'on a voulu employer relativement à cette dernière.

Aqueux (*aquosus*), qui est rempli de principe humide, telle est la partie intérieure des feuilles d'Aloës.

Visqueux (*viscosus*), l'Ail, l'Oignon, réduits en pulpe et beaucoup de parties des Malvacées par exemple, sont d'une nature *visqueuse*.

Lactescent (*lactescens*), qui porte une émulsion ou liqueur blanche imitant le lait, tels sont les Figuiers, les Euphorbiacées.

Mucilagineux (*mucilaginosus*), qui est de nature de gomme ou de mucilage.

Pâteux (*pulticeus*), d'une consistance tenace, avec mollesse sans trop d'humidité.

Féculeux, ou farineux (*farinaceus*, *farinosus*) : le Haricot, la Pomme de terre sont *féculeux* et la surface de certains végétaux est *farineuse* (1).

Oléagineux (*oleaginosus*). Beaucoup de graines, comme les Crucifères, les Euphorbiacées, ont les mailles de leur amande remplie d'une huile qu'on peut en extraire.

Corné (*corneus*), qui est dur, sec, élastique et souvent translucide.

Crustacé (*crustaceus*), ayant la consistance d'une croûte ou la forme d'une croûte.

Pierreux (*petrosus*), ne se dit que par rapport à certains fruits, dans la pulpe desquels on trouve des parties ligneuses ou un peu solides, que l'on a nommées par extension, *pierres*.

Osseux (*ossiculatus*), qui est de nature très-compacte et très-dure, tel est le bois des noyaux de Prune, de Pêche et même le le spermoderme de beaucoup de Sapotées.

Ligneux (*lignosus*), s'entend parfaitement, par la rigidité, la sécheresse et la nature fibreuse et solide.

Méduleux (*medulosus*), s'entend pour un corps qui porte de la moelle, ou qui est de la nature de la moelle des végétaux.

(1) M. Raspail distingue farinuleux *farinulosus*, de farineux : c'est lorsque le produit de la mouture est de l'amidon et du tissu cellulaire non glutineux, comme dans le Maïs et le Seigle, et *farinosus* si le tissu cellulaire est glutineux, tel il s'en trouve avec l'amidon du Froment et de la Renouée-Sarrasin.

Herbacé (*herbaceus*), qui est de la nature tendre, humide, verte et flexible de la plante *herbacée*.

Foliacé (*foliaceus*), qui est disposé en plan mince comparable à une feuille de papier, ou qui est de la nature de la feuille des végétaux ordinaires.

Pétaloïde (*petaloïdeus*), de la nature des pétales.

Membraneux (*membranaceus*), qui ressemble à un corps plan, mince plus ou moins flexible : l'anneau de certains Agarics.

Papyracé (*papyraceus*), est une modification de membraneux.

Scarieux (*scariosus*), qui est d'une nature membraneuse, mais sèche et bruissante, avec une demi-translucidité.

Hyalin (*hyalinus*), qui est transparent ou au moins translucide: les pétales de quelques Ixies et les étamines de beaucoup de plantes offrent ce caractère.

Fongueux (*fungosus*), qui est de la nature des Champignons: mais de ceux à chair cassante.

Stupeux (*stuposus*), qui a la consistance d'étoupes, plus ou moins grossières, telles est celle qui entoure le noyau des Mangues, de beaucoup de fruits de Palmiers.

Subéreux (*suberosus*), qui a la consistance et l'aspect du Liège : telle est l'écorce de plusieurs végétaux, et le péricarpe de quelques fruits.

Spumescent (*spumosus*), on en forme d'écume : il y a quelques végétaux acotylédones qui ont cette disposition.

Grumeleux (*grumosus*), divisé en petites masses plus ou moins régulièrement arrondies, tel est le pollen de beaucoup d'Orchidées.

Grenu ou **granuleux** (*granulatus*), divisé en petits grains.

Pulvérulent (*pulverulentus*), qui est de la consistance de poussière ou couvert de poussière.

Pollinifère (*pollinarius*), couvert de poussière fine et comme pollinique; ou qui renferme le pollen.

DES MOTS EXPRIMANT L'ÉTAT DE RÉSISTANCE DES PARTIES VÉGÉTALES.

Ces mots sont en très-petit nombre et pour la plupart d'une acception connue.

Roide (*rigidus*), qui fléchit difficilement ou qui a un port dressé.

Fragile ou **cassant** (*fragilis*), qui est facile à casser et avec le plus petit effort possible.

Flexible (*flexilis*), qui est susceptible de se ployer facilement et sans se casser.

Friable (*friabilis*), pouvant se réduire en très-petits fragments par la moindre sécheresse : ainsi la presque totalité des espèces de la famille des Lichens sont *friables* ou réductibles en poussière par la pression, dès qu'ils sont privés d'eau.

Elastique (*elasticus*), qui peut reprendre la place dont on l'a dérangé, par l'effet que produit le ressort : les parties solides du végétal jouissent de plus ou moins d'*élasticité*.

Dur (*durus*), comme certain Hypoxylons.

DES MOTS INDIQUANT LA DURÉE.

Les mots indiquant une durée relative, sont en petit nombre.

Persistant (*persistens*), une partie ou un appareil est *persistant*, lorsqu'il ne se détache pas à l'époque qui semblerait être fixée pour sa chute : ainsi certains arbres, tels que le Laurier noble (*Laurus nobilis*), ont les feuilles *persistantes* ; les Gnaphales (*Gnaphalium*), ont les fleurs *persistantes*.

Caduc (*caducus*), susceptible de tomber avant l'époque la plus habituelle pour les choses semblables ou analogues : le calice du Pavot, qui tombe au moment de l'anthèse, est *caduc*, les calices étant le plus ordinairement persistants.

Tombant (*deciduus*), qui tombe dans le temps le plus généralement fixé par la nature, ainsi les pétales et les étamines sont *décidus*, à l'instant où l'ovaire commence à prendre de l'accroissement.

Accrescent (*accrescens*, *auctus*), qui est susceptible de croître après l'époque la plus généralement fixée : on voit des calices *accrescibles*, comme dans l'Alkekenge, des corolles *accressibles*, comme dans le *Coriaria myrthifolia*.

Marcescent (*marcescens*), qui se dessèche sans tomber : ainsi les feuilles des Graminées sont *marcescentes*.

Sempervirens, qui est toujours vert, se dit des végétaux qui gardent leurs feuilles, ou au moins qui ne restent jamais sans en être pourvus ; tels sont tous ceux que l'on appelle *arbres verts*.

Les mots indiquant une durée absolue ont déjà été indiqués ailleurs en partie.

Horaire (*horarius*), dont la durée est d'une heure ; il y en a très-peu d'exemples.

Ephémère (*ephemerus*), qui ne dure qu'un jour ou vingt-quatre heures : il y a beaucoup de fleurs dans ce cas.

Diurne (*diurnus*), qui n'est apparent que pendant le jour.

Nocturne (*nocturnus*), qui ne paraît que la nuit : telle est la fleur du Cactier grandiflore et celle des Nyctages ou Belle de Nuit.

Menstrualis et *menstruus* qui dure un mois, ou à peu près : se renouvelle tous les mois.

Trimestris qui est estimé durer *trois mois* environ : *Lavatera trimestris.*

Annuel (*annuus*), dont la végétation est à peu près de la durée d'une *année*.

Annotinus, qui se renouvelle *chaque année* de lui-même.

Hornus, qui est de l'*année* même.

Bisannuel (*biennis, bimus*), qui met *deux années* à parcourir toutes les périodes de sa végétation jusqu'à sa mort.

Trisannuel (*triennis, trimus*), qui vit ou végète *trois années.*

Vivace ou perennel (*perennis, perennaus*), qui étant herbacé ou ligneux, vit par sa racine ou sa tige, *plus* de trois années.

DES MOTS INDIQUANT ÉPOQUE D'APPARITION.

Printannier (*vernalis*), qui croit de mars en mai : les Violettes, Narcisses, Primevères.

Estival (*æstivalis*), qui apparaît de juin à septembre.

Solsticial (*solsticialis*), qui ne se voit que vers le temps des grandes chaleurs.

Automnal (*autumnalis*), qui se voit de septembre en novembre : tels le Colchique, l'*Amarillis lutea*, la plupart des Champignons.

Hibernal (*hibernalis, hibernus*), qui croit de décembre en février, comme l'Ellébore, le Galant de neige, les Mousses, etc.

DES MOTS INDIQUANT LA STATION.

L'*habitation* d'un végétal est la contrée de la terre où il croît habituellement, sa *station* est le genre de lieu qu'il affecte : le Riz est de l'Asie et sa station est dans les marais, le Noyer est de l'Asie et sa station est dans les terres fortes et calcaires.

§. *Quant à l'élévation du terrain.*

Champêtres (*campestræ*), qui vivent dans les plaines.

Des **Collines** (*collinæ*), qui croissent dans les lieux élevés, collines et côteaux.

Montagnardes (*montanæ*), habitant les parties des montagnes qui ne sont pas continuellement sous la neige.

Alpestres (*alpestres*), qui croissent dans les basses Alpes, ou vers la parties basse des montagnes.

Alpines (*alpines, nivales, glaciales*), qui croissent sur les hautes montagnes dans le voisinage des neiges perpétuelles.

§§. *Quant à l'exposition.*

Umbrosæ, croissant sur les lieux ombragés et un peu humides.

Apricæ, vivant à l'exposition la plus propre à recevoir le soleil et la plus âpre sous ce rapport.

Hyperborées (*hyperboreæ*), qui croissent dans les régions froides du pôle.

Frigidæ, qui habitent les régions froides, soit du nord, soit des hautes montagnes.

Glaciales (*glaciales*), croissant au milieu des glaces et des neiges.

§§§. *Quant aux végétaux avec lesquels elles vivent.*

Des **Landes** (*ericetinæ*), vivant au milieu des Bruyères, dans les pays de *landes*.

Des **Champs** (*arvenses*), croissant dans les champs cultivés, les jachères et toutes les terres arables.

Champêtres (*campestræ*), naissant dans les campagnes incultes et arides.

Des **Prairies** (*pratenses*), ou des terrains herbeux, avoisinant les rivières ou prairies naturelles.

Des **Pâturages** (*pascuæ*), des lieux secs et herbeux où la faux ne passe pas.

Agrestes (*agrestes*), des lieux agrestes en général.

Sauvages (*sylvestres*), des lieux inhabités et sauvages.

Oleraceæ, croissant dans les lieux cultivés autour des maisons, ou y étant cultivées.

Horticoles ou **horticolaires** (*hortenses*), cultivées dans les jardins.

Des **Vignes** (*vineales*), croissant dans les lieux où l'on cultive la *vigne*.

Sylvatiques ou des forêts (*sylvaticæ*), habitant les forêts.

Des **Bois** (*nemorosæ*), habitant les petits bois ou bois taillis.

§§§§. *Quant à la nature du terrain.*

Des **Sables** (*arenariæ*, *sabulosæ*, *ammodytes*), qui croissent dans les sables éloignés des eaux.

Rudérales (*ruderales*), qui croissent dans les déblais et décombres, le long des murs.

Des **Graviers** (*glareosæ*) ou lieux pierreux, le long des eaux.

Des **Lieux pierreux** (*lapidosæ*, *petrosæ*).

Des **Rochers isolés nuds**, ou presque nuds (*saxatiles*, *saxosæ*, *saxicolæ*).

Des **Rochers** (*rupestres*, *rupicolæ*) : des rochers élevés et en masses.

Des **Calcaires** (*calcareæ*), ou des terrains à base de calcaire.

Des **Glaises** (*argillosæ*), ou des terres argilleuses.

Des **Craies** (*cretaceæ*), des terrains complètement crayeux.

Des **Granites** (*graniticæ*), des terrains primitifs ou des granites.

§§§§§. *Quant à la nature des eaux.*

Aquatiques (*aquaticæ*), qui croissent dans l'eau ou le voisinage de l'eau.

Aquatiles (*aquatiles*), qui croissent plongées dans les eaux.

Fluviales (*fluviales*), des fleuves ou grandes rivières.

Lacustres (*lacustres*), ou des lacs.

Fontinales (*fontinales*, *fontanæ*), qui habitent les fontaines.

Marécageuses (*palustres*), ou des endroits aquatiques.

Des **Marais** (*paludosæ*,), ou toujours inondés et boueux.

Des **Tourbières** (*turfosæ*), ou marais à tourbe.

Des **Prairies humides** (*uliginosæ*, *uliginariæ*).

Des **Rivages** (*ripariæ*), des bords des lacs et des fleuves.

Littorales (*littorales*), des rivages de la mer.

Des **Marais salants** (*salinæ*, *salsæ*, *salsuginosæ*), ou des terrains salés ou saumâtres du voisinage de la mer.

Maritimes (*maritimæ*), qui croissent près de la mer, ou sur ses bords.

Marines (*marinæ*), qui habitent les eaux de la mer.

§§§§§§. *Quant à leur croissance sur d'autres végétaux.*

Epiphytes (*epiphytæ*), qui croissent sur d'autres végétaux vivants.

Parasites (*parasiticæ*), qui vivent sur des végétaux morts ou vivants, que l'on a distingués en vraies (*p. veræ*), vivant de la sève du végétal, tel est le Gui, la Cuscute ; superficielles (*p. superficiales*), ne tirant rien du végétal, telle est la Vanille ; intestines (*intestinæ*), qui sortent du dedans du végétal, tels les *Æcidium* et *Uredo* ; fausses parasites-internes (*pseudo-parasiticæ internæ*), se développant avant ou après la mort, à la surface, à la manière des espèces du genre *Xyloma*; enfin fausses parasites externes (*pseudo-parasiticæ-externæ*), qui vivent à la surface des végétaux, sans pénétrer sous l'épiderme ; tels sont les Champignons, les Lichens des arbres.

DES MOTS RELATIFS A LA SEXUALITÉ DES VÉGÉTAUX.

Mâle (*masculus*), lorsque la fleur manque de pistil et n'a que des étamines, c'est ce que nous désignons par fleur staminaire (*flos staminaris*).

Femelle (*fœmineus*), c'est le cas où les étamines manquent et où l'on ne trouve que le pistil : c'est pour nous une fleur pistilaire (*flos pistilaris*).

Unisexuel (*unisexualis*) : c'est pour désigner une espèce à fleur incomplète, soit par défaut d'étamine, soit par celui du pistil.

Hermaphrodite (*hermaphroditus*), ayant des fleurs à étamines et à pistils, ce qui forme pour nous les fleurs complètes (*flos completus*), tels la Rose, le Lis.

Monoïque (*monoicus*), des fleurs staminaires et des fleurs pistilaires sur un même pied : le Pin.

Dioïque (*dioicus*), fleurs staminaires sur un pied et fleurs pistilaires sur un autre : le Chanvre.

Bisexuel (*bisexualis*), n'est que la chose rendue par le mot monoïque, en conservant l'idée que les fleurs incomplètes staminaires et pistilaires, sont sur un même pied d'un végétal.

Androgyne (*androgynus*), c'estla même chose que monoïque mais exprimant l'idée d'homme et de femme réunis sur une même plante.

Polygame (*polygamus*), est reçu pour exprimer des espèces ayant en même temps des fleurs complètes et des fleurs incomplètes, telle en offre la Pariétaire.

Monarine (*monarinus*), diarine, triarine, etc. employés au lieu de monandre, diandre, etc. par Necker.

Phanérogame (*phanerogamus*) : ce sont toutes les plantes dont les fleurs ont, ou des étamines ou des pistils; ou bien qui ont des fleurs complètes : ce qui veut dire noces visibles. Ce sont les végétaux cotylédonés.

Cryptogames, ou noces cachées (*cryptogamus*), ce sont tous les végétaux acotylédones ou dépourvus de fleurs, comme les Fougères, les Champignons, etc.

Hybride (*hybridus*) : qui serait produit par le concours de la fécondation d'une espèce végétale par un autre végétal plus ou moins rapproché comme espèce. Les botanistes regardent comme hybrides beaucoup de variétés formées par la nature, probablement par toute autre influence que celle des prétendus sexes.

Fécondation (*fecundatio*), action du pollen sur le pistil, d'après l'idée reçue.

Caprification (*caprificatio*), sorte de procédé qui semblerait déterminer la fécondation des végétaux.

DES MOTS RELATIFS AUX MODIFICATIONS DE COULEURS.

Quelle que soit l'opinion que le physicien adopte pour la formation des couleurs, le botaniste est obligé de les connaître sous un autre point de vue : c'est par les nuances qu'elles présentent dans les végétaux. Pour l'intelligence des auteurs, et la connaissance des teintes observées par les botanistes, nous allons donner un tableau, imparfait à la vérité, de toutes les nuances dont il est fait mention, mais qui reposent sur la nature, et non sur les combinaisons de couleurs données par celles des couleurs primitives. Cette connaissance est indispensable pour la distinction de beaucoup de végétaux acotylédones.

Couleur	Nuance	Nom latin
I. LE NOIR donne le........	Noir absolu...........	*Niger.*
	— de Poix...............	*Piceus.*
	— de Charbon.........	*Ater, Anthracinus.*
	— d'Encre..............	*Atramentarius.*
	Noircissant............	*Nigrescens.*
II. LE BRUN donne le........	Brun noirci............	*Nigritus, Atratus, Bruneus.*
	— Terne.................	*Pullus.*
	— Luisant...............	*Spadiceus.*
	— Rougissant..........	*Badius.*
	— Enfumé..............	*Fumosus.*
	— Bistré................	*Fuscus.*
	— de Tabac............	*Tabacinus.*
	— Fauve................	*Fulvus.*
	— de Vache...........	*Vaccinus.*
III. LE GRIS donne le........	Gris pur.................	*Griseus.*
	— Cendré..............	*Cinereus.*
	— Blanc................	*Cinerascens.*
	— Enfumé..............	*Fumosus.*
	— Livide...............	*Lividus.*
	— Plombé..............	*Plumbeus.*
IV. LE BLANC donne le........	Blanc pur..............	*Albus, Candidus,* Parnassia.
	— Louche.............	*Albescens.*
	— de Lait.............	*Lacteus.*
	— de Neige..........	*Niveus.*
	— Métallique.........	*Argenteus, Argentatus.*
	— Mat................	*Gypseus, Calcius.*
	— d'Ivoire...........	*Eburneus,* Agaricus eburneus.
	Incane..................	*Canus, Incanus.*
	Blanchâtre............	*Albidus.*
	Blanchissant..........	*Albescens, Canescens.*
V. LE VERT donne le........	Vert de bronze........	*Æruginosus.*
	— Pur..................	*Viridis.*
	— Gai..................	*Viridulus.*
	Verdâtre................	*Virescens, Viridescens.* Hedera helix.
	Glauque................	*Glaucus, Glaucinus.* Chou.
	Vert de Poireau.......	*Prasinus.*
	— d'Emeraude........	*Smaragdinus.*
VI. LE BLEU donne le........	Bleu céleste...........	*Cœruleus.*
	— de Prusse..........	*Cyaneus, Cyalinus, Cyanus.*
	— d'Azur..............	*Azureus.*
	— Grisâtre............	*Cœsius.*
	Bleuissant.............	*Cœrulescens.*
VII. LE JAUNE donne le........	Jaune franc...........	*Luteus.* Ranunculus lingua.
	— Terne...............	*Gilvus.*
	— de Paille...........	*Helvolus.*
	— Clair................	*Luteolus.*
	— Blond...............	*Flavus.*
	— Soufré..............	*Sulfureus.*
	— d'Or................	*Aureus, Auratus.*
	— de Terre cuite.....	*Testaceus.*
	— de Rouille.........	*Ferrugineus.*
	— d'Ocre..............	*Ochraceus.*
	— de Flamme.........	*Flammeus.*
	— de Safran..........	*Croceus.*
	— d'Abricot..........	*Armoriaceus.* Calendula officinalis.
	— Orangé.............	*Aurantiacus.* Salvia coccinea.
	Roux...................	*Rufus.*
	Jaunissant............	*Lutescens, Flaveus, Flavidus.*

VIII. LE ROUGE donne le........	Rouge franc............	*Ruber.*
	— de Sang................	*Sanguineus.*
	— de Carmin...........	*Puniceus.*
	— de Minium...........	*Miniatus.*
	— de Cinabre...........	*Cinnabarinus.*
	— Kermès...............	*Kermesinus.*
	— Vif......................	*Rubellus.*
	Incarnat..................	*Incarnatus.*
	Rose........................	*Roseus.*
	Carné.......................	*Carneus.*
	Rougeâtre................	*Rubescens.*
	Coquelicot...............	*Coccineus.*
IX. LE POURPRE donne le..........	Violet franc.............	*Violaceus.* Aconitum napellus.
	Lilas........................	*Lilacinus.*
	Pourpre noir............	*Atropurpureus.*
	Améthiste.................	*Amethysteus.*
	Violet éclatant.........	*Phœniceus.*
	Bleu pourpre...........	*Purpureo-Cœruleus.*
	Obscur.....................	*Purpuraceus.*
X. LES INCERTAINES donnent le........	Livide.......................	*Lividus.*
	Pâle..........................	*Pallidus.*
	Plombé.....................	*Plumbeus.*
	Sale..........................	*Sordidus.*
	Luride......................	*Luridus.*
	....	*Gilvus.*
XI. LE TRANSLUCIDE donne le............	Hyalin......................	*Hyalinus.* Ixia.
	Limpide....................	*Aqueus.*
	Transparent.............	*Vitreus.*
XII. LES COULEURS par compartiments.	Rubané.....................	*Vittatus.*
	Tricolor....................	*Tricolor.*
	Panaché...................	*Versicolor.*

Les couleurs mères ou primitives sont le blanc, le noir, le rouge, le jaune et le bleu : dans la physique et la chimie végétales, il sera exposé comment elles passent de l'une à l'autre, se combinent et comment elles se forment. Citer plusieurs exemples pour chacune des modifications indiquées dans le tableau ci-dessus, eût été peut-être plus intéressant que de n'en citer que quelques-unes, mais nous devons supposer que les études faites sous des professeurs suppléent à ce qui peut manquer dans un traité, même le plus complet possible.

CONSIDÉRATIONS GÉNÉRALES, RELATIVES AUX VÉGÉTAUX.

L'exposé, par lequel nous terminerons la première série de nos notions élémentaires, aurait pu précéder les nombreux développements que nous avons donnés; mais il eut retardé l'acquisition des connaissances véritablement indispensables pour quiconque veut étudier les végétaux, et s'intéresser à ce que nous allons présenter rapidement.

Avant d'entrer dans tous les détails d'observations exposés jusqu'ici, il y a un examen général que tout homme est à même de faire. Trois de ses sens presque toujours sont mis en rapport avec les plantes: il les voit et juge de leur forme et de leur aspect général;il les sent et apprécie la nature des principes qui peuvent en émaner; et enfin presque toujours il termine par vouloir en connaître la saveur, ce qui nous conduit naturellement à en parler d'après cette suite d'analogies.

En suivant les idées d'un écrivain, qui en botanique a tracé quelques pages d'inspiration (1), nous arrêterons nos regards sur cette foule de végétaux qui couvrent la terre, habitent les eaux ou embellissent les approches de nos habitations, et qui dans tous les siècles charmèrent les sens de l'homme le plus irréfléchi; furent dans tous les âges une source inépuisable de profondes réflexions pour les philosophes. « Rien de semblable à » nos passions ne trouble la douce harmonie de l'existence de » ces êtres organisés; leur vie silencieuse; leur développement » uniforme; l'ordre immuable dans lequel ils se succèdent, offrent » à l'homme fatigué des plus violentes émotions, un tableau qui » le console et qui le calme. Puissante et douce influence! Une » aimable verdure repose l'âme la plus agitée; efface de tristes » souvenirs; change un funeste désespoir en douce mélancolie, » et.., peut-être qu'une même cause produit tout à la fois ces » différents effets..., et rend à l'air sa pureté, à la raison son » empire, à la pensée sa clarté, sa sérénité et son énergie.

» Les plantes semblent se conformer à toutes nos affections » morales. Tour à tour attributs de la victoire ou symboles de la » paix; gages brillants de l'amour ou parures fortunées de l'hy- » men; prêtant leur ombre aux plaisirs les plus bruyants, » comme aux mystères les plus secrets, on les voit embellissant » le bonheur même, paraître avec éclat dans le luxe des fêtes » et les demeures de l'opulence... Mais, animer une retraite » solitaire; inspirer de douces rêveries; charmer les peines les » plus secrètes, voilà ce qui semble pour elles un emploi de » prédilection. Fuyant le tumulte des villes, oublié du monde » entier, de ce monde qu'il veut oublier lui-même, l'infortuné » auquel elles prodiguent sans réserve l'éclat de leurs couleurs, » la suavité de leurs parfums et jusqu'à la fraîcheur de leur » ombre, se croit dédommagé de l'injustice des hommes ou de » la destinée : la nature semble s'être parée pour lui plaire. »

DE L'HABITATION DES VÉGÉTAUX.

Dans quelques lieux que l'homme puisse diriger ses pas, dans quelque saison qu'il puisse observer la nature, elle lui offrira partout des végétaux, et si les neiges et les glaces éternelles ne couvraient pas les parties polaires nous pourrions prouver sur

(1) Philibert, introduction à la Botanique, t. 2., p. 151.

les rocs nus en apparence, l'existence de végétations plus ou moins apparentes. La surface des déserts éternels des neiges n'est même pas entièrement deshéritée de végétation, car la teinte rouge qui recouvre les neiges anciennes est enfin reconnue pour le produit d'une sorte d'Algue, voisine des Champignons: le *Protococcus nivalis*. S'il n'est aucun rocher, aucun monument antique, (même ces Pyramides d'Egypte crues si dénuées de toute végétation), aucune écorce d'arbre sur laquelle on ne puisse découvrir un végétal, il n'est pas étonnant que l'homme partout où il peut porter ses pas, trouve autour de lui un monde végétal plus ou moins abondant; et les lieux qu'il traite de déserts s'ils ne lui fournissent que quelques rares espèces, et d'un développement restreint, n'en sont pas moins parsemés de végétaux appropriés aux solitudes des plages sableuses et inhabitées. Les rives de l'Océan, éprouvent moins l'influence des saisons que leur littoral ou les terres qui l'environnent, dont chaque hiver détruit des générations, tandis qu'une végétation toujours active couvre dans tous les temps les rochers sous-marins ou battus par les vagues (1). Les souterrains mêmes ne sont pas privés de toute végétation, et le jeune et célèbre Humboldt, à son début dans le monde, le prouva en donnant la flore des profondeurs des mines de Freiberg (2), faite avec un soin déjà digne de ses travaux successifs.

Pour les personnes ordinaires la végétation n'existe que par la présence de forêts ou au moins d'arbrisseaux et d'herbes verdoyantes, mais pour le naturaliste et pour l'observateur la végétation est partout active: mais avec plus ou moins d'énergie; plus ou moins de luxe. C'est surtout entre les tropiques qu'elle se présente avec toute l'abondance qu'on peut désirer; c'est-là qu'avec l'aide d'une humidité indispensable, on voit croître et se multiplier les géants du règne végétal. Là une feuille ferme et luisante, rejetant sans cesse une lumière vive et une chaleur élevée qui la dessécheraient sans cela, donne à toute cette végétation un aspect que nous ne pouvons apprécier que par les débris qui nous restent encore d'une végétation équatoriale, et que nous retrouvons, dans le Lierre, le Houx, le Daphné, le Laurier, le Cerisier-Laurier-Cerise, le Cerisier-Azarero et un petit nombre d'autres.

Plus on se porte vers les pôles moins la végétation est pro-

(1) Certaines espèces cependant sont annuelles et disparaissent lors des grandes chaleurs, tandis que plusieurs attendent l'élévation de la température des eaux pour se montrer de nouveau.

(2) Flora fribergensis, specimen, plantas subterraneas exhibens. In-4° et 5 planches.

noncée pour les dimensions, et plus elle est restreinte pour le nombre des espèces : La Laponie, l'Islande, le Labrador, la Terre de Feu, n'ont pas à se louer des prodigalités de la nature en ce genre. Ce que la terre offre en aperçu général d'un pôle à l'autre, les montagnes le présentent également : pourvues à leur base d'une belle végétation ou couvertes de vastes forêts, on voit en s'élevant disparaître peu à peu les arbres, ensuite les plantes herbacées : les rochers ne plus offrir que quelques Lichens et près des neiges perpétuelles s'effacer tout signe de végétation. Les eaux vives qui nourrissent un si grand nombre d'espèces qui ne peuvent être bien vues et distinguées qu'à l'aide du microscope, ne nourrissent plus, près des glaciers, aucunes de ces créations filamenteuses, vertes ou noirâtres, par lesquelles la nature végétale organisée, réduite presque à sa plus simple expression, se laisse voir à travers un tissu translucide.

La végétation existe encore où l'œil vulgaire ne peut la saisir, sur les rochers, sur les assises des pyramides qui s'élèvent dans le désert ; sur les chefs-d'œuvre même de nos statuaires exposés long-temps à l'air, on voit des végétaux naître, et couvrir de leur postérité les corps les plus durs : la *Lepraria antiquitatis* en effet vient ternir de ses taches enfumées ou brunes les marbres de Paros ou de Carrare dont sont faites les statues qui ornent les jardins des palais de l'Europe.

Si nous étudions les végétaux eux-mêmes nous voyons que d'autres végétaux parasites les couvrent ou les accompagnent. Il n'est pas une écorce d'un arbre d'âge moyen, qui, entre les tropiques comme dans nos forêts, ne présente, dans l'espace de quelques décimètres carrés, une douzaine de ces végétations différentes en espèces ou en genre. Nous ne parlons pas de ces grands végétaux qui à l'exemple du Gui recouvrent entre les tropiques toutes les parties du tronc et des branches des vieux arbres, mais de ces végétations existantes lorsque toute autre a disparu, ce que démontrera la première écorce officinale brute qu'on voudra observer (1). Le blanc qui couvre nos arbres et nos plantes herbacées ; qui souille les feuilles de nos Rosiers, du Houblon, de nos plantes oléanaires ; la couleur noire ou rougeâtre qui couvre nos céréales, sont encore des végétations parasites. Le noir de nos Orangers, de nos arbustes de serres, est encore le produit d'un végétal parasite (2). Non seulement une plante parasite croit sur une plante, mais souvent cette

(1) Voyez l'Essai sur les Cryptogames des écorces officinales, par Fée, in-4°, avec 34 planches.

(2) En traitant des altérations des végétaux, desquelles nous avons donné une classification dans le 13me vol. p. 400 du *Cours complet d'Agriculture*, nous ferons connaître toutes les végétations parasites.

espèce parasite sert de support à une autre et dans les Algues qui bordent nos côtes maritimes nous avons observé jusqu'à trois parasites l'une au-dessus de l'autre (1).

Les observations précédentes sont d'une haute importance philosophique, fournissant les moyens de rechercher des végétaux et de les observer dans leurs stations respectives : la nature place toujours les êtres qu'elle nourrit dans les conditions les plus favorables à leur développement. C'est donc dans leur *lieu natal* ou *station*, qu'on doit juger de l'état des végétaux. Ce n'est pas, changés de climat, ou élevés dans nos infirmeries décorées du nom de serres, que nous pouvons en juger ; aussi un végétal *acclimaté* ou *naturalisé*, ne représente qu'imparfaitement le type dont il est originaire : dans les zônes tempérées, les plantes intertropicales se rapetissent, les espèces polaires grandissent ou s'étiolent.

Nous avons parlé des régions des végétaux d'une manière générale, mais il est encore des circonstances de localité qui influent singulièrement sur la végétation. Au milieu des Alpes, à l'abri des vents du nord, dans quelques parties du Valais, on voit fleurir et fructifier le Grenadier au milieu des rochers, lorsqu'à quelques centaines de mètres au-delà tout est changé tout est alpin. Aussi dans un climat brûlant on peut trouver un végétal qui recherche l'ombre et une fraîcheur perpétuelle, comme dans quelques positions d'un climat froid il est possible de trouver quelques espèces qui n'existent qu'au moyen d'une chaleur élevée et d'une sécheresse presque constante.

Quelques végétaux habitent exclusivement les eaux ou les lieux inondés, mais plusieurs d'entre eux semblent indifférents à ce genre de station, le *Nasturtium amphibium* (*Sysimbrium* L.), est dans ce cas; la Renoncule aquatique même se contente souvent d'une terre très-fraîche, mais alors son port est si changé qu'on a peine à la reconnaître et qu'on en a fait le *Ranunculus cœspitosus*.

La nature du terrain n'est pas indifférente aux végétaux, et une certaine série d'entre eux adopte exclusivement ou les plages maritimes, ou les sables, ou les calcaires, ou les argiles, ou les terres arides, les rochers, et ne croissent bien que dans leur terrain d'élection, ainsi que nous en avons donné des exemples dans notre *Statistique naturelle* du département de Maine-et-Loire.

Linnée, qu'on ne s'est habitué qu'à considérer comme un nomenclateur méthodique, n'avait pas laissé échapper les vues générales que nous exposons, et dans ses linéaments de *stationes plantarum* (2), il avait résumé et ce qu'on avait observé avant

(1) Le *Callithamnion tetricum*, porté par l'*Halimenia palmata*, portant le *Polysiphonia gracilis*, encrouté de *Meloscira moniliformis*.

(2) Amœnitates academicæ, n° 54.

lui et ce que lui-même avait pu remarquer dans les voyages qu'il avait fait dans toute l'Europe, d'où sont résultés les distinctions suivantes.

§ *Plantes des habitations.*

Plantes des jardins (*plantæ hortenses*), ou celles qui habitent naturellement nos cultures horticoles, ou s'y trouvent toujours cultivées, telles que le *Sonchus oleraceus*, l'*Atriplex* et *Satureia hortensis*.

Plantes des toits (*pl. tectorum*), ou qui s'établissent plus volontiers et naturellement sur les toits de chaume, ou sur les murs qui les supportent, telles que les *Bromus tectorum*, *Sempervivum tectorum*, *Crepis tectorum*, etc.

Plantes des abords (*pl. ruderales*), ou qui s'établissent sur les lieux incultes voisins des habitations (*rudera*), tels que le *Lepidium ruderale*, la Bardane, le Marrube, la Cynoglosse, le Marrube fétide, etc.

Plantes des fumiers dont la Fumeterre (*Fumaria*), a tiré son nom : ce sont en France l'Ortie brûlante, l'Ansérine blanche, la Stramoine, l'*Atriplex* en flèche, etc. etc.

Plantes des murailles (*pl. murales*), ou des pierres, telles que la *Parmelia parietina* et la Pariétaire elle-même qui en a reçu son nom. Les *Draba*, *Chondrilla* et *Gypsophila muralis*, *Draba verna*, *Hieracium murorum*, *Holosta umbellata*, *Polypodium vulgare*, et beaucoup de végétaux acotylédones couvrent les murailles et les rochers.

Plantes des pierres (*pl. saxatiles*) : sont au moins aussi nombreuses que celles des murailles et croissent à travers les pierres, mais elles exigent encore moins la présence de terre, toujours existante dans les murailles, que les plantes des murailles; telles sont la plupart des Lichens et des Mousses qui les couvrent de leurs nombreuses espèces. Les *Rubus*, *Rhamnus*, *Biscutella*, *Arabis* et *Carex saxatilis*, *Saxifraga petræa*; *Sedum*, *Lepidium* et *Buplevrum petræum*, *Thlaspi* et *Alyssum saxatile*.

Les matières animales et les matières végétales en décomposition donnent encore naissance à des êtres de l'ordre des végétaux et sur les plumes des oiseaux, les cornes des solipèdes, les étoffes de laine abandonnées à la décomposition on a trouvé des espèces particulières à ces sortes de corps.

§ 2. *Plantes des champs.*

Plantes des champs cultivés (*plantæ agrorum*) : ce sont celles qui couvrent nos cultures si on leur laisse la liberté de se multiplier et qui suivant les localités et la nature des terrains dominent plus ou moins, telles que le *Melampyrum arvense*, le *Papaver Rhœas*, le *Delphinium consolida*, le *Centaurea Cyanus*, les Adonides, plusieurs Renoncules, des Alopécures (*Alopecurus agrestris*) le *Lithospermum arvense*; les *Spergula*, *Scherardia*, *arvensis*; la *Veronica agrestis*, le *Sinapis arvensis*, etc. ect.

Plantes des moissons (*pl. segetales*); elles ne diffèrent en rien de celles des champs cultivés, telles sont les *Githago segetum*, *Chrysanthemum segetum*, *Alsine segetum*, etc.

Plantes des Lisières (*pl. versuræ*) : ce sont toutes celles qui croissent sur les parties herbeuses qui bordent les pièces des terres cultivées et dans lesquelles se multiplient les Scabieuses, l'Ivraie vivace, la Chicorée, les Phléoles, la Flouve, les Paturins, plusieurs Laiches, des Céraistes, des Euphorbes, l'*Asperula cynanchica*, etc. etc.

Plantes des guérêts ou Jachères (*pl. arvorum*) : elles sont peu distinctes de celles des champs et des moissons et se composent suivant les localités de quelques espèces dominantes, parmi lesquelles on observe les *Thlaspi arvense*, *Iberis amara*, *Myosotis scorpioides*, *Rumex acetosella*, *Anthoxantum odoratum*, *Spergula*, *Sonchus*, *Ononis*, *Calendula*, *Convolvulus* et *Anagallis arvensis*, *Euphrasia odontites*, *Hypochœris radicata*, *Luzula Campestris*, *Cerastium* et *Circinum arvense*.

Plantes des prés (*pl. pratenses*) : se composant essentiellement d'espèces des familles de Graminées, Composées, Légumineuses et Ombellifères, quelques Sauges, Oseilles, Géranions, *Rhinanthus* et quelques autres : de là *Trifolium pratense*, *Phleum pratense*, *Poa*, *Avena pratensis*, *Salvia pratensis*, etc.

Plantes des Pâtures (*pl. pascarum*). Elles ont des rapports avec les plantes des lisières et celles des prairies naturelles, surtout de celles qu'on nomme prés hauts. C'est-là que naissent les végétaux les plus favorables pour la nourriture des animaux domestiques qu'on fait paître dans les champs ; c'est de la qualité de ces herbes que résulte la bonté de la chair des moutons des anciennes provinces du Berri et de la Provence. Les plantes des pâtures diffèrent naturellement suivant les contrées, et celles du nord de l'Europe sont essentiellement d'espèces différentes de celles du Midi et toutes ne ressemblent pas aux pâtures du littoral maritime.

Plantes champêtres (*pl. campestræ*). Ce sont celles des champs incultes (*campi*), qui ordinairement abandonnés à raison de leur peu de terre et de leur aridité, nourrissent cependant un petit nombre d'espèces peu exigentes, telles que les *Artemisia*, *Phaca*, *Brassica*, *Ulmus*, *Gentiana campestris* ; *Thalspi*, *Eryngium*, *Trifolium*, *Thalspi* et *Alyssum campestre*.

Plantes des sables (*pl. arenosæ*). Ces espèces sont assez nombreuses et le genre *Arenaria* en a tiré son nom ; ainsi que les

Plantago, *Carex*, *Calamagrostis*, *Statice* et *Salix arenaria*; *Arabis arenosa*, l'*Allium et Sisymbrium arenarium*; les *Dianthus arenarius*, *Arabis arenosa*. Le *Thesium linophyllum*, le *Thymus Serpillum*, l'*Anemone pulsatilla*, la *Viola Rhotomagensis*, l'*Aira canescens*, *Cornicularia aculeata*, l'*Arenaria, montana* et beaucoup d'autres espèces s'y trouvent encore.

§ 3. *Plantes des plaines et des montagnes.*

Il ne faut qu'avoir jeté un simple coup-d'œil sur la végétation qui couvre les plaines ou penchants qui entourent la base des montagnes, pour voir la différence des plantes des plaines d'avec celles des montagnes et dans les premières se trouvent toutes celles pour ainsi dire dont nous avons parlé dans les deux paragraphes précédents.

Plantes des montagnes (*pl. montanæ*). Ce sont toutes celles qui naissent habituellement sur les sommités plus ou moins élevées, de là *Trifolium*, *Teucrium*, *Cynoglossum*, *Colchicum*, *Geum*, *Hypericum*, *Thlaspi*, *Hieracium*, *Aspidium montanum*; *Filago*, *Calamagrostis*, *Arnica*, *Valeriana*, *Viola*, *Ruta*, *Anthillis*, *Aphaca*, *Jasione*, *Coronilla*, *Inula*, *Centaurea*; *Carex montana*.

Plantes des Alpes (*pl. alpinæ*). Ce sont celles habitant les plus hautes montagnes, ayant ordinairement une très-petite stature, telles que *Veronica*, *Campanula*, *Phalaris*, *Pinguicula*, *Avena*, *Poa*, *Circæa*, *Plantago*, *Alchemilla*, *Soldanella*, *Astrantia*, *Phaca*, *Silene*, *Rosa*, *Anemone*, *Clematis*, *Aquilegia*, *Scutellaria*, *Calamintha*, *Ajuga*, *Bartsia*, *Tazzia*, *Draba*, *Brassica*, *Arabis*, *Cardamine*, *Crepis*, *Apargia*, *Tussilago* et *Ophrys alpina*; *Thalictrum*, *Phleum*, *Eriophorum*, *Thesium*, *Ribes*, *Eryngium*, *Heracleum*, *Polygonum*, *Epilobium*, *Cerastium*, *Linum*, *Epimedium*, *Antirrhinum*, *Lepidium*, *Hieracium*, *Gnaphilium*, *Erigeron*, *Crysanthemum*, *Aspidium* et *Cirsium montanum*; *Rumex*, *Dianthus*, *Erinus*, *Aster* et *Rhamnus alpinus*. Les Saxifrages, les Pédiculaires, le Saule herbacé, le Bouleau nain, l'Arbousier-raisin-d'Ours, et une foule d'autres sont dans la catégorie des plantes alpines; sans compter un très-grand nombre d'espèces de Mousses et de Lichens qui croissent habituellement sur les hautes sommités arides des montagnes.

Plantes des Glaciers ou nivéales (*pl. glaciales*). Elles se composent d'un petit nombre d'espèces qui croissent vers les limites de la végétation; on trouve vers les pôles les *Potentilla nivea*, *frigida*; *Gentiana*, *Ranunculus* et *Draba nivalis*; *Artemisia* et *Gentiana glacialis*. Le *Cucubalus acaulis*, la *Diapensia helvetica* sont encore les espèces qui terminent pour ainsi dire la végétation alpine, et si l'on excepte les Lichens rupestres, ce sont les dernières plantes qu'on peut observer.

Plantes des Rochers (*pl. rupestres*). Elles sont différentes des plantes des pierres, croissant sur les éminences rocheuses ou sur les rochers des montagnes. Souvent elles présentent une consistance telle dans leurs tiges ou feuilles charnues, qu'on juge bien qu'elles vivent autant et plus par leurs feuilles que par leurs racines : telles sont les espèces de *Sedum*, *Sempervivum*, *Saxifraga*; quelques autres, à la vérité, offrent une consistance ordinaire, telles que les *Silene, Artemisia, Avena* et *Potentilla rupestris*.

§ 4. *Plantes des bois et forêts.*

Plantes des Haies (*pl. sepiorum*). Ce sont celles qui, comme refoulées par la culture, se sont refugiées à travers les buissons composant les haies qui entourent chaque champ, dans beaucoup de localités, et où l'on trouve les *Vicia sepium*, *Hordeum murinum, Lamium album* et *hirsutum*, *Vicia cracca, Cucubalus baccifer*.

Plantes des Bois (*pl. sylvaticæ*). Dans les clairières que laissent les arbres, arbustes, ou les touffes de bois, croissent de préférence un certain nombre de végétaux. Autour du Bouleau, des Pins, Sapins, du Genevrier, du Noisetier; naissent les Pyroles, les *Vaccinium Myrtillus* et *Vitis-idea*, les diverses Bruyères, la Menziézie, des Orchidées, l'*Orobus tuberosus*, l'*Asphodelus albus*, le *Phalangium bicolor*, des Hypnes, des *Bryum* et *Dicranum*, plusieurs Graminées et un grand nombre de Champignons; les *Vicia, Stachys sylvatica; Senecio*, *Scirpus*, *sylvaticus; Hieracium*, *Geranium sylvaticum*, etc. etc.

Plantes des Forêts (*pl. nemorosæ*). Ce sont toutes celles qui semblent rechercher l'ombre des grands arbres, ce qui tient moins à la protection de leur feuillage, qu'à la nature fraîche du terrain par l'effet de la difficulté d'évaporation, et aux débris nombreux qui enrichissent le sol. C'est-là qu'on trouve les *Adoxa moschatellina, Paris quadrifolia*, *Convallaria maialis*, *Asarum europœum*, *Asperula odorata*, *Actœa spicata, Atropa Belladona; Poa nemoralis, Stellaria nemorum*, *Anemone nemorosa*. Il est à remarquer qu'en général les plantes des forêts sont printannières : la végétation, excepté celle des Champignons, exigeant de la lumière vive, bientôt obscurcie par l'épaisseur du feuillage des arbres.

§ 5. *Plantes des marais et des rives.*

Plantes des terres fangeuses (*pl. uliginosæ*). Elles croissent dans des lieux toujours humectés sans être inondés, très-voisins de la nature des marais, nourrissant des plantes analogues; et dans les prés marécageux qui sont analogues, ne fournissant qu'un fourrage grossier : c'est la première nuance des lieux aquatiques, on y trouve les *Galium*, *Vaccinium uliginosum*, *Orchis latifolia*, *Eriophorum polystachium*, etc.

Plantes des lieux inondés (*pl. inundatorum*). Inondés pendant l'hiver, les lieux où croissent ces plantes, sont souvent entièrement desséchés en été et les plantes des marais comme celles des terres fangeuses peuvent s'y trouver; comme les *Juncus squarrosus*, *Lycopodium inundatum*, *Hypericum elodes*.

Plantes des marais (*pl. paludes*). Jamais les marais ne sont des terres sèches, et toujours en hiver ils sont complètement inondés. C'est là que croissent les *Sonchus palustris*, *Cirsium palustre*, *Œnanthe fistulosa*, *Alisma ranunculoides*, *Equisetum palustre*, *Hottonia palustris*, etc.

Plantes palustres (*pl. palustres*). Elles croissent dans des lieux remplis d'eaux stagnantes plus ou moins profondes en dessous, toujours couvertes en dessus d'un épais gazon (*Paludes cæspitosæ* L.). Les *Drosera*, *Sphagnum*, *Vaccinium Occycoccos*, *Eriophorum angustifolium*, *Carex stellulata*, etc. habitent exclusivement ce genre de localité.

Plantes du littoral maritime (*pl. maritimæ*). Les Soudes, des Arroches, un Panicaut, deux Armoises, un *Gnaphalium*, un Plantain, la Crithme, *l'Ephedra*, l'Aunée crithmoïde, le *Cochlearia danica*, plusieurs *Statice*; *Beta*, *Cakile*, *Arenaria maritima*, donnent l'idée de ces sortes de plantes.

§ 6. *Plantes des eaux.*

Plantes des étangs (*pl. lacustres*); telles sont les *Chara*, *Callitriche*, *Lemna*, *Zanichellia*, *Isoetes*, *Subularia*, *Scirpus lacustris*, *Lobelia dortmanna*, *Typha*, etc.

Plantes des fossés et lieux stagnants (*pl. stagnales*). C'est dans des endroits à fond vaseux et toujours remplis d'eau que croissent les *Stratiotes*, *Ranunculus lingua*, *Sium inundatum*, *Phellandrium aquaticum*, *Hydrocharis*, *Menyanthes* et beaucoup de Potamogétons.

Plantes des rives (*pl. ripariæ*). Elles diffèrent très-peu des précédentes, les circonstances de localité étant à peu près les mêmes; ainsi elles se composent pour nous, des *Rumex maritimus*, *hydrolapathum*, *Butomus umbellatus*, *Cyperus longus*, *Iris pseudo-acorus*, *Sparganium erectum*, *Scirpus maritimus*. etc.

Plantes des rives (*pl. rivulares*). Elles viennent plus immédiatement dans l'eau, telles sont les *Conferva rivularis*, *Alisma* et *Sparganium natans*.

Plantes fluviales (*pl. fluviatiles* et *fluviales*), ou croissant dans les rivières et les ruisseaux, et au nombre desquelles sont des Renoncules, des Potamogétons, les *Naïas*, les *Myriophyllum* et *Ceratophyllum*.

Plantes des fontaines (*pl, fontinales*). Ou bien elles croissent dans les rivelets que forment les fontaines ; ou elles habitent les fontaines elles-mêmes. Dans ce dernier cas sont les *Fontinalis*, *Hypnum alopecurus*, *riparium*, *Lemna trisulca* ; *Nasturtium*; dans le premier cas sont les *Montia*, *Bartramia fontana* ; *Apium graveolens*, *Veronica beccabunga* et *alsinastrum*, *Ranunculus hederaceus*, etc.

Plantes marines (*pl. marinæ*). Ce sont toutes celles qui croissent dans les eaux de la mer, comme les *Zostera* et *Ruppia marina*; ainsi que les nombreuses Algues marines qui couvrent les rochers ou les fonds sous-marins.

§ 7. *Plantes parasites.* (Pl. *parasiticæ*).

Les *Monotropa hypopitys*, les Orobanches, le Gui, beaucoup de Mousses, Lichens, Champignons, Hypoxilés ; un grand nombre d'Algues marines, croissant sur d'autres Algues, fournissent de fréquents exemples de cette sorte. Même il est quelques espèces qui croissent sur des larves d'insectes mortes et même vivantes, car il paraît bien prouvé que la Muscardine qui attaque les vers à soie et les fait périr est un Champignon parasite.

C'est surtout entre les tropiques que les végétaux parasites abondent, et tandis que les troncs de nos plus gros arbres n'offrent que des Lichens, des Hypoxilés et quelques Mousses, là croissent encore et dans les mêmes circonstances, les nombreux Epidendres, les Pothos si variés, et toutes les espèces analogues à notre Gui, composant le genre *Loranthus*, s'élevant à plus de 250 espèces.

DE LA FEUILLAISON. (1)

C'est au mode et à l'ensemble du développement des parties minces, ordinairement vertes, qui couvrent les végétaux, que la nature doit le caractère particulier qui nous flatte. Si une forêt dépouillée de ses feuilles peut offrir un coup d'œil pittoresque, ce n'est que par l'opposition des souvenirs de ce qu'elle a été ou de ce qu'elle deviendra dans quelques mois. Comme dans les zônes froides et tempérées la chute des feuilles fait un vide immense dans la nature, il n'est pas étonnant qu'on ait remarqué que certaines espèces conservaient leurs feuilles : ou pour être plus rigoureusement dans la réalité, qu'elles ne les perdaient jamais en totalité, mais seulement d'une manière insensible (1).

(1) Pline, lib. XVI, cap. 20.

(2) Pline, *id.* cap. 22.

Aussi n'a-t-on pas manqué de noter dès l'antiquité les arbres qui ne perdaient pas leurs feuilles.

Dans les régions tropicales il est bien quelques espèces de végétaux ligneux qui se dépouillent de leurs feuilles à la manière de nos espèces européennes, mais le plus grand nombre les garde, et la succession des feuilles nouvelles répare amplement, chaque année, celles qui tombent insensiblement.

Quelques arbres perdent tout à coup la totalité de leurs feuilles, mais trois semaines après cette perte est entièrement réparée. Certaines espèces conservent leurs feuilles dans les pays qui leur sont favorables, tel est notre Troëne (*Ligustrum vulgare*) qui, dans la Crimée, reste toujours vert; et même en France, à une exposition favorable, il garde beaucoup de ses feuilles toujours vertes. Dans le Chêne et le Charme les feuilles se dessèchent et restent très-avant en hiver sur l'arbre. Dans les hivers doux et secs quelques espèces conservent leurs feuilles jusqu'au printemps : telles le Troëne, l'Erable de Crête, le Jasmin jaune, et ne les perdent qu'à l'instant des nouvelles pousses.

Les feuilles tombent quelquefois avant les fruits, comme on peut le remarquer dans le Grenadier, un Figuier tardif, et les *Diospyros virginiana* et D. *Lotus*.

Le vert est la teinte générale, et ce n'est que par exception et vers la fin de la végétation qu'il prend une autre couleur : rouge dans quelques Erables d'Amérique, ce n'est que par suite du développement que cette teinte est prononcée. Le Hêtre pourpre, le Noisetier pourpre et quelques végétaux plus humbles, de cette couleur, sont des raretés ou variétés végétales, que l'art horticole s'est empressé de multiplier. Le blanc du Peuplier blanc, le gris verdâtre de l'Olivier se rattachent toujours au vert qui est modifié par la présence de poils pressés en sorte de drap, ou par quelque modification organique.

Ce qui a le plus lieu d'étonner c'est moins la forme variée des feuilles que certaines dispositions constitutives de quelques grands végétaux. Par exemple la dissemblance des feuilles sur le même pied est remarquable dans plusieurs Mûriers, dans le Broussonetier à papier, dans le Figuier grimpant, dont les feuilles habituelles sont petites et courtes, tandis que celles destinées à donner des fruits sont larges et oblongues. Dans le genre *Margravia* l'on peut encore faire la même observation. Dans les Fougères il y a souvent entre les frondes stériles et les frondes fertiles, une telle dissemblance que séparées des souches progressives qui les portent toutes simultanément, on ne pourrait les ramener à la même espèce : l'*Acrosticum alcicorne* et ses variétés ou espèces analogues, offrent sous ce rapport la plus grande différence possible. Ses frondes stériles épaisses, presque réniformes sont au bas de frondes fertiles, élancées, larges, lobées au sommet.

La structure la plus singulière est celle des feuilles de l'*Hydrogeton fenestralis*, réduites à leurs seules côtes et nervures, de manière à offrir un simple réseau, tandis que dans le *Dracontium pertusum* il n'y a que des trous naturels, plus ou moins grands et le reste est comme dans les feuilles ordinaires ce qui lui a valu le nom vulgaire de *Liane percée*. Les frondes fertiles du genre *Claudea*, dans les Algues, sont aussi en réseau comme les feuilles de l'*Hydrogeton*. Le genre *Dufourea*, dans les Lichens, offre une structure lacuneuse dans le *Thallus* de plusieurs de ses espèces.

Le merveilleux s'est quelquefois emparé de quelques dispositions des feuilles : c'est ainsi qu'on a dit que des plantes du Cap de Bonne-Espérance donnaient de l'étoffe propre à faire des gants : c'est l'*Hermas gigantea* dont les feuilles sont recouvertes d'un *tomentum* épais, blanc, qui se tient un peu comme une étoffe et dont on s'est servi comme du *Moxa*, autre substance obtenue du coton des feuilles de l'Armoise vulgaire et très-usitée chez les Chinois d'où l'usage nous en est venu.

Les feuilles sont quelquefois réduites à de si petites proportions qu'on peut à peine les reconnaître; dans quelques Cactiers ce sont de très-petits tubercules allongés; dans certains végétaux ce ne sont plus que des écailles sèches, comme dans les Orobanches et le *Monotropa hypopithys*; dans plusieurs ce sont des écailles charnues, telles en présentent nos espèces de *Lathræa squammaria* et *clandestina*. Nous avons parlé des végétaux qui offrent des phyllodes et non des feuilles, comme le *Moringa aptera*, c'est-à-dire, dont le disque de la feuille avorte et dont le pétiole s'élargit; dans d'autres ce sont des rameaux, comme dans le Fragon et l'Asperge, qui font les fonctions de feuilles, et les feuilles sont réduites à n'être qu'une sorte d'écaille scarieuse.

Certaines feuilles sont couvertes d'une poussière tenue, blanche, qui leur donne la couleur bleu-glauque et fait qu'elles peuvent difficilement être mouillées, telle en offrent le Chou, le *Crambe maritima*, l'*Isatis tinctoria*, etc. c'est ce qu'on nomme *rosée* ou *fleur* sur les fruits et n'est qu'une secrétion de la nature de la cire. Une autre espèce de rosée, mais plus ou moins liquide, un peu acidule (1), enduit la surface de certaines feuilles et même de toutes les parties vertes de la plante : comme dans le Pois-Chiche, les *Drosera*, la *Martynia angulosa*. Sur plusieurs Cistes c'est un enduit visqueux et aromatique qui réuni donne le *Labdanum* ou

(1) Par l'acide oxalique.

Ladanum des officines ; dans la *Rosa rubiginosa*, ce suc aromatique qui enduit les feuilles est le produit de poils glanduleux. On ne doit pas mettre sur la même ligne cet état des feuilles avec celui qui leur fait sécréter, seulement dans certaines circonstances, le miellat ou une sorte de manne, comme dans le *Fraxinus Ornus*, l'*Alhagi*, produits seulement temporaires ou excrétions véritablement accidentelles, puisque ces mêmes végétaux en les cultivant dans des circonstances moins favorables ne donnent pas cette manne.

Les feuilles très-laineuses, comme dans la *Salvia Æthiopis* et plusieurs autres, paraissent appartenir aux contrées chaudes et servir à préserver les plantes des fortes chaleurs, aussi perdent-elles ce caractère étant cultivées dans d'autres circonstances. C'est ce que nous avons éprouvé pour l'*Hieracium eriophorum*.

Ce qui étonne ce sont les espèces végétales, qui, telles que beaucoup d'Orties ; les *Jatropha urens*, *Loasa lucida*, *Malphigia*, offrent des poils dont la piqûre est douloureuse, au moyen du suc âcre contenu dans le réservoir placé à leur base et qui suit le canal creusé dans le poil. Cet effet est si bien dû au principe jeté dans la piqûre, que les mêmes espèces sèches peuvent bien piquer mais sans faire éprouver la cuisson si manifeste dans le premier cas.

DU PORT OU PHYSIONOMIE DES VÉGÉTAUX.

Le port des végétaux, leurs grâces naturelles
Aux arts dans tous les temps ont servi de modèle.

Si nous possédions la plume élégante de l'auteur des *Tableaux de la nature*, peut-être pourrions-nous, comme cet illustre savant, éloigner l'aridité dans laquelle nous jette trop souvent l'énumération de détails indispensables ; mais n'ayant point, ainsi que l'a fait M. de Humboldt, visité ces belles régions tropicales où la nature végétale s'offre si sublime et si variée, nous rendrions difficilement, des impressions qui ne nous sont parvenues que par la réflexion des images que cet auteur nous en a tracé.

Les premières idées qu'on peut se faire, en méditant sur l'ensemble des végétaux qui nous entourent, sont non-seulement la différence qui existe entre eux, mais encore les rapports que certains d'entre eux peuvent avoir, ainsi l'œil vulgaire même reconnaît par le port (*habitus*), ou par la physionomie (*facies propria*) une Fougère, un Champignon, un arbre et ne confondra jamais les uns avec les autres : leurs formes générales n'ayant aucun rapport.

La physionomie végétale ne se compose pas seulement de la forme des parties qui la constituent, mais de la situation, direction, division, grandeur, nature de surface et couleur de ces parties ; et comme la nature présente plusieurs types appréciables, ils ont été signalés par quelques observateurs. On peut regarder ces considérations comme le pittoresque de la science : la précision des aperçus n'étant pas toujours rigoureuse et sous une forme donnée, il peut exister un être qui soit bien éloigné de la forme réelle, c'est ainsi que long-temps les anciens botanistes ont regardé comme un Champignon, le *Cynomorium coccineum* et espèces analogues.

Chaque climat présente une diversité remarquable pour la forme et la grandeur : à la zône intertropicale appartient la diversité de formes, l'élévation des proportions et le plus grand nombre d'espèces ; aux zônes glaciales, se voient le paupérisme de la végétation, tandis que dans les climats tempérés, se voient de verdoyantes forêts et des prairies véritablement émaillées. Mais outre ces aspects, différents dans chacune de ces zônes principales, existent des physionomies végétales particulières et c'est à elles que sont dus en grande partie les effets que signalent les artistes par les expressions de *ciel d'Italie*, *nature Suisse*, *paysage intertropical*. Cependant au milieu des soixante mille espèces de végétaux ou même plus qui composent toute la richesse de la nature en ce genre, on ne trouve qu'un petit nombre de formes végétales, puis qu'elles sont restreintes à quatorze par quelques botanistes, élevées à seize par des naturalistes et au plus à vingt et quelques par d'autres observateurs en ce genre.

« Pour déterminer ces formes, dont la beauté individuelle, » l'isolement ou le rassemblement en groupes, constitue la » physionomie de la végétation d'une contrée, il ne faut pas » suivre la marche des systèmes de Botanique, où, par d'autres » motifs, on ne considère que les plus petites parties des fleurs » et des fruits ; il faut au contraire envisager uniquement ce » qui, par ses masses, imprime un caractère particulier à la » physionomie d'une contrée » (1). Rarement même ces formes générales se rattachent à une famille et si les Palmiers semblent présenter un type général bien tranché, cependant les Fougères viendront se grouper près d'eux par la disposition de leur frondescence et la hauteur de leur stipe, tandis que certaines espèces de Palmiers se reporteront aux Asparaginées ou aux Amomacées. Beaucoup de familles naturelles se trouvent au contraire agglomérées dans les considérations d'après le port, c'est ainsi que dans la forme arborée on ne confondra pas le Hêtre avec le Pin ou Sapin, mais l'Hippocastane, le Tilleul, l'Orme, l'Erable, le Poirier de nos forêts, tels disparates qu'ils soient, viendront se grouper sous la même physionomie générale.

(1) Humboldt, Tableau de la nature, 2. p. 27.

Scopoli distinguait quatorze espèces de port des végétaux ; auxquelles il avait assigné une dénomination mieux appropriée que celles qu'on a proposé depuis cet érudit botaniste.

1° Le Terreux (*geodes*) : Les Lichens crustacés, *Verrucaria* et autres Hypoxilés.

2° Le Coralloïde (*coralloides*) : quelques Lichens et Clavaires branchus.

3° Le Trichoïde (*trichoides*) : les Conferves et Champignons byssoïdes.

4° Le Surculeux (*surculosus*) : les Mousses et Lycopodiacées.

5° Le Foliacé (*foliaceus*) : les Algues et la plupart des Lichens.

6° Le Coiffé (*coronatus*) : les Palmiers, Cycadées et Fougères arborescentes.

7° Le Frondescent (*frondescens*) : les Fougères ordinaires.

8° Le Fastueux (*fastuosus*) : les Liliacées, Amomacées, Orchidées.

9° Le Triste (*tristis*) : les Dioscorinées et Asparaginées.

10° Le Rigide (*rigidus*) : les Ombellifères, Araliacées.

11° Le Charnu (*carnosus*) : les diverses espèces dites *plantes grasses.*

12° Le Pyramidé (*pyramidatus*) : les Conifères.

13° Le Diffus (*diffusus*) : toutes les Amentacées.

14° Le Terne sombre (*squalidus*) : les Solanacées.

On ne doit pas attacher trop d'importance à ces sortes de considérations, sans cela le botaniste semblerait reculer au moyen âge, à la naissance de la science, puisque l'on fait abstraction des caractères organiques les plus essentiels, mais elles présentent sous un point de vue particulier, des idées d'ensemble qu'il est utile d'aborder, lorsqu'on n'en fait pas une classification botanique.

La physionomie ou port Crustacé ou Terreux (*geodines*) des végétaux se trouvera sur les rochers, les pierres nues, les troncs des arbres, la terre aride des déserts et accompagnera la forme suivante dans les déserts des pôles et sur les sommités des montagnes, elle se compose de croûtes grises, blanches ou noires, ou même d'un beau jaune, plus rarement rouge, ou de toute autre couleur.

La physionomie Coralloïde (*coralloidines*), présente des ramifications nombreuses de quelques centimètres d'élévation; dépourvues d'expansions foliacées et aura pour type principal le *Cenomyce rangiferina* ou le *Steocaulon paschale*, avec la *Clavaria coralloides* et même le *Sphæria hypoxilon.* Cette forme générale domine dans les régions désertes qui avoisinent les pôles, et l'on peut marcher des jours entiers dans les plaines de la Laponie, dans les landes de Terre-Neuve et du Haut-Canada, sans trouver autre chose. Des parties désertes de végétations, des terres arides de nos contrées, avoisinant des bois et reposant sur un sol dépourvu de terre végétale, peuvent nous donner l'idée triste qui résulte, dans la nature, du spectacle d'un port végétal si pauvre.

Les Trichoïdes (*trichoidines*), ou la végétation capilliforme se trouve dans les eaux douces, vives ou stagnantes; dans les eaux saumâtres ou dans les eaux de la mer. Là, sous la forme de fils simples ou rameux, verts ordinairement, ou plus rarement de filets bruns, noirâtres ou vivement colorés en rouge, ils composent une nombreuse série de genres et d'espèces. Les Champignons qui par une acception générale sont confondus sous l'expression de *bissoïdes*, blancs ou plus rarement colorés, complètent cette forme végétale.

Les Surculeux (*surculosi*), se multiplient le plus habituellement par des rejetons (*Surculi*), ne réunissent que les Mousses et les Lycopodiacées, confondues même long-temps ensemble, avant qu'on eut étudié leur organisation intime, essentiellement distincte. C'est là où commence à se trouver les expansions, véritablement analogues aux feuilles. Ces productions sont de toutes les contrées du monde, ainsi que les formes précédentes, mais elles y dominent plus ou moins suivant le genre de localité. La couleur verte ou le vert jaunâtre caractérise universellement ces végétations : les Hépatiques seulement qui se joignent à cette forme générale, tirent souvent sur le brun, et viennent en partie se joindre à la forme suivante.

Les Foliacés ou mieux les Foliiformes (*foliacei*), réunissent les végétaux formés d'une expansion foliacée, avec apparence de sorte de feuille dans leur plus grande étendue, et groupent la grande généralité des Algues fluviatiles et marines et une grande partie des Lichens confondus long-temps avec elles. Toutes les mers, les eaux de toutes les parties de la terre fournissent cette physionomie végétale qui suivant les régions devient gigantesque comme le *Macrocystis pyrifera* ayant vers les tropiques jusqu'à 100 mètres de long, ou presque microscopique comme le *Lichinia confinis*, qui noircit les rochers avoisinant les flots de la mer. Les terres arides des régions boréales, des zônes tempérées, et des parties élevées des montagnes intertropicales se couvrent de Lichens se rattachant à la physionomie des *foliacés*.

Les Couronnés (*coronati*), portent un stipe élevé, arborescent et une frondescence éloignée de la conformation des véritables feuilles. Placée en faisceau terminal, chacune de ces frondes a quelquefois plus de trois mètres de long et une largeur proportionnée. Les Palmiers d'une forme si élevée, si noble, ont toujours figuré dans les poésies de l'Orient, tant leur élégance frappe l'imagination ; ils composent la plus belle partie des végétaux de cette catégorie. Leur stipe élancé, annelé ou épineux, à frondes pinnées ou en large éventail, atteint quelquefois jusqu'à l'élévation presque merveilleuse pour nous de 80 mètres : le seul *Chamærops humilis* de l'Europe nous donne en miniature un échantillon de cette forme des régions chaudes. Les Cycadées, quelquefois humbles dans leur port, et n'étant ni véritables Palmiers ni Fougères, bien qu'en apparence de ces deux familles, ne peuvent être distinguées à la vue ordinaire des simples Palmiers, tandis que les Fougères arborescentes conservent encore entre les tropiques leur belle élévation primitive et ne sont pas comme les nôtres dégradées par un abaissement de température. Les *Cyathea*, *Hemitelia*, *Alsophila*, *Dicksonia* et quelques espèces de Polypodes, d'*Aspidium* et autres genres, rivalisent presque avec certains Palmiers d'une médiocre élévation, mais leur stipe est raboteux, leur frondescence plus délicate et souvent très-divisée : ce qui avait fait distinguer les *Couronnés* en deux physionomies distinctes. Leur habitation la plus habituelle entre les tropiques est vers 1000 mètres au-dessus du niveau de la mer. A l'île de Madère où existe la *Dicksonia culcita*, et dans l'île de Van-Diémen où croît la *Dicksnoia antarctica* à stipe de 6 mètres d'élévation, expire la végétation de la physionomie des *couronnés*.

Les Frondescents (*frondescentes*). Près de deux mille espèces de Fougères réunies sous cette physionomie végétale, ornent les lieux frais des montagnes, les rochers et l'ouverture des cavernes et sont reconnues, d'un pôle à l'autre, par le vulgaire et par le botaniste, sous le nom de Fougères.

Par leurs frondelles gracieuses elles se font remarquer avec intérêt et souvent employer avec quelques succès, bien qu'en général d'une rare application pour les besoins de l'homme. Une souche rampante ou globuloïde laisse échapper des expansions vertes, quelquefois d'un tissu réticulé, d'une admirable délicatesse et toujours découpées en élégantes divisions.

Les Graminoïdes (*graminosi*). De longues feuilles simples, étroites, tombantes ou mobiles au moindre zéphir, avec une tige articulée souvent creuse, feuillée dans toute son étendue ; des appareils de fleurs sans éclat et herbacées, caractérisent cette forme particulière que nous devons adopter et distinguer. Composée des Graminées, des Cypéroïdées, des Joncinées, elle se retrouve dans toutes les régions, mais domine dans les zônes tempérées, et l'*Arundo donax* seul en Europe est le représentant de ces bambous des deux Indes dont les troncs arborescents, ligneux et l'élévation, ne font que grandir et non oublier la physionomie générale des *Graminoïdes*. Nos chênes majestueux s'abaisseraient devant les géants intertropicaux de cette forme végétale : mais ce n'est que par exception, car si l'on en excepte les *Bambusa*, *Miegia*, *Ludolfia*, *Panicum arborescens*, le *Papyrus*, toutes les espèces de ce groupe ou forme végétale, conservent des dimensions modestes dans toutes les contrées.

Les Fastueuses (*fastuosi*). Presque toujours de riches couleurs dans les fleurs, et souvent des feuilles qui rappellent celles de la physionomie précédente, signalent cette belle forme végétale, dispersée sur les plages ou dans l'intérieur américain ; rare en Europe et multipliée en Afrique, où elle semble s'être colonisée de préférence. Les Orchidées au labelle simulant si fréquemment la forme d'un insecte ou quelquefois celle d'un quadrumane ; les Liliacées aux couleurs de nuances les plus belles, au calice rivalisant de teintes avec la Corolle, viennent se ranger dans cette forme générale que joint de bien près la forme générale suivante que nous croyons en devoir séparer.

Les Foliaires (*foliolatæ*). En nommant, comme composant cette physionomie végétale intertropicale, les Bananiers, les Amomacées, elle se trouve limitée et caractérisée par ses belles et larges feuilles lisses à nervures insensibles, souvent découpées en plumes élégantes lorsqu'elles ont été fatiguées ou tourmentées par les vents. D'un port difficile à reporter aux physionomies végétales précédentes ; exclusive aux régions tropicales et accompagnant les Palmiers, elle orne les parties humides ou fraîches de ces régions et semblent là s'attacher à l'homme par le Bananier, comme les Graminoïdes le suivent dans les zones tempérées par le groupe des Céréales.

Les Tristes (*tristes*), limitées aux Asparaginées et aux Dioscorinées, ont des inflorescences presque incolores et semblent se lier souvent avec les Couronnées, par le Dragonier, et presque aux Caladions grimpants par les Dioscorinées.

Les Arons (*arumæ*), renfermant les Aroïdes tels que *Pothos*, *Calla*, *Calamus*, *Orontium*, *Richardia*, *Caladium*, *Dracontium*, forme des régions chaudes, n'ont en Europe pour représentants que l'*Arum vulgare* et deux ou trois Arinées moins connues. Ils sont tellement hors du port de toutes les plantes qu'il est difficile de les faire entrer dans aucune physionomie végétale autre que la leur. Souvent parasites, on les reconnaît à leur spadice que circonscrit une spathe souvent ample et colorée.

Les Rigides (*rigidi*), réduites aux Ombellifères, Araliacées, une partie des Caprifoliacées, sont mal limitées et peuvent se perdre dans beaucoup d'autres formes de végétaux herbacés.

Les Composées (*compositæ*). Si l'on en excepte les Dipsacées, cette forme végétale, si nombreuse, si générale et si naturelle, s'est toujours groupée dans toutes les méthodes botaniques et se trouve dans toutes les régions, mais avec plus de luxe entre les tropiques.

Les Plantes Grasses (*carnosæ*). Cette forme végétale va se recruter dans beaucoup de familles différentes, ainsi dans les Apocinacées par le *Stapelia*, dans les Composées par les *Kleinia* et *Cacalia*, dans les Euphorbiacées par certaines espèces d'Euphorbes, dans les Ribésiées par les Cactes, toutes les Ficoïdes, les Sempervivées, Crassulacées, et aux Liliacées par l'Aloës, le *Doryanthes excelsa*, l'*Agave*. Exilées au milieu des déserts arides et des rochers incultes, toutes peuvent vivre de leur propre vie, pour ainsi dire : les feuilles ou les tiges charnues suffisant à préparer des principes que les racines ne pourraient trouver à élaborer au sein d'un milieu impuissant pour la végétation. Cette forme se rattache aux Couronnés, aux Tristes par l'*Yucca gloriosa, aloefolia* et autres; *l'Aletris arborea* et l'*Aloë dichotoma* de 8 mètres de haut avec un ensemble de feuilles distiques de quelquefois 130 mètres de pourtour.

Les Pyramidées (*pyramidatæ*), réduites à la familles des Conifères sont caractérisées par leur disposition pyramidée; les feuilles aciculaires et persistantes, particulières aux régions tempérées, ou aux montagnes: ce n'est que par exception qu'on en trouve vers les tropiques. Le *Pinus occidentalis*, le *Podocarpus taxifolia*, et les *Pinus longifolia* et *Dammara*, n'habitent que les montagnes, les deux premiers, de l'Amérique équinoxiale, les deux derniers certaines parties de l'Asie intertropicale.

Les Articulaires (*articulatæ*), sont représentées près de nous par les Equisétacées, mais c'est dans l'Océanie qu'il faut aller voir cette forme avec toute sa singularité d'organisation et trouver des arbres sans feuilles dont toutes les divisions ou rameaux ont la structure articulaire de nos Prêles.

Les Diffus (*diffusi*). Signalée quelquefois sous le nom de Saules, cette forme ou physionomie réunit toutes les Amentacées, mais excepté les Lianes, elle peut se rattacher aux formes suivantes par sa disposition générale. Le Saule est en effet l'espèce dominante dans ce groupe puisque à partir du 46° jusqu'au 70° degré de latitude boréale on en énumère près de 250 espèces, tandis que les régions tropicales n'en offrent que huit, une à la côte de Coromandel, deux au Pérou et cinq au Mexique.

Les Sombres (*squalidi*). On a long-temps attribué une teinte lugubre aux Solanacées qu'on fait entrer comme partie essentielle de cette forme générale, lorsque l'on pourrait l'attribuer également aux Labiées, aux Scrophularinées, aussi peut-on dire que cette forme est mal limitée, bien qu'assez distincte.

Les Lianes (*volubiles*), notre Houblon, notre Clématite sont les seules espèces qui représentent cette forme si générale dans les régions chaudes de l'Amérique, de l'Afrique et de l'Asie. Les Légumineuses, les Ménispermées, les Viticées, des Malpighiacées, des Bignoniacées et beaucoup d'autres familles, fournissent à cette forme curieuse qui enlace tous les arbres des bois et établit des barrières presque insurmontables au milieu des forêts vierges de l'Amérique et de l'Asie.

Les Bruyères (*ericæ*), composées des Ericinées, des Passerines, *Phylica*, *Gnidium*, *Diosma*, *Staavia*, Epacridées, Andromèdes, les Cistinées, ont les feuilles acéreuses ou étroites et d'une nature généralement sèche. Croissant dans des terres peu végétatives elles annoncent toujours une aridité d'un mauvais augure pour l'agriculture, aussi les plaines sablonneuses ou graveleuses sont-elles le sol naturel à cette physionomie végétale riche en Europe, très-multipliée au Cap de Bonne-Espérance.

Les Mimosées (*mimosæ*). Des feuilles composées, souvent à fines et nombreuses folioles, caractérisent cette forme végétale distinguée par M. de Humboldt, elle se trouve surtout dans la famille des Légumineuses, telles sont les *Mimosa*, *Acacia*, *Robinia*, *Gleditsia*, Tamarinier; et dans les Rutacées le *Porleria*. La finesse des folioles est affectée plus essentiellement aux tropiques : l'*Acacia microphylla* en sera le type le plus parfait. Ce n'est que par un petit nombre d'exceptions que cette physionomie végétale se présente hors des tropiques. En Europe nous observerons l'*Acacia julibrisin*, pouvant exister sous une moyenne de 11° de température et même moins; l'*Acacia stephaniana* du levant qui croit dans le Chirvan, y couvre des plaines arides, et va jusqu'au 40° parallèle nord; l'*Acacia gummifera* remontant jusqu'au 32° degré à Mogador; l'*Acacia-nemu* des environs de Nangasaki au Japon. Le *Mimosa caven* croit entre les 21e t 37e parallèles sud. Les *Acacia glandulosa* et *brachyloba*, vont jusque dans les savanes des Illinois et le *Schrankia uncinata* atteint le 37°. Le *Gleditsia triacanthos* se trouve entre le 38° parallèle à l'est des monts Alléghanys et le 41° à l'ouest de cette même chaîne de montagnes.

On a encore voulu distinguer la forme ou physionomie *Malvacée* propre aux régions méridionales, dont l'*Adansonia digitata* ou Baobab, de 25 à 26 mètres de circonférence au tronc, est le représentant le plus extraordinaire; celle des *Laurinées* aux feuilles dures, vert-jaunâtre, luisantes, entières, retrouvées dans le *Mammea Calophyllum* et tous les Lauriers intertropicaux et même des zônes tempérées; celle des *Myrtes* qui ne serait que la forme précédente, à plus petites feuilles (1); enfin celle des Mélastomes, caractérisée plutôt comme famille de plantes que comme physionomie végétale: mais ces dinstinctions ne sont pas rigoureusement utiles et le port de chacune d'elles peut rentrer ou dans les *Bruyères* ou dans les *diffus* : ainsi nous ne pouvons guère reconnaître que vingt-deux formes ou physionomies végétales générales bien distinctes, et en pousser plus loin la distinction serait dépasser la limite nécessaire des besoins en ce genre d'observation.

DE LA GRANDEUR DES VÉGÉTAUX SOIT GÉNÉRALE, SOIT EXCEPTIONELLE.

Ce n'est qu'alors que les végétaux ont des proportions extrêmes, soit en élévation soit en ténuité, qu'ils frappent l'imagination; aussi voyons-nous les ouvrages bibliques mettre en opposition le majestueux Cèdre avec l'humble Hysope qui n'est pas celle que nous connaissons sous ce nom mais bien une Mousse de la plus petite dimension.

Au surplus, toutes les fois que l'homme voudra respecter ce qui l'environne, la nature lui offrira des phénomènes remarquables et fréquents sous le rapport des grandes dimensions que peuvent acquérir certains végétaux. Pour les voir dans le plus grand développement possible il est obligé maintenant d'aller les admirer dans les forêts vierges de l'Amérique ; tout ce que l'Europe a pu offrir en ce genre ayant peu à peu disparu sous la main de l'homme ou sous la faux du temps. On peut encore trouver des Palmiers de 60 mètres d'élévation, tels a pu les admirer M. de Humboldt dans ses courses savantes entre les tropiques. L'Afrique a également ses végétaux géants, mais dans un sens opposé : l'*Adansonia digitata* ou Baobab, avec un tronc qui ne s'élève pas beaucoup au-dessus de 4 mètres, offre un tronc de dix mètres de diamètre ou près de 100 pieds de circonférence. Cette disposition générale de grosseur se retrouve en partie dans plusieurs genres de la famille des Malvacées à laquelle appartient le Baobab, tels que les Sterculiers et les *Ochroma*.

Le puissant Céiba (2), tel qu'une immense tour,
Ombrage cent arpents de son vaste contour.

Le *Corypha umbraculifera*, Palmier de l'île de Ceylan, peut présenter des frondes ou feuilles de près de 4 mètres de long sans le pétiole, avec un périmètre de 16 mètres, pouvant se déve-

(1) Comme dans les *Escallonia Tubitar* et *Myrtilloïdes;* le *Symplocos-Alstonia*, des *Myrica* etc.

(2) Bombax-Ceïba.

lopper comme un dais et mettre à l'abri des rayons du soleil six personnes à la fois assises autour d'une table. Dans la contrée où il croit on s'en sert pour parasol et pour la toiture des maisons, outre l'usage d'écrire dessus avec un stylet.

Le Dragonier (*Dracœna draco*), d'Orotawa dans l'île de Téneriffe, présente un pourtour de 13 mètres, un peu au-dessus de ses racines et il paraîtrait qu'en 1402 il était déjà aussi gros, du temps de Bethencourt. Avec le Baobab ce sont les deux arbres qui acquièrent la plus grande circonférence connue dans la nature végétale.

Si les Asparaginées et les Malvacées offrent les arbres les plus gros, ce sont les Palmiers qui fournissent les exemples de la plus grande élévation : le *Ceroxylon andicola* atteignant la hauteur de 60 mètres, tandis que les troncs gigantesques d'*Eucalyptus* de l'île de Van-Diemen n'ont présenté que 50 mètres.

Sur les rives de l'Ohio, près Mariatta le Platane d'Occident (*Platanus occidentalis*), a présenté à Michaux des dimensions tout à fait remarquables, puisqu'à 6 mètres d'élévation, leur tronc a présenté plus de 16 mètres de périmètre.

A un myriamètre ouest d'Aoxaca au Mexique un *Schubertia disticha*, de 39 mètres de périmètre, est entouré de plusieurs qui en ont 13 seulement ou plus de 3 mètres d'épaisseur (9 pieds). A *Santa-Maria de Tute*, un autre a 111 pieds de tour, à 1 mètre de terre.

Les arbres ou végétaux qui, dans toutes les régions connues, acquièrent les dimensions les plus grandes, après les exemples que nous venons de rapporter, sont les Courbarils (*Hymanea Courbaril*), les Figuiers intertropicaux, les Acacias, Cæsalpiniers, les Bambous, l'Acajou planche (*Cedrela odorata*) dont on a tiré des planches de 3 mètres de large et près de 12 de long, l'If, le Châtaignier et quelquefois l'Orme et le Chêne.

Quelques arbres en Europe ont présenté dans des cas rares des dimensions considérées à juste titre comme extraordinaires. Pline cite un Cèdre du Liban qui, avec un tronc d'un mètre 624 millimètres (5 pieds), avait 42,215 millimètres de hauteur (130 pieds).

Du temps de Rai, on voyait en Angleterre un Frêne de 42,864 millimètres (132 pieds) de haut, et en Westphalie un Chêne à peu de chose près aussi élevé.

Du temps de Mathiole il paraît qu'il existait aux Canaries des arbres de 46,762 millimètres (140 pieds). On a cité des Tulipiers de 48,771 millimètres (150 pieds) aux États-Unis.

Relativement à la grosseur, sans imaginer une trop grande exagération, on peut croire à un arbre du Brésil dont parle Rai, ayant un tronc de 13,963 millimètres de diamètre ou 135 pieds de tour (1). D'après le même auteur un If de 6,494 (20 pieds) de diamètre et d'un Chêne de 9,742, ou 30 pieds de diamètre. Pline cite un Chêne-Yeuse dont la souche avait produit dix arbres ayant chacun 3,897 (12 pieds) de diamètre. John Evelyn, parle d'un Poirier extraordinaire de 9 mètres de tour à son tronc et d'un Tilleul de 5,196 (16 pieds).

Il est rare maintenant que l'on donne en Europe au tronc des Poirier, Pommier, Tilleul, Orme et Chêne, le temps d'offrir de 8 à 12 mètres de pourtour, qu'ils sont susceptibles d'acquérir.

Le *Ficus racemosa*, des côtes du Malabar atteint jusqu'à 5,845 millimètres (18 pieds) de diamètre, ou plus de 54 de nos anciens pieds de pourtour.

Cependant on peut encore citer un Orme de Villars-en-Moing près Fribourg qui a 12 mètres de pourtour à hauteur d'homme. Le Tilleul de Neustadt, dans le Wurtemberg, a 11 mètres, est âgé de 1,147 ans et plus vieux que la ville qui s'est élevée près de lui, 106 colonnes soutiennent actuellement ses branches. Le Tilleul de Chaillié près Melle (Deux-Sèvres) avait 15 mètres de pourtour en 1804. On a cité un Châtaigner de 16 mètres.

L'arbre de mille ans (Siennich) près la ville de Kein province de Suchu, dans la Chine, aurait eu des dimensions telles, d'après l'histoire de la Chine, que nous n'osons pas les rappeler, puisqu'une seule branche seulement mettait à l'abri 300 moutons et une autre aurait porté 120 de nos pieds d'étendue.

Avec les troncs du *Bombax Ceïba* les indigènes du Congo construisent des canots d'une seule pièce, ayant 20 mètres de long sur 4 de large, portant 200 hommes et 25 tonneaux de charge. C'est de cet arbre que l'estimable poète, dont la bienveillance nous fut si favorable (2) a dit :

> Au-dessus des forêts ses branches étendues,
> Semblent d'autres forêts dans les airs suspendues.
> Combien de fois la terre a changé d'habitants,
> Combien ont disparu d'empires florissants,
> Depuis que ce géant, vers l'astre qui l'éclaire
> Lève avec majesté sa tête séculaire! *Castel.*

Le *Bombax pentandrum*, d'après Herrera aurait atteint l'équivalent de près de 25 mètres de pourtour, à Guatimala: 15 hommes l'embrassant à peine.

Lorsque les arbres se creusent ils sont susceptibles d'atteindre une très-grande périmétrie. Pline parle d'un Platane d'Orient dans le tronc duquel le prince Caïus, put prendre un repas avec

(1) En ôtant 137 pouces pour le pied anglais, reste encore 126 pieds de tour.

(2) C'est à lui, l'un des trois inspecteurs-généraux, que nous dûmes d'être nommé professeur de sciences physiques, en 1817, à l'Ecole royale de Saint-Cyr: nomination annulée trois mois après, par la réforme faite de cette chaire, par le ministre de la guerre.

15 personnes et une suite. Le consul Mutianus soupa et coucha, avec 21 personnes, dans l'intérieur d'un autre Platane, dont la cime ombragait un immense terrain et le pourtour du tronc était de 77 mètres 900 millimètres (240 pieds) et le diamètre de près de 26 mètres. Quinze personnes en se pressant pouvaient se placer dans le tronc du *Chêne Caborne* qui existait encore en 1806, dans le département de la Vienne près Vouillé. Le Platane faux-sycomore près du lac d'Howelt, dans la Caroline du Sud, sur les bords du Broed-Rivers, refuge de plusieurs familles durant la guerre de l'indépendance, offre une cavité de 6 mètres de profondeur, pouvant recevoir sept hommes et leurs chevaux et en dehors un contour de 24 mètres : mais c'est un nain comparé au Platane d'Orient qui a 50 mètres de circonscription, une surface intérieure de 26 mètres de pourtour et qui est à un myriamètre de Constantinople dans la vallée de Bujukdéré.

Dans certains genres on est tout étonné de voir des proportions extraordinaires. C'est ainsi que le Kokerboem des Hollandais au Cap de Bonne-Espérance, appartenant au genre Aloës, offre quelquefois un tronc de plus de 6 mètres d'élévation, au-delà d'un mètre de pourtour et une circonférence de cime de 130 mètres. Le *Selinum decipiens*, de la famille des Ombellifères, réduit dans nos serres à 6 à 7 centimètres de tronc, s'élève à 3 mètres dans le nord de l'Asie : son lieu natal. En 1833, la sécheresse ayant mis à nu le fond d'un vieil étang celui des Rochettes près Pouancé, nous avons pu mesurer une souche progressive de *Nymphœa alba* de 5 mètres de long avec trois ramifications, ce qui peut faire supposer un âge de plus de deux cents années (1).

Dans quelques végétaux grêles, tels que ceux désignés généralement sous les tropiques par le terme de Lianes, il y a quelquefois un prolongement qui dépasse l'imagination puisqu'il va jusqu'à 300 mètres. On a même dit que la Liane à tonnelles (*Ipomœa tuberosa*) s'étendait réellement à plus de 600 mètres (1/4 de lieue). Certaines espèces d'Algues comme le *Laminaria saccharina* atteignent jusqu'à 4 mètres, chose extraordinaire pour ce genre de plantes, mais qui n'est rien, comparé à l'allongement du *Macrocystis pyrifera* qui, comme nous l'avons déjà rapporté, va jusqu'à 100 mètres. Le *Chorda filum*, ou peut être une espèce véritablement distincte et peu connue (*Fucus tendo* L.), sert à faire des cordes dans l'île de Java (2) et trois, tressés ensemble, résistent à la main la plus forte.

Si nous passons aux dimensions remarquables et extraordi-

(1) On compte les impressions du pétiole dont il y a 5 à 7 par année !

(2) Notre *Fucus filum* d'Europe a quelquefois jusqu'à six mètres de long.

naires des fleurs nous signalerons deux Aristoloches véritablement à grandes fleurs (1), habitant les terres équinoxiales, dont les enfants peuvent se faire des sortes de casques, par l'effet de la forme singulière et prédisposée à cet effet de cette curieuse fleur ; ce sont les *Aristolochia gigantea* et *cordiflora*, qui ont un mètre trois décimètres de pourtour et plus. Mais rien n'approche de l'ampleur de la fleur de la *Rafflesia Arnoldi* (2), trouvée dans les solitudes de l'île de Sumatra et observée depuis un petit nombre d'années (1818), ayant près de 3 mètres de circonférence et pesant jusqu'à 7 kilogrammes ; ayant une épaisseur de 12 à 15 millimètres. Cet extraordinaire végétal est une espèce parasite sur les racines du *Cissus angustifolia*. Après ces espèces les fleurs les plus grandes, y compris celles de notre Hélianthe annuel ou Soleil des jardins, qui n'est qu'une inflorescence, sont celles des genres *Datura*, *Barringtonia*, *Carolina* ou *Pachyria*, *Gustavia*, *Nelumbium*, *Lecythis*, *Lisianthus*, *Magnolia* et plusieurs de nos Liliacées.

La grandeur des fleurs ne nous frappe souvent que par l'opposition de fleurs analogues, ainsi habitué comme on l'est aux proportions connues des fleurs des Légumineuses, on dut être surpris de la grandeur de celle de l'*Agathi grandiflora* et d'un petit nombre de celles de végétaux de la même famille.

Nous ne parlerons ici que d'une manière générale des végétaux qui échappent à la vue, à raison de leur ténuité ou de leur petitesse. Ils n'ont pû nous être révélés qu'à l'aide d'instruments de la plus haute puissance, et leur l'étude se rattache autant à le philosophie de la nature qu'à l'histoire de la Botanique. Tous font partie, soit des Algues, soit des Champignons, soit des Hypoxilées, sans parler des Mousses dont quelques-unes s'élèvent au plus d'un millimètre, tels sont les *Phascum muticum* et *pachycarpum*. Et cependant rien n'est perdu, dans l'économie de la nature :

. . . . L'humble Mousse procure
La chaleur au Lapon, aux Rennes la pâture ;
Elle abrite les œufs, frèle espoir de l'oiseau,
Et l'agile Ecureuil en forme son berceau. *Castel.*

Ce n'est que dans la physique végétale que nous devrons nous occuper de la recherche sur les causes de la longévité des végétaux : objet qui sort du plan du chapitre présent et de la phytothechnie.

(1) L'*Aris tolochia grandiflora* de Swartz est bien petite, comparée aux deux indiquées.

(2) Quelques auteurs au lieu de la placer dans les dicotylédones, la reportent mal à propos aux acotylédones.

DE LA DURÉE DES VÉGÉTAUX.

De même que dans la nature des animaux il est des périodes de vitalité éphémères et millénaires, de même dans les végétaux nous pouvons observer des existences de quelques heures et des durées de beaucoup de siècles. Si l'on voit le *Pilobolus crystallinus*, éclore pendant une nuit fraîche et périr aux moindres rayons du soleil, on voit des espèces d'aussi petites dimensions et moindres, telles que les *Artonia*, *Opegrapha* ne disparaître qu'avec l'écorce de l'arbre sur lequel elles ont pris naissance (1) et l'on voit des arbres séculaires, on a observé quelques Baobabs et Dragonniers auxquels on était tenté d'attribuer une existence dépassant ou atteignant au moins les temps historiques que nous sommes le plus habitués à reconnaître.

Mais un fait à remarquer c'est que certaines grandes espèces périssent après avoir porté leur fruit : tel est le mode de vitalité reconnu dans beaucoup d'insectes qui vivent sous nos yeux, comme le Hanneton, les Sauterelles, les Papillons. Dans les petits végétaux qui croissent pour nous dans les zônes tempérées, cette terminaison ne nous préoccupe pas, mais entre les tropiques on peut être surpris de voir un Bananier de 6 mètres mourir après une végétation de 15 mois, ayant fourni son régime de Bananes. Les Agavés qui pour porter leurs fleurs mettent vingt, trente, quarante ans et plus, meurent dans l'année où ils ont donné leurs fleurs et leurs fruits. Mais ce qui est hors de nos notions habituelles c'est de voir un Palmier plus que séculaire, rivalisant et dépassant pour la hauteur, nos chênes les plus majestueux, périr après avoir donné son unique production de fruits, et dans ce cas se trouvent les *Corypha umbraculifera* et *Sagus farinifera*. En mettant en éclats le tronc de cette dernière espèce, pour en extraire le sagou de l'Inde que prescrivent souvent nos médecins à leurs malades, on ne détruit donc pas un beau Palmier, comme quelques voyageurs l'on dit; on ne fait donc que profiter d'un tronc qui serait bientôt dévoré par les larves de mille insectes qui naîtraient et croîtraient au milieu de principes si favorables à leur développement.

Si les Palmiers, les Dragoniers, les Baobabs ont une longévité bien reconnue, nos Ifs, nos Pins, nos Sapins et nos Chênes atteignent quelquefois de 4 à 6 cents ans.

Adanson avait cru pouvoir affirmer qu'un Baobab des îles de la Madelaine, qu'il avait observé, n'avait pas moins de 5000 ans.

(1) M. Vaucher a suivi pendant 40 années un Lichen, sans l'avoir vu grandir d'une manière notable.

Nos Chênes en Europe sont estimés avoir une longévité de six cents ans et l'Olivier de trois cents ans.

Les Cèdres du Liban ont dû dépasser la longévité du Chêne d'après ce qu'on en a dit.

Bien que dans les végétaux monocotylédones ligneux on puisse compter les années par les assises d'accroissement, et les dicotylédones par les couches intérieures du bois, cependant cette manière n'est pas rigoureusement bonne pour s avoir l'âge d'un arbre, à raison de quelques circonstances qui peuvent altérer ces signes soit en moins soit en plus.

D'après un travail, de dépouillement d'observations, fait par M. de Candolle voici le tableau de l'âge présumé de quelques grands végétaux.

ESPÈCES.	AGE.
Ormeau.	335 ans.
Cyprès.	350
Cheirostemon.	400
Lierre.	450
Mélèse.	576
Oranger.	630
Olivier.	700
Platane d'Orient.	720
Cèdre du Liban.	800
Tilleul.	1147
Chêne.	1500
If.	2880
Baobab.	5159
Taxodium.	6000

Dans la physique végétale ces considérations seront reprises et approfondies d'une manière spéciale.

DES MOYENS DE SUPPORT DES VÉGÉTAUX.

Un assez grand nombre d'espèces végétales n'ayant pas la possibilité de se soutenir, à raison de leur grand allongement, se laissent tomber à la surface de la terre et se prolongent plus ou moins, mais beaucoup semblent rechercher l'approche des autres végétaux, tels est le *Cucubalus bacciferus*, le *Solanum dulcamara*, qui n'ont aucun moyen de se rattacher à ce qui les approche mais s'en font supporter. Dès espèces au contraire avec la même difficulté ont la propriété de s'entortiller sans régularité autour des végétaux ou autres corps qui les avoisinent, telles sont la plupart des

Fumeterres, au moyen de leurs feuilles et de leurs rameaux entièrement dépourvus de vrilles.

Des espèces, en petit nombre, telles que beaucoup de Cistes, le Lierre, le genre *Tecoma* détaché du *Bignonia*, sont pourvues de véritables racines aériennes, sortes de *Mains* ou *Griffes* qui servent à les lier intimement aux corps qu'elles atteignent : ce que beaucoup d'autres font au moyen de vrilles qui proviennent ou de rameaux altérés dans leurs formes, comme on peut le voir dans la Vigne et même dans la Bryone ; ou qui résultent d'une sorte de métamorphose de la sommité du pétiole de certaines feuilles, telles en offrent les genres *Vicia* et *Lathyrus*.

La principale nervure des feuilles devient cirrheuse dans certaines espèces, comme dans la *Corydalis claviculata*, mais cette particularité est bien plus remarquable dans la *Methonica superba*.

Beaucoup de plantes grimpantes, auxquelles tous les moyens précédents manquent, y pourvoient en tournant leur tige en spirale autour des corps qu'elles peuvent approcher, ou autour de leurs propres divisions de tiges lorsqu'elles n'ont pas d'autres corps à leur proximité. La pression est quelquefois si forte de la part des plantes *grimpantes-volubiles*, que les arbres qu'elles entourent périssent et c'est ce qui avait fait donner le nom de *bourreau des arbres* au *Celastrus scandens*. On voit dans les régions tropicales ces végétaux souder leurs branches les unes aux autres en entourant les arbres, devenir ligneux avec le temps et ayant fait périr l'arbre qui les supportait, offrir un tronc ou support, creux au centre, cloisonné au pourtour et présenter l'aspect le plus singulier que puisse offrir la nature en ce genre : les Clusiers, des espèces de *Bauhinia* sont dans ce cas. Les nombreuses lianes des tropiques entourent de leurs mille divisions tous les végétaux qui les environnent, ce qui rend souvent les forêts presque impénétrables. Le *Clusia rosea* nommé Figuier-maudit-maron, offre quelquefois une cavité d'un mètre laissée par l'arbre, qu'il a fait périr.

En contournant un végétal ou tout autre corps, chaque espèce voluble (1) suit toujours une constante direction : ainsi le Chèvre-feuille, le Houblon se dirigent de la droite à la gauche ; tandis que les espèces volubiles du genre *Convolvulus* qui tire son nom de sa marche, se portent de gauche à droite ainsi que les Dolics et les Phaséoles confondus sous le nom vulgaire de Haricots. Cette direction est si exclusive pour chacune des espèces de cette série, que si l'on vient à les contourner dans le sens qui ne leur est pas naturel, en quelques jours elles ont trouvé le moyen de reprendre leur direction habituelle.

(1) On peut dire *Voluble* ou *Volubile*.

Pour bien s'entendre sur cette direction de droite ou de gauche il faut savoir que celle de gauche suit le mouvement du soleil et celle de droite va de l'est à l'ouest en passant par le nord.

La statistique des plantes volubles, donnée par M. Palm (1), les élève à 388 ; appartenant à 34 familles, dont 98 herbacées annuelles, 122 vivaces et 168 ligneuses; mais il y en a près de 600.

Quelquefois, comme dans la Cuscute, la torsion possible est indiquée dès l'embryon, mais cela n'a pas toujours lieu et les Phaséoles en sont la preuve.

Le sommet des pousses des espèces volubiles se trouve toujours un peu éloigné de son support par la chaleur et l'intensité de la lumière du soleil ; le soir elle s'en rapprochent et c'est l'instant où commence l'enroulement : l'allongement se faisant le jour.

Les genres offrant tout ou partie de leurs espèces volubiles gauches (*genera sinistralia*) sont : *Abrus*, *Asclepias*, *Banisteria*, *Clitoria*, *Cocculus*, *Convolvulus*, *Cuscuta*, *Cynanchum*, *Dolichos*, *Ipomœa*, *Menispermum*, *Nissolia*, *Momordica*, *Passiflora*, *Periploca*, *Phaseolus*, *Thunbergia*, *Tragia*.

Les genres volubiles droits (*genera dextrorsa*) sont : *Basella*, *Calyptrion*, *Humulus*, *Lonicera*, *Dioscorea*, *Lygodium*, *Morinda*, *Polygonum*, *Rajania*, *Tamus*. On ne connaît aucun genre dans lequel il y aurait les deux espèces de torsion.

La torsion que nous avons étudié dans les genres *Ectospora*, *Chloronitum* et *Chantransia* ou Conferves rameuses, est toujours de gauche à droite comme Palm l'avait observé pour le dernier genre.

MOUVEMENT DANS LES VÉGÉTAUX.

Celui-là seul qu'entraîne le charme de l'étude et de l'observation, peut apprécier tout le bonheur que la moindre découverte apporte avec elle. Linnée recevant pour la première fois, du professeur de Montpellier, le savant Sauvages, des graines du *Lotus ornithopodioides*, les fit soigner à Upsal comme doivent l'être toutes nos plantes du midi de la France. Les deux premières fleurs qui parurent le matin fixèrent l'attention du célèbre professeur Suédois, mais il remit à la fin de la journée pour les étudier ; les cherchant alors il ne les vit plus et croyant qu'elles avaient pû être ôtées il recommande son nouveau Lotier. Cependant dès le matin du jour suivant il revit deux fleurs qu'il crut nouvelles, le soir arrivé les deux fleurs ont disparu. Linnée soupçonne alors quelque chose d'extraordinaire, cherche et ne voit pas sans intérêt que les deux stipules sessiles, qui terminent le rameau fleuri, avec une foliole seule, se rapprochent

(1) Uber das Winden der Planzen, in-8°, Tubing, 1827.

en s'inclinant et couvrent en entier les fleurs et leur support : c'est un sommeil, et seule cette plante ne peut jouir de cette particularité organique! Aussi la même nuit le savant professeur se promène, une lanterne à la main, dans le jardin de Botanique, dans les serres et ne voit pas sans une vive satisfaction le port d'un grand nombre d'espèces totalement changé. On pense bien qu'il ne fit pas une seule visite nocturne, il les multiplia pour constater les diverses dispositions des feuilles suivant les espèces de végétaux et « toutes présentent au philosophe qui les contem-» ple, l'image du doux repos et d'un véritable sommeil. Un » spectacle si nouveau ravit le religieux et sensible Linnée. Le » silence de la nuit rend plus profondes encore les impressions » qu'il reçoit, son cœur est vivement ému et des larmes cou-» lent de ses yeux..... un secret important vient de lui être » révélé (1). »

Dès l'antiquité l'on avait déjà remarqué que les feuilles de certains arbres se ployaient dans quelques circonstances. (2) Codrus et Garcias au milieu du XVIe siècle renouvelèrent cette observation faite encore par Alpin et Acosta, mais Linnée, auquel on peut dire avec justice,

Tu vis, tu connus tout et tu fis tout connaître,

donna une grande extension à ce genre d'observation et sous le titre de *Somnus plantarum*, traita surtout du mouvement nocturne qu'il remarqua dans une longue série d'espèces de plantes; mais outre le mouvement des feuilles il en est d'autres que nous allons examiner rapidement.

Sans nous préoccuper ici de l'explication de ces mouvements de diverses sortes, appartenant à la physique végétale, nous ne pouvons passer sous silence un phénomène qui se montre, pour ainsi dire, à chaque pas et chaque jour.

§ 1. *Des mouvements, par apparence, des végétaux.*

Les plantes mues par leur position flottante ne peuvent être regardées comme en mouvement. C'est un déplacement mécanique, comme celui des *Riccia natans*, *Sargassum vulgare, Stratiotes*, *Aloides*, *Azolla, Lemna*, *Pistia* et beaucoup de Confervoïdes et Oscillatoires ; l'*Aldrovanda*, le *Desmanthus natans*, etc.

Des végétaux à souche progressive doivent nécessairement avoir été considérés comme marchant, tels que les Iris, *Polypodium vulgare*, *Nymphœa alba*, puisque toujours la pousse

(1) Voyez dans les *Amœnitates academicœ* la dissertation SOMNUS PLANTARUM.

(2) Voyez Pline.

nouvelle est plus loin que n'était la pousse précédente. C'est surtout les Orchidées que l'on avait cru remarquer se déplacer, bien qu'elles n'eussent pas, à un petit nombre près, des souches progressives ; mais la nouvelle souche turionnaire de l'Orchis naissant du côté opposé de celle qui monte en fleur, il en résulte qu'elle paraît se déplacer, mais par l'effet d'un nouveau développement elle revient à la même place à peu près : ce que nous avons observé depuis douze années que nous cultivons les Orchidées par deux lignes de huit individus pour chaque espèce.

Un autre mouvement est celui de soulèvement insensible, opéré dans certains arbres, qui, d'abord fixés en terre, se trouvent plus tard, sans déchaussement préalable, supportés par des sortes de colonnes résultant des racines accrues et qui portent quelquefois la base du tronc à près de 3 mètres au-dessus de la terre comme dans l'*Elaeis melanococca*, l'*Iriartea ventricosa* sortes de Palmiers. Les *Manicaria saccifera*, *Maximiliana regia* et *Rhizophora*, présentent cette singularité un peu moins prononcée.

§ 2. *Des mouvements apparents continus.*

Dans l'*Hedysarum girans*. L. Desv. (*Desmodium* De C.) on voit à côté d'une grande foliole, deux très-petites folioles qui offrent un mouvement continu d'oscillation alternative durant tout le jour, surtout pendant les grandes chaleurs. Le *Lourea vespertilionis* Desv. (*Hedysarum vespertilionis* L. *Desmodium* D.C.), est susceptible quelquefois d'offrir trois folioles et nous l'avons vu présenter dans ses deux folioles adventives un mouvement analogue, mais moins vif et tout aussi remarquable. Dans l'une et l'autre plante il n'a pas lieu les jours couverts et ceux où il y a abaissement de température d'après nos observations faites en 1828. Une foliole s'élève au niveau du pétiolule et celle qui lui est opposée s'abaisse de manière à ce que chacune peut s'élever et s'abaisser de 15 à 20 fois dans une minute : ayant coupé les cinq sixièmes de la grande foliole elle a sensiblement augmenté son mouvement beaucoup plus rare et moins actif que celui des petites folioles. Les jeunes feuilles sont les plus sensibles et les vieilles ou premières feuilles sont plus lentes ou inactives. Dans les Indes il paraît qu'il y a un mouvement par seconde de chacune des deux feuilles, ce mouvement n'est point inexplicable, ni automatique.

§ 3. *Des mouvements automatiques.*

Lorsque la feuille des espèces du genre *Nepenthes*, dont le pétiole utriculiforme, est épuisé ou par l'évaporation, ou par l'absorption par la plante, de toute l'humidité qu'elles renfermaient, alors le disque de la feuille qui forme une sorte de couvercle sur le pétiole, se relève et laisse à découvert l'ouverture de la petite amphore et lorsque l'eau y est amassée de nouveau ce disque s'abaisse et vient clore l'ouverture.

La pression du calice, sur la base du tube de la corolle des diverses espèces de *Verbascum*, est la seule cause de la prompte chute des corolles, dans ce genre.

Nous avons prouvé, dans quelques unes de nos publications, que les mouvements des fleurs des Ficoïdes ou genre *Mesembrianthemum* étaient tous dus à une cause mécanique et que leur épanouissement de chaque jour était dû au moins de résistance que les pétales éprouvaient vers le midi de la part des sépales dépourvus à ce moment de la journée d'une grande partie de leur humidité et dans la physique végétale nous rappellerons les expériences que nous avons faites pour le prouver.

Les mouvements des étamines de la Pariétaire, des Orties, du Mûrier, et en général des Urticinées; celle des *Forskœlea*, des *Kalmia*, qui se détendent avec rapidité, à l'époque de l'anthèse, n'exercent ce mouvement que par l'effet de leur extension, étant ployées par moitié dans le bouton à fleur, de même que cela peut encore être observé dans le genre *Asarum*.

§ 4. *Des mouvements par excitabilité.*

Ces mouvements deviennent immédiatement sensibles par une excitation directe, et suivant les espèces, varient, ou dans les appareils ou dans leur intensité: mais c'est surtout la *Mimosa pudica* qui depuis sa découverte a toujours eu le mérite de fixer le plus l'attention; aussi le chantre des plantes a-t-il pu dire avec vérité :

> Une plante, ô prodige! à l'éclat de ses charmes
> Unit de la pudeur les timides alarmes.
> Si d'un doigt indiscret vous osez la toucher,
> Tout s'agite; la feuille est prompte à se cacher,
> Et la branche mobile, aux mêmes lois fidèle
> S'incline vers la tige, et se range auprès d'elle. *Castel.*

Les *Mimosa sensitiva*, *pellita* et plusieurs autres, bien moins connues que la précédente qui a usurpé le nom de *Sensitive*, ont des mouvements beaucoup plus lents, lorsqu'elles sont touchées. L'Accacia acanthocarpe les a encore plus obscurs, surtout si la température n'est pas des plus favorables. Ce n'est qu'après un certain temps de repos, comme une demi-journée, que l'on retrouve la sensibilité de ces plantes lorsqu'elles ont été excitées à plusieurs fois après s'être relevées chaque fois dans l'espace de quatre à six minutes. L'intensité du choc diminue d'autant l'excitabilité.

On retrouve cette excitabilité dans la *Smithia sensitiva*, le *Biophytum sensitivum* (*Oxalis sensitiva* L.).

Les feuilles de la *Dionæa muscipula*, des marais de l'Amérique septentrionale, à disque bordé de cils, ont la propriété de se ployer en deux, si la surface en est excitée soit par un insecte, soit par un tout autre moyen : phénomène rendu en vers gracieux par l'auteur du Poème des plantes :

> Sa feuille en embuscade au milieu des marais
> Cache sous un miel pur la pointe de ses traits;
> D'un perfide ressort elle est encore armée :
> Le piège au moindre tact de la mouche affamée
> Se ferme ; plus d'issue ; et l'insecte imprudent
> Percé des deux côtés, expire en bourdonnant. *Castel.*

Nous retrouvons en France cette irritabilité dans les feuilles de nos espèces de *Drosera*, mais il n'y a que les poils dressés et visqueux qui se couchent lorsqu'ils sont touchés.

Quelques fleurs offrent des signes d'irritabilité dans plusieurs de leurs appareils. Si l'on touche la base des filets des étamines de notre *Berberis vulgaris*, ces étamines se portent rapidement vers le pistil, mouvement au reste qu'elles exécutent spontanément mais plus lentement dans la phase de la fleuraison. Les deux lèvres composant le stigmate du *Mimulus aurantiacus* se rapprochent si on les touche avec une épingle ou autre corps. Dans le genre *Stylidium*, la colonne est excitable, après l'émission du pollen contenu dans des anthères soudées, ainsi que les filets, à cette colonne flexueuse. Si à cette époque on secoue la plante ou si on touche la colonne vers la base elle se déjette instantanément et avec rapidité du côté opposé ; et peu après reprend sa position, qu'on peut lui faire changer de nouveau. Les étamines des Cistes et Hélianthèmes, celles du *Cactus Opuntia* et espèces analogues, se meuvent très-sensiblement si on les touche à la base avec une épingle: mais moins sensiblement que celles de l'Epine-Vinette (*Berberis vulgaris*).

§ 5. *Des mouvements spontanés lents.*

Les feuilles de beaucoup d'arbres prennent aux approches de la nuit une disposition toute autre que celles qu'elles avaient durant le jour. Elles sont tombantes et c'est ce que l'on peut voir chaque jour sur le Robinier faux-acacia, sur la plus grande partie des Légumineuses, et qui est singulièrement remarquable dans le *Porliera hygrometrica*. Mais le mode de sommeil des feuilles n'a pas lieu de la même manière, ce qui a permis de noter onze positions distinctes.

Dans les feuilles simples on distingue quatre positions.

1° **Feuilles face à face** (*Folia conniventia*) : elles se relèvent étant opposées, en s'appliquant par leur face supérieure, comme dans les Arroches (*Atriplex*), l'*Asclepias*, l'*Alsine media*.

2° **Feuilles enveloppantes** (*F. includentia*), qui étant alternes se redressent et se recourbent par le côté enveloppant leur tige : comme on le voit dans les *Sida abutilon*, *Ayenia*, l'*Œnothera mollis*.

3° **Feuilles en entonnoir** (*F. circumsepientia*). Disposition précédente à sommet moins rapproché de la tige que de leur propre base : comme on peut l'observer dans la *Malva peruviana*, mais ses épis de fleurs se courbent aussi ; dans l'*Iva annua*, *Datura Stramonium*; *Amaranthus tricolor* et *cruentus*, *Celosia cristata* et le *Parthenium hysterophorum*.

4° **Feuilles protectrices** (*F. munientia*); elles se déjettent en bas en recouvrant les fleurs de l'aisselle inférieure : telles elles s'offrent le soir dans l'*Impatiens noli-tangere*, l'*Hibiscus sabdariffa*, *Achyranthes aspera*, l'*Appacea*; *Triumfetta*; *Sigesbeckia orientalis*, *Milleria quinqueflora*.

Dans les feuilles composées on peut remarquer sept dispositions.

1° **Folioles en berceau** (*Foliolæ-involventiæ*). C'est ce qu'on voit dans les *Trifolium incarnatum* et *resupinatum*, où les trois folioles se redressent en se courbant dans le sens longitudinal : ne se rapprochant que par la base et le sommet dans les *Lotus ornithopodioides* et *tetragonolobus*.

2° **Folioles divergentes** (*F. divergentiæ*) : folioles redressées à moitié, écartées par le sommet, comme dans les Mélilots.

3° **Feuilles pendantes** (*F. pendentiæ*) : déjetées sur le pétiole commun et s'adossant par leur face inférieure, comme le présentent les Oxalides, l'*Ipomœa œyptiaca*, l'*Hedysarum canadense*, le *Phaseolus semi-erectus*.

4° **Folioles dressées** (*F. conduplicantiæ*) : folioles dressées verticalement et perpendiculaires au pétiole commun, se touchant par leur face supérieure, comme dans nos Baguenaudiers (*Colutea*), la Gesse odorante, les *Bauhinia* et *Hymenœa*.

5° **Folioles rabattues** (*F. interventiæ*) ; folioles tombantes, verticalement appliquées par leur face inférieure : toutes les espèces de Casses.

6° **Folioles imbriquées** (*F. imbricantiæ*), ou se recourbant en se dirigeant vers le sommet du pétiole commun : de sorte que les deux dernières se touchent par leur face inférieure et les autres sont couchées alternativement sur le dos de celles qui les suivent. Comme dans le genre *Porliera*, dans les *Mimosa*, *Gleditsia*.

7° **Folioles rebroussées** (*F. retrorsæ*). Cette position est absolument l'inverse de la précédente et on en doit l'observation à Desfontaines dans le seul *Tephrosia caribœa*.

Nous avons remarqué qu'en général toutes les feuilles des Malvacées, comme celles de presque toutes les Légumineuses sont susceptibles d'une sorte de sommeil qui s'annonce dès les trois heures du soir, moment où les feuilles en été sont toutes *tombantes* et plus molles.

Comme on a attaché une grande importance aux étamines, sous le rapport de certaines idées hypothétiques, on n'a pas manqué d'en étudier les mouvements lorsqu'ils en ont présenté; et après Linnée, Desfontaines, Medikus, Conrad Sprengel et Smith s'en sont encore occupé.

Dans certaines phases de l'anthèse les étamines, dans une assez grande série de plantes, offrent un mouvement notable et qu'on a signalé dans les *Lilium superbum*, *Amaryllis formosissima*, *Pancratium illyricum*, *Fritillaria persica*, *Butomus umbellatus*, *Asarum europœum*, *Ruta graveolens*, *montana*, etc. *Zigophyllum fabago*, *Dictamnus albus*, *Tropœolum majus*, *Aquilegia vulgaris*; *Delphinium*, *Aconitum*, *Garidella*; *Geranium fuscum*, *alpinum*, *reflexum*, etc. *Alsine media*, *Stellaria holostea*, *Polygonum fagopyrum*, *Swertia perennis*, *Parnassia palustris*, *Sherardia arvensis*, *Paliurus aculeatus*, *Veronica arvensis* et *agrestis*, *Nicotiana tabacum*, *Stachys annua*, etc. *Leonurus*, *Scrophularia*, *Saxifraga*. Nous citons cette série d'espèces pour mettre les observateurs à même de les vérifier et d'être dans le cas de se faire une idée des causes qui déterminent les mouvements des étamines et de porter à cet égard un jugement différent qu'on ne l'a fait et qui nous semble tenir plutôt du roman que de la saine physique.

Les styles ont aussi été étudiés sous le rapport de leurs mouvements, ainsi on voit les styles des Passiflores, dressés et rapprochés dans le moment de l'anthèse, se rabattre ensuite et devenir à peu près horizontaux. Dans le genre *Nigella* les styles d'abord droits se courbent ensuite un peu en dehors; le style du Lys superbe se penche ou se décline; celui des *Epilobium spicatum* et *angustifolium*, au contraire, très-incliné dans le premier instant de l'anthèse, entre les deux sépales inférieurs, se relève ensuite. On croit que les stigmates de la Tulipe se closent de même que celui de la Gratiole officinale : aussi Linnée dans sa langue poétique a-t-il dit de cette dernière sous ce rapport : *Gratiola œstro venereo agitata, pistillum stigmate hiat nil nisi masculinum pulverem affectans, at satiata rictum claudit* (1), merveilleux qu'il sera bien facile de faire disparaître avec un observateur dégagé de tout préjugé. Dans la jolie *Lechenaultia ericoïdes*, les bords contractiles du stigmate sont bordés de cils assez longs qui se rapprochent et ferment la cupule stigmatique.

(1) Hortus cliffortianus. 9.

Les fleurs de certaines espèces de plantes éprouvent vers le soir un mouvement particulier qui semblerait une sorte de sommeil comme celui des feuilles. Le *Ranunculus polyanthemos* renverse ses fleurs, le *R. repens* les ferme. Toutes les fleurs des *Geranium striatum*, *Verbascum blattaria*, *Ageratum conyzoides*, *Draba verna*, sont penchées vers la terre toute la nuit.

DE L'ANTHÈSE OU ÉPANOUISSEMENT DES FLEURS ET DE SA DURÉE.

Le triomphe de la végétation pour la beauté du coup d'œil, est l'instant où les extrémités délicates fournies par les dernières divisions de la fibre végétale et des rameaux, laissent apparaître la fleur. C'est là que la nature rompant la monotonie si habituelle de ce vert qui l'enveloppe, produit des chefs-d'œuvre multipliés de souplesse et de grâce, d'éclat et de coloration, et l'instant le plus favorable pour l'observation de ce luxe étalé par la végétation est celui de l'anthèse.

L'*anthèse* est l'épanouissement le plus grand possible, relativement à chaque espèce de végétal pourvu d'une fleur plus ou moins complète. Sortie de la compression qui les tenait enfermés sous la forme de *Bouton*, tous les appareils se développent, s'étendent ou se relèvent et s'épanouissent enfin. Cet épanouissement est plus ou moins brusque, dans le Pavot il ne faut que l'espace d'une heure, dans les Onagres, la fleur semble sortir tout d'un coup vers le soir, et se trouve complètement épanouie entre quatre et cinq heures; la Rose demande une matinée entière et vers les dix heures du matin elle est dans tout son éclat.

> La plupart des tribus de l'empire de Flore,
> Dans leurs habits de fête accompagnant l'aurore,
> Célèbrent leur hymen au milieu des concerts...
> D'autres prennent le temps, où la terre embrasée
> A du matin humide exhalé la rosée. *Castel.*

Quelques plantes comme le Mûrier, la Pariétaire, et les Urticinées, ont en général les étamines plus longues que la corolle ou ce qui en tient lieu, mais repliées en-dedans avant l'anthèse, à cette dernière époque elles se redressent avec élasticité et rapidité. Il paraît que dans le chaton du *Cecropia peltata*, la force du développement agit sur l'écaille qui sert de périanthe et fait que ses deux étamines passent à travers cette écaille chacune par un trou.

Lorsque le *Papaver Rhœas* s'épanouit il jette en dehors et fait tomber subitement les deux sépales de son calice. Dans le genre *Eucalyptus*, le calice, au lieu de livrer aux autres appareils un passage en écartant les divisions dont il est naturellement composé, s'échappe sous la forme d'un coiffe cuculliforme par l'effet d'une circoncision spontanée qui s'opère au moment de l'anthèse.

On peut observer vers midi l'épanouissement de la Passiflore bleue qui se fait en dix minutes, on verra qu'il a lieu pour le calice avec presque le bruissement d'une montre : on voit ensuite deux pétales (divisions internes colorées du calice d'après certains auteurs), s'étendre avec un bruit semblable; deux étamines apparaissent et leurs anthères qui étaient apprimées se renversent en arrière ; un troisième pétale se détache du point connivent avec le même bruit et une étamine; enfin les deux autres pétales offrent le même mécanisme. Le lendemain matin vers les neuf heures, dès que le soleil frappe un peu vivement, les pétales se redressent peu à peu pour ne plus s'ouvrir jusqu'à leur chute à moins que le fruit ne se développe, et une fleur succède vers le midi à la fleur passée.

Certaines fleurs ne s'ouvrent que dans la matinée; telles sont les Lactucées et les Labiées. L'*Ornithogalum umbellatum* a reçu dans notre langue le nom de Dame-d'onze-heures, parce qu'elle s'ouvre vers cet instant de la journée, pourvu que le temps ne soit pas à l'humidité. Les Mauves s'épanouissent vers la même heure et les Ficoïdes en même temps : excepté certaines espèces, et notamment le *Mesembryanthemum noctiflorum* qui ne s'ouvre que le soir.

Le *Pelargonium triste*, le *Cestrum Parqui*, non-seulement s'épanouissent vers le soleil couché, mais encore leur odeur devient très-manifeste à cette époque du jour, de désagréable même qu'elle était pour le *Cestrum*. La Nyctage ou Belle-de-nuit, à longue fleur (*Nyctago longiflora*), connue dans tous nos jardins d'ornement, s'ouvre le soir et répand son odeur suave autour d'elle. Nous n'acceptons point l'explication que l'aimable Castel avec Linnée a donné de ce phénomène en disant :

> C'est qu'aux lieux où l'Europe a ravi leur enfance
> Le jour naît quand la nuit vers nos climats s'avance.

Dans la physique végétale nous en donnerons la véritable théorie.

La fleur si belle, si grande et si suave du Cactier à grande fleur, (*Cactus grandiflorus*), rivalisant pour l'odeur avec la Vanille, n'a malheureusement qu'une existence passagère : s'ouvrant vers les huit heures du soir, dès le matin à sept heures elle est passée et presque flétrie.

Le *Nyctanthes arbor-tristis* n'offre pendant le jour, sous le ciel de l'Asie, qu'une brillante teinte verdoyante, tous ses boutons étant fermés, mais vers les neuf heures du soir tous ces boutons s'ouvrent et l'arbre se trouve couvert de fleurs blanches répandant une suave odeur.

Les fleurs n'ayant pas toutes la même durée il a été nécessaire de distinguer les *fleurs éphémères* qui s'ouvrant généralement à une heure déterminée du jour, tombent à peu près aussi à heure fixe dans la même journée : telles sont les fleurs des Cistes, des Hélianthêmes, des Lins, qui s'ouvrent vers les six à sept heures du matin et tombent vers le midi. Nous avons donné un exemple d'une fleur éphémère nocturne, celle du Cactier à grande fleur; les fleurs du Colchique d'automne durent quelquefois près d'un mois. Mais au surplus on peut bien pressentir que les circonstances de temps et de climat peuvent apporter quelques modifications à ces données générales.

La fleuraison qui paraît la plus extraordinaire, pour celui qui porte ses réflexions sur les oppositions qu'il peut observer, est celle qui précède la sortie des feuilles. Dans l'Orme on n'y fait pas attention, la petitesse de ses fleurs échappe à l'œil et ses fruits en maturité avant la venue complète de la feuille passent inaperçus pour le vulgaire des hommes, mais l'apparition de la fleur du Colchique, l'a toujours surpris et les anciens botanistes désignaient ces cas rares par l'expression de *filius ante patrem*, qu'ils appliquaient aussi au Tussilage, à la *Scilla automnalis*, à l'Amandier, etc. Le *Bassia butyracea* ou *Madhouca* des Brames, dépouillé de ses feuilles en février, laisse échapper ses faisceaux de fleurs en mars, qui tombent vers la fin d'avril tandis que les feuilles ne sortent qu'après cette chute des fleurs non nouées qu'on ramasse pour les manger après les avoir fait sécher au soleil. (1) Lorsqu'elles ne paraissent qu'avec les feuilles ou après, cela semble plus naturel est c'est en effet le cas le plus ordinaire.

L'anthèse ou épanouissement s'opère généralement de haut en bas. Dans la Vigne, le *Phyteuma*, les pétales étant connivents au sommet, l'épanouissement s'opère d'abord par le bas.

Ceux qui ne regardent l'anthèse à son apogée que lorsque les anthères jettent leur pollen font reposer cette idée sur l'importance qu'ils attribuent à cette émission. Quelques espèces comme l'Onagre jettent leur pollen à l'instant de l'anthèse, d'autres plus tard et c'est le cas le plus ordinaire. Dans les genres *Parnassia* et *Ruta*, ainsi que dans plusieurs autres plantes dont nous parlerons en traitant des mouvements dans les végétaux, les étamines ne font cette émission que l'une après l'autre. On s'est beaucoup émerveillé de ce phénomène, mais réduit à sa simple expression plus tard, il rentrera dans ce nombre de faits qui se passent tous les jours sous nos yeux dans la nature sans exciter notre surprise

(1) Les Botanistes modernes ont dit *Gemmæ proteranthеæ*, pour exprimer cette particularité: les *G. synantheæ*, venant avec les feuilles, comme dans le Poirier, et *G. hysterantheæ*, fleurs venant après les feuilles, comme dans le cas du Rosier.

parce que nous les savons expliqués. « Trop souvent une suppo-
» sition ingénieuse et hardie, qui a d'abord quelque vraisem-
» blance, intéresse l'orgueil humain à la croire. L'esprit applau-
» dit d'avoir trouvé ces subtilités et se sert de toute sa sagacité
» pour les défendre... Les gens à système, sont de grands vais-
» seaux emportés par des courants: ils font les plus belles manœu-
» vres, mais le courant les entraîne. (1)

La durée de l'anthèse est variable suivant les espèces et il importe surtout à l'horticulteur, occupé de multiplier et diversifier nos jouissances, de savoir que certaines fleurs ont une plus grande durée que telles autres; c'est même à la combinaison de l'époque de l'anthèse des espèces avec la durée de l'épanouissement de certaines espèces que peut se succéder sans interruption le coup d'œil des fleurs : en partant de l'époque la plus rude de l'année où l'on voit éclore la large et belle fleur rose de l'Ellébore noir ou rose de Noël, jusqu'au Chrysanthême des Indes la dernière fleur automnale pour nous. Certaines espèces, ayant une floraison qui se succède, ont par cela même une plus grande durée, comme les Onagres, que celles qui, tels que le Lilas, le Marronier d'Inde ont toutes leurs fleurs épanouies pour ainsi dire dans le même temps.

Il est certaines particularités relatives à l'instant où les plantes commencent à porter des fleurs. Un très-petit nombre, comme les *Veronica cymbalaria*, *hederæfolia* et espèces analogues, donnent des fleurs presqu'en naissant et continuent à en donner jusqu'à la fin de leur végétation. Le plus grand nombre des plantes annuelles et vivaces exige un état de végétation assez avancé pour porter des fleurs, et les espèces bisannuelles demandent au moins cinq saisons, avant de fleurir. Certains sous-arbrisseaux, comme les Hélianthêmes, fleurissent dans la même année, tandis que beaucoup d'autres ne fleurissent que la deuxième, la troisième année ou même plus tard.

Toutes les fois qu'un végétal vivace donne beaucoup de fleurs une année il est rare que, toutes choses égales d'ailleurs, il en ait la même quantité l'année suivante et les arbres fruitiers en fournissent un exemple devenu vulgaire, surtout si la fleuraison a été suivie de beaucoup de fruits et c'est ce qui fait que les *arrières-fleurs*, c'est-à-dire, celles qui survivent plus ou moins abondamment par suite d'un automne chaud et prolongé, nuisent aussi aux fleurs et fruits pour l'année suivante.

Il est possible de faire varier la floraison d'une plante; ainsi en détruisant les tiges fleurissantes de l'artichaut lorsqu'elles sor-

(1) Mme Duchâtelet.

tent au printemps, on voit à l'automne se développer de nouveaux anthodes qui fleurissent si on leur en donne le temps.

A l'anthèse générale ou particulière, après un espace de temps relatif à chaque espèce et modifié par quelques influences du temps, succède un état de dégradation des appareils de la fleur, tel que tout éclat, toute fraîcheur disparaissent si la nature avait beaucoup orné la fleur : la corolle, les anthères et leurs supports, souvent le style et le stigmate, et dans beaucoup de cas jusqu'au calice lui-même, tout se flétrit. L'ovaire seul attire alors la sollicitude de la nature, et, sans partage, il emploie tous les sucs distribués d'abord à la fleur entière ; s'il est absent ; si un accident, un insecte, le froid l'ont atteint, la fleur détachée de son support tombe en entier ou se flétrit entièrement sur son pédoncule. Bien rarement la corolle persiste et si on l'aperçoit encore, comme dans les Campanulacées, les Orchis, les Cucurbitacées, ce n'est plus que flétrie et décolorée sans retour, (*corolla marcescens.*)

Et l'œil peut déjà voir les prémices du fruit. *Castel.*

DU MÉTÉORISME DE CERTAINES FLEURS.

Il ne faut pas confondre l'épanouissement de la fleur, ou son anthèse, avec le météorisme offert par les fleurs de quelques espèces dont chacune a la propriété de se fermer et de s'ouvrir pendant quelques jours de suite, jusqu'à la défleuraison. Ailleurs nous expliquerons les causes variées de ce phénomène, ici nous nous contenterons de le constater. Cette particularité n'avait pu échapper à l'œil de l'observateur, mais en la généralisant le naturaliste ne tarda pas à s'apercevoir des rapports qu'il y avait entre les heures et l'épanouissement répété de quelques fleurs, et l'état de l'atmosphère ; ce qui a pu faire dire au poète en parlant du botaniste :

Il lit au sein des fleurs, il voit sur leur feuillage,
Les desseins de l'Autan, l'approche de l'orage. *Castel.*

Linnée, ce vaste génie auquel notre célèbre Buffon a été loin de rendre justice, Linnée est le premier qui ait fait un grand ensemble d'observations relatives aux mouvements des fleurs, dont quelques-unes s'ouvrent et se ferment à des temps presque réglés par l'ombre, la sécheresse ou l'humidité. Aux unes il donne le nom de fleurs météoriques, (*flores meteorici*), à raison de leur susceptibilité des impressions de l'atmosphère; aux autres il donne le nom de fleurs tropiques; (*fl. tropici*) paraissant suivre les mouvements du soleil : les fleurs qui s'ouvrent régulièrement à la même heure sont dites fleurs équinoxiales (*fl. æquinoxiales*), et c'est avec ces dernières qu'il avait établi une sorte d'horloge de Flore, dont nous donnerons un exemple à la fin de cet article, horloge qui doit varier suivant les régions où l'on se trouve, et qui peut faire juger de l'heure depuis trois heures du matin jusqu'à trois heures du soir.

Le *Calendula solsticialis*, charmante Composée d'Afrique semble prédire le beau et le mauvais temps; si sa fleur s'ouvre de bonne heure le jour sera serein, si elle reste fermée jusqu'à sept heures du matin on doit s'attendre à de la pluie.

Le *Sonchus sibiricus*, est tout l'opposé, s'il doit y avoir de la pluie dans la journée ses jolies et nombreuses fleurs bleues resteront ouvertes toute la nuit qui précédera : le phénomène est l'opposé dans les *Scorzonera*, *Tragopogon*, et plusieurs genres voisins que nous avons observés, dont les fleurs restent fermées les jours de pluie. La Drave printannière (*Draba verna*), si vulgaire, si petite et si peu observée, incline le sommet de son inflorescence aux approches de la pluie comme aux approches de la nuit. Les feuilles des Trèfles et des Oxalides se reploient aussi aux approches de la tempête.

Le Lyseron des haies (*Convolvulus sepium*), dont la fleur ne s'ouvre que vers le soir, reste ouverte jusque vers les dix heures du matin si le temps est beau et le soleil brillant, mais elle reste fermée si le temps est couvert ou humide. L'*Ipomœa tricolor* s'ouvre le matin et se ferme le soir, ce que lui a valu quelquefois le nom vulgaire de Belle-de-Jour.

Les fleurs solaires (*flos solaris*), étant d'après Linnée, celles qui s'ouvrent et se ferment dans un temps déterminé ou par des circonstances déterminées, ont dû nécessairement être distinguées comme on l'a vu en *météoriques*, *tropiques* et *équinoxiales*. Ce sont ces dernières qui ont fait concevoir à cet illustre botaniste une horloge de Flore pour Upsal, qui peut servir pour la France, en remarquant bien qu'il y aura une heure d'avance d'épanouissement en France, sur la ville de Suède.

HORLOGE DE FLORE POUR UPSAL.

MATIN.		SOIR.	
Heures.	*S'ouvrant*	*Heures.*	*Fermant.*
3......	Tragopogon pratense.	1......	Dianthus prolifer.
4......	Crepis tectorum.	2......	Barkausia rubra.
5......	Helmintia echioides.	3......	Calendula arvensis.
6......	Picridium tingitanum.	4......	Anthericum liliago.
7......	Lactuca sativa.	5......	Nymphæa alba.
8......	Rhagadiolus edulis.	7......	Papaver nudicaule.
9......	Hieracium Pilosella.	8......	Hemerocallis fulva.
10......	Arenaria rubra.		
11......	Crepis alpina.		
12......	Sonchus oleraceus.		

HORLOGE DE FLORE POUR LA FRANCE.

MATIN.		MATIN.	
Heures.	*S'ouvrant.*	*Heures.*	*Fermant.*
3.	Convolvulus Nil.	1.	Mesembryanthemum.
4.	Matricaria suaveolens.	2.	Scilla pomeridiana.
5.	Crepis virens.	3.	. . . .
6.	Lampsana communis.	4.	. . . .
7.	Hieracium murorum.	5.	Silene noctiflora.
8.	Camelina sativa.	6.	Œnothera biennnis.
9.	Nolana prostrata.	7.	Cactus grandiflorus.
10.	Mesembryanth. cristallinum.	8.	Mesembryanth. noctiflorum.
11.	Mesembryanth. nodiflorum.	10.	Convolvulus purpureus.
12.	Portulaca oleracea.	11.	Commelina tuberosa.

On peut faire ainsi une horloge de Flore pour toutes les régions de la terre, mais on doit bien croire que ce n'est qu'un moyen très-approximatif et que l'exposition, le temps même de la journée, l'état particulier de chaque plante mise en expérience, peuvent influer beaucoup dans le résultat et déterminer une aberration d'une heure et plus. D'ailleurs de même que dans certaines espèces l'on voit des individus donner leur fleur bien plus tôt ou plus tard que d'autres, de même aussi il peut s'offrir des individus qui sous le rapport de la météoricité s'écarteraient de ce qui a lieu le plus ordinairement pour leur espèce.

Au surplus si l'on voulait dresser à cet égard une horloge réelle voici la série des plantes qu'on peut employer au besoin.

Heures.	MATIN.
4..........	Tragopogon pratense. Convolvulus Nil. Convolvulus sepium.
5..........	Leontodon tuberosum. Tragopogon porrifolium. Matricaria suaveolens. Papaver nudicaule. Picris hieracioides. Chicorium intybus. Crepis tectorum. Sonchus oleraceus. Hemerocallis fulva.
6..........	Picridium tingitanum. Convolvulus siculus. Convolvulus tricolor. Lampsana communis. Momordica elaterium. Hypochæris maculata. Leontodon taraxacum. Barkausia alpina. Rhagadiolus edulis. Hieracium umbellatum. Solanum spec. Helianthemum guttatum. Linum usitatissimum.

Heures.	SOIR.
1.........	Malva americana.
2.........	Scilla pomeridiana.
5.........	Silene noctiflora.
—	Nyctago jalappa.
6.........	Œnothera suaveolens.
—	Pelargonium triste.
7.........	Œnothera tetraptera.
8.........	Cactus grandiflorus.
10.........	Convolvulus purpureus.

Heures.	MATIN.
7.........	Sonchus oleraceus. — arvensis. Hieracium murorum. — pilosella. Prenanthes muralis. Lactuca sativa. Barkausia rubra. Calendula pluvialis. Nymphæa alba. Anthericum ramosum. Cucumis Anguria. Mesembry. barbatum. — linguiformis. Legousia speculum.
8.........	Sonchus laponicus. Anagallis arvensis. Legousia hybrida. Vesicaria utriculata. Hieracium auricula. Dianthus prolifer.
9.........	Hieracium chondrilloïdes. Nolana prostrata. Mesembry. cristallinum.
10.........	Mesembry. nodiflorum. Malva americana.
11.........	Ornithogalum umbellatum. Tigridia Pavonia.
12.........	Sonchus laponicus *(fermé)*. — oleraceus *(fermé)*. Ficoïdes.

Aux espèces météoriques en petit nombre, que nous avons déjà indiqué, doivent se joindre les anthodes des Carlines; et même dans les pays de montagnes on a pour habitude de suspendre dans les maisons les fleurs de la *Carlina acaulis* comme sorte d'hygromètre naturel : les folioles scarieuses de son involucre s'épanouissant lorsque l'atmosphère est chargée d'humidité ou à la pluie. Les folioles de la *Porliera hygrometrica*, se couchent sur leur pétiole, lorsque le temps se met à la pluie : ainsi que nous l'avons constaté.

Il y a une direction assez ordinaire de certaines fleurs, qui se portent plus particulièrement du côté du soleil ou pour mieux dire du côté d'une lumière intense. Notre Hélianthe annuel en a reçu le nom de *Tournesol* (1) : sa direction le portant du côté du soleil et lorsqu'il est jeune ses fleurs suivant plus ou moins le cours de cet astre. Ce mouvement de mutation ou *solséquial* comme le dit Plenk, se retrouve dans les épis des céréales, dans l'*Hoya carnosa* de nos serres; dans toutes les fleurs à épis unilatéraux, comme l'Héliotrope. Au surplus cette propension tient au même

(1) Le *Crozophora tinctoria* (Croton. L.), a reçu ce même nom, mais pour le phénomène de son suc, qui de vert passe au bleu, étant exposé au soleil.

phénomène que celui de la position de la feuille, dont la surface supérieure, tend toujours à reprendre sa position, si on l'a renversée forcément la face inférieure en haut.

Certaines parties, autres que les fleurs dans les végétaux, sont météoriques, ainsi la *Laminaria saccharina*, préparée convenablement: peut indiquer par le raccourcissement de sa longue et large fronde, les degrés d'humidité ou de sécheresse; les arêtes ou barbes de l'Avoine se contournent par la sécheresse et se redressent par l'humidité, de même que les parties de la columelle acuminée des Géranion, Erodion, et Pélargonion, après la déhiscence du fruit.

DE LA FLEURAISON SOUS LE RAPPORT DES ÉPOQUES ET DES CALENDRIERS DE FLORE.

Dans toutes les régions de la terre les végétaux éprouvent une suspension dans leur développement. Vers les pôles et les zônes tempérées c'est par l'effet de l'abaissement de température; entre les tropiques c'est par suite d'une chaleur trop élevée avec manque d'humidité. Mais après cette intermittence, la végétation s'anime, le développement de nouvelles parties a lieu; alors se prononce le renouvellement d'un phénomène annuel et l'on voit naître les feuilles avant les fleurs; ou, ce qui est le plus rare les fleurs avant les feuilles. Comme dans les mêmes contrées cette évolution végétale n'a pas lieu dans un même temps donné, mais à la distance de plusieurs jours et même de mois entiers pour certaines espèces, et les anciens nous ont précédé dans ce genre d'observation (1); il en résulte que, de même qu'on a pu dresser une *horloge de Flore,* on a pu faire un *calendrier de Flore.* Cependant on doit s'attendre que l'année qui peut être ou plus hâtive ou plus en retard; que l'exposition qui peut être plus ou moins favorable, pourront faire varier la floraison de 15 jours à trois semaines; c'est pourquoi, dans l'exposition suivante, nous ne donnons les espèces que pour la température moyenne de la France : ainsi au nord il faudra, année commune, reculer l'époque de floraison de 15 jours, et au midi l'avancer de 15 jours et même plus; et d'un mois dans les années ou hâtives ou tardives.

(1) Pline, lib. XVI. cap. 25.

23

FLEURAISON HATIVE. (1)

JANVIER.	FÉVRIER.	MARS.
Helleborus niger.	Iris Persica.	Cornus mascula.
— fœtidus.	Primula veris.	Amygdalus nana.
Bryum. speci.	— auricula.	Acer rubrum.
Hypnum. spec.	Alsine media.	Veronica hederæfolia.
Neckera. spec.	Galanthus nivalis.	Evonimus europæus.
Dicranum. spec.	Hyacinthus non-scriptus.	Rhamnus alaternus.
Weissia. spec.	Daphne Laureola.	Narcissi.
Trichostomum. spec.	Amygdalus communis.	Hyacinthus orientalis.
Phascum. spec.	Ficaria ranunculoides.	Muscari.
Leskea. spec.	Lamium purpureum.	Daphne mezereum.
Didimodon. spec.	Viola odorata.	Asarum europæum.
Tortula. spec.	Corylus avellana.	Amygdalus persica.
Musci omnes.	Buxus sempervirens.	Prunus armeniaca.
Licheneæ.	Viscum album.	Anemone hortensis.
Hypoxyleæ.	Ornithogalum luteum.	Ranunculus acris.
Tulostoma brumalis.	Mibora minima.	Cochlearia danica.
	Helleborus hiemalis.	Scilla bifolia.
		Draba verna.
		— muralis.
		Holosteum umbellatum.
		Trifolium suffocatum.
		Thlaspi montanum.
		Bellis perennis.
		Veronica triphyllos.
		— præcox.
		— acinifolia.
		Cardamine petræa.
		Cheiranthus cheri.
		Tussilago Farfara.
		— Petasites.
		Viola canina.
		— Rothomagensis.
		Betula alba.
		Alnus viscosa.
		Populi.
		Taxus baccata.
		Corydalis tuberosa.

FEUILLAISON ET FLEURAISON.

AVRIL.	MAI.	JUIN.
Crocus vernus.	Veronica montana.	Valeriana officinalis.
Veronica arvensis.	— chamædrys.	Scherardia arvensis.
— teucrium.	Syringa persica.	Galium aparine.
— campestris.	Jasminum fructicans.	Echium vulgare.
Syringa vulgaris.	Salvia pratensis.	Ligustrum vulgare.
Iris tuberosa.	Antoxanthum odoratum.	Jasminum humile.
Alopecurus agrestis.	Valerianellæ.	Gratiola officinalis.
Aira præcox.	Iris germanica, etc.	Verbena officinalis.
Vinca minor et major.	Eriophorum.	Lycopsis arvensis.
Lithospermum officin.	Dactylis glomerata.	Salvia Sclarea.
Ulmus campestris etc.	Milium effusum.	Iris-Xyphium.

(1) On peut dire aussi *floraison*, mais les acceptions du verbe *florir* doivent resterpour ce qui est relatif à l'homme.

AVRIL.	MAI.	JUIN.
Ribes speci.	Poæ et Festucæ.	Valeriana-Phu. etc.
Pulmonaria angustif.	Bromi.	Phleum pratense.
— sibirica.	Avenæ sylvestres.	Agrostis spica-venti.
Fritillaria meleagris.	Plantagines.	Montia fontana.
— imperialis.	Galium mollugo.	Scabiosa arvensis.
Luzula campestris, etc.	Symphitum-Consolida.	Galium verum.
Stellaria holostea.	Samolus-Valerandi.	Asperula-Cynanchica.
Saxifraga tridactylites.	Campanula-Rapunculus.	Cornus-Sanguinea.
Pruni.	Cynoglossum officinale.	Borrago officinalis.
Pyri et Mali.	Anagallides.	Lysimachia vulgaris.
Fragaria.	Loniceræ.	Datura stramonium.
Potentilla verna.	Vitis.	Phyteuma spicata.
Anemone-Pulsatilla.	Selinum sylvestre.	Anagallis tenella.
Anemone-Hepatica.	Œnanthe filipenduloides	Hyosciamus niger, etc.
— nemorosa.	— fistulosa.	Convolvulus arvensis.
Pedicularis sylvatica.	Scandices.	Sanicula europæa.
Cerastii.	Chærophyllum sylvestre.	Œnanthe crocata.
Glechoma hederacea.	Viburnum-Lantana.	Buplevrum falcatum.
Gerania.	Staphylea pinnata.	Ferula communis.
Arabis-Thaliana.	Linum usitatissimum.	Carum-Carvi.
Hesperis-Alliaria.	Statice armeria. (1)	Sambuci.
Brassicæ.	Lamium album.	Allii.
Cardamine pratensis.	— hirsutum.	Daucus carotta.
Colutea arborescens.	Galeopsis galeobdolon.	Phellandrium aquatic.
Vicia dumetorum.	Melissa melissophyllum.	Lilia.
Emerus.	Barbarea præcox.	Rumices.
Viola palustris.	— vulgaris.	Polygoni.
Arum maculatum.	Biscutella.	Rheum compactum.
Orchis mascula.	Isatis tinctoria.	Dictamus albus.
— morio.	Rhinanthus crista-galli.	Dianthi.
Ophris arachnites.	Lunaria annua.	Sedi.
Salices.	Thlaspi-Bursa-pastoris	Agrostema coronata.
Taraxacum.	Spartium scoparium.	Githago segetum.
Pistacia-Terebenthus.	Sinapis arvensis.	Rosæ.
Laurus nobilis.	Geranium moschatum.	Nigella. (2).
Juniperi.	Vicia faba.	
Acer campestre, etc.	Medicago sativa.	
Fraxini.	— minima.	
Morchella esculenta.	Cytisus laburnum.	
Carices.	Catananche cærulea.	
Poa annua.	Equisetum arvense etc.	
Teesdalia nudicaulis.		
Caltha palustris etc.		

FEUILLAISON, FLEURAISON ET MATURATION.

JUILLET.	AOUT.	SEPTEMBRE.
Canna indica.	Erigeron acre.	Colchicum autumnale.
Veronica officinalis.	Schœnus michelianus.	Bidens tripartita.
Salvia officinalis.	Poa capillaris.	Aster chinensis.
Panici.	Arundo phragmites.	Hedera helix.
Rosmarinus officinalis.	Dipsacus fullonum.	Helianthus tuberosus.
Schœnus maritimus.	Nerium oleander.	Crocus autumnalis.
Cyperus longus.	Laserpitium minus.	— sativus.
Lagurus ovatus.	Scabiosa columbaria.	Amaryllis lutea.
Poa compressa.	— succisa.	Menthæ.
Bufonia tenuifolia etc.	Nicotiana.	Picris.
	Mentha Pulegium.	Filices.
	Carthamus lanatus.	Fungi, etc.
	Arctium-Lappa etc.	

(1) Sur les côtes de France, il est en fleur à la fin de mars.

(2) Nous avons donné plus d'exemple pour ces trois mois que pour les suivants, à raison de ce qu'il en résulte une végétation plus frappante et moins répandue.

MATURATION ET DÉFOLIATION.

OCTOBRE.	NOVEMBRE.	DÉCEMBRE.
Chrysanth. indicum.	Fungi speci.	Viburnum-Tinus.
Gonphrena globosa.	Tuber cibarium.	Veronica agrestis.
Tagetes erecta.	Arbutus Unedo.	Tremella.
Fungi speci.		Conferva.
Aster grandiflorus.		Musci.
Aster miser.		Lichens.

Lorsque l'hiver la nature semble, pour l'œil inexpérimenté, complètement voilée d'un crêpe funèbre, elle ne cesse de travailler à l'œuvre de la création des êtres, et la végétation n'est nullement suspendue, mais son action se porte sur les espèces que les chaleurs même modérées de nos étés d'Europe dessèchent sans ménagement, et qui exigent impérieusement une humidité constante, un soleil voilé. C'est alors seulement que les Lichens et les Mousses croissent et développent leurs appareils de reproduction.

Et vous, filles d'hiver, mousses épaisses, confuses
. . . .
C'est parmi les frimats, sous l'Urne du Verseau,
C'est quand les autres fleurs vont descendre au tombeau,
Que l'on vous voit renaître, et que votre verdure
Semble par sa fraîcheur rajeunir la nature.

C'est encore dans les eaux que la végétation est active en hiver, et sous les glaces se développent avec abondance ces nombreuses espèces d'Algues d'eaux douces; tandis que les rochers sous-marins, dans cette même saison, peuvent encore offrir en belle végétation, le plus grand nombre des espèces qui s'attachent à leurs âpres surfaces ou qui végètent parasites sur les grandes ou petites espèces qui couvrent ces mêmes rochers.

Quelques espèces végétales présentent deux fleuraisons par année, mais par exception soit d'espèces, soit de variété, soit de temps. Quelquefois l'industrie de l'homme parvient à faire fleurir la Vigne trois fois dans la même année. Rosier a cité un Marronier-d'Inde qui fleurissait à Orléans au printemps et en automne. Les Ficoïdes fleurissent deux fois chez nous; le *Virburnum-Tinus*, bien qu'en pleine terre, fleurit aussi deux fois, de même que l'*Ulex europœus*.

Dans certaines années il y a des anomalies singulières de fleuraison lorsque la température la favorise ou retarde; c'est ainsi qu'à Angers en 1835 l'Amandier qui ne fleurit qu'en mars, (tandis qu'à Poitiers, à 12 myriamètres de là, il fleurit habituellement en février), avait beaucoup de fleurs dès le 28 décembre 1834.

C'est en étudiant l'époque de la floraison des espèces horticoles, que le fleuriste peut presque nous faire jouir d'un printemps perpétuel.

Nous regardons, comme devant faire partie d'une flore locale, les observations de fleuraison des plantes, et c'est avec une moyenne de dix années de relevés de ce genre, qu'on peut obtenir un calendrier de Flore pouvant être utile à la Botanique. Linnée pour Upsal, Stillingfleet pour Stratton, Lamarck pour Paris, Gilibert pour Grodno et pour Lyon ; Guillemeaut pour Niort, Bigelow pour l'Amérique du Nord, ont donné des exemples de ces sortes de travaux utiles à continuer et dont nous étendrons les rapports, en traitant de la géographie physique dans le 2me volume de ce Traité.

DES COULEURS DES VÉGÉTAUX.

Ce n'est pas ici que nous rechercherons l'explication des couleurs dans les végétaux, nous ne ferons que constater les faits généraux. Le premier et le plus universel est cette teinte verte qui domine dans toutes leurs expansions foliacées et dont les modifications se nuancent depuis le jaune-verdâtre jusqu'au vert-noir le plus foncé. On pourrait observer que le vert est plus chargé de jaune dans la végétation intertropicale et que le vert foncé domine dans celle des autres régions : si la nature organisée n'était pas une production dépendante des causes physiques environnantes, les partisans des causes finales trouveraient tout naturel que là où les végétaux n'ont à disposer que d'une chaleur modérée, ils aient été placés pourvus de la coloration la plus favorable pour recueillir les rayons calorifères.

La coloration, son intensité et sa nature jouent un rôle important dans la vie végétale, car on peut observer que la durée des parties est en raison de la couleur : un appareil très-coloré n'a qu'une existence éphémère et les fleurs qui passent si rapidement en sont la preuve. Les feuilles elles-mêmes sont bien près de se séparer de leur support, lorsque le jaune ou le rouge vient à y dominer vers les premiers jours de l'automne. On a pu même remarquer que tous nos végétaux panachés, obtenus et propagés par l'agriculture, sont bien plus délicats que les espèces dont ils sont sortis.

Dans la végétation sous-marine le *vert* existe encore, mais plus par exception que d'une manière générale il passe au *brun* ou au *noirâtre*, et le *brun* se nuance graduellement avec les couleurs du *rouge* le plus vif et le plus éclatant.

Les Champignons semblent avoir eu toute la palette de la nature à leur disposition, tant les colorations diverses y sont multipliées, sans que l'une, si ce n'est peut-être le *blanc*, semble y dominer plutôt que l'autre.

Le *Noir* généralement rare, ne se trouve que sur l'écorce de quelques racines, dans quelques fruits et un assez grand nombre de graines, mais s'il s'observe dans les corolles ce ne peut être que comme *pourpre-noir* ou *pourpre-foncé*, comme une Scabieuse, des variétés de Tulipes, quelques Œillets et une Passerose. Quelques Champignons, *Peziza nigra*, des Hypoxylées, et presque tout le genre *Sphæria*, offrent le *noir*, au plus haut point d'intensité.

L'*Hyalin* ou transparence complète est très-rare et ne peut être observé que dans les papules de quelques plantes grasses, dans les pétales de quelques Iridées, et les filets d'étamines de plusieurs fleurs.

Le *Blanc* se trouve plus généralement dans les fleurs du nord et dans les espèces printanières, bien qu'on ne puisse pas en tirer une conséquence absolue. Les fruits les plus doux ont la chair *blanche*.

Les fleurs automnales, l'anthère, les Chicoracées ont pour teinte dominante le *Jaune* le mieux caractérisé.

Les fleurs estivales, les fruits acides, sont plus ordinairement d'un *Rouge* plus ou moins foncé que de toute autre couleur et cette coloration domine d'autant plus qu'on se porte vers l'équateur.

Linnée avait à tort négligé de tenir compte de la coloration comme caractère; mais s'il est des circonstances où elle soit variable ou fugitive, il en est d'autres où elle est presque caractéristique. Si l'Inde nous a fourni un Fraisier à fleur *jaune*, dont on a fait, à la vérité, un genre (1), cependant ici le *blanc* est caractéristique : aussi quelques groupes admettent-ils une seule couleur, d'autres plusieurs. Le *blanc* si général dans les Ombellifères n'offre d'exception pour le *bleu* que par le Panicaut, un genre de la Nouvelle-Hollande, *Didiscus cœruleus*, et quelques autres à fleurs jaunes.

Certaines teintes s'associent plus volontiers dans les groupes ou les genres naturels : ainsi le *rouge* et le *bleu* se trouvent et se mélangent dans les espèces du genre *Anagallis*; le *rouge* et le *blanc* dans le Laurose, le Liseron des champs et des haies et la Balsamine; le *bleu* et le *blanc* dans les Campanules. Le *rouge* et le *jaune* formant de rares associations ne se trouvent que dans les Nyctages et le genre Balisier. Le *blanc* et le *jaune* se voient dans les Myosotes, les *Nymphæa*, pour nos régions; car le *rose* et le *bleu* se trouvent dans ce dernier genre dans les régions chaudes.

Les combinaisons ternaires des couleurs suivent les associations ci-après. Dans les Jacinthes, les Pieds-d'alouette, les Pervenches, le *rouge*, le *bleu* et le *blanc* se trouvent habituellement et cette

(1) *Fragaria indica*, ou *Duchesnia fragiformis*.

série de teintes n'est pas même rare dans la nature. Dans les Ficoïdes, le Rosier, les Phaséoles, le Pélargonion, le Lis, on trouve le *rouge*, le *jaune* et le *blanc*.

Le genre Consoude est le seul à notre idée, dans l'instant, qui présente une association du *bleu*, du *jaune* et du *rouge* : combinaison rare dans un genre, mais qu'on observe dans l'ensemble des Ombellifères, avec la teinte *rouge* plus rare.

Quand au *bleu*, au *jaune* et au *blanc*, le Mélilot l'offre réuni dans les *Melilotus cœrulea*, *officinalis* et *alba*, et l'*Anemone patens* dans ses variétés, ainsi que l'a observé Pallas sur les bords du Samara et du Volga.

Dans un même genre, les combinaisons des trois principales couleurs et du blanc sont rares. On l'observe cependant pour les genres *Centaurea* dans lequel le *montana* est *bleu*, le *Calcitrapa* est *rouge*, le *solsticiatis*, *jaune*, et le *salmantica*, *blanc*.

Il n'est pas plus facile d'expliquer la diversité de couleurs dans un même appareil d'une plante, que de dire pourquoi le Colibri ou le Tangara septicolor, ont des couleurs aussi vives et aussi variées sur la surface si limitée de leur petit corps. Aussi les *Tradescantia discolor*, certaines Bégones, plusieurs *Caladium*, la *Besleria sanguinea*, ont la surface inférieure de leurs feuilles *rouge*, lorsque la surface supérieure conserve la couleur *verte* naturelle aux végétaux ; d'autres à feuilles de plusieurs couleurs, ont ces couleurs sur le même côté, telle est l'Amaranthe tricolore dans laquelle on observe le *vert*, le *rouge* et le *jaune*.

Il est rare que les feuilles aient une coloration distincte du vert général, et ce n'est qu'en se rapprochant des fleurs et s'y modifiant sous forme de bractées, qu'elles semblent quelquefois participer aux vives couleurs de la corolle. Dans plusieurs Euphorbes, dans les Buplèvres le jaune intense donne à ces bractées l'apparence de fleurs larges lorsque la fleur elle-même n'a que des dimensions très-petites. Toute la belle apparence du genre *Astrancia* repose sur les folioles blanches de son involucre. Les belles bractées jaunes du *Justibia oxyphylla* enrichissent cette espèce plus que ses propres fleurs, et il en est de même du *Salvia splendens*, pour ses bractées rouges et des *Salvia Horminum* et *bracteata* pour leurs bractées violettes.

En prenant le vert comme couleur générale on pourra, de la propension particulière à la teinte de vert qu'il présentera, déterminer quelles seront les modifications les plus habituelles qu'on pourra trouver dans un genre ou dans un groupe connu, et sans décider si les deux séries que nous allons indiquer sont, l'une désoxidée, ou cyanique, ou carbonée; l'autre oxidée ou xantique, nous les donnerons dans la série des dégradations que nous avons observées en faisant une étude de la couleur dans les graines des 1200 Phaséoles que nous avions comme créés.

VERT

Donne	*Donne.*
Vert-bleuâtre.	Vert-jaunâtre.
Bleu. . . . . { roux. . . . jaune. / noir.	Jaune. . . . . . { Roux. / Brun. / Noir.
Bleu-violet.	
Violet. . . . . . { Violet-noir. / Noir.	Jaune-orangé.
Violet-roux. . . { Roux. / Jaune.	Orangé.
Violet-rouge.	Orangé-rouge.
Donne	*Donne*

ROUGE

De cette série naturelle il est facile de déduire la conséquence que le Chou de nos jardins étant vert-bleuâtre, il n'y a rien de plus simple que d'en voir de violet et même de rouge, de même qu'on en a obtenu de jaunâtre lorsque la chromule ou globuline colorante, de verte, passe à une teinte pâle ou jaunâtre. Ce même Chou nous a donné une variété complètement verte et dépourvue de la pruine glauque qui recouvre habituellement les feuilles de ce végétal. En principe, dans les végétaux, une couleur dans ses divers degrés de variation, ne fait que suivre les nuances naturelles de dégradations déterminées par le genre de la couleur dominante, et c'est ainsi que l'art de l'horticulteur, en multipliant les circonstances de variations de couleurs par les semis, a fini par obtenir des Jacinthes jaunes, violet-pourpre et violet-noir, bien que la nature n'ait pu lui fournir que le blanc, le bleu et le rose. Les botanistes qui ont imaginé qu'il y avait presque une ligne fixe de séparation entre la série des végétaux à fleurs bleues et celle des espèces à fleurs jaunes (1), ont trop limité la puissance de transformation des couleurs dans la nature: seulement ils auraient pu remarquer qu'il y a pour elle plus de conditions rares pour arriver au bleu, puisqu'en réalité le nombre des végétaux à fleurs bleues est très-petit comparé à celui à fleurs jaunes. C'est ce qui nous confirme que toutes les espèces faites dans le *Myosotis annua* telles que *versicolor*, *collina*, *arvensis*, ne sont que des variétés qui ne méritent pas le degré d'importance que leur ont donné les trop minutieux botanistes de l'Allemagne. L'opposition de couleurs dans les espèces d'un genre ne peut en déterminer la

(1) M. de Candolle, Physiologie végétale, vol. 2.

séparation en genre distinct, ainsi qu'on l'a fait pour la *Campanula aurea* (*Muschia aurea*), toutes les autres Campanules étant bleues et rarement blanches, autrement il faudrait faire un genre des Lins, des Gentianes, Aconits à fleurs jaunes et un autre des espèces de *Sonchus* à fleur bleue.

Les couleurs sont susceptibles de changer pour quelques fleurs, dans un très-court laps de temps et c'est ce qui constitue les fleurs variables (*flores mutabiles.*) Dans nos jardins la fleur de l'*OEnothera tetraptera* s'ouvre blanche, passe au rosâtre et enfin au rose intense; le blanc verdâtre de celle du Cobæa se change bientôt en violet foncé. La fleur de l'*Hibiscus mutabilis* qui éclot blanche est rose foncé au milieu du jour, et rouge le soir. Cette propriété ou particularité n'est pas très-fixe, car en semant successivement les *Cheiranthus mutabilis* et *Helianthemum mutabile* (1) nous n'avons pu obtenir que des individus à fleur fixe pour la couleur soit en blanc, soit en rose, soit en rouge. Les *Stylidium fruticosum* et *Tamarindus indica* ont d'abord la corolle blanchâtre qui finit par passer au jaune. Le *Gladiolus versicolor* a son périanthe brunâtre en s'épanouissant, et dans la même journée cette teinte passe au bleu-clair, mais la nuit il reprend sa couleur brune pour redevenir bleu et cela pendant huit jours que peut exister sa fleur dans les chassis qui l'abritent: seul exemple de ce genre et dont la première observation a été faite par le botaniste anglais Andrews.

Les colorations moins apparentes n'ont point été remarquées bien qu'elles aient lieu journellement sous nos yeux; les pétales de nos Roses les plus communes varient pour leur teinte dans l'espace de quelques heures, le rose des unes blanchit ou pâlit promptement; le pourpre velouté des autres passe promptement au rouge foncé seulement.

Nous sommes tentés de regarder la fleur blanche de certaines espèces de quelques genres comme n'étant que des variétés perpétuées, ainsi avions-nous cette opinion du *Convolvulus sepium* et du *Lithospermum arvense*, avant d'avoir rencontré le premier à fleurs roses dans les environs de Poitiers, et le second à fleur bleue ou à fleur rougeâtre et en très-grande quantité, dans le département de Maine et Loire. Avant d'avoir trouvé l'*Anthyllis vulneraria* à fleur jaune, ne l'ayant connu d'abord qu'à fleur blanche, nous avions pensé que c'était le jaune qui était sa couleur naturelle: le rouge qu'elle offre quelquefois n'étant pour cette espèce qu'une variété exceptionnelle.

La coloration rose des calices des fleurs stériles de l'*Hortensia*

(1) Le *Cheiranthus scoparius-chamæleo* passe du jaune clair au jaune très-roux; le *Cheiranthus mutabilis* du blanc au jaune et au jaune pourpre.

peut être changée par la nature du sol; c'est ainsi que nous avons vu à Nantes un jardinier qui, à raison de la nature de sa terre chargée de beaucoup de fer hydroxidé, ne pouvait avoir que des individus à couleur bleue, et c'est en suivant cette indication que nous avons pu faire obtenir à volonté des Hortensias à fleur bleue: mais la qualité de la terre influe beaucoup sur l'intensité de la teinte que nous avons observée du plus beau bleu possible, sans teinte de rose, dans une terre argileuse très-rouge.

La coloration des fleurs n'est pas une particularité renfermée seulement dans le tissu de la corolle, un œil exercé la retrouve dans toutes les autres parties du végétal, ainsi à l'écorce seule, et sans la présence des feuilles, qui elles-mêmes sont modifiées en quelque sorte par la teinte particulière aux corolles, les cultivateurs distinguent très-bien les Rosiers à fleurs rouges des Rosiers à fleurs blanches, le Lilas blanc du Lilas violet; les vignerons, la Vigne à fruit rouge de la Vigne à fruit blanc ou jaunâtre.

C'est dans la Physique végétale que nous aurons à étudier les causes déterminantes, ou crues telles, de la coloration des diverses parties des végétaux en exposant les expériences à l'appui de la théorie.

Il est certains végétaux dans lesquels instantanément on peut développer une couleur autre que celle qu'ils offrent à l'œil, lorsqu'on les frotte ou les déchire. C'est ainsi que le *Thelephora cruenta*, dont la couleur est le jaune peau de chamois, devient rouge et rend un suc sanguinolent dès qu'on l'attaque, c'est un moyen de le reconnaître de plusieurs espèces avec lesquelles il a des rapports de forme et de couleur. Plusieurs Bolets à chair blanche ou jaunâtre, prennent une teinte bleue sur les parties rompues, comme le *Boletus cyanescens*, ou jaune-bleuâtre comme le *B. rubeolarius*; la chair blanche du *B. fellens* devient rosâtre.

Le suc blanc du Sumac vénéneux (*Rhus Toxicodendron*) et de plusieurs arbres de la même famille, qui donnent les vernis noirs de la Chine, noircit très-promptement à l'air en quelques heures mêmes; celui presque hyalin de l'Aloës Soccotrin, prend en peu de temps une teinte d'un pourpre vif, de même que celui du Bananier, prend une couleur de rouille ainsi que celui des Orobanches.

Lorsqu'il faut appliquer une dénomination rigoureuse à chacune des teintes variées de couleurs que présentent à l'œil les diverses parties des végétaux, on est dans une sorte d'embarras à moins d'une grande habitude de ce genre de distinction. Si les botanistes ont négligé de faire usage de ce caractère, c'est moins sa mobilité que la difficulté d'en préciser les teintes qui a pu les arrêter. N'ayant aucun principe de direction pour analyser ces nuances variées, ou ils n'en ont pas tenu compte, ou ils les ont indiquées d'une manière vague ou fautive, il arrive très-souvent que leur *cœruleus* n'est que du *violaceus*, *lilacinus* ou *amethystæus*.

Les arts industriels ayant eu besoin d'étudier les tons de couleurs, deux hommes de mérite ont tracé des cercles chromatiques, au moyen desquels toute teinte possible peut être ramenée. M. Grégoire a divisé le sien en 24 parties et M. Mérimée seulement en douze parties ou teintes premières, dont la filiation peut être indiquée par la disposition suivante, et reproduit sous un autre aspect, une partie de l'idée du tableau donné un peu plus haut.

1. JAUNE.
2. . . . . *Jaune-orange.*
3. . . . Orangé.
4. . . . . *Rouge-orangé.*
5. ROUGE.
6. . . . . *Rouge-violet.*
7. . . . Violet.
8. . . . . *Bleu-violet.*
9. BLEU.
10. . . . . *Bleu-vert.*
11. . . . Vert.
12. . . . . *Jaune-vert.*

Deux parties de la couleur binaire, combinées avec une partie de couleur simple donnera le gris. Dans les proportions des teintes se trouve toute la théorie des couleurs des végétaux, comme dans les autres corps. Le jaune-orangé se compose de trois parties de jaune et une de rouge, et ainsi des autres.

En prenant le blanc rejeté comme couleur et ses teintes altérées par le jaunâtre, le rosé, le violâtre, le bleuâtre ou le verdâtre et le gris, altération des autres couleurs, on y rentrera dans les teintes prononcées par les nuances du gris-olivâtre, roussâtre, rougeâtre, violâtre, bleuâtre et verdâtre, ou bien en prenant de l'intensité on arrivera au noir. Ces nuances et dégradations de couleurs ne nous ont jamais paru si simples et si naturelles, qu'en suivant pendant douze années les modifications des graines de Phaséoles, pour arriver à distinguer plus de 1200 variétés de formes et colorations dans ce seul genre soumis à une observation continuelle.

Dans les circonstances habituelles la teinte des parties colorées des végétaux ne peut être toujours la même ; ainsi le vert de la feuille qui nait se trouve plus faible que celui de la feuille adulte et tout autre que celui de cette même feuille prête à tomber. Il est deux teintes que la feuille, sur la fin de sa végétation, offre plus spécialement : généralement le vert-jaunâtre et plus rarement le vert-rougeâtre; c'est ce qui imprime aux paysages de l'Europe en automne un caractère si particulier et qui, sous le pinceau de l'artiste véritable coloriste, sera saisi avec une telle précision qu'il sera facile de reconnaître l'époque de l'année à laquelle le tableau doit vous reporter. La Vigne, les Cisses, les Sumacs se colorent en rouge plus ou moins prononcé. Plusieurs végétaux, par la dessication passent au vert-bleuâtre, comme la Mercuriale annuelle, et les Scrophularinées au vert-noir ou même au noir. Les altérations maladives font passer les végétaux au jaune ou au vert-jaunâtre et l'épi vert des Céréales passe au bleuâtre lorsqu'il est attaqué par la Carie.

La couleur dans plusieurs fleurs, est très-remarquable par son intensité et son opposition, et bien qu'habitués comme nous le sommes à voir la Violette-Pensée, nous n'en admirons pas moins sa teinte pourpre-noir velouté, aussi près d'une teinte blanche-jaunâtre et jaune. Le Pélargonium tricolore et plusieurs plantes de ce genre, offrent sous ce rapport, des teintes remarquables qui jointes à la grandeur de fleur que l'art de l'horticulteur est parvenu à créer, placent dans un haut rang ces végétaux, autrefois relégués dans les collections purement botaniques.

Sur le Pied-d'alouette des jardins (*Delphinium Ajacis*), lorsqu'il n'a pas été trop déformé par la culture, on peut lire des caractères bruns AIA ou IAI, tracés sur un fond blanc-bleuâtre, au-dessous du lobe supérieur du seul pétale à éperon qui en forme la corolle; souvent on n'y lit que AIAI. C'est de ces caractères que l'on a tiré le nom spécifique d'*Ajacis* et qui faisait demander à un des bergers de Virgile :

Dic quibus in terris inscripti nomine regum
Nascuntur flores......

DES SUCS COLORÉS OU AUTRES, DE QUELQUES VÉGÉTAUX.

Les brisures ou déchirures des végétaux, en laissant échapper un suc de couleur ordinaire et qui généralement appartient à une sève incolore, n'ont excité aucun étonnement, mais lorsque ces sucs nommés souvent *sucs propres*, pour les distinguer de la sève, se sont trouvés colorés, ils ont dû fixer le vulgaire qui dans toutes les régions de la terre frappé de voir beaucoup de plantes donner un suc couleur de lait, a nommé ces végétaux *plante à lait*, *lait de serpent* ou *de couleuvre*; mais c'est surtout lorsque ces sucs présentaient une couleur plus déterminée qu'il en était frappé, c'est ainsi que la *Liane à sang* de St.-Domingue et qui ne parait pas connue des botanistes, a dû surprendre les premiers colons en voyant que, coupée, cette Liane donnait un suc épais, rouge comme du sang de bœuf (1). Les mêmes particularités s'étant trouvées dans plusieurs espèces du genre Croton (*Cr. sanguifluus* et *hibiscifolius*), dans les *Pterocarpus Draco* et *Dracœna Draco*, on ne manqua pas de donner le nom de Sang de Dragon aux produits de ces végétaux.

Dans la Chélidoine et le *Glaucium* on connaît la couleur jaune-orangé de leur suc, et celui coloré en rouge de la Sanguinaire (*Sanguinaria canadensis*), qui lui a valu son nom : le *Thelephora sanguinolenta* offre la même singularité et ce n'est même qu'en ayant vu le suc rouge en découler, que nous avons pu le distinguer d'avec les espèces avec lesquelles nous les confondions et auxquelles il resemble assez sous d'autres rapports.

Les Poires sanguinolentes lorsqu'on les mange, ont dû aussi beaucoup étonner et effrayer les premiers qui les observèrent, aussi les trouve-t-on dans les cultures plutôt pour cette singularité que pour leur saveur.

Le suc du *Cambogia gutta*, et de la plupart des arbres de la famille à laquelle il appartient (2), ainsi que celui de plusieurs Millepertuis de l'Amérique, dont on a cru devoir faire un genre distinct, le *Vismia*, donnent un suc orangé, qui desséché devient la gomme gutte du commerce, ou peut en tenir lieu.

Le suc rendu par certains végétaux est si abondant et si clair que dans les colonies où quelques espèces telles que le *Cissus cordifolia*, un *Caladium* de St-Domingue et une Bignone que pour cela on a nommé *Lianes à eau* (3), fournissent aux chasseurs de quoi se désaltérer, lorsqu'ils en coupent les tiges, bienfaisante ressource que les indigènes ont fait connaître aux Européens! C'est une sève limpide et point un Suc propre.

Les *pleurs de la Vigne*, ne sont qu'une sève et non un suc propre ; tandis que tous les sucs résineux qui s'écoulent d'un si grand nombre de végétaux, même n'appartenant point à la famille des Conifères, sont de véritables sucs propres, qui dans les mêmes végétaux se trouvent concurremment avec la sève, mais dans des conditions différentes faisant qu'ils ne se mêlent point avec elle. Cela est si vrai que dans les régions chaudes de

(1) La *Liane rouge* qu'on croit une Bignone de Saint-Domingue, donne aussi un suc rouge.

(2) Les Guttifères.

(3) Le suc ne tombe que si on coupe un morceau d'un à deux mètres, autrement il remonte dans la plante.

l'Afrique, si on veut se rafraichir, on coupe une branche d'Euphorbe officinale ou de toute autre espèce analogue, à laquelle on enlève avec soin l'écorce lactescente renfermant un suc véneneux, et il reste une masse verte, charnue, tendre, succulente, qu'on peut manger et mâcher sans aucun danger et que l'on mange même cuite dans certaines parties de l'Afrique.

Les sucs séveux et incolores de beaucoup d'arbres peuvent fournir, ainsi que nous le verrons ailleurs, ou du vin, ou du sucre, suivant qu'on les prépare. Plusieurs espèces sont consacrées à cet usage, comme en Afrique le *Raphia vinifera*; aux colonies d'Amérique d'autres espèces de Palmiers qui donnent le *vin de palme*. Les Erables de l'Amérique du Nord, outre même l'*Acer saccaratum*, fournissent un suc qui devient vin par la fermentation, ou sucre par une évaporation prompte.

Les sucs séveux, chargés d'une abondante quantité de mucilage, sont dans les vieux arbres assez généralement rejetés au dehors, en plus ou moins grande quantité et forment les différentes sortes de gommes connues, lorsqu'ils se sont desséchés spontanément. Avec des propriétés un peu diverses ils nous donnent la Gomme adragante, la Bassorine, la Sarcocole; et lorsque ces mêmes sucs sont très-chargés au contraire de principes sucrés, et qu'ils viennent à s'extravaser et à se dessécher, ils fournissent le miellat, la manne du Frêne et celle de l'Alhagi.

Il est rare que les aromites ou essences ou huiles essentielles, se trouvent réunies en assez grande quantité dans leurs réservoirs ou les lacunes des plantes, pour qu'on puisse les voir couler autrement qu'après les avoir recueilli par une distillation soignée, mais on les aperçoit dans les feuilles du Myrte, celle de plusieurs Millepertuis d'où leur est venu leur nom; dans les écorces des Limons, Citrons, ou Oranges, de même que dans les feuilles des arbres qui les portent. Toutes les espèces aromatiques doivent leurs propriétés physiques à ces fluides diversement colorés suivant les végétaux, ainsi que nous le verrons en parlant de leurs produits immédiats, mais dont la coloration est insensible vue dans le végétal même.

Si le suc lactescent des Mancenilliers, de la presque totalité des Euphorbiacées, est vénéneux ou au moins suspect, celui de quelques autres offre la singularité d'être édule, et dans l'intérieur de l'Amérique tropicale les habitants vont extraire le lait du *Galactodendron utile*, arbre à peine connu du botaniste, comme on va traire une vache; d'où les Espagnols ont nommé cet arbre *Palo di vacca*, Bois-Vache. Ce suc blanc est bu et employé à la manière du lait (1).

(1) Dans un article inséré dans les *Mémoires de la Société royale d'agriculture, sciences et arts d'Angers*, tome 2, nous avons prouvé que des arbres de diverses

Lorsque ces sucs blancs ont offert des transitions de couleur comme de passer du blanc au noir en peu de temps, ils ont dû étonner et c'est ce qui a lieu pour presque toutes les espèces du genre Sumac. Le *Rhus vernicifera* et les espèces analogues, sans aucune addition de principes, fournissent les beaux vernis noirs de la Chine et du Japon, bien que les arbres ne donnent qu'un suc propre d'un blanc laiteux. C'est ce même lait blanc qui dans les Euphorbes frutescentes de l'Afrique, prend une consistance de gomme résine ainsi que dans beaucoup d'autres végétaux et dans quelques Figuiers, (*Ficus elastica*), l'*Hevea guianensis:* l'*Urceola elastica*, prend l'aspect qu'on lui connaît à l'état de gomme élastique ou Cahoutchouc.

Le suc propre verdâtre de quelques espèces peut faire qu'on ne le considère que comme une sève, mais la sève ne fait jamais dans les temps ordinaires une éjection instantanée comme les sucs propres, en cassant une jeune branche ou un jeune rameau, et c'est à ce signe qu'on verra bien que la Pervenche a quelquefois de ces sortes de sucs verdâtres et non pas simplement une sève,

Tous les sucs, qui, à l'état solide, sous la forme de Baumes, de Résines, de Térébenthines, de gommes résines, ont été recueillis pour les usages variés auxquels on a su les appliquer, tous ces sucs sont propres à l'état fluide dans les nombreux végétaux qui les fournissent : mais c'est dans la famille des Conifères, vulgairement les arbres verts, que se trouvent les plus grandes ressources en ce genre, et sans attendre que l'extravasion s'en fasse, très-habituellement on sollicite l'écoulement de ces sucs par des incisions méthodiquement ménagées. La consistance de ces sucs est généralement poisseuse, leur odeur très-prononcée, et leur couleur le jaunâtre translucide ou hyalin, lorsqu'on les a extraits ou même lorsqu'ils s'échappent spontanément dans les arbres un peu âgés.

Le suc qui sort des folioles du *Schinus molle*, lorsqu'on les rompt et qu'on en place les morceaux à la surface de l'eau, s'échappe avec assez de force pour imprimer à ces morceaux un mouvement rapide et très-remarquable.

Dans l'étude des *Produits immédiats* des végétaux, nous verrons sous combien de formes variées se présentent les divers *sucs propres*, et quelle est leur importance, lorsque réduits à l'état solide comme article de commerce, ils sont livrés à l'industrie, aux arts ou aux observations scientifiques : d'où ressort leur indispensable étude liée à celle du végétal lui-même.

familles étaient confondues sous le nom de *Palo di vacca;* d'après des matériaux dus à la complaisance de notre estimable ami le docteur W. Hamilton, et provenant du centre de l'Amérique du Sud.

DES ODEURS DANS LES VÉGÉTAUX (1).

Les délicieuses sensations que nous font éprouver beaucoup de plantes, doivent être comptées au nombre des avantages que nous procurent cette classe des êtres organisés. Considérées en elles-mêmes les sortes d'émotions qui en résultent ajoutent encore à celles que nous font éprouver d'autres objets dans le même temps. L'odeur suave peut concourir à changer la nature des idées et vivifier la pensée.

Dans tous les temps les hommes ont recherché les parfums et c'est par le prix qu'ils y ont toujours attaché, qu'ils ont, depuis la plus haute antiquité, embelli les autels de fleurs odorantes, rempli les temples de la fumée des résines et des bois odoriférants. Les hommes d'un haut rang, dans les royaumes d'Orient et plus tard à Athènes et à Rome, transformèrent leurs palais en sortes de temples; des cassolettes précieuses ne cessaient de changer en nuages de fumée des parfums qu'on y brûlait. Dans les banquets d'Athènes et de Rome la Rose ceignait le front des convives et maintenant encore les femmes de l'Asie, qui n'ont pas abandonné la nature pour courir après de grossières imitations chèrement payées, portent sur leur tête les plus belles des fleurs des campagnes qui les environnent.

La variété ou l'intensité des odeurs dans les végétaux est telle qu'il en est pour tous les goûts, et pour tous les genresde susceptibilité sous ce rapport.

Si l'on a pensé que les odeurs étaient moins faciles à distinguer que les couleurs, c'est une erreur. Cette prétendue difficulté ne tient qu'au peu de besoin de préciser les faits variés de ce genre, et nul doute pour nous qu'il y a un certain nombre d'odeurs comme de couleurs primitives auxquelles il est possible de ramener toutes les nuances qu'on pourra observer. La preuve peut s'en tirer des odeurs nouvelles créées par des combinaisons dues à l'art du parfumeur, ou suivant des proportions déterminées : par exemple l'odeur de la fleur du Sureau, si forte et si peu agréable, peut être ramenée à celle du raisin muscat le plus délicat.

Des odeurs fétides combinées ensemble peuvent donner pour résultat une odeur suave, témoin l'exemple de ce chimiste qui ayant sur lui une provision d'*Assa fœtida*, de gomme ammoniaque et autres substances à odeur forte ou fétide, se trouva tout surpris du compliment qu'il reçut sur la suave odeur qu'il apportait avec lui (2).

(1) Une partie de ces observations ont été publiées en 1811, dans notre Journal de Botanique, t. 3., p. 9.

(2) Voyez les mémoires de l'ancienne Académie des sciences.

L'étude de l'Osmologie n'est pas aussi indifférente qu'on pourrait l'imaginer, les odeurs pouvant donner lieu à une foule de considérations, qui, toutes prises isolément, présentent un grand intérêt et plusieurs même étant très-importantes. Nous n'attribuerons cependant pas à ce genre d'étude l'importance qu'y voulaient attacher Cardan et Rousseau : le premier pensait que du degré de perception des odeurs naissait l'intelligence ; le second regardait l'odorat comme le sens de l'imagination..

Toutes les plantes laissent échapper une émanation perceptible, nommée anciennement *esprit recteur*, *aura vitalis* et *arome :* mais un grand nombre ne donnent que l'odeur herbacée qui ne se fait éprouver que de près et souvent même seulement par le frottement. Dans l'acception rigoureuse ce n'est pas un arome : ce mot entraînant toujours avec lui l'idée d'une sensation agréable.

Tous les points d'un végétal ne donnent ni la même quantité de principe aromatique, ni la même sensation dans toutes leurs parties ; ainsi la souche de l'Iris de Florence donne seule une odeur agréable ; la racine de la *Barkhausia fœtida*, au contraire, est en effet fétide, et ses feuilles et tiges seulement à odeur herbacée. Les *Volkameria* ont la feuille fétide et la fleur odorante; tels encore plusieurs *Datura* et la *Serissa fœtida*.. Dans les Labiées, au contraire, tout jusqu'à la racine participe de l'aromatisme de l'espèce, qui est souvent intense jusqu'à être presque fétide, comme dans la Ballote noire. Dans la Jonquille, le Lis, le Syringa commun, le Jasmin, etc., tout le végétal est à odeur herbacée, la fleur seule est odorante. L'Acacie de Farnèse a ses racines d'une odeur d'ail allant à la fétidité (1), et ses fleurs ont une odeur de violette. La *Valeriana saliunca* approche de l'odeur de la Vanille par ses fleurs, et de celle de cuir pourri par ses racines. Les pétales de la Lausonie-Henne (*Lawsonia inermis*) ont une odeur suave de loin, et les autres parties approchées offrent une odeur spermatique. Une observation a démontré que des fleurs pouvaient être modifiées dans leur odeur par la présence de la lumière. M. Recluz (2) a prouvé sur la *Cacalia septentrionalis* (Hort. Par.) qu'en interceptant les rayons du soleil elle ne donnait plus son odeur aromatique.

Ce n'est pas toujours lorsqu'un végétal est frais ou vivant, que son aromatisme est le plus développé, quelques-uns, comme les Mélilots, les Trigonelles, ne sont très-odorants qu'étant complètement desséchés et c'est encore le cas de la racine d'Iris et de la fève de Tonka ou graine du *Dipterix odorata*. Certaines

(1) Au surplus comme le plus grand nombre des espèces de ce genre.

(2) Journal de Pharmacie, 1827, p. 216.

Graminées, telles l'*Anthoxantum odoratum,* ont, étant fraîches, une odeur peu agréable devenant assez suave en desséchant.

Le degré d'odeur est assez ordinairement en rapport avec la saveur, comme le prouvent tous les végétaux qui fournissent les épices; cependant il est beaucoup de cas dans lesquels l'odeur est à peu près nulle lorsque la saveur est fortement prononcée, comme on peut l'observer dans le fruit sec des Piments, dans la souche du Gouet Pied-de-Veau, dans la racine de l'*Anthemis-Pyrethra* ; dans les tiges et les feuilles des *Spilanthus oleraceus* et *Sp. Acmella ;* des *Polygonum hydropiper.*

Les molécules aromatiques sont susceptibles de toutes combinaisons entre elles et quelquefois même l'intensité des mixtes est plus prononcée que celle isolée des deux principes compositeurs. L'eau de fleur d'oranger est plus agréable, étendue d'eau que seule,tandis que l'effet contraire a lieu pour l'eau de Mélilot qui se charge très-peu de son principe aromatique.

Les odeurs désagréables nous éloignent des substances dont elles émanent et leur saveur répugnante coïncide à leur odeur. On observe cependant un petit nombre d'exceptions, comme le Durion ou fruit du *Durio-Zibethinus* que l'on mange malgré son odeur d'oignon pourri; celle du Jacq (*Artocarpus Jacca.*), fruit répandant une odeur stercoraire: à la vérité on le fait tremper dans l'eau une couple de jours pour enlever une partie de cette odeur. Le fruit du Genipayer (*Genipa americana*), est mangé très-souvent, bien qu'il répande une odeur approchant de celle de l'urine.

Quelle que soit la suavité de l'arome répandu par un grand nombre de corolles, elles n'ont point une saveur agréable et l'on peut s'en convaincre en mâchant celles de la Rose, de l'OEillet, du Jasmin etc., si la plante appartient à une espèce renfermant un aromite ou huile essentielle, alors la corolle présente la saveur amarescente et peu agréable que tous les principes résineux communiquent aux végétaux. Nous ne pouvons citer qu'un seul exemple d'une corolle suave à saveur agréable, c'est celui de l'Onagre odorant (*OEnothera suaveolens*) de nos jardins, dont les pétales mâchés offrent au goût quelque chose approchant de la frangipane.

Très-peu de plantes donnent la sensation de plus de deux aromes différents; le Rosier rubigineux est le seul à notre connaissance qui en offre trois,l'odeur herbacée des rameaux verts, l'odeur de Pomme reinette exhalée au loin même, par toutes ses feuilles et l'odeur de la corolle se rattachant à celle des Roses.

Dans les fleurs,plus le tissu est délicat et coloré plus l'arome a de finesse : c'est même cette seule partie de la plante qui laisse échapper l'arome sans mélange de molécules à odeur herbacée.

C'est ce qui fait que les corolles du *Cestrum nocturnum*, celles de la *Nyctago longiflora*, ne donnent aucune odeur lorsque le jour la corolle se trouve fermée par le rapprochement des parties, mais seulement le soir, dès que les parties intérieures sont développées.

Un petit nombre d'espèces végétales offrent le phénomène curieux d'une fétidité bien prononcée dans toutes les parties, surtout par le froissement, tandis que leur corolle répand un arome des plus suaves : tels sont le *Cestrum diurnum*, odorant le jour, et dit pour cela, Galant de jour, et le *Cestrum vespertinum* très-suave vers la fin du jour. L'arome suave des *Pelargonium triste*, *Hesperis* et *Gladiolus tristis*, ne se dégage que vers le coucher du soleil, le reste du jour il est inappréciable.

Des circonstances particulières peuvent modifier les odeurs des végétaux ou même suspendre leur exhalation aromatique : la grande humidité de l'atmosphère atténue les odeurs et le froid les fait disparaître. En général les climats chauds sont plus favorables au développement des espèces aromatiques : pour l'Angélique presque seule vers le nord, on trouve des centaines et des milliers de plantes aromatiques dans les autres zônes. Les montagnes sont plus favorables pour le développement du principe aromatique que les plaines, et Haller auquel la Botanique doit presque autant que la Poésie et la Physiologie, a fait le premier l'observation que plusieurs plantes inodores dans les plaines acquièrent sur les Alpes un parfum très-suave et analogue à celui de certains Narcisses, comme par exemple les *Ranunculus acris*, *Trollius europœus*, *Primula auricula*, etc.

La culture peut aussi beaucoup modifier le principe odorant d'une plante. Le botaniste français Dalibard, a cultivé le Réséda odorant, de manière à lui faire perdre son odeur, d'où il concluait, mais à tort, que ce n'était qu'une variété du *Reseda lutea*. Nous avons vu l'*Orchis coryophora* avec une odeur agréable, pour ainsi dire, et n'ayant plus cette odeur de punaise si repoussante qu'on lui connaît et qui lui a valu son nom de *coryophpora* : quelques botanistes sont tentés de la regarder comme une espèce distincte, mais c'est à tort. Une exposition favorable ou peut-être une variété, nous a fait trouver l'odeur de vanille dans l'Héliotrope d'Europe, comme l'offre celui du Pérou, pour cela nous ne distinguerons pas cet Héliotrope de son espèce généralement inodore. Nocca, botaniste italien, dit qu'ayant semé et cultivé en serre un pied de Souci officinal, ses feuilles perdirent leur odeur désagréable et même durant une année après qu'il l'eut replacé en pleine terre.

L'odeur des fleurs n'est pas sensiblement modifiée par l'absence de la lumière ainsi que le prouvent les expériences de Sennebier qui a fait fleurir des Jonquilles dans un lieu obscur sans que leur suavité naturelle ait été altérée.

Si l'odeur de certains végétaux résineux s'affaiblit lorsqu'ils sont desséchés, cela tient à ce que la partie la plus volatile s'est échappée et que le surplus est plus fixe et à molécules moins dilatables. Le chlore détruit même entièrement ce genre d'odeurs.

Lorsque les végétaux se décomposent ils perdent leur odeur et laissent échapper des exhalaisons ayant toujours un degré de fétidité plus ou moins grande. Un petit nombre au contraire perdent leur odeur repoussante en s'altérant comme on le voit pour les fleurs du *Stapelia variegata*, la spathe de l'*Arum dracunculus*, pour le *Phallus impudicus*, *Dyctiophora Phalloïdea*, Desv. (*Phallus indusiatus* Vent.), les Charaignes et les bois des *Sterculia fœtida* et *Fœtidia mauritiana*. Dans quelques circonstances au contraire, les végétaux en se putréfiant donnent une odeur agréable; ainsi en abandonnant des débris de fruits humectés médiocrement ils laissent dégager un principe odorant si rapproché de celui de l'Ether que nous restons persuadé que dans ce cas il se forme spontanément de l'Ether acétique. Lorsque la Patate ou racine du *Convolvulus Batatas* se putréfie elle exhale une odeur très-agréable de violette.

Les odeurs s'attachent plus volontiers à certains corps qu'à d'autres, on sait surtout que la laine retient plus que toute autre substance qui les approche des émanations odorantes ou désagréables.

Les principes herbacés d'un végétal ne sont pas extensibles au même degré dans l'air, que les émanations suaves; dans les odeurs des fleurs il en est même qui se propagent plus au loin les unes que les autres, en tenant même compte de circonstances analogues : on peut passer près de certains Rosiers sans soupçonner leur présence, tandis que le parfum moins agréable de la Rose-Thé, se fait sentir d'assez loin; la moindre fleur de Jasmin, celle du Réséda, l'*Agaricus odoratus* donnent la sensation de leur présence à une assez grande distance.

Lorsque les principes aromatiques d'un végétal sont très-vaporisables, ils ne deviennent bien sensibles que dans un moment de calme et lorsqu'il n'y a qu'une chaleur modérée : ce qui fait que les bosquets de Genêt d'Espagne répandent le matin et le soir une odeur délicieuse, la trop grande dilatation de l'air ne donnant que peu de molécules sous un même volume.

Si une espèce est à principe odorant résineux, ce principe est plus fixe et plus actif; si au contraire il réside dans un aromite il est moins permanent ; mais il est tout-à-fait fugace et s'évanouit avec la vie de la plante s'il repose sur une organisation où domine le principe gommeux, il suffit même dans ce dernier cas de désorganiser par la trituration les parties odorantes pour en faire disparaître complètement le principe aromatique, comme on peut en faire l'expérience sur les fleurs de Violette, de Tubéreuses, de Lis, etc.

Si un principe aromatique est de nature résineuse, de près comme de loin il donne la même sensation ; ce qui n'a pas lieu pour les espèces à arome fugace En respirant de très près l'odeur de ces dernières, on perçoit en même temps une odeur herbacée qui altère la suavité du principe aromatique. La Violette et le Réséda par exemple font éprouver très-distinctement les deux sensations de ce genre.

Si l'on détruit par le froissement le principe odorant de quelques espèces on augmente au contraire l'intensité de celui qui tient ou à un aromite ou essence, ou à une résine, comme on peut le remarquer en frottant le Camélier, le Laurier-Benjoin, la Lavande, le *Raventsara*, etc.

Les odeurs exercent la même influence sur tous les hommes, relativement à la sensation qu'elles font éprouver ; ainsi les odeurs agréables le sont pour le sauvage comme pour l'homme civilisé, de même que les odeurs répugnantes ou fétides sont rejetées par les uns et les autres. En vain l'on citerait l'exemple des Romains qui aimaient l'odeur putride de leur *Garum* (1) ; des Persans qui recherchent l'odeur de l'*Assa fœtida*, celui des Siamois qui n'estiment que les œufs couvés ; celui des Groenlandais qui usent de préférence de l'huile de Baleine rancie ; celui des Indous qui aiment à respirer les fleurs à odeur spermatique de certaines plantes et spécialement celle de leur *Mindi* (*Lawsonia inermis* et *spinosa*), il n'en est pas moins vrai que notre proposition reste intacte et que ce petit nombre d'exceptions n'indique qu'une dépravation de l'organe de l'odorat, qui est sujet à des aberrations comme celui du goût, soit par habitude, soit par préjugé, soit par suite d'une organisation particulière. Il est des hommes qui jugent mal les odeurs comme il y a des esprits faux qui ne peuvent jamais envisager une chose sous son véritable jour : c'est par suite de cette variété dans la manière de percevoir les odeurs que quelques personnes fuient celles qui plaisent à tout le monde. Quelquefois cette différence tient à un préjugé, tel était celui des anciens pour l'odeur du Citron ; celui de la femme dont parle Ledelius (2) que l'odeur des Roses rouges

(1) *Loquitur* Garo *de succis* piscis iberi. HORACE.

(2) Ephem. Nat. cur. dec. 2 ann. 10. obs. 8. p. 27.

faisait tomber en syncope tandis qu'elle portait des Roses blanches sans rien éprouver.

D'autres personnes fuient l'odeur de toutes les Roses ; une femme se trouvait mal en respirant celle de l'Oranger, au rapport de Schneider; un médecin-légiste, Paul Zacchias, au contraire, ne pouvait supporter l'odeur des Roses blanches (1). Louis XIV dit-on, avait une sorte d'antipathie pour les odeurs agréables (2). Enfin il y a une foule d'exemples semblables tenant tous à une idiosyncrasie.

Quant à l'influence des émanations de certains végétaux sur les animaux nous en parlerons plus loin.

Les odeurs des végétaux ont une action plus ou moins énergique sur les sytèmes de l'économie animale, suivant leur nature et suivant la manière dont elles sont mises en contact avec ces systèmes.

Les émanations des Solanacées respirées de trop près et trop long-temps sont stupéfiantes, de même que celle de l'Opium. Les personnes qui préparent les stigmates du Safran officinal, éprouvent de violentes céphalalgies, et certaines femmes sont prises de convulsions spasmodiques. On a vu même les animaux employés au transport du Safran desséché, tomber en syncope. Des Apocins exhalent une odeur qui agit de la même manière en Amérique, sur les abeilles et les autres insectes.

Suivant leur nature les odeurs agissent comme matières médicamentaires. Suaves et aromatiques elles sont excitantes, relèvent les forces abattues, en agissant sur les nerfs; suaves et douces elles font éprouver une hilarité momentanée ; répugnantes elles peuvent déterminer le vomissement.

Certaines odeurs ont une action plus directe sur les organes de la génération et justifient l'emploi que l'on fait de l'Ambrette ou graine d'*Hibiscus abelmoschus* pour les oiseaux de volière. On connaît l'action de la *Valeriana Phu*, des *Nepeta Cataria* et *Teucrium Marum*, sur le système utérin et dans les hypochondries. Les chats se roulent sur toutes ces plantes et les détruisent si elles sont à leur portée. L'Ansérine fétide (*Chenopodium vulvaria*) étant broyée attire les chiens en chaleur et détermine pour eux la sécrétion des urines (3).

S'il est bien certain que l'Anthémide-Maroute (*Anthemis Cotula*), l'Epiaire fétide (*Stachys fœtida*), l'Actée herbe-de-St-Chrystophe (*Actea spicata*), attirent les crapauds, il est possible que ce soit par une raison analogue.

(1) Quæsti. medico-legal. lib. 2. tit. 2. quæst. 2.
(2) Dolæus.Euc. medic. lib. 5. p. 867.
(3) M. Virey, dans le Bulletin de pharmacie, (vol. 4. p. 193), a donné beaucoup de détails sur l'*Osmologie*, ou *Histoire naturelle des odeurs*, où se trouve le cachet de l'érudition de ce savant.

Une des propriétés des odeurs est de pénétrer très-promptement dans toutes les voies de l'économie animale ; il suffit en effet de les appliquer sur l'abdomen ou sur le sommet de la tête pour en imprégner les urines. La seule émanation de la térébenthine pénètre, sans application immédiate de la substance, dans toutes les voies et aromatise après quelques heures seulement les urines,qui répandent alors une odeur de violette.

Il n'est pas indifférent pour la santé d'être exposé habituellement à l'influence de telle ou telle odeur : nous croyons avoir remarqué que les parfumeurs sont d'une constitution sèche et nerveuse ; et en effet les médecins observateurs savent très-bien que les névroses sont ordinaires chez les personnes que leur profession met dans le cas de vivre continuellement dans une atmosphère chargée de principes aromatiques.

De la propriété que les odeurs ont de pénétrer facilement dans toutes les voies de l'économie animale il en résulte que lorsqu'elles sont de nature à être assimilées aux substances organiques, elle entretiennent la vie et augmentent l'embonpoint. Le chancelier Bacon (1) parle d'un homme qui pouvait vivre pendant quatre à cinq jours sans autre secours que l'odeur de l'ail et des herbes aromatiques. Diogène Laerce (lib. VI), assure que Démocrite prolongea sa vie de quelque temps en se nourrissant de la vapeur du pain chaud. On connaît assez d'où provient l'embonpoint remarquable de tous les bouchers ; on peut croire à ces phénomènes sans adopter le conte de Pline (lib. VII cap. 2.), d'un peuple qui se nourrit par l'odorat ; ni celui d'Oribaze qui rapporte qu'un philosophe s'est nourri pendant long-temps de l'odeur du miel.

S'il était besoin de prouver encore cette influence des molécules odorantes exhalées des végétaux ou de leurs principes immédiats , nous citerions l'observation des Nègres qui ne se portent jamais mieux et n'ont jamais la peau plus noire et plus luisante (signe certain de leur bonne santé) qu'à l'époque où ils vivent au milieu des vapeurs aromatiques des chaudières qui servent à préparer le sirop de sucre (2).

Lorsque les odeurs ont un certain degré d'intensité , ou que l'émanation s'en fait dans un lieu dont l'air ne se renouvelle que difficilement, elles deviennent pernicieuses : la Tubéreuse , malgré son odeur suave,incommode beaucoup de personnes La fleur du Laurose ou Laurier-Rose peut asphyxier. La *Lobelia longiflora* , ou Quebec , excite une oppression suffocante si l'on

(1) *De vitâ et morte.*

(2) On doit penser aussi que la grande consommation qu'ils font en ce moment du sirop de sucre, comme addition à leurs aliments, ne contribue pas peu à cet effet.

respire son odeur, d'après le témoignage de Jacquin. On a vu les fleurs de la Mauve musquée déterminer des accès d'hystérie chez des femmes nerveuses. Ingenhousz cite l'exemple d'une jeune personne morte à Londres par les émanations des fleurs du Lis blanc, placées dans un appartement clos. Une autre périt par l'odeur des violettes. Triller sauva une femme d'une asphyxie par la même cause, en faisant seulement enlever les fleurs qui étaient auprès d'elle. Cromer (1) cite un évêque de Breslaw mort par l'effet de l'arome des fleurs.

Indépendamment de l'arome de leurs fleurs les autres parties du végétal peuvent quelquefois exhaler des principes très-nuisibles et mêmes mortifères. Les personnes occupées à arracher les racines de Bétoine éprouvent des tournoiements de tête ou une sorte d'ivresse; celles qui se livrent sans précaution à l'extraction des racines d'Ellébore blanc (*Veratrum album*), éprouvent des vomissements.

Chaque année toute la famille d'un pasteur de Crossen en Allemagne tombait malade; on soupçonna enfin que cela était dû à un Sumac vénéneux (*Rhus toxicodendrum*) faisant partie d'un berceau de verdure sous lequel cette famille se reposait habituellement. On arracha le Sumac et la même affection ne reparut plus.

On a toujours regardé et avec juste raison comme nuisibles, les émanations de l'If, du Genièvre, du Mancenilier, du Sapotilier, de l'*Anagyris fœtida*, de l'Antiar (*Antiaris toxicaria*), mais cependant il faut rester long-temps exposé aux émanations de ces végétaux ou être très-impressionnable ainsi que quelques personnes le sont. L'intensité de la chaleur rend plus dangereuses toutes les espèces végétales que nous venons de citer. Le Chanvre, la Stramoine ont offert quelques exemples d'effets funestes, dans ces circonstances.

Les animaux sont susceptibles d'être plus qu'affectés par les émanations des végétaux. On a fait périr des moineaux en les tenant exposés pendant quelques minutes sous une cloche dans laquelle était placé le Champignon si singulièr et si fétide désigné par les botanistes sous le nom de *Phallus impudicus*. On a peut-être exagéré les effets des émanations de certains végétaux sur les serpents, mais cependant des expériences qui nous sont propres nous persuadent que ce n'est pas sans réalité que l'on a dit que les serpents craignaient l'odeur de la Rue; que celle de l'*Aristolochia anguicida* tue le *Crotalus horridus*, espèce de serpent sonnette.

Si les propriétés aromatiques des végétaux sont détruites par

(1) De rebus polonicis. lib. VIII.

l'action du feu ou une torréfaction complète, dans certaines espèces cet arome se développe avec plus d'intensité pour ainsi dire lorsqu'on les brûle : telles sont le Tabac, la Stramoine, la Jusquiame, le Chanvre. Chez les anciens on employait la fumée de la Jusquiame et de la Stramoine, soit pour provoquer une sorte de vertige et troubler les idées de ceux qui venaient consulter les oracles; soit pour exciter la fureur sacrée des Pythonisses. La fumée du Chanvre produit les mêmes effets chez les Indous et les Hottentots. La fumée du Tabac cause une ivresse furieuse aux sauvages de l'Amérique septentrionale, au moyen de laquelle ils se précipitent aveuglement dans les dangers.

C'est à leur arome que les végétaux doivent leur propriété. Les Casses purgatives, la Rhubarbe, la Manne même perdent leurs propriétés si on leur enlève ce principe soit par la torréfaction, soit par tout autre moyen.

La variété des odeurs a dû fixer l'attention des philosophes, aussi voit-on Aristote et après lui Théophraste s'en occuper sérieusement, et probablement ils n'étaient pas les premiers à le faire: mais les premières notions fournies par l'antiquité nous sont parvenues par leur intermédiaire. Sept, devenu une sorte de nombre sacré, gouvernait pour les anciens, les odeurs comme les planètes, les couleurs etc. Aussi distinguait-on le Doux, le Gras, l'Acide, l'Acre, l'Austère, l'Acerbe et le Fétide, comme dans les saveurs.

Tant que la physique d'Aristote domina la physique de la nature on ne fut pas au-delà de ce qu'enseignait le *Prince de la Philosophie* ; mais l'esprit humain sortant des langes dans lesquels le maintenaient ceux qui ne juraient que par la *parole du maître*, on vit que la classification des odeurs était insuffisante.

Linnée que nous retrouvons partout où la raison peut apporter d'utiles améliorations, Linnée, en conservant six espèces d'odeurs, en établit dans le nombre qui ne ressemblent pas à celles de l'école aristotéenne, ce sont les *ambrosiaci* ou aromatiques, *fragrantes* ou suaves, *aromatici* ou ambrées, *graveolentes* divisées en *alliacei* et *hircini*, *tetri* ou stupéfiantes et *nauseosi* ou nauséeuses.

Adanson, qui reprit plusieurs des travaux de Linnée, reconnaît dans les végétaux les inodores, les faiblement odorants, les suaves aromatiques forts, les forts fétides, et les fades.

De Saussure qui a dirigé son génie observateur sur des objets si différents et éclairé les objets qu'il n'a pu qu'effleurer, pensait que l'odeur *piquante*, telle que celle de la Moutarde, devait être comptée comme une espèce se retrouvant dans beaucoup de plantes : en effet, outre les Crucifères, on peut la distinguer encore dans le *Tagetes lucida*, dans le *Crithmum maritimum*, l'*Artemisia dracunculus*.

Dans son travail sur les odeurs, Lorry a établi cinq classes : les *Camphrées*, les *Ethérées*, les *Vireuses* ou *narcotiques*, les *Acides* et les *Alcalines*.

Fourcroy, dans son mémoire sur l'arome a fait des recherches chimiques qui l'ont conduit à établir cinq genres d'odeurs.

1° L'*odeur muqueuse*, faible, herbacée, peu durable ; sa dissolution dans l'eau se troublant et se remplissant de flocons muqueux exhalant promptement l'odeur du moisi. La Bourrache, le Plantain, en offrent des exemples.

2° L'*odeur huileuse*, insoluble dans l'eau et ne passant pas à la distillation ; étant détruite facilement par l'oxigène ; dissoluble dans l'alcool; se perdant facilement au contact de l'air. Les Réséda, Héliotrope, Jonquille, Tubéreuse, Narcisse, Jasmin présentent des exemples de ce genre d'odeur. On ne peut les fixer que par le sucre ou les huiles fixes.

3° L'*odeur huileuse volatile* ou *aromatique*, dissoluble par le seul contact de l'eau froide plus abondamment que dans l'eau chaude, dont elle se précipite en partie par le refroidissement sous forme d'émulsion ; plus dissoluble dans l'alcool qui l'enlève à l'eau : cette dissolution se troublant par addition d'eau.

Toutes les Labiées et toutes les plantes dites aromatiques fournissent cette odeur.

4° L'*Odeur aromatique* et *acide*, caractère de la précédente, de plus, rougissant les couleurs bleues végétales, laissant précipiter de l'acide benzoïque et passant alors au troisième genre.

De ce nombre sont toutes les eaux alcooliques de Styrax, Benjoin, Canelle, Vanille, Baume de Tolu, du Pérou, etc.

5° L'*Odeur hydro-sulfureuse*; fétide, précipitant les dissolutions métalliques en brun ou noir ; noircissant l'argent, et laissant à l'air précipiter du soufre.

Toutes les eaux distillées des Crucifères sont de ce genre.

Quelque savante que soit cette classification des odeurs des Plantes ; quelqu'en soit le mérite sous le rapport de la chimie, on conviendra qu'elle est insuffisante pour l'usage que l'on veut faire d'une distribution méthodique des odeurs, et d'ailleurs on ne peut la juger qu'alors qu'elle est séparée du corps dont elle émane et portée sur un autre corps ; tandis qu'il s'agit, au moins suivant notre manière de voir, d'apprécier les odeurs et de les classer d'après les impressions qu'elles font sur l'organe destiné à les percevoir aussitôt qu'elles s'échappent du corps.

Si un chimiste parvenait à classer toutes les espèces d'odeurs que nous aurons occasion d'énumérer, peut-être cette classification aurait-elle le double mérite d'être plus exacte et plus savante, mais elle ne dispenserait pas de caractériser et de distinguer les espèces d'odeurs dont nous parlerons bientôt.

M. Virey, dans une dissertation remplie de recherches sur l'osmologie, a fait l'énumération d'un très-grand nombre d'odeurs différentes; mais sa classification en trois classes, *odeurs d'aliments*, de *médicaments*, et *d'agrément* ou de *toilette*, ne peut être celle des naturalistes qui ne doivent considérer les odeurs qu'en elles-mêmes et non par rapport à leurs usages; cependant ce travail nous fournira des détails précieux et certaines distinctions entre les odeurs, qui nous paraissent fondées.

Il divise les odeurs des espèces médicamentaires en, *nauséabonde*, *narcotique*, *acre*, *hircine*, *aphrodisiaque*, *emménagogue*, *nidoreuse*, *carminative*, *bitumineuse*, *forte*, *camphrée*, *cardiaque*, *aromatique*, *balsamique*, *résineuse*, *gommo-résineuse*, *ambrosiaque*, *citronée*, des *Lotiers*, *acerbe*, des *Amandes amères*.

Dans les odeurs des aliments, il distingue les odeurs *fades*, *oléracées*, *légumineusess*, d'*ombellifères*, *anti-scorbutiques*, des *fruits*, *douceâtres-oléagineuses*, *alliacées*, des *épices* (1).

Les odeurs de *Rose*, *Liliacées* et *Iridées*, de *Violettes*, *fragrantes*, des *plantes alpines*, des *Caprifoliées* sont classées au nombre de celles d'agrément.

Si quelques-unes des distinctions précédentes sont bonnes à adopter il en est aussi plusieurs qui rentrent les unes dans les autres. Il faut dire encore que le but de l'auteur n'a point été de donner un travail sur la classification des odeurs et qu'alors on ne peut juger rigoureusement la méthode qu'il a employée et les espèces ou sortes d'odeurs qu'il a distinguées.

M. Decandolle (2) dans sa *Théorie élémentaire*, n'a pu, par la nature de son travail, offrir que très-peu de considérations sur les odeurs, cependant nous y avons remarqué avec plaisir qu'il s'accorde avec nous en distinguant comme une odeur particulière celle des plantes marines dont peut-être le nom d'*odeur muriatique* eut pu être plus expressif.

Ne pouvant, pour la classification des odeurs, employer les caractères chimiques proposés par Fourcroy, il ne nous reste qu'à suivre la marche la plus généralement employée qui est de les considérer dans leurs rapports avec l'organe de l'odorat et suivant les sensations qu'elles font naître en nous et suivant leurs effets sur l'économie animale. Bien qu'il y ait peut-être un peu de vague dans cette méthode, lorsque l'on est obligé d'entrer dans les détails, cependant nous ne conviendrons pas avec le savant chimiste que nous venons de citer, qu'elle est arbitraire et que les impressions protéiformes de l'odorat n'ont *rien de fixe*,

(1) Nous ne parlons pas de l'odeur des chairs crues et de celle des poissons, qui rentraient dans les plans de l'auteur et dont il fait mention, parce qu'elles s'éloignent de notre objet.

(2) Théorie élémentaire, p. 520. (1819.)

de permanent et d'égal pour tous les hommes. Nous tenons pour assuré au contraire que comme les odeurs sont des sensations, elles sont toujours semblables et susceptibles d'analyse. S'il est quelques individus dont l'organisation est telle qu'ils ne perçoivent pas les odeurs comme les autres hommes, cela ne doit pas empêcher que le principe ne demeure applicable en thèse générale. Ce que l'on peut dire de plus exact, par exemple, c'est que les odeurs étant au nombre des sensations simples, il est très-difficile de les caractériser et que pour les indiquer on n'a souvent d'autre moyen que de citer des exemples.

D'après ce qui a déjà été dit, l'on doit établir en principe qu'il n'y a aucun végétal inodore, cependant comme il en est un grand nombre qui n'ont qu'une odeur faible ou peu remarquable, on peut les considérer comme tels tant qu'il deviendra indifférent d'établir leur degré et leur espèce d'aromatisme : mais nous n'en établirons pas moins les modifications auxquelles ces odeurs presqu'inappréciables sont sujettes.

Si nous eussions voulu former autant de genres d'odeurs, que les corps nous font éprouver de sensations différentes, il en serait résulté un dédale plus nuisible qu'utile ; il a donc fallu en grouper les variétés pour diminuer l'inconvénient d'une longue énumération et c'est ce qui nous a conduit à établir sept genres d'odeurs, sans avoir eu l'intention de revenir sur le nombre sept si respecté par les anciens.

Il est des odeurs très-peu distinctes ou très-peu appréciables ; il en est d'autres bien distinctes, mais n'offrant aucun caractère énergique ; un grand nombre sont remarquables par leur douceur et leur suavité ; quelques-unes sont très-énergiques sans cesser d'être agréables; un petit nombre à travers leur arome suave donnent une sensation plus vive encore ; beaucoup sont très-fortes sans être agréables, et enfin un très-grand nombre joignent à un grand développement un caractère déplaisant qui les fait rejeter.

De ces diverses considérations nous avons constitué les sept genres d'odeurs suivants : 1° Odeurs inertes, 2° Odeurs anaromatiques, 3° Odeurs suaves, 4° Odeurs aromatiques, 5° Odeurs balsamiques ; 6° Odeurs pénétrantes, 7° Odeurs fétides.

Il y a un certain rapport entre la nature de ces odeurs et les effets généraux qu'ils produisent sur l'économie animale. Les inertes et anaromatiques sont nulles et de nul effet; les suaves sont excitantes; les aromatiques et les balsamiques sont toniques et nervines; les pénétrantes et les fétides sont vomitives, nauséeuses ou purgatives.

PREMIER GENRE.

ODEURS INERTES (*Odores invalidi.*)

Faibles, sans suavité ni mauvaise qualité ; très-peu extensibles dans l'air.

Les espèces que nous avons classé dans ce genre sont difficiles à caractériser et peu faciles à distinguer à raison de leur peu d'énergie, elles se distinguent des espèces du genre suivant qui sont bien prononcées sans être aromatiques.

1° **Odeur ligneuse** (*Odor lignosus*); elle est sensible dans le corps des gros végétaux qui ne sont ni aromatiques ni résineux : surtout lorsqu'ils sont encore verds et remplis d'humidité. On s'aperçoit de cette odeur en les sciant, et dans les lieux où il y en a une grande quantité de réunis ; telle est l'odeur du bois de Chêne, d'Orme, de Saule, de Frêne, etc.

2° **Odeur herbacée** (*O. herbaceus*) ou de vert, elle se manifeste par une sorte de crudité que l'on ne peut bien faire connaître que par des exemples ; toutes les Graminées froissées donnent la sensation de cette odeur ; elle se rencontre encore dans les parties vertes de tous les végétaux qui ne sont ni aromatiques ni pourvus d'une odeur forte. Les Plantains, la Cynoglosse, la Bourrache, la Morgeline, etc., etc., ont l'odeur *herbacée*.

Cette odeur ayant diverses variétés se retrouve encore dans beaucoup de végétaux à odeur suave (3me genre.) et se distingue à travers les molécules parfumées. Quelquefois elle se combine avec les odeurs fétides comme dans la Mercuriale annuelle.

3° **Odeur féculaire** (*O. feculinaceus*) ; c'est celle que donne la graine de toutes les Graminées réduite en farine et celle de plusieurs végétaux dont la graine renferme un albumen amylacé, telles que les Nyctages ; on la retrouve dans la Cassave, et dans le Bolet du Noyer, mais elle est un peu exaltée dans ce dernier végétal ; dans l'Agaric mousseron. Dans notre Dictionnaire de botanique c'est l'odeur *farineuse*.

4. **Odeur mucilagineuse** (*O. mucilagineus*) c'est celle des Gommes dissoutes, telles que Gomme d'Abricotier, de Prunier, arabique, adragante, etc., du Sagou, du Salep, et de quelques Cucurbitacées.

5. **Odeur crue** (*O. crudus*). On observe cette odeur plus spécialement dans les parties des plantes qui prennent une consistance charnue, telles que le fond de l'Artichaut, la Patate, la Pomme de terre, le Topinambour lorsqu'ils n'ont pas subi la cuisson ; la Carotte, et beaucoup d'autres racines fournissent des exemples de cette sorte d'odeur ; ainsi que la plupart des graines avant leur maturité.

6. **Odeur féviaire** (*O. fabarius*) : elle est bien connue dans les graines mûres des Légumineuses alimentaires, lorsqu'on les soumet à la cuisson dans l'eau ; telle est celle de la Fève, des Haricots, des Lentilles, des Orobes, des Gesses , des Lupins, etc.

7. **Odeur oléracée** (*O. oleraceus*), on peut la confondre avec l'odeur herbacée quand la plante est verte, mais lorsqu'elle est soumise à la cuisson elle donne cette espèce d'odeur distinguée par M. Virey. Telle est l'odeur des Bettes, de l'Arroche des jardins, du Cardon, de l'Endive, de l'Epinard, de l'Arroche-Bon-Henri, de la Laitue, bouillis dans l'eau. L'Asperge a une odeur un peu plus distincte, mais que l'on peut cependant classer ici.

8. **Odeur oléanaire** (*O. oleanarius*); c'est l'odeur que donnent la noix écrasée ; l'amande du Cocotier, de l'Avoïra, du Cacaoyer, du Noisetier ; la graine du Chanvre , du Ricin , etc. Cette odeur peu sensible, se change par l'altération en celle très-distincte et très-forte , connue sous le nom de *rance*.

9. **Odeur fongacée** (*O. fungaceus*) ou des Champignons; on prend pour type de cette odeur celle du Champignon de couche (*Agaricus campestris* Bull.) qui s'observe ensuite dans toutes les espèces de cette famille de plantes, mais quelquefois elle prend un caractère prononcé de fétidité, comme dans le *Phallus*, et aussi celui de parfum comme dans l'Agaric odorant (*Agaricus odorus*) et dans la Mérule-Chanterelle (*Merulius Chantarellus*) et rentre alors dans une des espèces d'odeurs des genres précédents.

10. **Odeur mellacée** (*O. mellaceus*; beaucoup de plantes ont cette odeur à raison de la grande quantité de matière mucoso-sucrée qu'elles portent dans leurs appareils nectaifères ; la fleur de Bois de Campêche (*Hæmatoxylon campechianum*); la Manne, les Figues, les Dattes, les Sébestes très-mûres et un peu séchées, ont une odeur approchant du miel.

SECOND GENRE.

ODEURS ANAROMATIQUES (1) (*Odores anaromatici.*)

Bien distinctes, peu énergiques , n'étant ni suaves, ni pénétrantes , ni fétides.

1. **Odeur acerbe** (*O. acerbus*). Il est à remarquer que cette odeur qui concourt avec la saveur stiptique, ne se rencontre que dans les végétaux et parties de végétaux qui renferment une quantité notable d'acide gallique , aussi la sensation que donne cette odeur est un peu astritique : telle est l'odeur des Orobanches, des écorces fraîches du Quinquina, du suc d'Acacia, du

(1) La difficulté de trouver une expression plus convenable, nous oblige de conserver celle-ci qui ne veut pas dire ici sans arome, mais sans arome agréable.

Cachou, de l'Arech, des racines d'Oseille, de Fraisier, de Bistorte, de Tormentille, d'Aigremoine, etc.

Peut-être cette odeur serait-elle mieux placée dans le genre précédent ?

2. **Odeur vineuse** (*O. vinosus*). On observe rarement cette odeur dans d'autres parties que la sève ayant fermenté ou les divers fruits ayant également fermenté, nous ne la connaissons que dans quelques variétés de Melon, dans le bois de Campêche frais en le coupant, et dans la Fistuline (*Boletus hepaticus*).

3. **Odeur spermatique** (*O. spermaticus*) ou aphrodisiaque. Elle a pris son nom de l'odeur que donne la liqueur spermatique des mammifères. Dans les végétaux cette odeur a son siège dans le pollen; aussi beaucoup de plantes la présentent très-distinctement : telle est la Lausonie (*Lawsonia*), le Chataignier, les Vinettiers (*Berberis*). Cette odeur prend un grand caractère de force et devient même entêtante dans la *Bumelia fœtidissima*. La racine de l'Orobe noire offre cette singulière odeur, ainsi que plusieurs Champignons.

4. **Odeur nucléacée** (*O. nucleaceus*), de noyau, ou d'acide hydrocyanique ou prussique ; c'est cette odeur peu prononcée, mais distincte qui fait rechercher le véritable kirschen-waser, et l'huile de noyaux: on la trouve dans la feuille du Pêcher, du Laurier-cerise, du Prunier Ragouminier et dans les amandes de tous les fruits drupacés des Rosacées; dans le *Convolvulus pentaphyllus*.

TROISIÈME GENRE.

ODEURS SUAVES (*Odores suaveolentes.*)

Très-prononcées, douces et agréables, ni aromatiques, ni balsamiques.

1. **Odeur anisée** (*O. anisatus*). Dans le fruit de l'Anis cette odeur qui est bien distincte, a un caractère un peu moins suave que dans les feuilles et les fruits de la Badiane ; le bois de l'Athérosperum musqué de l'île King, a une odeur d'anis très-agréable.

2. **Odeur musquée** (*O. moschatus*) ou ambrée. Le musc est le type de cette odeur, qui a été remarquée dans plusieurs végétaux à un degré plus ou moins prononcé et avec des modifications plus ou moins manifestes. On trouve cette odeur dans les feuilles et les tiges de l'Erodion musqué (*Erodium moschatum*), de la Moschatelline (*Adoxa Moschatellina*); du *Solanum miniatum* (*S. moschatum* Sch.), de *l'Aster argophyllos*, *Allium moschatum*, *Holcus odoratus*. Dans la graine de la Ketmie Abelmos (*Hibiscus Abelmoschus*) ; dans la fleur de la

Rose musquée, de la Centaurée amberboï, les feuilles et les fleurs de l'Erigéron âcre, les fleurs de la *Monotropa hypopitis*, et les feuilles de la Courge gourde (*Cucurbita lagenaria*), de l'*Aster argyrophyllos*, dans toutes les parties du *Mimulus moschatus*, enfin dans quelques variétés de nos Poires, et certains bois étrangers.

3. **Odeur orangiaque** (*O. aurantiacus*). La fleur de l'Oranger est la seule partie de cet arbre qui donne l'odeur que nous voulons désigner, on la connaît sous le nom d'*odeur de fleur d'Oranger*, mais il est aussi quelques végétaux dans lesquels on la retrouve, telle est la fleur du Robinier faux-acacia; celle de la Clématite viorne (*Clematis Vitalba*), le bois de Santal jaune, etc.

4. **Odeur pomacée** (*O. pomaceus*). La Pomme reinette est le type de cette odeur suave, qui s'observe encore dans d'autres parties des végétaux, comme dans les feuilles des diverses variétés du Rosier rubigineux (*Rosa rubiginosa*); dans celles du Mélampyre blé-de-vache (*Melampyrum arvense*), de quelques Pélargonions. Les jeunes branches et les feuilles du Dodone visqueux (*Dodonœa viscosa*), rendent également cette odeur, ce qui lui a fait donner à St-Domingue le nom de *Bois de Reinette.*

5 **Odeur rosacée** (*O. rosaceus*). Cette odeur bien connue varie beaucoup pour les diverses espèces et variétés de Roses, et se rencontre encore quelquefois dans d'autres végétaux; comme dans la racine de l'Orpin Racine-de-Rose (*Sedum Rhodiola*); dans les fleurs de la Gesse tubéreuse (*Lathyrus tuberosus*); dans la feuille du Pélargonion en tête (*Pelargonium capitatum*); dans le bois de Rhode (*Convolvulus scoparius*); le bois de l'Erithal frutescent, du Balsamier de la Jamaïque, etc.

6. **Odeur vanillée** (*O. vanillosus*). Peu de végétaux donnent la sensation de cette suave odeur, cependant outre la capsule de plusieurs espèces de Vanille qui la donnent, elle se présente dans les fleurs de l'Héliotrope du Pérou, et même dans celles de l'Héliotrope d'Europe, mais à un très-faible degré, et encore dans la fleur de la Tussilage odorante (*Tussilago suaveolens*) qui porte pour cela le nom d'Héliotrope d'hiver; les fleurs de la *Valeriana saliunca*. Dans le péricarpe de l'Avoine noire, l'odeur de Vanille est très-prononcée et peut même lui être enlevée pour être portée sur d'autres corps.

7. **Odeur violéacée** (*O. violeaceus*). L'odeur douce de la Violette existe encore dans la racine d'Iris de Florence (*Iris florentina*) dans le *Byssus jolithus*, et un *Lichen hircinicus*; dans la fleur de l'Acacie de Farnèse.

Après avoir rapporté un certain nombre d'odeurs suaves des végétaux, à quelques types principaux, il en reste encore une grande quantité à classer : mais comme elles ne sont pas susceptibles, dans l'état actuel de nos connaissances sur cette partie de la Botanique, d'être disposées de la même manière que les précédentes, nous nous contenterons de les renfermer dans une seule espèce dont on en détachera probablement plusieurs par la suite.

8. **Odeur agréable** (*O. fragrans*) ou fragrante. Elle est aussi variée que les espèces de plantes qui la fournissent; ayant le caractère du genre elle n'appartient à aucune des sept espèces précédentes. Dans les fleurs on peut citer la Giroflée, le Jasmin, le Tilleul; le Mongori (*Nyctanthes-Sambac*), le Pois de senteur (*Lathyrus odoratus*), le Chèvre-Feuille, les Lis, Narcisses, Jacinthes, Jonquilles, Tubéreuses, Iris, la Vigne, le Baquois odorant, etc. Dans les fruits, la Fraise, la Framboise, la Pêche, l'Ananas, etc. ont une odeur *fragante.*

QUATRIÈME GENRE.

ODEURS AROMATIQUES (*Odores aromatici.*)

Très-exaltées, mais agréables, souvent piquantes; sans mélange de sensation acide.

C'est dans ce genre et le suivant que se trouvent les corps qui fournissent les aromates déjà si célèbres chez les anciens.

1. **Odeur caryophyllacée** (*O. cariophyllaceus*). Bien que les variétés d'odeurs de cette espèce soient les plus douces du genre, elles ont cependant un degré de force qui peut déterminer très-facilement une céphalalgie. On la trouve dans l'Œillet des jardins (*Dianthus caryophyllus*), dans l'Orobanche caryophyllacée; dans les racines d'Acorus (*Acorus calamus*), de Benoite (*Geum urbanum*), de Souchet (*Cyperus odorus* et *cinnamomeus*), de Valériane celtique, de Valériane Jatamansi, de Verge-d'Or odorante (*Solidago odorata*), etc.

2. **Odeur épicéo-aromatique** (*O. epiceo-aromaticus*). La sensation de la partie aromatique prédomine, elle est forte et tonique, telle est celle de toutes les parties du Giroflier, du Canellier, du *Raventsara*, de la Cascarille, du Sassafras, etc.

3. **Odeur épicée** (*O. acer*). A travers l'arôme de cette espèce d'odeur on reçoit la sensation prédominante de molécules âcres et piquantes, dont l'effet, lorsqu'elles sont multipliées, est de déterminer la sécrétion des larmes. Tels sont les divers Poivres, la Muscade, les Amomes et Cardamomes, le Costus, le Gingembre, le Curcuma, la graine de Nielle des champs (*Nigella arvensis*; le Poivre des Nègres (*Uvaria japonica*); le Poivre d'Ethiopie (*Uvaria zeylanica*), le Poivre de la Jamaïque (*Myrtus pimenta*): tous fruits ou graines employés comme condiments.

CINQUIÈME GENRE.

ODEURS BALSAMIQUES (*Odores balsamici.*)

Suaves, très-prononcées; donnant une sensation aromatique aiguisée souvent par la présence de l'acide benzoïque.

1. **Odeur balsamoïde** (*O. balsamoideus*). Cette odeur est au nombre de celles appelées *balsamiques*, mais elle s'en distingue par l'absence de l'acide benzoïque et par conséquent elle a quelque chose de moins pénétrant, telle est celle des bourgeons du Peuplier-Baumier (*Populus balsamifera*); telle est encore celle des Baumes de la Mecque, de Copahu, et celle de quelques Orchidées.

2. **Odeur balsamique** (*O. balsamicus*). Elle est bien distincte de *l'odeur résineuse*, par la présence de l'acide benzoïque qui semble augmenter la sensation suave ou au moins la développer; c'est celle que donnent le Benjoin, le Styrax, le Baume du Pérou, le Baume Cochon, le Baume de Tolu.

3. **Odeur myrrhique** (*O. myrrhicus*). C'est celle que M. Virey nomme *odeur gommo-résineuse*, elle se manifeste lorsque l'on brûle de la Myrrhe, de l'encens, du Bdellium, du Ladanum, du bois de Calamba. Dans l'état naturel l'odeur de ces substances est très-peu développée.

SIXIÈME GENRE.

ODEURS PÉNÉTRANTES (*Odores graveolentes.*)

Fortes et vives : mais ni suaves, ni agréables, ni répugnantes.

1. **Odeur mélilotique** (*O. meliloticus*). Cette odeur établit un passage entre le genre précédent et celui-ci, cependant elle est beaucoup plus forte et pénétrante qu'agréable. Elle s'observe dans le Mélilot officinal, le Mélilot bleu, les Trigonelles, plusieurs Trèfles et Lotiers, mais plus particulièrement lorsqu'ils sont secs; elle est très-entêtante dans la Trigonelle Fenu-grec, et beaucoup plus adoucie dans la fève de Tonca ou graine de Coumarou (*Cumaruma*, *Dipterix odorata*, Gært.).

2. **Odeur bitumineuse** (*O. bituminosus*). Le type de cette odeur est pris dans les substances minérales (le Naphte); on l'observe plus particulièrement dans la famille des plantes légumineuses; comme dans des Psoralées (*Psoralea bituminosa*), Trèfles, Ononides, Brissonies (*Galega* espèce); et aussi dans le Houblon, certaines Passiflores et une Verge-d'Or.

3. **Odeur citronnée** (*O. citratus*). Il ne faut pas la confondre avec l'odeur suave que nous avons nommée *orangiaque*, résidant seulement dans la fleur. L'*odeur citronnée* existe dans la feuille d'Oranger; dans la feuille, les fleurs et l'écorce du fruit

du Citronnier et des nombreuses variétés de cet arbre. On la retrouve aussi dans la Mélisse officinale qui en a pris le nom de Citronnelle, dans la Mélisse calament, mais mois marquée; dans un Basilic, dans l'Andropogon (*Nardus citratus* hort. parisi.).

4. **Odeur camphrée** (*O. camphoratus*). C'est l'odeur bien connue du camphre que l'on retrouve dans le Laurier-Camphre et quelques espèces du même genre, dans la Lavande et beaucoup de plantes de la famille des Labiées. La Camphrée de Montpellier offre aussi cette odeur.

5. **Odeur ambrosiaque** (*O. ambrosiacus*). Il ne faut pas confondre cette odeur avec l'odeur musquée, ainsi que l'on a fait, parce qu'elle est bien distincte et n'en a nullement la suavité. Elle est très-forte et très-pénétrante dans plusieurs Ansérines (*Chenopodium anthelminticum*, *ambrosoides; Botrys graveolens*, Desf.)

6. **Odeur résineuse** (*O. resinosus*). C'est celle de la plupart des sucs et arbres résineux, mais elle présente plusieurs variétés remarquables, la première est l'odeur des Térébenthines qui est très-pénétrante, les Térébinthes lentisques, pittospores, la manifestent à un très-haut degré. La seconde est celle des résines des Conifères, de la Résine Animé, etc. qui est plus faible et plus uniforme; la troisième est l'*odeur résineuse* mêlée d'une odeur peu agréable, telle est celle de la Résine Elémi, du Tacamahaca, etc.

7. **Odeur acide** (*O. acidus*). Elle est bien distincte par l'odeur piquante et fraîche qu'elle donne; mais elle est toujours réunie avec une partie aromatique d'une autre nature, comme on le voit dans l'Armoise Estragon (*Artemisia Dracunculus*), dans la Tagète luisante (*Tagetes lucida*), qui a l'odeur de vinaigre aromatisé. Dans la pulpe de Tamarin, le suc d'Acacie d'Allemagne, le jus du Citron, l'*odeur acide* est plus dégagée.

8. **Odeur piquante** (*O. acutus*). C'est l'odeur particulière à la famille des Crucifères. Elle a divers degrés d'intensité et diverses modifications, tantôt c'est la graine qui a cette odeur très-prononcée, comme dans les Moutardes; quelquefois ce sont les feuilles, la Roquette; souvent les racines, comme celles du Raifort, des Raves, du Turneps, etc.

9. **Odeur alliacée** (*O. alliaceus*). Cette odeur, indépendamment des espèces d'Aux, dans lesquels elle existe, se rencontre encore assez fréquemment dans les végétaux, comme dans la Julienne et le Thlaspi alliacé (*Hesperis alliaria*, *Thlaspi alliaceum*); dans la Germandrée des marais (*Teucrium Scordium*), la Petivière alliacée et la *Tulbagia alliacea*; dans la racine d'Acacie de Farnèse; dans la fleur staminaire du Houblon, lorsqu'on l'écrase.

10. **Odeur âcre** (*O. rodens*) ou *corrosive*. Cette odeur indiquée par M. Virey, ne se distingue pas très-bien de celles que nous nommons *fortes* cependant l'habitude peut la rendre facilement reconnaissable. Elle existe dans des Renoncules, Apocins, Euphorbes, Vomiquiers, Lauroses, Ciriers, Sédons, (*Sedum palustre*, etc.), le Sumac arbre de venin (*Rhus radicans*), les Daphnés, le Buis, le bois de Gayac, la Rue, le Fusain, etc.

11. **Odeur forte** (*O. gravis*). Cette espèce d'odeur, ainsi que la précédente en renferme un grand nombre qui sont disparates; mais qui peuvent demeurer groupées par leur caractère commun d'énergie sans suavité ni fétidité, et ne peuvent être placées dans les dix espèces précédentes : telles sont les odeurs de l'Aristoloche Clématite, de plusieurs Menthes; les racines de Chervi, de Ninsi, Céleri, Panais; les graines de Cumin, de Fenouil; les tiges et feuilles de Fenouil, Cerfeuil, Persil, etc. les fleurs de Sureau noir et Sureau yèble, de Spirée Reine-des-prés, le Géranion herbe-à-Robert, le Glécome Lierre-terrestre, etc. etc.

SEPTIÈME GENRE.

ODEURS FÉTIDES (*Odores maleolentes.*)

Très exaltées, désagréables et même répugnantes.

1. **Odeur cimicine** (*O. cimicinus*). C'est l'odeur fétide de la Punaise que l'on retrouve exactement dans la fleur de l'Orchis punaïs (*Orchis coryophora*), dans la graine fraîche de la Coriandre (*Coriandrum sativum*), et dans plusieurs plantes de l'Amérique.

2. **Odeur hircine** (*O. hircinus*). Cette odeur du bouc, si forte et si bien caractérisée, se présente dans l'*Orchis hircina*(*Satyrium hircinum* L.), dans un Millepertuis (*Hypericum hircinum*), dans un *Capsicum* (le Piment bouc).

3. **Odeur stercoraire** (*O. stercorarius*). Peu de végétaux offrent cette désagréable odeur. On la rencontre dans les fleurs du Caprier de Breyn, dans le Sterculier, le Pirigara et dans le fruit du Jacquier (*Artocarpus integrifolia*).

4. **Odeur urinaire** (*O. urinarius*). Elle s'observe dans la racine de plusieurs Polygales; dans le fruit du *Genipa* d'Amérique : dans la *Ciococca racemosa* où elle est très-exaltée, on la compare à l'odeur de l'urine des Chauves-souris.

5. **Odeur putride** (*O. putridus*). Cette odeur repoussante qui, est celle des chairs en putréfaction, existe dans la fleur de la Stapélie variée (*Stapelia variegata*), dans le spadice du Gouet-Serpentaire (*Arum Dracunculus*), dans les fleurs de l'Airelle Myrthille (*Vaccinium Myrthilus*), dans celles de l'Aristoloche

à grande fleur, (*Aristolochia grandiflora* Wild.), enfin les *Raflesia*, *Clathrus* et *Phallus*.

Cette odeur est si putride que les insectes qui recherchent les animaux morts pour y déposer leurs œufs, viennent sur ces plantes; tels sont les Sylphes, les Mouches carniaires, les Escarbots.

6. **Odeur alliaceo-fétide** (*O. alliaceo-fœtidus*). L'*Assa-fœtida* possède cette odeur à un très-haut degré, la gomme ammoniac à un degré bien moindre, et le *Sagapenum* dans un degré moyen. L'écorce de *Cedrelea odorata* sent l'oignon pourri, le fruit du *Durio zibethinus* a la même odeur.

7. **Odeur muriatique** (*O. muriaticus* Decandolle). C'est celle que donnent toutes les plantes qui croissent dans la mer, elle occasionne des soulèvements d'estomac, la Jongermanne platyphylle donne aussi cette odeur.

Observations. Les espèces d'odeurs suivantes ne peuvent pas se rapporter ainsi que les précédentes à un type commun, aussi les variétés renfermées dans les trois qui vont suivre, se trouvent moins uniformes dans leurs rapports.

8. **Odeur vermifuge** (*O. vermifugus*). C'est une odeur amère et d'un aromatisme fétide, mais dont l'effet sur l'estomac n'est pas toujours déterminable. M. Virey l'a nommé *odeur emménagogue*; on la rencontre dans les Absinthes, la Camomille, le Souci, la Tanaisie, certains Millefeuilles, l'Eupatoire aya-pana, l'Armoise-Aurône, le *Semen contra vermes* et *Jungermannia platyphylla*.

9. **Odeur vireuse** (*O. virosus*) ou *narcotique*. Le mode d'action de cette odeur est de se prolonger beaucoup moins dans la mémoire que l'espèce précédente par l'effet de la force avec laquelle elle agit sur l'organe de l'odorat, qui la rejette de suite tandis qu'il étudie l'autre avant de découvrir son degré de fétidité.

La Mandragore, la Belladone, la Stramoine, la Jusquiame, la Laitue vireuse, le Pavot, la Ciguë, l'Opium, la Barkhausie fétide ont l'*odeur vireuse*; de même que le Chanvre, le Noyer, l'Yèble, l'Anagyris.

10. **Odeur nauséabonde** (*O. nauseosus*). Elle a quelque chose de rebutant et dont l'impression est de soulever promptement l'estomac et d'occasionner le vomissement si on y reste exposé. Telle est l'odeur de l'Ansérine vulvaire, de la Mercuriale annuelle; de la racine de Jalap, du Vératre, du Colchique; du fruit de la Coloquinte; des fleurs du *Styzolobium pruriens*, du *Stapelia*; du suc d'Aloës, et les *Arnica montana*, *Coriandrum testiculatum*, les Nicotianes, l'*Asarum*, etc. etc.

Des observations assez bien établies portent à croire que les odeurs peuvent indiquer les qualités d'un végétal. De même que nous avons vu que les espèces sans saveur étaient sans action notable, de même on a la certitude de l'inutilité des plantes inodores pour agir sur l'économie animale. Si on enlève le principe d'aromatisme des espèces odoriférantes on leur fait partager l'état de celles qui en sont privées naturellement.

Si l'odeur d'un végétal est agréable, douce, sauf les modifications dictées par la prudence, elle est toujours bienfaisante, si on l'emploie à propos et dans des proportions réglées.

Les plantes à odeur forte ne doivent être employées qu'avec ménagement, parceque le principe d'aromatisme est très-actif.

Les odeurs vireuses sont stupéfiantes, les fétides sont nauséabondes.

Les aromatiques relèvent la fibre musculaire, les suaves portent sur les organes de la génération, les musquées relèvent les forces abattues (analeptiques).

DE LA SAVEUR DANS LES VÉGÉTAUX.

Les botanistes n'ont pas assez dirigé leurs observations sur les qualités des végétaux. Tout ce qui est relatif à leur saveur, par exemple fournit à peine dans quelques auteurs un ou deux paragraphes, lorsque cet objet pouvait être le sujet d'une dissertation importante, autant sous le rapport de la connaissance des propriétés physiques des végétaux, que sous celui de leur emploi comme moyen thérapeutique.

Fernel (1) et Grew, ont cependant fait quelques recherches à cet égard et nous ont indiqué plusieurs particularités relatives à cette propriété que les végétaux ont d'exercer une action sensible et distincte, suivant les espèces, sur l'organe du goût; action désignée par les auteurs sous le nom de saveur *sapor* ou *gustus* (Neker).

Les botanistes des XVI et XVIIe siècle surtout, s'étaient beaucoup occupé de cette particularité des propriétés physiques des végétaux, ayant pour but essentiel de les appliquer dans le traitement des maladies de l'homme.

C'est sur les parois de toute la cavité de la bouche que s'exerce la sensation de la saveur : alors le goût est le juge de la nature ou espèce de sensation que lui font éprouver les végétaux mis en contact avec une des parties de la cavité buccale.

Comme tous les corps de la nature, les végétaux peuvent agir de quatre manières étant mis en contact avec l'organe du goût; 1° par simple tactilité, comme la sève de la Vigne; 2° par la tactilité et le goût, comme le sucre; 3° par la tactilité et l'odorat,

(1) Methodi medendi, lib. 4, cap. 3, in univers. medic. in-folio.

comme l'Angélique ; 4° par la tactilité, le goût et l'odorat ; telles que les essences ou aromites. L'imagination ne pouvant suppléer les impressions reçues par les sens, on ne pourrait pas plus se former l'idée d'une saveur qu'on ne pourrait s'en former une d'une couleur qu'on n'aurait jamais aperçue, si l'on n'avait pas quelques points de comparaison, et encore est-il possi sible d'être presque rigoureusement appréciateur pour les cou leurs ce qui est impossible pour les saveurs.

Bien que la sensation des saveurs se fasse éprouver généralement de la même manière chez tous les hommes, cependant le sentiment qu'elle laisse n'est pas le même pour tous et peut varier suivant l'état de santé ou de maladie, l'âge, l'habitude, ou l'idiosyncrasie, ainsi que nous l'avons vu pour les odeurs.

Dans l'enfant l'habitude de distinguer les saveurs, ne peut encore exister ; l'usage de l'organe du goût et le jugement des impressions diverses pouvant seuls donner les moyens de différencier les saveurs, jusqu'à un certain âge il ne distinguera rien : les saveurs très-fortes sont alors celles dont il est susceptible d'apercevoir les impressions et celles auxquelles il s'habitue le plus volontiers, si l'on n'y fait attention.

Dans la plupart des maladies l'organe du goût se trouve perverti, l'on ne trouve plus la même saveur aux choses que l'on jugeait le mieux dans l'état de santé : non-seulement par suite des saburres qui recouvrent les papilles nerveuses de la langue, mais par l'effet d'un véritable changement d'appétence.

L'habitude peut nous faire regarder comme très-agréable une saveur forte et répugnante : nous en avons la preuve dans ceux qui mâchent journellement et avec plaisir la feuille de Tabac, ou des feuilles de Poivrier-Betel enveloppant l'amande de l'Arec.

Dans les saveurs il en est qui quoiqu'agréables répugnent à quelques personnes, jouissant même d'une parfaite santé : cela tient à un mode de sensibilité particulier à quelques individus, il n'est pas rare de rencontrer des personnes qui ne peuvent trouver agréable la saveur du sucre.

Suivant certaines circonstances, les végétaux peuvent offrir de la différence dans l'impression qu'ils font éprouver à l'organe du goût, soit relativement à l'intensité, soit sous le rapport de l'espèce ou de la qualité de leur saveur.

Le climat influe manifestement sur le développement des saveurs comme sur celui des odeurs qui en sont une suite, et il apporte à peu près à cet égard les mêmes modifications pour l'une que pour l'autre sensation. Nous savons que dans le nord, la saveur du Cochléaria officinal est plus forte que dans le midi de l'Europe où il est cultivé ; par un effet contraire, on dit que l'Ail cultivé n'a pas en Grèce la saveur aussi prononcée qu'en

France ou en Allemagne. Il est cependant de règle d'observation que la saveur augmente en raison de l'élévation du degré de chaleur auquel est soumis un végétal durant les périodes de son développement : toutes les espèces de Sauge, Lavande, Menthe, ont une saveur bien plus forte en Espagne, en Portugal, dans l'Italie méridionale, que dans la France, en Angleterre ou en Allemagne.

L'exposition du terrain sur lequel végète une plante, modifie singulièrement sa saveur : lorsqu'elle croît à l'ombre l'intensité de sa saveur diminue très-sensiblement. Les animaux domestiques mêmes font cette différence, ils laissent l'herbe longue et verte croissant à l'ombre d'un arbre fouillu, pour paître l'herbe courte naissant non loin de là.

La culture est venue apporter des modifications à la saveur des végétaux : celle du Céleri cultivé n'a presque plus de rapport avec l'Ache (*Apium graveolens*) qui en est la souche ; l'amertume des Laitues, de la Chicorée sauvages, du *Leontodon*, disparaît en grande partie par la culture et les soins qu'on leur donne. L'âcreté de la Poire sauvage, l'austérité de la Pomme disparaissent ; ou sont entièrement modifiées par les effets de cette culture même.

Comme c'est à leurs principes constitutifs que les végétaux doivent leurs propriétés et par conséquent leur saveur, il est naturel que les agents qui exercent une action sur la formation de ces principes, tels que la chaleur, l'humidité, la lumière et les principes dont ils sont les véhicules, influent d'une manière frappante sur la nature et le degré d'intensité de cette saveur.

Il est très-remarquable que, dans le même végétal, les diverses parties dont il se compose, telles que fruits, fleurs, feuilles, tiges, racines, n'ont pas quelquefois un semblable degré ni la même sorte de saveur. Souvent il y a une différence remarquable entre la saveur des fleurs et des racines, des fruits et de la tige ; par exemple dans la Ronce, les fruits sont doux, la racine austère ; dans le Polypode de Chêne (*Polyp. vulgare*) au contraire la feuille offre une saveur âpre et la racine un goût sucré ; dans l'Onagre odorant les pétales ont un goût de frangipane, les racines et les feuilles un goût mucilagineux.

Suivant l'époque du développement la saveur est très-différente, toutes les jeunes pousses de beaucoup de végétaux, tels que les Asperges, le Houblon, le Bananier, les Bambous, ont un goût tel que l'on peut les manger avec plaisir, cuits ou même crus, tandis que plus avancés dans leur développement ils ont un goût qui répugnerait. Certaines espèces qui semblent habituellement d'une qualité délétère sont utilisées comme aliments: dans le département de la Vienne nous avons vu manger en salade ; la *Ranunculus sceleratus* ; près de Genève, sous le nom d'*Aspergette* on mange les jeunes pousses de l'Ornithogale des Pyrénées (1) ; dans le midi de la France, sous celui de Couscouils, on mange celles du *Molopospermum cicutarium* (*Ligusticum peloponesiacum* L.); en Toscane celle de la *Clematis flammula* et dans plusieurs parties du nord de l'Europe, celles mêmes de l'Aconit Napel (2). La plupart des fruits ne sont agréables à manger qu'à l'époque de leur maturité.

Il n'est point indifférent au médecin de déterminer l'état dans lequel on doit prendre le végétal qu'il prescrit. Si l'on donne les feuilles vieilles des Malvacées, au lieu d'être émollientes elles sont manifestement astringentes : les feuilles de Vigne deviennent acidules en vieillissant, d'astringentes qu'elles étaient primitivement.

Comme l'on peut tirer des inductions très-justes des végétaux comme médicaments, suivant la nature de leur saveur, il est indispensable de bien connaître et distinguer les diverses sortes de sensations qu'ils peuvent offrir lorsqu'ils sont mis en contact avec l'organe du goût.

Les anciens, chez lesquels on trouve une sorte de prédilection pour le nombre sept, distinguaient sept saveurs. On voit Aristote, d'après ceux qui l'avaient précédé dans ces sortes de recherches, énumérer aussi sept saveurs comme sept couleurs : le *doux* ou *sucré*, (glucys); le *gras*, (liparoz); l'*acide*, (oxys); l'*âcre*, (drimys); l'*austère*, (ostèros); l'*acerbe*, (strychnos); et le *salé*, (almyros); réunissant en même-temps l'*amer* (picros), avec le *salé*. Cependant comme le dit expressément Théophraste (3), on reconnaissait encore plusieurs autres saveurs, mais qui tenaient de l'une ou de l'autre de ces sept premières espèces.

Pline, dans son histoire naturelle (4) admet treize sortes de saveurs, ajoutant à celles indiquées par Aristote et Théophraste, l'agréable, *suavis*; le piquant, *acutus*; l'amer, *amarus*; le vineux, *vinosus* : composé d'après lui, du doux, et du suave, de l'acide et de l'austère ; la *saveur du lait* résultant du suave et du gras, et enfin la saveur *aqueuse*.

La célèbre école de Salerne distinguait neuf saveurs, classées sous trois tempéraments différents : doctrine adoptée pendant plusieurs siècles.

(1) M. De Candolle, Physiologie végétale, 2. p. 941.

(2) Linnée.

(3) Liv. 6. chap. 3 et 4.

(4) Lib. 15. cap. 27.

1° Les saveurs chaudes.

L'âcre, l'amer, et le salé de l'Alkali.

2° Les saveurs tempérées.

L'aqueux, le doux et le gras.

3° Les saveurs froides.

L'acide; l'austère et le salé acide.

David Abercrombius, dans sa *Clef de la nouvelle médecine* ou *l'art de reconnaître les vertus médicinales des plantes à l'odeur seule*, distingue huit sortes de saveurs . l'Insipide, le Doux, le Gras, le Salé, l'Amer, le Stiptique, l'Acide et l'Acre. L'Insipide avait d'abord été établi et caractérisé par Fernel.

Linnée reconnaît que toutes les impressions que les végétaux sont susceptibles de donner au goût peuvent être ramenées à onze classes ou espèces, et distingue les saveurs 1° *Sèche*, qui se trouve dans les principes féculeux, ne donnant au goût que l'impression du tact; 2° l'*Aqueuse* ou celle donnée par les substances remplies d'humidité; 3° la *Visqueuse*; la saveur des mucilages; 4° la *Grasse*, comme celle des huiles; 5° la *Douce* ou *Sucrée*; 6° la *Salée*, celle des plantes littorales ou maritimes; 7° l'*Amère*, celle qui donne la sensation bien connue d'amertume; 8° la *Stiptique*, celle de tous les corps renfermant du tanin; 9° l'*Acide* celle de beaucoup de fruits verts et mêmes mûrs, tels que les Groseilles, les baies des Vinnetiers, etc. 10° l'*Acre* ou *caustique*, celle qui laisse une impression brûlante, comme le suc des Euphorbiacées; 11° enfin, la saveur *Nauséeuse*, ou nauséabonde.

Adanson, dans un précis court et instructif sur les saveurs, inséré dans son ouvrage sur les familles des plantes (1), reconnaît avec beaucoup de médecins, dix saveurs différentes, que l'on a voulu regarder comme opposées les unes aux autres; c'est-à-dire, que l'on a pensé que l'*insipide* était l'opposé de l'*aqueux*, le *salé acide* de l'*alkali*; le *doux* de l'*âcre*; le *gras* de l'*austère*; le *visqueux* de l'*acerbe*; l'*acide* de l'*amer*, sans qu'il y ait cependant rien qui indiquât une opposition de l'une plutôt que de l'autre : l'*insipide* peut tout aussi bien être opposé à toutes les autres saveurs qu'à l'*aqueux*, le *doux* et l'*amer* sont tout aussi opposés que le *doux* et l'*acre*.

Au nombre des saveurs il en est, telles que les saveurs sèches, aqueuses, visqueuses, qui ne peuvent être considérées comme des saveurs distinctes, ne résultant que d'une impression ou mode de tactilité particulière à chacune d'elles, et non de cette action spéciale sur les papilles nerveuses, ayant lieu lorsque les substances végétales agissent par la réaction de la substance

(1) Vol. 1. préf. p. 234.

sur la sensibilité nerveuse en se dissolvant par l'action des sucs salivaires et se trouvant absorbés par la surface de la membrane séreuse de la bouche. Ce dernier mode d'action est celui des saveurs acides, amères, sucrées, etc. sous ce rapport nous distinguerons deux genres de saveurs, lorsque nous les classerons, les *Insipides* et les *Sapides*.

Les saveurs, telles que l'on en a fait la distinction et telles que nous les distinguerons, sont simples ou doivent à peu près être considérées comme telles : mais, comme l'avaient très-bien observé les anciens physiciens, elles se trouvent souvent combinées de manière à devenir méconnaissables ; ou telles qu'il est difficile de les ramener plutôt à une espèce qu'à une autre. Dans les combinaisons binaires on peut encore déterminer les saveurs, par exemple dans la souche-rhizome du Polypode de Chêne (*Polyp. vulgare*) on apprécie le stiptique et le sucré ; dans la Réglisse (*Glycirrhiza glabra*), le sucré et le mucilagineux se reconnaissent encore; dans le Solanon douce-amère (*Solanum-Dulcamara*), l'amer se trouve d'abord : mais bientôt on reconnaît la saveur sucrée à travers. Dans le Fenouil (*Anethum fœniculum*), l'Anis même (*Pimpinella-Anisum*), le sucré et l'âcre sont distincts ; dans l'Ail c'est le visqueux et l'âcre ; dans les baies de la Physalide ou Coqueret-alkekenge, c'est l'amer faible et l'acidule ; dans la racine du Polygal-Senega c'est l'âcre et l'acide ; dans la plupart de nos fruits c'est l'acide et le sucré ou l'aqueux et le sucré. Il suffit de ces exemples pour donner une idée des combinaisons binaires, nos besoins et nos expériences ne nous ont pas mis dans le cas d'étudier ces combinaisons lorsqu'elles existent en plus grand nombre : mais il n'est pas moins certain que l'action des végétaux dans nos affections maladives sera d'autant moins appréciable que cette saveur sera combinée avec un plus grand nombre d'autres sortes de saveurs.

L'on ne peut s'occuper de considérations sur les sensations produites sur l'organe du goût, par les végétaux ou autres corps, sans bientôt s'apercevoir que les mêmes saveurs ne se trouvent pas au même degré dans les divers végétaux, aussi les médecins qui ont étudié le plus attentivement les plantes sous ce rapport, ont distingué ou voulu distinguer dix degrés de ces saveurs, en prenant pour terme de comparaison des végétaux bien connus, ou des corps dans lesquels les saveurs sont bien déterminées : ainsi par exemple en établissant dix degrés d'amertume on a mis la racine de Curcuma (*Curcuma longa*) au premier degré ; celle de la graine de la Clématite bleue (*Clematis-Viticella*) au dernier. Pour les degrés intermédiaires, on a mis la racine d'Hellébore noir (*Helleborus orientalis*), et les feuilles de la

Rose, au second degré; l'Erythrée-Centaurée ou petite Centaurée (*Erythœra-Centaurium*) au troisième; la racine d'Aunée officinale (*Inula Helenium*) au quatrième.

Nous ne pouvons disconvenir que si l'on s'attachait à perfectionner les sensations de l'organe du goût, il ne fut facile de faire disparaître l'arbitraire que prétendent exister, dans ce genre d'observation, ceux qui ne s'y sont point appliqué : mais il est possible que de cette connaissance, qui ne peut s'acquérir que par un assez long usage et par un grand nombre de comparaisons, il ne résulte pas des avantages assez marqués pour engager à s'en occuper d'une manière exclusive ou spéciale.

Dans leur mode d'action les saveurs des végétaux offrent quelques phénomènes qu'il n'est pas inutile de faire connaître.

On sait que le plus ordinairement, l'action directe d'une saveur s'exerce sur le point avec lequel le végétal ou partie de végétal, se trouve en contact, alors la saveur est locale ou fixe: mais il arrive quelquefois que cela n'a pas lieu de la même manière; par exemple on s'aperçoit que la sensation des saveurs se propage de proche en proche, ou bien qu'elle paraît se transporter brusquement d'un point dans un autre, ce qui fait distinguer les saveurs suivant leur mode d'action en translatives ou qui changent de lieu, et en propagatives.

Dans les saveurs propagatives, la sensation s'étend de proche en proche dans les parties ou régions voisines, sans que le point qui a été frappé le premier, cesse d'éprouver la même sensation. Ce que l'on peut observer en dégustant la racine sèche de l'Ellébore noir (*Helleborus orientalis*). Si la sensation d'amertume, que donne cette racine, a été imprimée au bout de la langue, elle se propage jusque vers le milieu. Avec l'Elaterion, ou fruit desséché du Concombre sauvage (*Ecbolium-Elaterium* Rich. *Momordica-Elaterium* L.), la sensation d'amertume s'étend du bout de la langue à la base de cet organe.

Les phénomènes des saveurs translatives plus remarquables encore, sont plus rares; ils se font ressentir rapidement d'une partie de la bouche à l'autre, bien qu'ils n'aient d'abord affecté qu'un point : par exemple la racine de Gentiane jaune (*Gentiana lutea, purpurea* etc.) ou grande Gentiane des officines mise en contact avec la pointe de la langue, fait éprouver l'instant d'après la même sensation vers le milieu de cette partie, sans que l'on ait apprécié la marche intermédiaire. Le suc des Euphorbes âcres, porté sur la langue fait bientôt ressentir une profonde astriction à la racine de cet organe sans que le point affecté primitivement soit en rien soulagé.

Relativement à leur marche, les saveurs présentent des modifications plus ou moins remarquables : quelques végétaux ou parties de végétaux font éprouver leur action au moment même où le contact a lieu, d'autres ne la font éprouver que quelques instants après. En étudiant cette marche des saveurs, lorsque la sensation se prolonge, on remarque quelquefois que la sensation est croissante, depuis le moment du contact jusqu'à six minutes après, tandis que le décroissement de cette sensation demeure de 30 à 40 minutes.

Dans certaines saveurs on distingue des sensations différentes : celles produites par la saveur elle-même dans le premier moment, et celles résultant de l'action de la substance sapide sur le corps de l'organe du goût. Ainsi dans la Menthe poivrée (*Mentha piperita*) il y a d'abord une sensation piquante très-remarquable : qui bientôt fait place à une sensation de fraîcheur très-distincte. Dans d'autres plantes c'est une sensation de chaleur, qui succède à l'impression de la saveur. On a essayé de déterminer les degrés de cette chaleur, de même que l'on a distingué les divers degrés de chaque saveur.

Pour citer quelques exemples de durée des sensations de saveur, abstraction fait de leur intensité, nous allons examiner les effets comparatifs de plusieurs plantes sous ce rapport.

Le Galanga (*Alpinia Galanga* Roxb. non W.), donne dans le premier instant l'impression d'une légère sensation, dont le plus haut degré d'intensité n'a lieu qu'après une minute écoulée. La racine d'Ellébore noir au contraire est quatre minutes avant de donner le plus grand degré de sa sensation de saveur amère. La chaleur que procure cette même plante parcourt tous ses périodes en une minute; celle de la racine de la Lépie cultivée ou Cresson-alénois (*Lepia sativa* Desv. *Lepidium sativum* L.), met le même temps mais elle dure de 7 à 8 minutes; celle de la racine du Cabaret d'Europe (*Asarum europæum*) est deux minutes à parcourir toutes les gradations de la sensation de sa saveur.

Le sentiment de chaleur résultant de l'impression de saveur de quelques plantes, varie suivant les espèces de végétaux et a été réduit à des degrés comparatifs, comme la saveur elle-même et comme l'odeur.

Les feuilles de l'Achillée-Millefeuille (*Achillea-Millefolium*), qui, disait-on, sont amères au 4e degré et chaudes au 1er, cessent de suite de donner la saveur amère et ne laissent que le sentiment de chaleur. L'amertume de l'Acore odorant (*Acorus aromaticus*), au 4e degré, a son aromatisme au 3e et sa chaleur au 1er. On éprouve que l'amertume paraît de suite; la chaleur a une durée de deux minutes et l'aromatisme se fait ressentir pendant sept ou huit.

Dans le Concombre sauvage (*Ecbolium Elaterium*) l'amertume dure un quart-d'heure. La chaleur de la gomme résine de l'Euphorbe (*Euphorbia officinalis*); celle de l'Ellébore noir, se prolonge une demi-heure; l'âcreté de la racine du Gouet maculé (*Arum maculatum*), jusqu'à douze heures; celle de l'Hippomane à feuille de Laurier (*Hippomane laurifolia*), au-delà de 24 heures, d'après notre propre expérience.

De plusieurs observations précédentes il résulte que l'effet, produit par les saveurs sur l'organe du goût, varie suivant les espèces de végétaux, relativement à la durée de cette sensation. On peut observer encore que certaines saveurs, bien que de moindre intensité, affectent l'organe du goût plus ou moins promptement les unes que les autres et ont une durée différente. L'acidité des fruits, lorsqu'elle n'attaque pas les dents, et l'amertume de l'Armoise-Absinthe (*Artemisia-Absinthium*), ne font qu'une impression passagère. L'âcreté des graines de la Clématite bleue qui est de dix degrés, ne se fait pas ressentir aussitôt que l'amertume de la Rose qui n'est regardée que comme étant du 2e degré.

Les saveurs dites chaudes donnent plus lentement et plus tard leur sensation que les autres impressions de saveur. Dans l'Ellébore noir ou d'Orient l'amertume qui est au second degré, se fait sentir de suite, la sensation de la chaleur qui est estimée au 3e ou 4e est deux minutes avant de se prononcer; de même dans l'Aunée officinale (*Inula-Helenium*), l'amertume au 4e degré fait son impression beaucoup plutôt que la chaleur qu'elle occasionne à la bouche et qui est cependant estimée au huitième degré.

Les lèvres, la langue, la voûte palatiale, le pharynx, l'œsophage ne sont pas affectés de la même manière par les saveurs. Les lèvres ressentent pendant huit ou dix minutes l'impression de la chaleur occasionnée par l'Héllebore d'Orient, la racine d'Anthémide-Pyrèthre (*Anthemis-Pyrethrum*), les autres parties restent affectées moins long-temps. La langue est habituellement plus sensible à l'impression des saveurs vers la pointe que dans les autres parties de sa surface. Cependant il y a quelques exceptions: la saveur de la racine de Gentiane jaune, et celle du fruit de la Courge-Coloquinte (*Cucurbita-Colocinthys*), deviennent plus sensibles vers le milieu de la langue qu'à sa pointe ou sommet; au contraire le Concombre sauvage exerce cette impression plus spécialement vers la base.

La voûte palatiale est plus particulièrement affectée de l'impression de la Belladone (*Atropa Belladona*), qui se prolonge seulement quatre secondes.

Le pharynx éprouve plus sensiblement que les autres régions de la cavité de la bouche, la saveur des feuilles de la Bellide vivace (*Bellis perennis*), ou petite Paquerette; celle de la racine d'Asperge officinale, de la Mercuriale annuelle, du Nyctage.

L'œsophage se trouve affecté de chaleur plutôt par les racines que par les feuilles de l'Armoise-Absinthe: ce qui fait que quelques médecins ont pensé que les racines étaient un meilleur stomachique que les feuilles.

Ce ne sont que les végétaux doués de saveur plus ou moins prononcée ou même énergique, qui peuvent donner les meilleurs résultats et présenter les actions les mieux marquées sur l'économie animale, car il est d'expérience que les végétaux insipides ont rarement ou peut être manquent constamment, malgré le préjugé contraire, de propriétés médicinales : si l'on en excepte ceux qui agissent par suite de leur abondante humidité. Ce qui prouve cette assertion c'est que parvenant à enlever aux végétaux les principes de saveur qu'ils renferment on leur enlève toutes leurs propriétés.

L'effet général des saveurs relativement à l'économie animale est à peu près déterminé de la manière suivante. Les saveurs *Fades* et *Sèches* sont inertes; l'*Aqueuse*, la *Visqueuse*, la *Grasse* et la *Douce* sont calmantes; la *Sucrée* est légèrement tonique; l'*Acide* ou *acidule* ainsi que l'*Acerbe*, rafraîchissante; la dernière étant en même temps tonique. La *Styptique* ou *astringente* éminemment tonique; la *Salée* échauffante; la *Piquante* stimulante, l'*Amère* échauffante et tonique. L'*Acre* et la *Caustique* ont des effets plus ou moins dangereux comme corrosifs; enfin la *Nauséeuse* est purgative.

Les médecins, qui mettaient en opposition les saveurs des végétaux, et leur assignaient d'après cela des propriétés, ne faisaient reposer le plus ordinairement les données qu'ils présentaient sous ce rapport que sur un arbitraire nullement raisonné; ou seulement sur des analogies forcées. Selon eux la saveur visqueuse empâtait, parce qu'il y avait de la viscosité; l'acide pénétrait parce que les acides étaient sensés n'agir qu'au moyen de pointes qui composaient la totalité de la substance acide. On peut se faire une idée de leur manière de penser à cet égard par le court tableau suivant, présentant les saveurs en opposition, avec les différents effets qu'elles étaient censées exercer sur l'économie animale.

1. *Aqueuse* : humecte, adoucit.	1. *Salée* : acide : absorbe, dessèche, nettoie, rafraîchit; alkaline : échauffe, picotte.
2. *Douce*: adoucit, engraisse.	2. *Acre* : ouvre, incise, corrode, échauffe.
3. *Grasse* : amollit, émousse, enveloppe.	3. *Austère* : sèche, resserre, rafraîchit.
4. *Visqueuse* : empâte.	4 *Acerbe* : de même que l'acre, à un plus haut dégré.
5. *Acide* : pénètre, rafraîchit, atténue.	5. *Amère* : picotte, échauffe. L'*amère aromatique* pique, tend, est balsamique.

On s'aperçoit, qu'avec de telles données, on ne peut avoir des idées bien précises sur les saveurs et que cette partie des propriétés des végétaux demande à être étudiée de nouveau sous beaucoup de points. Nous allons nous occuper seulement de leur classification afin de pouvoir appliquer exactement un mot aux idées qui naissent des sensations variées de saveurs que les végétaux font éprouver à l'organe du goût.

Comme nous l'avons déjà dit on doit classer en deux genres toutes les sortes de saveur observées jusqu'ici, les *Saveurs insipides* et les *Saveurs sapides* (1).

PREMIER GENRE.

SAVEURS INSIPIDES.

Ce sont celles qui n'affectent l'organe du goût que par impression simple et par l'effet de la tactilité, plus particulièrement développée dans l'organe du goût, sans y produire aucune irritation.

1re Espèce. **Saveur fade** (*Sapor subinsipidus*). C'est celle qui est si obscure que l'on ne peut la caractériser que par son inaction ; elle a du rapport avec les *saveurs grasses* et *visqueuses* par son insipidité : mais elle en diffère entièrement par l'impression tactile.

2e Espèce. **Saveur séche** (*Sapor siccus* , *S. insipidus* Fernel). C'est celle dont la sensation ne laisse soupçonner aucune espèce d'humidité, jointe à une insipidité complète : seulement elle est quelquefois caractérisée encore par une absorption plus ou moins vive, plus ou moins complète de l'humidité de la langue, dès que l'on met un corps à saveur sèche en conctact avec elle. C'est la saveur particulière à la subtance amylacée de tous les végétaux et celle de toutes les substances végétales non dissolvables ; du pollen , de la poussière des Lycopodes.

3e Espèce. **Saveur aqueuse** (*Sapor aquosus*). Cette saveur entièrement insipide, ne donne d'autre impression à la bouche que celle d'un corps plus ou moins abondamment humecté, sans autre sensation ; telle est celle du Pourpier, par exemple.

4e Espèce. **Saveur visqueuse** (*Sapor viscosus*). Elle a encore été désignée sous les noms de saveur *mucilagineuse*, *saveur pâteuse.* Son caratère est l'insipidité jointe à une viscosité provenant d'une ténacité particulière : telle est la saveur que donnent les Gommes ; les racines des Malvacées ; les graines de Lin, de Coignassier ; la racine de Consoude ; les baies du Gui.

5e Espèce. **Saveur grasse** (*Sapor pinguis*). Elle se propage sans aucune sensation agréable et se trouve dans tous les corps, dans tous les végétaux fournissant abondamment un principe huileux, toujours mêlé à un mucilage dans les végétaux. Elle

(1) Le fond de ce travail fut esquissé en 1816, dans notre dictionnaire de Botanique, p. 501.

donne l'impression d'un fluide épais, doux et comme savonneux, mais coulant, contre ce qui a lieu pour la *saveur visqueuse*. Telle est la saveur de l'Amande, de la Noix, de l'amande de l'Acajou, du fruit du *Laurus Persea* ou Avocat.

DEUXIÈME GENRE.

SAVEURS SAPIDES.

On doit considérer ces sortes de saveurs, comme les seules tenant véritablement à une autre action que la tactilité : la sensation résultant de la dissolution d'une partie des principes des corps, qui agissent alors d'une manière plus ou moins prononcée sur l'organe du goût au moyen de l'absorption.

En commençant l'énumération des saveurs sapides par les plus agréables, nous les lierons ainsi avec le genre précédent, leur action étant toujours plus prononcée.

1re Espèce. **Saveur douce** (*Sapor dulcis*). C'est une saveur bien déterminée; qui ne doit pas être confondue, comme on l'a fait, avec la *saveur sucrée*, dont on peut cependant la regarder comme un premier degré. Elle s'étend sur la langue qu'elle délecte. C'est par exemple la saveur de beaucoup de fruits, tels que de la Cerise douce, de la Prune, de la Pêche etc.

2e Espèce. **Saveur sucrée** (*Sapor saccharatus, dulcis,* Fernel). Cette saveur a pour base le principe saccharin et pour terme de comparaison bien connue le Sucre. Elle se rencontre dans le chaume, jeune encore, des Graminées: particulièrement dans celui du Maïs, du Sorgho des Caffres et surtout de la Cannamelle officinale ou Canne à sucre; dans la Casse, les Dattes, les Figues, les Sapotilles.

3e Espèce. **Saveur acidule** ou **acide** (*Sapor acidus*). L'action fraîche, légèrement piquante et sans chaleur de cette saveur, la distingue de toutes les autres. Elle a pour point de comparaison celle du vinaigre, à des degrés plus ou moins prononcés : telle est la saveur de l'Oseille des jardins (*Rumex acetosa*) et de celle des brebis (*R. acetosella*), des Oxalides, de l'*Hibiscus sabdariffa*, des Bégones, des fruits du Groseiller rouge, des Vinettiers, des Rosiers, du Jujubier, Tamarinier, etc.

4e Espèce. **Saveur acerbe** (*Sapor acerbus*). Elle donne la sensation désignée sous le nom d'aspérité, et est, à ce qu'il paraîtrait, le résultat d'une combinaison assez intime d'acide et d'astringent. C'est la saveur que l'on trouve à la plupart des fruits non encore mûrs. Dans le Prunier épineux, elle est à un degré éminent; elle se retrouve à un moindre degré dans les fruits de quelques Myrthées, de Jujubiers, Capriers, etc. C'est un passage à l'espèce de saveur qui va suivre (1).

5e Espèce. **Saveur stiptiqne** (*Sapor stipticus*). Elle est aussi désignée sous les noms de *saveur austère* ou *astringente*. L'effet produit par cette saveur est de resserrer ou contracter les papilles de la langue, en les desséchant, de même que le palais et les lèvres : elle est souvent combinée avec un principe amarescent. Toutes les parties des végétaux renfermant du Tanin, présentent cette saveur, telles sont la Noix de Galle, les cônes des Aulnes, les tiges des Orobanches, l'écorce des Chênes, du Grenadier, la racine des Tormentilles, Renouée-Bistorte ; des gousses d'Acacie du Nil; de *Cæsalpinia coriaria* ; les fruits du Chêne et du Néflier.

6e Espèce. **Saveur saline** (*Sapor salsus* seu *S. salinus*). La saveur du sel de cuisine ou hydrochlorate de soude sert de point de comparaison pour cette saveur, elle déterge, sans âpreté. On la trouve d'une manière particulière dans toutes les plantes croissant sur les bords de la mer ou dans les marais salants, comme les Soudes, les Salicornes. Quelques plantes qui croissent aussi dans des localités différentes, présentent encore cette saveur; telle est l'*Atriplex Halimus*, dont les feuilles sont dévorées par les moineaux, pour le sel qu'elles renferment; telle est la Criste marine, l'*Inula chritmifolia*, l'*Aster tripolium*, etc.

7e Espèce. **Saveur âcre** (*Sapor acer*). Elle est forte, excite une chaleur appréciable dans la bouche, sans être stiptique ni piquante. Sous ce nom, Fernel renfermait la *saveur piquante* qui doit en être distinguée. Mais il paraît que cette saveur est un composé de plusieurs autres soit acerbe, soit stiptique, soit amère, soit piquante, dont l'*Erigeron acre* peut donner un exemple.

8e Espèce. **Saveur piquante** ou **poivrée** (*Sapor pungens* seu *piperatus*, *acer* Fernel.) Cette espèce de saveur présente une nuance d'âcreté ; mais outre cela elle donne plus ou moins la sensation du piquant du Poivre ou de la Moutarde ; telle est celle de la Menthe poivrée (*Mentha piperita*), de la Renouée poivre-d'eau (*Polygonum hydropiper*), des Piments (*Capsicum annuum*, *baccatum*, etc.); de toutes les graines des Crucifères et des autres parties de beaucoup de plantes de cette famille, telles que le Cochléaria officinal, le Cochléaria Raifort (*Cochlearia armoriaca*), l'Angélique.

9e Espèce. **Saveur nauséeuse.** (*Sapor nauseosus*). Cette espèce de saveur que Linnée a indiquée le premier, se fait distinguer par ses effets sur l'estomac plutôt que par la sensation qu'elle exerce

(1) Quelques observateurs la font provenir du *sec* et de l'*amer*.

sur l'organe du goût ; elle porte sur la contractilité musculaire et excite le vomissement : mais ce résultat est autant dû au concours d'odeurs fortes et désagréables qui se joignent à une saveur répugnante, qu'à la sensation que les corps font sur l'organe du goût. La Manne grasse et en sorte, la feuille de Casse-Séné (*Cassia-Senea, lanceolata*), tout l'ensemble du *Chenopodium vulvaria*, la feuille du Tabac, la racine de l'Ipécacuanha, donnent la saveur *nauséeuse*.

10ᵉ Espèce. **Saveur amère** (*Sapor amarus*). Nommer cette saveur c'est suffisamment l'indiquer : pouvant être difficilement caractérisée autrement que par sa qualité amarescente, si ce n'est qu'elle déterge l'organe avec âpreté, en excitant la salivation : elle est très-répandue dans les végétaux. Il nous suffira de citer l'Amande amère dans les graines ; le Simarouba dans les bois ; la Gentiane jaune, le *Curcuma* dans les racines, la Coloquinte, la Casse-Séné dans les fruits ; dans les tiges, l'*Erythronia centaurium*, la *Centaurea calcitrapa*, l'Eupatoire et les Absynthes.

11ᵉ Espèce. **Saveur caustique** ou **saveur brûlante.** (*Sapor causticus* seu *urens*). C'est à la sensation souvent douloureuse, participant des saveurs âcre et piquante, que l'on reconnaît cette saveur presque toujours dangereuse ; parce qu'elle agit en donnant d'abord un grand degré de chaleur qui se termine souvent par la corrosion de la partie de la bouche sur laquelle le corps sapide a été appliqué : tel est l'effet du suc de la plupart des Euphorbiacées ; celui de l'écorce des Daphnés, de la tige de beaucoup de Renonculacées ; de l'huile renfermée dans le péricarpe de la noix d'Acajou ; de la racine de plusieurs Gouets (*Arum maculatum, Arum-Dracunculus*), de l'Anthémide-Pyrèthre. Ces diverses saveurs combinées peuvent, à la manière des odeurs, produire des mixtes ou en offrir dans la nature qu'il serait presque impossible d'apprécier, sans une étude où l'on ne peut obtenir qu'un certain degré d'approximation, même pour ce qui semble avoir le plus de rapport.

De la connaissance de la saveur d'un végétal on peut tirer quelques conséquences certaines sur ses propriétés : il est constant, ainsi que nous l'avons déjà dit, que les végétaux insipides sont sans action sur l'économie animale, tandis que ceux à saveur bien prononcée ont des propriétés notables, et si l'on enlève le principe de la sapidité il ne reste plus qu'un végétal inerte sous le rapport de son action. Nous en exclurons cependant les principes féculeux qui ont la qualité alimentaire bien que la fécule soit comme insipide.

On ne doit pas s'attendre à trouver la même saveur dans toutes les parties d'un végétal: Le fruit doux et sucré du Figuier contraste singulièrement sous ce rapport, avec le suc âcre et caustique de toutes les autres parties : le pédoncule charnu et l'amande de l'Acajou-Pomme (*Anacardium occidentale*), sont très-agréables à manger, tandis que dans le mésocarpe il existe un suc âcre et très-corrosif.

L'amertume de l'amande des Poires, Pêches, Prunes, contraste avec la saveur de la chair ou de la pulpe de ces divers fruits ; l'embryon des Euphorbiacées est un émétique énergique et l'albumen est un corps charnu, huileux, qu'on mange avec plaisir et sans danger avec la précaution d'enlever l'embryon qui est âcre.

L'état dans lequel se trouve un végétal influe beaucoup sur sa saveur: les animaux domestiques refusent de manger la Renoncule âcre, lorsqu'elle est verte, à raison de sa causticité ; mais comme elle perd cette qualité en desséchant, ils ne la refusent plus dans le foin, quelle que soit la quantité qui puisse y exister.

La substance active et vénéneuse se trouve quelquefois mêlée à une substance nutritive, on en a un exemple dans le *Jatropha manioc*, dont la racine est remplie d'un suc vénéneux et d'une fécule très-agréable à manger, ainsi que nous l'avons vu par notre propre expérience, et de laquelle le Tapioca est une des préparations. On a l'attention de faire sortir le suc par l'expression, et d'ailleurs quand bien même il y demeurerait, la cuisson lui enleverait sa qualité malfaisante, ainsi que cela est prouvé.

Dans l'aperçu présenté des qualités des végétaux en rapport avec leur saveur, on n'a fait que des rapprochements inexacts, et par cela même susceptibles d'être maintenant mieux précisés : on a dit les saveurs ;

Sèche :	être	absorbante et desséchante.
Aqueuse :		stimulante et pénétrante.
Visqueuse :		mucilagineuse et adoucissante.
Grasse :		émoussante et émolliente.
Douce :		adoucissante et enveloppante.
Salée :		pénétrante et détersive.
Amère :		balsamique et tonique.
Stiptique :		astringente et épaisissante.
Acide :		rafraîchissante et atténuante.
Acre :		incisive et quelquefois corrosive.
Nauséeuse :		absorbante et desséchante.

On sent combien de tels énoncés sont insuffisants et peu exacts : il ne faut pas nier la liaison qui peut exister entre la saveur et les qualités : mais jusqu'ici on en a mal présenté le résultat.

Nos sensations doivent recevoir une éducation spéciale pour être dans le cas d'apprécier la saveur des végétaux et l'on pourra partir des données suivantes pour diriger le goût dans les applications à faire, en dégustant avec réflexion les exemples présentés.

L'eau pure	donne	l'*aqueux*.
L'amydon		le *sec*.
La gomme		le *visqueux*.
L'huile		le *gras*.
Le sucre		le *sucré*.
Le sel		le *salin*.
La bile		l'*amer*.
La Prunelle		le *stiptique*.
Le vinaigre		l'*acide*.
La moutarde		l'*âcre*.
La feuille de tabac		le *nauséeux*.

GÉNÉRALITÉS SUR LES FRUITS ET LES GRAINES.

En établissant toutes les considérations précédentes nous avons vu que les fleurs s'y représentaient de diverses manières et que, pour ainsi dire, rien de ce qu'elles offraient d'important ne nous était échappé ; il nous reste à jeter un coup-d'œil général sur les fruits qui n'ont pu jusqu'ici nous occuper que sous le point de vue élémentaire de la science.

Habitués que nous sommes aux bienfaits de la nature, nous en jouissons presque sans réflexion et cependant ce sont les fruits seuls qui forment la principale nourriture de l'homme dans toutes les contrées de la terre. Tels sont ceux qu'on nomme improprement la graine du Froment, du Riz, du Maïs, du Sorgho et d'une série d'autres céréales moins généralement connues : fruits d'une petitesse telle et d'une forme si insignifiante que leur immense produit multiplié par notre industrie a pu seul leur donner l'importance qu'ils ont acquis dans l'universalité des points habités par l'homme civilisé ou même sauvage.

Ce qui frappe surtout, après la variété des consistances, et la diversité des saveurs, c'est la multiplicité ou la bizarrerie des formes.

Lorsque la dimension était si atténuée qu'elle approchait de celle des véritables graines, le vulgaire confondit sous ce dernier nom les petits fruits des arbres comme des herbes, et dit aussi bien graine de Nerprun, de Peuplier, que graine de Carotte ou de Céréale, de même qu'il regarda comme un fruit unique l'Ananas, le Jacq, et la réunion ou soudure des fruits de l'Artocarpe arbre-à-pain et du Pandanus ou Baquois, produits par une quantité de fruits accrus et soudés simultanément sous une forme sphérique dépassant souvent de beaucoup le volume de la tête de l'homme. Trompé par la même apparence il dût également ne voir qu'un fruit dans le cône ou inflorescence ligneuse et pyramidale des arbres verts et des *Casuarina* ; de même que dans la Figue il n'aperçoit qu'un fruit pulpeux lorsqu'il ne donne que le nom de graines au véritable fruit. C'est encore à la même illusion de forme que le pédoncule très-gros et charnu du *Cassuvium occidentale* a dû l'appellation de Pomme d'Acajou, lorsque le véritable fruit placé au sommet de ce pédoncule est cette *noix d'Acajou*, de la forme d'un rein, renfermant une amande agréable à manger, et dans son péricarpe un principe liquide, noir, âcre et très-caustique fournissant pour les étoffes une sorte d'encre indélébile.

Si l'acclimatation n'avait pas rendu vulgaire pour nous l'énorme volume de certaines Cucurbitacées, nous serions émerveillés de la grosseur du fruit de quelques variétés de Courges ou Citrouilles, dépassant quelquefois le poids de 50 kilogrammes et provenu d'une branche herbacée d'un petit volume : aussi n'est-il pas étonnant que l'homme se soit efforcé de naturaliser en Europe ces enfants de l'Asie, qui ne sont plus que de vulgaires connaissances pour nous. Mais de tous les fruits les plus volumineux rien ne dépasse celui du *Lodoicea sechellarum*, long-temps appelé *Coco des Maldives*, où il ne croit point, et dont la grosseur égale quelquefois la moitié d'une barrique et offre ordinairement trois noyaux du volume connu et pesant en tout de 12 à 13 kilogrammes.

Ce n'est que vers les tropiques ou l'équateur que l'on peut observer de très-gros fruits, et si en Europe l'art est parvenu à en créer, pour ainsi dire, de gigantesques, comme certaines Poires, la nature ne fournit d'elle-même que de très-petits fruits, et nos Poires, Pommes et Prunes sauvages sont pour l'attester.

La réunion des fruits des Palmiers ou grappe, forme un ensemble qu'on nomme un régime et dont le volume proportionné à des stipes élancés de 30 mètres et plus, ne nous étonne que lorsque nous pouvons l'approcher dans son ensemble : déjà le régime du Bananier de 15 à 20 kilog., plus à notre portée sur sa hampe de 6 mètres, nous surprend, habitués que nous sommes au petit volume des fruits européens.

Ce n'est qu'entre les tropiques que l'on peut trouver des fruits analogues à nos Haricots, ayant plus de deux mètres de long et des grains volumineux à proportion avec une cosse ligneuse, tels en offrent les *Entada gigalobium* d'Amérique et *Entada Pursœtha* de l'Asie, confondus autrefois sous le nom de *Mimosa scandens*.

La situation des fruits a quelque chose de particulier dans un certain nombre d'espèces exotiques, déjà les genres *Melaleuca*, *Leptospermum*, *Callitrix*, nous ont habitués à voir les branches seules et hors des points où naissent les feuilles, porter les fruits.

pendant plusieurs années et s'y incruster pour ainsi dire ; mais c'est en Amérique et en Afrique qu'on a des exemples plus singuliers sous ce rapport. Le *Lecythis bracteata* porte sur le tronc seul son fruit de la grosseur d'une boule de jeu de quilles, et pour cela nommé *Boulet-canon*, par les créoles de la Guyane: c'est le *Couroupita guianensis* d'Aublet.

En Afrique l'*Omphalocarpum procerum*, arbre très-élevé, à tronc gros et droit, porte ses fruits sur ce tronc, à 3 à 4 mètres de terre, tandis que ses branches commencent à 10 et 15 mètres plus haut ; ces fruits sont assez volumineux puisqu'ils ont plus de 2 décimètres de diamètre.

Les fruits du Cacaoyer, de la grosseur d'un Concombre ne se développent encore que sur les grosses branches ; au surplus nous avons sous les yeux en Europe un exemple de cette singulière situation des fleurs et des fruits dans le genre *Cercis* vulgairement Arbre de Judée. Il en est de même du Calebassier (*Crescentia Cujeta*), dont les fruits ont souvent un volume tel qu'on en fait des plats, des seaux à l'eau et autres ustensiles de ménage nègre (1) ou créole. C'est encore sur le tronc et les grosses branches que le Corossolier (*Anona muricata*) porte ses fruits énormes comparativement à la petitesse de l'arbre.

Si les fruits de la Casse, remplis d'une pulpe noire et sucrée, ont étonné les premiers observateurs en voyant ces longs bâtons noirs cylindriques et annelés intérieurement par des dissépiments, on a toujours regardé avec curiosité les fruits analogues aux gousses de nos Légumineuses lorsqu'elles offraient dans l'intérieur autre chose que le grain et c'est ce qui fait le mérite des gousses du *Caroubier*, du *Tamarinier* renfermant une pulpe sucrée plus ou moins acide. Celle de plusieurs *Inga* et *Prosopi*, renfermant une fécule sucrée, jaunâtre ou blanche, très-bonne à manger, et bien connue des habitants des tropiques sous les noms vulgaires de *Pois sucrin*, *Pois doux*. C'est une fécule analogue, rosâtre, d'une saveur acidule, et dont on fait article de commerce dans l'intérieur de l'Afrique, qui remplit les fruits du Baobab, et rend cet arbre remarquable autant que la grosseur de son tronc. Une farine semblable, jaune et sucrée entoure le noyau du Micocoulier-Lotus, bien connu des anciens habitants de l'Afrique, comme des indigènes actuels : elle fait le mérite et la singularité de ce petit fruit.

Un Haricot curieux est celui du *Dolichos sesquipedalis* qui, avec les apparences et la grosseur de nos Haricots ordinaires, a jusqu'à 6 et 7 décimètres de long (2 pieds), mais que des observations suivies pendant douze années nous ont prouvé n'être qu'une remarquable variété d'espèce à gousses de proportion ordinaire.

(1) On peut y mettre jusqu'à 14 litres de liquide.

Les fruits du Genipayer (*Genipa americana*), verdâtres et veloutés,à pulpe blanchâtre et aigrelette, teignent de noir tout ce qu'ils touchent : aussi les lèvres européennes qui l'approchent, s'en trouvent-elles noircies pour huit ou dix jours, comme le brou de noix le fait en Europe pour la peau touchée par le suc de la noix verte.

L'esprit particulier à l'homme se retrouve partout : ainsi le pieux Espagnol ayant trouvé dans la Passiflore ou fleur de la Passion quelques parties des appareils du supplice de Jésus, ne pouvait manquer de voir dans l'embryon de l'amande du Pin pignon, divisé en plusieurs cotylédons, la *main de la Vierge* ou de *l'enfant Jésus*, et dans la banane coupée horizontalement la figure de la croix, lorsqu'il n'y a qu'une sorte d'*Y*, résultant des trois cloisons de ce fruit et cependant long-temps les Portugais se refusèrent à manger la Banane et la Figue banane, par respect pour ce signe.

Les fruits vésiculeux assez communs, surtout dans la famille des Sapindacées, ne peuvent nous étonner, ayant sous la main ceux si singuliers et si connus des Baguenaudiers, dont l'usage qu'on en a fait est devenu proverbial pour les passe-temps insignifiants.

Sous le rapport des formes, les fruits se trouvent si variés que le champ de l'imagination surtout chez les anciens observateurs de la nature, s'est étendu sans restriction ; ainsi l'on a vu une trompe d'Éléphant dans le fruit de la *Martynia annua*; des *Ecus du Pape*, dans les grandes silicules de la Lunaire annuelle, un phallus de Chien, dans le fruit du *Capparis Cynophallophora*, une marmite ou marmite de Singe, dans celui de plusieurs *Lecythis* (1), pour leur sommet circoncis par une ouverture recouverte par un opercule ; un Boulet-de-canon, dans le fruit des genres *Betholetia excelsa* ou *Lecythis bracteata*. Dans les grosses graines de couleur noire du *Mucuna urens* on a vu un *œil de Bourrique*. Le *Sablier* ou fruit de l'*Hura crepitans*, qui éclate quelquefois avec un bruit effrayant, est remarquable par sa forme déprimée, régulière, cannelée en dehors et son épicarpe charnu dont il se débarasse pour ne conserver que la partie ligneuse qui ne se sépare pas si l'on a soin de la faire bouillir dans l'huile.

Le *Gyrocarpus americanus*, au moyen des deux grandes ailes allongées de son fruit, offre pour ainsi dire un volant naturel : ce fruit se comportant de même si on le jette en l'air.

Les fruits tortillés du genre *Helicteres* et ceux de *l'Acacia strombulifera*, sont assez singuliers pour être remarqués, mais nous avons en petit une grande série analogue dans le genre *Medicago*, qui nous surprennent moins parce qu'ils nous sont plus familiers.

(1) *Lecythis grandiflora*, *Lecythis amara*, etc.

Les fruits lisses, comme réticulés à leur surface, soit des espèces du genre *Calamus* soit du *Raphia* (1) ont toujours excité la curiosité des voyageurs. Les fruits gros et hérissés des *Apeiba aspera*, et *hirsuta* ; les gros fruits hérissonés du *Sloanea Sinemariensis*, sont encore des formes curieuses.

Les espèces de Légumineuses dont les fruits sont couverts de poils fins, cassants, sont nommés *Pois à gratter*, tels les *Dolichos soja*, *urens* et *pruriens* (ces derniers du genre *Mucuna*), à raison de ce qu'en tombant sur la peau ils y déterminent une très-grande et longue démangeaison.

Certaines espèces, (long-temps cultivées et propagées de bouture), finissent par perdre la propriété de rapporter des fleurs et des fruits et nous en avons des exemples dans plusieurs plantes stolonifères des serres, telles que le Gingembre; et dans les colonies, la Canne à sucre, qui du temps de Labat montait encore en fleur : chose qui ne lui arrive pas maintenant ou si quelquefois elle fleurit elle ne porte pas de fruits.

L'œil européen habitué à la couleur morne des graines des végétaux de son climat n'a pu qu'être flatté de l'éclat de la beauté ou de la singularité de beaucoup de graines d'entre les tropiques, aussi s'est-il empressé de les importer pour satisfaire la curiosité de ses compatriotes, et sa prédilection est d'autant mieux justifiée que dans les contrées où croissent naturellement les végétaux qui les portent, les naturels les ont toujours recherchées et s'en sont fait la plupart du temps des ornements ou des parures, auxquels il attachent un certain prix.

Nous ne parlons point ici de certains corps tels que les Larmes de Job (*Coïx lacryma*) dont on fait des colliers et des chapelets, ce n'est qu'une induration des enveloppes accessoires du fruit de cette Graminée, mais dont l'effet est très-remarquable pour la dureté, la solidité et l'émail grisâtre. Nous ne citerons point au nombre des graines les fruits durs, globuloïdes, blanc d'émail ou grisâtre de nos Lithospermes, parce que ce sont des fruits et point des graines, de même que ceux des *Scleria* des tropiques : sorte de Cypéracées qui donnent également des fruits imitant plus ou moins des grains d'émail blanc. C'est à tort qu'on les considère vulgairement comme des graines : c'est le fruit dont l'enveloppe coriace lui a valu le nom de graine de pierre (*Lithospermum*) de la part des premiers observateurs.

Les véritables graines remarquables sont celles des espèces d'*Abrus* (2), d'une couleur écarlate avec un point d'un beau noir qui leur a valu quelquefois le nom d'*Œil de serpent*, et

(1) Ou *Sagus vinifera* de quelques botanistes.

(2) *Abrus præcatorius* L. et *Abrus minor*, Desv.

qui percées avec soin forment un charmant ornement de cou pour les femmes douées d'une belle nuance de blanc: aussi la *Liane à réglisse* est autant connue pour ses graines que pour ses feuilles si sucrées et suppléant complètement notre Réglisse d'Europe. On retrouve ces mêmes couleur, forme et grosseur de graine dans la *Rhynchosia phaseoloides* De C.

Le Condori à graines rouges (*Adenanthera pavonina*), a des grains plus gros, aussi rouges et un peu comprimés, ce qui avec l'uniformité de couleur leur donne un mérite plus particulier de régularité. C'est avec cette graine qu'on a d'abord pesé le diamant et le nom de karat qu'elle porte dans les Indes Orientales est resté au poids qu'elle représentait.

Plus grosses et peut-être moins appropriées à l'élégance si ce n'est de la beauté sauvage, les graines du genre *Ormosia* (1) avec le rouge toujours éclatant, offrent presque une moitié de leur surface avec une large tache d'un noir brillant.

Sous le nom commun d'*Arbre de Corail*, sont connues vulgairement plusieurs espèces d'Erythrines (2), désignées ainsi, autant pour la beauté de leurs fleurs en longs épis rouges, que pour celle de leurs graines ordinairement de cette couleur ou mi-partie d'un beau rouge et d'un beau noir luisant, avec une dureté remarquable.

Lorsque les relations n'avaient lieu que rarement avec les Indes-Orientales, tout ce qui en provenait était précieux; et les graines grises du Queniquier sarmenteux (*Guilandina bonducella*) et celles jaunes du Queniquier Bonduc (*G. Bonduc*) étaient montées en or pour en faire des breloques ou des clefs de montre, tandis que les enfants de l'Asie s'en amusaient à la manière dont les nôtres emploient les petites boules de marbre.

Il existait à St-Domingue une variété du Tamarinier des Indes (*Tamarindus indica*), dont toutes les graines contre l'ordinaire de celles de cet arbre qui sont presque rhomboïdales, offraient vues d'un côté un profil de nègre des mieux caractérisé.

Les Européens en voyant sur des graines très-noires de l'Amérique et de l'Asie, une tache d'un beau blanc et imitant la forme du cœur peint sur les cartes à jouer, dûrent être très-surpris, aussi les nommèrent-ils *Pois de merveille* bien que ce ne fussent pas des Pois, mais les graines de ce qu'on a appelé, d'après cela même, Cardiosperme (3) et qui sont renfermées dans une très-grande capsule vésiculeuse.

La famille des Légumineuses a fixé plus particulièrement l'œil

(1) *Ormosia dasycarpa*, et *Ormosia coccinea*.

(2) *Erythrina coraleodendrum*, *carnex*, *mitis*, *speciosa*, *indica*, etc.

(3) *Cardiospermum halicacabum*, et *C. microcarpum*.

du vulgaire, par la variété des graines qu'on y rencontre, et celles de diverses espèces du genre *Mucuna* (1), grosses, déprimées, brunes ou jaunâtres, bordées d'un cercle noir presque complet, ont été employées, sous le nom d'œil de Bourrique, après avoir été préalablement polies ou même sans l'être, pour faire des bijoux de diverses sortes. Les graines du Tamarinier ont aussi obtenu la même distiction pendant un temps.

Dans les graines de l'*Eccremocarpus*, la membrane qui les entoure; est disposée comme le sont dans l'*Artedia squammata* et les deux Héliocarpes connus (2), les sortes de rayons, presque de la figure de ceux du soleil, qui forment un cercle autour du fruit. Dans les genres *Bignonia* et *Jacaranda* c'est une large membrane translucide qui entoure les graines et qui n'a rien de plus que des dimensions remarquables qu'on ne trouve qu'en petit dans nos *Arenaria media* et *Spergula pentandra*.

On est si habitué à voir le coton qu'on réfléchit à peine que c'est le produit de la villosité d'une graine, et cependant on est tout surpris de voir sur celles de quelques *Convolvulus* et peu d'autres plantes, une villosité bien moins prononcée qui les entoure avec une teinte ou roussâtre ou jaunâtre. L'*Ochroma lagopus* à poils roux pour ses graines, se rapproche du Coton nankin. La graine de l'*Hibiscus abelmoschus* est plus curieuse par la singularité de son odeur de musc qui a permis d'en faire sous ce rapport un article de commerce, que par sa forme qui est celle d'un petit rein, sillonné concentriquement.

L'arille de quelques graines les rend quelquefois aussi curieuses qu'utiles, si on emploie celle de la Muscade, sous le nom de Macis; si l'on mange celle de l'*Akée* (*Blighia sapida*) comme le ris-de-veau; on admire la couleur bleu-azur de celle du *Ravenala madagascariensis*, et celle surtout si curieuse et d'un pourpre si foncé et composée de poils nombreux et crêpés de l'*Heliconia caribaca* connu sous le nom de *Baralou* ou *Cayenne* et de *Pompon*, et la plante sous le faux nom de *Balisier*. On peut obtenir de ces arilles un rouge plus beau que celui extrait de la poudre qui recouvre les graines du Rocoyer.

La prétendue gousse de la Vanille, d'un parfum si délicieux, est une capsule.

Le grand nombre d'espèces de fruits que nous avons su approprier à nos besoins, fait passer une grande variété de formes sous les yeux : ainsi celle étoilée de la Badiane, celle pyramidale des Cardamomes, la grande diversité dans les fruits édules de toutes les contrées, présente une rare réunion de formes que

(1) *Mucuna urens, gigantea, altissima*, etc.

(2) *Heliocarpus americanus* et *popayanensis*.

Gaërtner a su placer dans un ouvrage devenu classique et qui offre la plus grande série qui ait encore été observée (1) : mais malheureusement par son prix, peu à la portée des botanistes par le grand nombre de planches que nécessairement il a exigé.

L'usage de la graine de notre Euphorbe épurge (*Euphorbia lathyris*) médicament si drastique, si employé autrefois par les habitants des campagnes, ne le cède point à la vertu purgative des graines du *Jatropha Curcas* ou médecinier, dont on se sert sous le nom de *Pignons d'Inde*, de même que de l'*Aveline purgative* graine du *Jatropha multifida*. Tandis que ces graines sont presque rejetées de la médecine, par leur trop d'énergie, on mange sous le nom de Noisette, à St-Domingue, celle de l'*Omphalea triandra*, toujours de la famille des Euphorbiacées, mais avec l'indispensable précaution d'enlever l'embryon, sous peine d'avoir une inflammation dans la bouche et une superpurgation. On sait que l'huile de graine de Ricin, ne doit sa propriété qu'à cette partie de l'amande, car il est quelques endroits où l'on prépare cette huile de manière à pouvoir l'employer comme aliment, et l'huile des *Noix de coule*, *Bancoul*, (*Aleurites moluccana*), autre végétal des Euphorbiacées, prouve encore cette utile propriété.

Ce qui a surpris les européens, c'est qu'habitués à ne voir donner que de l'huile à leurs graines oléagineuses, ils aient vu fournir une substance plus solide par certaines graines des régions tropicales, auxquels ils ont dû imposer les noms de *Suif*, ou de *Beurre*, tel est celui fourni aux Chinois par les graines du *Stillingia sebifera*, la substance solide fournie par les graines de *Virola sebifera* ou *Myristica cerifera* : le beurre de *Cacao* bien connu, celui de *Galam* d'une espèce de *Bassia* probablement analogue au *B. butyracea* ; le beurre de Palme provenant de l'*Elais gineensis*.

La graine de l'Avocatier (2) renferme un principe savonneux d'une couleur rouge et à odeur aromatique, de la consistance de la cire molle, qui est combiné avec l'acide gallique. C'est probablement ce même principe qui rend les fruits globuloïdes du genre Sapindus (3) propres au blanchiment du linge.

DE LA CHUTE OU DISSÉMINATION DES FRUITS.

La dissémination est le dernier acte de la maturation des fruits, c'est alors que les parties dans leur plus grand état de développement, et leur végétation étant accomplie, tendent à se disjoindre

(1) *De fructibus* et *seminibus plantarum*, in-4° 3 vol.

(2) On a fait le mot *Avocat*, aux colonies, du nom caraïbe Aoûaca du fruit de cet arbre : c'est le *Laurus persea*.

(3) *Sapindus saponaria*, *inæqualis* et *laurifolia*.

si la nature les a organisées pour cela, ou commencent à réagir les unes sur les autres si la dissémination doit s'accomplir par la destruction de certains principes du fruit. Souvent pourvus d'appendices membraneux ou de prolongements soyeux et légers, les fruits portés au loin vont former de nouvelles colonies végétales là où la nature en était privée, et les lieux les plus stériles sont bientôt couverts de plantes, d'où la graine se répand encore pour renouveler ces éternelles générations :

> Celle que sur les monts le soleil a mûrie,
> Dans le vague des airs, émule des oiseaux;
> Aime à voler comme eux de côteaux en côteaux;
> Elle a pour s'élever des panaches mobiles,
> Une aigrette plumeuse, ou des ailes agiles. (CASTEL.)

Beaucoup de fruits secs, lorsqu'ils ne renferment qu'une seule graine tombent à terre et y germent sans que le péricarpe éprouve d'autre déhiscence que celle opérée par la sortie de la radicule. Si ces fruits sont pourvus d'ailes plus ou moins membraneuses, ou de calices aigrettiformes, ils sont transportés plus ou moins loin par l'action des vents, tels sont ceux des Erables, des Ormes, du *Ptelea*. Dans le cas où ils sont pourvus d'aigrettes ils peuvent être transportés à des distances peu rigoureusement appréciables, tels sont spécialement les fruits de beaucoup de Composées et ceux de quelques Valérianacées, des Dipsacées et autres.

Lorsque les fruits secs sont polyspermes, il est assez ordinaire qu'ils s'ouvrent pour laisser échapper les graines. Cette déhissence est ou totale ou partielle; ou par des joints naturels ou par des perforations prédisposées, ainsi que nous l'avons vu en parlant du péricarpe.

Les amateurs des causes finales n'ont pas manqué de trouver que les fruits avaient des ailes ou des aigrettes pour être transportés au loin, sans s'occuper qu'il y en avait un plus grand nombre dépourvus de ces moyens de translation. Pour eux les fruits ne s'ouvrent que pour faire sortir et semer leurs graines; aussi triomphent-ils en parlant de ces gousses des Légumineuses, de ces capsules de Balsamines, des Acanthacées, des Euphorbiacées, de ces siliques de Crucifères qui lancent au loin leurs graines, dès que la maturité est complète et la dessication naturelle achevée. On dira même que certains fruits ne sont que perforés, afin de ménager la semence et ne la disperser que peu à peu; en mettant en oubli tous ceux qui ont un autre mode de déhiscence et qui laissent échapper leurs graines en totalité par une dislocation complète de toutes les parties du fruit : il est bien vrai qu'en général c'est la partie supérieure qui s'ouvre la première, et c'est dans l'ordre naturel, puisque là cesse d'abord l'acte de la végétation. Dans les Légumineuses à gousses articulées, les fruits ont la propriété de se briser en autant de parties qu'il y a d'articles, comme dans les *Entada* et toute une section de Légumineuses.

Quelques espèces végétales à fruits secs déhiscents, sont organisées relativement à leur déhiscence d'une manière inverse à ce qui a lieu le plus habituellement; c'est-à-dire, qu'ils s'ouvrent et laissent échapper leurs graines dans les temps humides, au lieu de le faire dans les temps secs; et de ce nombre est surtout l'*Anastatica hierochuntica* si singulièrement nommée *Rose de Jéricho* : n'ayant pas les moindres rapports avec la Rose. C'est une Crucifère siliculeuse des déserts les plus arides de l'orient, très-branchue et dont tous les rameaux se recoquillent en sorte de sphère ou sont involutés, et les capsules sèches. La plante à racine simple est facilement enlevée des sables après la maturité et roulée dans le désert où la moindre humidité fait étaler ses rameaux et ouvrir ses silicules. On a aussi observé (M. Defrance) que les siliques des Onagres se ferment par la sécheresse et s'ouvrent par l'humidité.

Mais ce qui a lieu d'étonner bien plus le naturaliste et le philosophe, c'est la particularité qu'offrent certaines espèces de plantes d'enfouir elles-mêmes leurs graines en terre : si les exemples en sont peu nombreux ils sont au moins bien extraordinaires.

Dans la *Linaria Cymbalaria*, beaucoup de ses pédoncules après la formation du fruit, se courbent irrégulièrement, pour aller se placer entre les trous des pierres ou fissures qui avoisinent les murs ou rochers sur lesquels elle a pris naissance, et le fruit semble y aller déposer les graines. Mais sous ce rapport le *Trifolium subterraneum* de nos courts gazons des pelouses sèches, est bien plus étonnant enfouissant ses petites capitules de fleurs aussitôt la défleuraison et avant même que l'ovaire soit manifestement grossi; alors son pédoncule général blanchit et grossit d'une manière tellement remarquable, qu'il acquiert une rigidité suffisante pour faire pénétrer le tout dans une terre habituellement très-dure.

L'*Arachis hypogœa* présente une disposition analogue, mais les fleurs seules qui avoisinent le collet de la racine sont fertiles et ont la faculté de se porter des aisselles des feuilles où elles naissent, dans l'intérieur de la terre, au moyen du style acuminé et du pédoncule qui se raidit: rendu là, la gousse y grossit et la graine y germe au besoin. Cette disposition est des mieux appropriée au sol sablonneux de l'Afrique où croît naturellement cette espèce économique par ses graines oléagineuses.

Dans quelques espèces, telles que les *Vicia amphicarpa*,

Lathyrus amphicarpos, Voandzeia africana, *americana* et *sarmentosa* (*Cryptolobus* gen. C. Spr.) il y a une partie des fruits qui jeunes, pénétrent en terre et l'autre qui mûrit hors de terre, sur les rameaux les plus élevés : sans qu'on ait pu bien expliquer les raisons de ces particularités, tant pour ces espèces que pour celles qui précèdent.

Quant à celles en grand nombre qui élèvent leurs fleurs hors des eaux et y laissent tomber leur fruit ou formé ou à maturité, il n'y a rien que de naturel dans le résultat en comparant la légèreté des appareils de la fleur avec le poids du fruit développé.

Les fruits ligneux, tels que ceux de plusieurs Bignones, ont encore la propriété de s'ouvrir dans quelques points, malgré la rigidité des autres parties, et de laisser échapper leurs graines, tandis que d'autres, comme le fruit du Baobab, attendent la décomposition de leur coque.

Dans les végétaux à fruits charnus ou pulpeux il n'y a qu'un seul exemple d'une déhiscence avec élasticité, c'est celui de *l'Ecbolium elaterium* ou *Momordica elaterium*, dont la sorte de baie étant séparée du pédoncule, revient assez fortement sur elle-même par son péricarpe ; pour que les graines soient lancées au loin en sortant par l'ouverture laissée par l'impression du pédoncule. Quant aux autres fruits charnus, ou ils se décomposent, après leur chute par la destruction de leur épicarpe et l'altération de leurs parties charnues ou pulpeuses, ce qui est le cas le plus général; ou bien comme dans le *Datura ceratocaula*, *Momordica charancia*, *Momordica balsamina* ou *Pommes de merveille*, et les *Nymphœa alba* et *lutea*, les graines développées complètement forcent la partie charnue du péricarpe à se rompre irrégulièrement, et tombent alors en s'isolant du placentaire qui les supportait.

La dissémination accidentelle des graines et des fruits est très-commune par l'intermédiaire des quadrupèdes et des oiseaux qui s'en nourrissent et qui pour la plupart ne recherchent que la partie charnue ou pulpeuse de ces fruits : les graines n'étant pas attaquées par l'acte de la digestion chez beaucoup d'entre eux. C'est ainsi que le renard, le loup, les fouines, les écureuils, les loirs, les grives, les merles et une foule d'oiseaux granivores ou frugivores, soit habituellement, soit temporairement, sèment un grand nombre d'espèces. C'est ce qui a fait dire de la Grive qui porte la graine du Gui sur beaucoup d'arbres : *Turdus sibimetipsi malum cacat*, puisque le végétal peut fournir la glu pour la prendre.

Ce que les geais, corbeaux, les becs croisés, les casse-noix, opèrent dans nos régions, une foule d'espèces analogues ou semblables l'opèrent ailleurs et l'on est persuadé que les oiseaux de Paradis ont introduit le muscadier, dans beaucoup d'îles de l'Océanie où il n'existait pas anciennement.

Linnée, qui semble n'avoir rien oublié, a vu les fleuves servir de moyens de transport aux fruits, et dans sa dissertation intitulée *Coloniæ plantarum*, il cite l'exemple des plantes des hautes montagnes de la Laponie qui par les eaux arrivent jusqu'à Uma et Luloa. La mer elle-même est pour la nature un moyen de transport et si le Coco des Maldives a si long-temps été regardé comme originaire de ces îles d'où le commerce le rapportait, c'est que les flots l'y apportaient des îles Séchelles, si loin de là, où il croit seulement. Sur les rivages de la Norwège, on a vu l'Océan amener de l'Asie ou de l'Amérique des Cocos, des noix d'Acajou, des gousses de Casse, des Fèves ou cœur de St-Thomas, gousse d'*Entada* ancien *Mimosa scandens*, possédant encore des moyens de germination. Sans croire que l'*Erigeron canadense* espèce si commune actuellement, nous soit parvenue de l'Amérique vers la fin du XVIIe siècle, nous ne croirions pas cette translation impossible lorsqu'on sait que les vents violents peuvent faire jusqu'à 500 lieues par 24 heures.

Pas plus que nous ne pensons que la nature a compté sur les oiseaux ou les quadrupèdes pour la dissémination des fruits, pas plus nous ne croyons qu'elle a créé les aspérités du fruit des Aigremoines, de quelques Caillelaits, de certaines Cynoglosses, des Echinospermes, et de beaucoup de plantes d'Amérique ou d'Afrique, pour qu'ils puissent à leur maturité s'accrocher à l'homme ou aux animaux afin de se faire transporter au loin, ainsi que l'imagination plus brillante que solide de quelques naturalistes a pu le leur faire annoncer. Les *Petits* et *Grands cousins* des Antilles, sortes de Tiliacées, du genre *Triumfetta*, n'attendaient pas les Européens pour s'accrocher à eux comme cousins et se faire transporter au loin.

Dans quelques cas rares, la consistance ligneuse est telle que si la nature ne s'était ménagé à ce qu'il semble, une ressource, les graines seraient demeurées ensevelies dans un corps très-dur et presque indestructible quelquefois ; mais une partie plus affaiblie par les impressions des parties de la fleur, qui dans ce cas est au moins à ovaire semi-infère, permet à la maturation, qu'il se détache une sorte de couvercle que nous avons indiqué dans le genre *Lecythis* et qui se retrouve dans les *Fevillea scandens* ou Liane à *boîte à savonette*, les *Eucalyptus* etc.

Les inflorescences des Conifères produisant ces singuliers corps que le vulgaire prend pour le fruit, sont conformées de telle manière que tant que le véritable fruit n'est pas en parfaite maturité, les écailles qui enveloppent ou recouvrent sont fortement imbriquées et appliquées les unes sur les autres: mais sur le milieu de la troisième année de leur apparition, leur vitalité est terminée, et alors susceptibles des impressions de l'air, ces écailles s'ouvrent par l'effet de la grande chaleur ou sécheresse, laissent échapper les fruits, et se referment à l'humidité; aussi pour les enveler au Pin-Pignon, afin d'en manger l'amande, est-on dans l'usage d'exposer les cônes au feu, l'action de l'air opérant moins rapidement et avec moins d'intensité cette *désimbrication* nécessaire. L'énorme cône de l'Araucaria ou Pin du Chili est dans le même cas, mais la nature suffit pour en laisser échapper les longs fruits qu'on mange sous le nom de châtaignes du Chili.

Ce n'est plus là le cas du Magnolier, résultants d'un ovaire multiple, les carpelles nombreux qui le composent ont aussi besoin de la sécheresse pour s'ouvrir et alors, dans le beau Magnolier à grande fleur, on voit sortir de ces carpelles une belle graine rouge, long-temps soutenue par un funicule pendant, capillaire et très-long; qui, pourrait-on dire, semblerait indiquer que l'arbre se sépare à regret de sa graine, si l'imagination devait seule faire le fond d'une étude sérieuse..

Les quatre à six Mangliers confondus long-temps sous le nom de *Rhizophora Mangle*, bien que de points des régions tropicales éloignés les uns des autres, ont une si singulière manière de dissémination de graine qu'elle n'avait même pu échapper aux observations les plus superficielless. Le fruit, d'une forme globuloïde, reste attaché sur l'arbre et germe en prolongeant une radicule longue, cylindrique, pointue au bas, de quelquefois au delà d'un tiers de mètre (1 pied) et de 12 millimètres de diamètre; presque comme une sorte de chandelle, tuberculeuse sur son étendue; bientôt le poids de cette radicule l'emportant, elle abandonne ses cotylédons dans la cavité du fruit, tombe dans la boue qui entoure le pied de l'arbre: boue dans laquelle il vit habituellement, et qui permet à cette radicule de s'implanter facilement et de développer sa plumule sortie d'entre les cotylédons abandonnés. C'est bien là le cas où les hommes à causes finales triomphent et sans songer si ce ne sont pas les circonstances qui ont pû déterminer ce singulier genre de dissémination, ils assurent que le Manglier a été fait pour habiter et peupler les savanes qui bordent certaines parties du littoral de la mer ou de l'embouchure des fleuves intertropicaux.

www.ingramcontent.com/pod-product-compliance
Ingram Content Group UK Ltd.
Pitfield, Milton Keynes, MK11 3LW, UK
UKHW021841190726
13855UKWH00001B/98